沈瑾博士所著《城市转型发展的规划策略》一书，是作者多年来在唐山市从事城市规划、建筑设计工作，后来担任规划管理的领导职务和市政协副主席等城市领导工作所经历和积累的经验结晶。作者在工作实践中结合勤奋学习所获得的丰富学识，凝炼成理论结合实践的学术著作，是十分可喜和可贵的。

唐山，我国华北地区一座重要的资源型城市，也是工矿城市，百余年来已发展成百万人口以上的特大城市，从建设—繁荣—衰退—转型振兴，经历了曲折的历程。特别是1976年遭受特大地震的破坏和灾后重建，近10年又面临全球金融危机影响和我国经济发展转型，以及唐山城市发展向沿海转移等重大机遇，城市经历着产业和空间形态发生重大变化的过程，其中包含着丰富的经验。

转型，是当前和今后我国经济发展的重大任务，随之发生的城市转型是必然的"题中之义"，对唐山这样的资源型城市更有双重的意义。唐山在资源尚未严重枯竭的状况下，未雨绸缪，已经或正在采取重要步骤进行转型，富有远见，成效显著。本书对此有详细的论述和评价。

在城市转型中城市规划的作用，是本书着重研究的重要内容。作者以唐山作为主要案例，结合国内外不少城市的实例，广征博引，不但讨论了城市规划的很多实际问题，也涉及了城市规划的核心问题。作者认为，"城市是由人和人工的物质环境构成的。"其中，"人类自身"是城市本质的唯一线索。这种认识无疑是正确的。资源型城市转型后应该在产业结构、生态安全、社会形态、文化特色、宜居宜业方面成为更加理想的人类家园。预期唐山将成为这样的城市。

邹德慈

2012年4月

邹德慈：中国城市规划学会常务副理事长，中国工程院院士

序

二

今年3月沈瑾同志在北京开"两会"期间小聚，闲聊的过程中他拿出一个书稿给我，希望我抽空看看并为书写个序。沈瑾同志曾担任唐山市规划局局长，因工作关系我们早有交往，又因曾经同是建筑学教育背景，讨论问题时容易找到共同的关注点。记得几年前我曾经与他探讨：唐山市在中国近现代的城市发展史中具有特殊性，如果有人能系统地总结唐山市的发展和建设过程应该很有意义。几年过去，他真的拿出了这个书稿，颇让我感慨；而他希望我为书写序，却让我惶恐。多年来我一直忙于事务性工作，深知自己的资历与水平远远不够，但因为此书的撰写与我曾经的只言片语有点联系，再加上沈瑾同志的诚恳要求，我就只能从命了。

本书书名为"城市转型发展的规划策略"，副标题是"基于唐山的理论与实践"，初看以为书的内容是讲唐山市当前实施城市转型的经验。读下去你会发现，"基于唐山的理论与实践"在时间上覆盖唐山近150年工矿发展和近100年城市建设发展，在内容上涉及城市的产业转型、空间发展演变、城市定位变化以及它们之间内在联系的"理论与实践"。读者可以看到作者从唐山不同的城市发展历史阶段归纳城市转型的规律，或者也可看到作者通过研究不同时期的城市转型并将其串联起来写唐山的城市发展历史，城市发展是不断转型的过程，转型是城市发展中永恒的题目。

唐山市是我国近现代城市发展历史上具有重要代表意义的工矿城市，唐山市的发展历史中有几个很重要的时间段。

第一个是因煤而生的初创期，书中介绍"洋务派于1876年奏准朝廷派员勘察开平煤铁情形，次年拟定了12条招股章程，集资80万两白银，其额定官督商办，采用西方的方法采煤。到1881年建成唐山煤矿并开始出煤。这是我国第一座现代化的煤矿，也是唐山由一个村落发展成为一座城市的开始。"在唐山诞生了中国第一座大型煤矿、第一条标准轨距铁路、第一个铁路工厂、第一台蒸汽机车、第一桶水泥和第一件卫生陶瓷。早期的唐山因产业兴，人口的不断集聚出现因功能需要形成的街道和不同地域的外来人口分别聚居形成的街区。当时最好的居住区是煤矿高级管理人员的居住区，住房卫生条件好，各类基础设施与服务设施完备。

第二个是大地震后的恢复重建期。1976年唐山大地震使90%工业建筑倒塌和损坏，94%的民用建筑损毁，90%以上的道路沉陷开裂，15%的排水干管移位堵塞，85%的污水井被废墟埋没，80%的水源井泵倒塌或严重震裂。震后恢复重建中，将唐山城市多年形成的老城区、东矿区两大片规划为老城区、东矿区、新区三片，以防止老城区摊大饼蔓延。

第三个始于曹妃甸的开发建设。曹妃甸的开发建设使唐山市的发展方向与布局出现了明显的滨海发展的趋向。再从建国后不同时期编制的城市规划对城市性质的确定来看变化。建国初期，经过最初的带状大城市的设想，几经调整后1956年的《规划总图》确定了城市性质为重工业城市。建国十周年唐山市编制的《唐山市城市总体规划修改方案》对城市性质表述为"市区以采煤、钢铁、炼焦、陶瓷、机械为主，在胥各庄、滦州城关、丰润城关、韩城及南部沿海等地区发展卫星城市"。1963年在全国的治理整顿环境下，《唐山市市区城市规划几个问题修改意见草案》提出"城市工业在充分利用煤炭、钒土、陶瓷与原料的基础上适当发展，与原料无关的工业应当严格控制发展"。1976年大地震后的《唐山市恢复建设总体规划》提出的城市性质是："唐山市市区是一个重工业城市，又是唐山地区的政治、经济、文化中心"。改革开放以后，《2000年唐山市市区城市建设总体规划》提出的城市性质是："以能源、原材料工业为主的产业结构比较协调的重工业生产基地；冀东地区的经济、文化中心"。《唐山市城市总体规划（1994-2010）》提出的城市性质是："河北省经济中心之一，环渤海地区重要的能源、原材料基地"。新世纪编制的《唐山市城市总体规划（2008-2020）》提出的城市定位是："国家新型工业化基地，环渤海地区中心城市之一，京津冀国际港口城市"。

经过建国后60多年的发展，唐山市研究问题的边界有了变化，从关注建城区放大到大的区域；研究问题的重点有了变化，从关注重工业变为突出中心城市地位。谈到城市转型，唐山市另一个突出的特点是，在资源尚未枯竭就及时研究城市转型问题，体现对待城市发展方式的选择。本书从城市产业转型谈到城市结构转型，谈到城市空间发展战略变化，最后将发展目标定在建设生态城市上。作者拿出一定的篇幅论述如何提高城市建设质量，结合唐山市的实践探讨城市文化遗产保护和文化建设，探讨最方便市民的公共场所和服务设施的建设，探讨城市安全问题等等。如何在保持一定发展速度的同时保证发展质量是大家常讨论的话题。我国当前处在城镇化快速发展时期，资源短缺和环境污染已成为我国城市发展的瓶颈，粗放的城市发展模式不仅难以为继，而且对城乡居民的生活质量构成了实际的威胁。因此，探索有中国特色的低碳生态城市发展之路，不仅符合国际可持续发展的趋势，也是中国当前城市发展与建设的迫切需要。

本书在讲述"唐山的理论与实践"的过程中，也用了一定篇幅讲了不少国际国内其他地方的理论与实践，这当然很好，我们可以借鉴与比较。但如果在写作中更突出"唐山的理论与实践"这条主线就更好了。另外，鉴于本书的写作方法较偏向论文的写法，我确实有点担心能否吸引更多的读者，但无论如何本书对城市规划工作者而言是个挺好的资料。我很感谢沈瑾同志和他的团队，也很钦佩他们能在当今如此繁忙的情况下抽空研究问题和归纳总结并写出来。想想看如果全国的规划局长都能将他（她）所在城市的城乡规划工作分析透彻并写出来，汇集在一起将是多大一笔财富呀。

唐凯

2012年5月1日于北京

唐凯：中国城市规划学会副理事长，国家住房和城乡建设部总规划师

目 录

中篇 城市规划相应策略及实践总结

下篇 城市规划的变革及规划策略目标实现的途径

上篇

城市问题的分析
与城市目标的确定

第一节 研究和写作背景

唐山在中国的城市建设史上具有特殊的意义：一座因矿而兴的资源型重工业城市，被称为中国近代工业摇篮的城市，大地震后重新规划建设的城市，与中国的改革开放30年同步建设规划的新型城市。唐山这座城市因煤而生、因钢而兴，是北方重要的资源型重工业城市，被誉为中国近代的工业摇篮，唐山已成为"东北亚地区经济合作的窗口城市、环渤海地区的新型工业化基地、首都经济圈的重要支点"。（习近平2010年7月在唐山的讲话）唐山经过励精图治的30年发展，经济社会各方面都取得了巨大成就。现阶段的城市面临经济社会的转型，在经济转型的同时，同样面临城市的转型。如何实现科学发展，城市规划如何引导和适应经济社会的转型的课题非常具有研究价值。

从事城市规划的具体实践，需要面对现实工作中各项任务及一系列急需解决庞杂的具体问题。解决问题的同时，客观上就要求探究不同方面问题之间的内在关联关系，并从理论层面去思考问题。寻找可操作并能解决问题的有效方法，将城市规划的一系列实践系统化、逻辑化和理论化，这便构成了研究的主线。针对唐山正处于城市转型过程中个性的具体问题，对其进行理性客观的分析，成为研究的重要切入点。"问题导向"构成了研究和写作的动因。

研究同时也来自城市规划实践中的诸多困惑；这些困惑不仅来自社会现实，还来自对城市规划学科自身的反思。在当今整个中国社会发展变革的大背景下，新而乏味的宏大城市场景与城市的日新月异，是当今中国城市变化的两大特点，在我们取得巨大成就的同时，也发现城市的许多问题和矛盾并没有随着成就的取得而发生根本性的改变，反而使我们对城市的本质认识变得茫然。这就是现阶段中国发展过程中城市所面临的共性问题。在城市规划实践解决具体问题的同时，我们需要探究我们的城市发展方向、目标和所要建构的城市是什么。

现实中城市规划作为一门系统的应用科学，在目前的城市实践发展过程中，学界与业界缺少有效深层互动。一是城市规划理论在解决现实问题上缺少有效的办法，理论与具体实践脱节。二是汗牛充栋的进口理论如何有针对性地指导现实的中国城市实践。正如诺贝尔奖金得主施蒂格利茨提出的，中国的城镇化的进程是影响21世纪全球发展两件大事之一。"中国式的造城"前所未有。在当下城市高速发展的背景下，投身城市规划实践的同时，保持理论上思考建立具有中国特色的城市规划体系应成为我们的自觉性。经过30年的中国城市化发展，我们有大量的经验和教训值得总结。我们应该也能够建立符合中国国情的城市规划运作体系和城市规划理论体系，并在实践中不断修正和完善。

伽达默尔说："一切实践的最终含义就是超越实践本身。"[1]城市规划是一门以实践为基础的应用科学，理论来自实践，在实践的基础上总结出的理论具有生命力。解决现实问题的理论，并不仅仅是对实践经验的概括和总结，更重要的是对实践活动、实践经验和实践成果的批判性反思、规范性矫正和理想性引导，这就是理论对实践的超越。理论正是以其理想性的图景和理想性的目的性要求而超越于实践，并促进实践的自我超越。

研究站在技术立场上从政府社会管理的视角选择了一种务实的研究态度。以具体城市的规划实践作为案例来作为研究和写作的基础，更希望能表达超越具体问题层面的解决，找出当前城市发展中一些问题的症结与根源，寻找一种趋于合理的解释。在总结实践的基础上，探讨当今社会背景下城市规划变革的有效途径，并对传统城市规划学科内核知识与理论进行再思考。从具体的实践层面上升到具有指导意义的理论则是更高的目标，这也是课题研究的意义所在。

人是现实性的存在，但人又总是不满足于自己存在的现实，总是要求把现实变成更加理想的现实。马克思说："光是思想力求成为现实是不够的，现实本身应当力求趋向思想。"[2]城市规划的空间不仅有其美学的意义，同时更应该有价值观层面的判断，维护城市的公共利益与长远利益应该是城市规划的核心价值。城市空间是城市规划的重要表现形式，利用技术手段改善人居环境、构筑空间理想是城市规划的重要目标；同时城市规划更应该是公共政策，能维护公共利益与社会公平，合理调控资源实现社会财富的再分配。落实经济社会发展目标，实现经济的繁荣发展，公共利益的坚守，城市发展的人文关切，构成了规划职业的基点。要平衡和协调利益机制，把握公平与效率的平衡。用规划的手段和途径来表述空间理想同时，城市规划实践者还应有社会责任感与社会理想。城市规划的理想"目标导向"也构成了研究的内在动力。

一、研究的时间背景

回顾近十年（2000—2010）的中国城市化进程，中国经济持续高速发展使城市建设空前繁荣，大规模物质形态建设呈现出新区建设和旧城改造并重的景象。城市空间充满了丰富多彩的建筑形象，新建筑在经历了革命性的现代主义和怀旧性的后现代主义之后，又进入一个多元化时期，建筑的个性化倾向日益显著，但城市的个性却消失了，城市的诸多问题都成为社会公众关注点。近十年的城市化历程，不仅展现出中国的城市化图景，也可注解这项研究的时代背景。

（一）中国城市建设十年（2000—2010）

（1）2000年联合国人居署授予大连"迪拜国际改善居住环境最佳范例奖"，大连的城市美化运动影响到全国各城市，各地政府开始重视城市建设。（2）2000年7月国务院发布关于促进小城镇健康发展的若干意见，提出要不时时机地推进城镇化战略。2000年编制的"十五"规划，城市化首次被提到国家发展战略的层面来。（3）2003年突如其来的非典、2007年的南方冰雪灾害以及2008年的汶川地震，引起社会各界关注城市的公共安全问题。（4）2000年林毅夫教授在"中国经济五十人论坛"的发言中提出双层过剩条件的恶性循环，同年提出"社会主义新农村"的概念，2005年十六届五中全会提出建设社会主义新农村的历史任务，各地开始大规模的社会主义新农村建设。（5）2003年国家提出振兴东北老工业基地，2006年国家批复了以天津的滨海新区为标志的国家综合改革实验区，京津冀成为国家区域发展的第三个增长极。（6）国家连续两个"五年规划"都提出要大力推进城乡统筹。2008年修改后的《城乡规划法》颁布实施，反映了市场经济条件下城乡规划维护公共利益，保护合法私有财产的社会功能。（7）2008年应对金融危机，国家拉动内需，众多地方政府举债，投入基础设施与城市建设。（8）房改后的住房商品化，推动了近十年的房地产业急速发展。现行的财政的分税制度和土地政策，导致房地产业支撑了各地方政府的财政收入和相当部分GDP总量。

（二）唐山城市建设十年（2000—2010）

唐山近十年城市建设最重要的事情是：（1）2002年底开始启动新一轮的唐山市城市总体规划修编（2008-2020）。2011年3月总体规划得到国务院批复，历时近十年。（2）2003年唐山开始在曹妃甸填海造地，启动开发建设曹妃甸工业区，并以首钢搬迁曹妃甸为标志，唐山的生产力向沿海转移迈出重要的一步。（3）2003年唐山军用机场顺利搬迁、中心城区23平方公里的凤凰新城成为唐山主城区新的发展空间。（4）2004年唐山南部采沉区治理及生态建设项目荣获联合国"迪拜国际改善居住环境最佳范例奖"，由此28平方公里的南湖生态城大规模启动

建设。（5）2006年纪念唐山地震30周年之际，为纪念唐山大地震中罹难的24万同胞，国际竞赛征集方案建设唐山地震遗址公园。（6）2007年河北省在全省各地推进城乡面貌"三年大变样"，用大拆促大建推动城乡建设。（7）350公里津秦高速铁路的开工建设，京沈、京唐高速铁路选线启动前期工作，高铁的建设对区域间城市的协作、对城市的发展动力与空间布局产生积极巨大的影响。（8）2009年以实现城乡统筹为目标，将土地流转和新农村建设作为主要手段推进城市化进程。

二、问题的提出

（一）探讨资源型城市转型发展的规划问题

1. 资源型城市的转型发展问题

世界上许多发达的区域与城市，最初发展起步都是因为具有得天独厚的资源优势，城市因资源而发展壮大。但区域与城市丰富的资源禀赋也可利弊逆转，经济学上通常用"资源诅咒"理论来解释那些拥有丰富自然资源的国家或地区的经济社会不自由、不发展。城市的发展过度地依赖当地的自然资源，其政治、经济社会体制往往会失去变革、创新的内在动力。

城市因资源而兴，也会因资源而衰败。资源城市的可持续最佳路径是在资源没有枯竭时期，寻找可支撑城市经济的替代产业，顺利实现成功转型。但资源型城市转型是至今为止尚未破解的世界性难题，即使在工业化最早的英、法和德等国家，在那里最先发展起来的资源型城市也是如此，如德国的鲁尔、法国的洛林、英国的利物浦等城市都是资源型城市集中的地区。这些地区早在20世纪70年代初就开始了转型，至今已进行了近40年，尚未完成，虽然在产业、城市空间、生态等方面取得了很大成绩，但这些地区依然没有恢复到转型前在其国家的相应地位，城市失业率高等一系列社会难题依

然存在。而其他发展中国家的资源型城市还处于艰难的转型之中。

资源枯竭型城市的转型实施了两种战略转换：一种是全线退出传统领域，开辟新的活动舞台，另一种则是按产业链的延伸推进相关产业的发展，特别是通过发展替代产业，以实现城市经济结构的升级。

唐山可称为典型的资源型城市，唐山的发展过程同样会遵循资源型城市的发展规律：建设—繁荣—衰退—转型振兴或消亡。

唐山与国内其他资源枯竭城市不同，从近十年唐山的经济发展历程来看，产业经济还没到资源衰退期，唐山就未雨绸缪，意识到过度地依赖当地资源难以持续。在产业发展上，由内陆的传统产业向沿海产业转移，提出利用两种资源、两个市场的发展思路，将传统优势产业升级与发展新的接续产业并举，合理地利用自然资源来创造上游和下游产业，不遗余力地寻找新的经济增长点，不仅助推了经济增长，也实现了新跨越。（唐山市2000年财政收入48.14亿元，国民生产总值915.05亿元，2010年财政收入438.95亿元，国民生产总值4469.16亿元）由此可见，资源本身并不是问题，自然资源也并不一定必然导致"资源诅咒"。对资源型城市来说，正确而准确地把握时机才是转型的关键。

在城市的空间发展布局上，则是利用沿海的区位的优势，开辟新的发展空间，从90年代开始建设京唐港及海港开发区到2003年开发建设曹妃甸工业区。2003年唐山提出"用蓝色思维改写煤都历史"的口号，表明了城市向沿海发展的决心。

我们的城市规划实践与研究就是在转型发展的背景下，研究城市空间如何与产业转型相适应，保障经济目标的落实，解决经济转型过程中的各种空间问题，利用规划的技术手段化解转型过程中部分矛盾，并带动社会其他方面的成功转型，提出在城市转型过程中相应的空间策略、生态策略及社会转型策略，也希望总结出城市规划在经济转型过程中可遵循的基本原则和实现的路径。相信这种资源型城市转型背景下的城市规划策略研究，应该对现阶段中国资源型城市的转型具有借鉴意义。

目前国内学术界对资源型城市的研究主要集中于经济发展领域，研究的学术成果中，大多数的研究是针对产业结构调整的；研究集中在资源型城市自身的发展机制如经济体制改革、政企关系方面；关注的热点是资源型城市的经济问题，当然经济问题是资源型城市发展和解决资源型城市问题的根本。对资源型城市其他领域的研究，在理论和实践上都存在着差距。

国外学界对资源型城市的研究已经渗透到其发展的各个领域，在对资源型城市经济转型问题研究的同时，研究资源型区域和城市与中心城市的关系；关注资源型城市区位选择和空间发展规律、生态建设等空间问题的研究；更多注重社会的发展问题；更多地集中于就业、社区和谐发展机制；更注重社区的建设及社区归属感的建立等方面。在实践领域，发达国家(特别是欧盟)已有相对成功的经验及案例可借鉴。面对资源型城市可持续发展在中国的实践，数量庞大的资源型城市的发展问题仍在艰难的探索之中。

2. 资源型城市转型中的城市规划

以往国内学术界多从物质空间实体和经济转型角度来研究转型问题。城市转型会涉及城市的各个方面，各种层面的问题，只有综合、全面地认识城市转型问题，多角度、多领域来研究，以城市的空间规划为平台，建构城市转型中各要素之间的关联关系，建立综合系统的规划体系才具现实的指导意义，从城市规划的角度及技术手段来研究资源型城市转型的问题。在基本理论支撑下从实证出发下研究，城市规划对资源型城市的转型的作用会有新的认识和见解。审视规划的核心问题时，中国与国外城市的发展轨迹、发展阶段、背景不同，借鉴国外成功经验，探索中国特色的资源型城市发展的理论与实践问题是面临的课题。

3. 城市规划在城市转型的作用与关系

在人类社会逐渐步入高度城市化的今天，城市及其区域的发展对于一个民族、一个国家，以至于全球的进步与发展，产生的影响和作用毋庸置疑。世界上的每个地区在社会、经济、文化等方面都越来越受制于城市的发展状态，它已经成为人类文明进步的象征。因此，城市规划行为也就越来越体现出自身的价值和重要性。城市规划不同于经济政策，可以及时得以调整并加以变更，城市规划的制定应当是一项非常审慎的行为。一个好的城市规划可以促进城市社会经济的发展，城市规划中的任何偏差与失误，都可能招致适得其反的效果，所形成的物质环境会在相当长时期存在，消极影响不可逆转。城市规划决定社会资源优先权的安排：在什么地方进行建设？建造什么？如何操作？公共资源如何筹措？公共利益如何限定？这些问题在城市规划的制定过程中同样也必须得到考虑。现代城市规划的制定与实施也是一项庞杂、繁复的社会行为，这种社会行为的本质，以及对它进行分析研究的复杂性至今未能得到广泛的认识。

以往城市规划研究只关注自身研究领域中的内容，没能将城市作为一个有机的整体来进行考虑，只关注属于技术范畴的内容，视城市规划为独立于社会政治领域之外的行为，很少注意属于公共性质社会政策的问题。如果仅仅考虑技术性的分析，而不考虑现实中政府行为(即通过政策研究来促进、改善现实中的政府行为)，这种研究是不全面的。公共政策涵盖面比规划要广。"规划"从字面上的含义只是代表了政府行为所讨论的一个方面。"规划"通常是指刻意地去实行某些任务，并且为实现这些任务把各种行动纳入到某些有条理的顺序中，而公共政策所包含的范围往往比这种计划模式的范围要大。

作为资源型工业城市的唐山目前正处于城市化中期，城市仍在快速发展的阶段，由于自身的产业结构升级、生产要素的流动的内在动力和国家节能减排等外部的要求推动城市的转型升级，这个阶段城市转型能量的释放与规划的调控之间要适应，规划约束与城市转型重构之间要建立一个平衡，既不能用城市规划压制转型重构的活力，也不能让城市转型与重构的活力盲目扩张损害城市可持续长远发展。城市规划的作用是在城市发展中防止出现后人难以纠正的刚性错误。

(二) 规划研究的视角和核心问题 (对城市规划的基本观点与立场)

1. 研究的视角

城市是一个系统，是自然与社会的综合，处于自然与人为因素之间，既是自然的客体，也是文化的主体。城市构成的复杂性使其空间的组织和形态的表现反映出相互关联与不断变化的特征，它有着自身的发展逻辑，城市依循着人们的意志，但又超出了人们意志所能控制的范围，而且几乎与所有生活在城市中的人有关。

城市转型是指基于推动城市发展的主导要素变化而导致的，城市发展阶段与发展模式的"重大的结构性转变"，是在相对较短的一段时期内城市集中发生的具有内在一致性的变化与制度变迁。随着城市的转型，对城市发展起引导和调控作用的城市规划也会发生相应的变化，这种变化促使我们从多个视角来研究正在唐山正在"转型"的城市，同时伴生的空间与社会的变化。

研究的目的是要建立与城市转型相适应的城市规划理论且逐步形成体系，并对城市的现实发展产生积极的影响。该体系针对城市系统及其功能要素之间的相互关系进行分析，所包含内容应获得学术上的基本共识。

2. 城市的系统性

系统是"依一定秩序相互联系着的一组事物"，秩序反映的是系统的一种运行状态，具体地说，它是指系统各种构成要素在运行过程中所形成状态的稳定程度。由于城市空间系统是由多种要素组成的，这些要素各有不同的行为特点和运行规律，因而在运行过程中它们相互之间可能协调，也可能不协调。如果系统的各要素能够协调发展，并共同趋向于系统的目标，则这种状态就是有序的；反之，如果这些要素之间相互摩擦，有的支持系统的目标，有的反抗系统的目标，导致系统运行偏离原有目标或出现某种程度的无规则振荡，则这种状态就是无序的，称为技术性因素，另一类称为制度性因素。

"经济结构、社会结构、空间结构和自然生态结构"构成了城市的"四个主要结构"。城市空间是城市经济社会协调发展、可持续发展、提高城市品质的基本保障，城市空间也是经济和社会活动最重要的载体，经济社会领域出现的转变也必然导致城市空间和社会结构的变化。空间结构既是经济和社会结构的反映，又深刻影响经济、社会的发展，真正影响城市规划的是深刻的政治和经济的转变。

城市规划的作用是城市发展空间结构的安排和调整，同时城市规划也面临社会层面的变革，要建立与之相适应的社会结构和完整的生态结构，由此看来"四个结构"的关系不是孤立的，应当是互相融和、有机结合的关系，"四大结构"在城市转型时期都需要调整，更需要有机结合、共同提升。城市四个结构完备协调构成了"生态宜居城市"的核心内容。城市转型的本质是城市结构的转变和提升。城市结构的转型和提升关系到城市发展的全局。

3. 资源型城市的主要问题

（1）城市经济结构：经济的发展是社会进步的基础，只有经济得到发展，才能解决城市的贫困、环境污染、就业不足等问题，才能为居民创造良好的人居硬环境，从而促进人居软环境的建设。宜居城市应该是具有强劲经济发展潜力，经济发展水平较高的城市，以确保经济可持续发展，提高居民的生活水平，持续为居民营造一个良好的人居环境。只有挖掘本地资源，培养相关的接续产业，打造城市特色，加快产业结构调整，才能为宜居城市的建设提供永续发展的动力。经济结构应该是城市的主要内容。

（2）城市空间：城市空间是城市规划的核心内容。保障资源型城市转型的实施战略，空间的优化是资源型城市可持续发展的重要方面，资源型城市的经济结构转型必然会带来城市空间的重组。人口、资金等生产要素在地域上必然呈现聚集的趋势，城市空间的发展也逐步趋向相对聚集模式，依托多组团的空间结构形式，构建多中心、紧凑型的城市空间结构。

城市内部的用地也将由计划经济单位式用地方式向以市场经济规律为主导转变。城市中黄金地段用地置换成配套完善城市的基础设施，城市建设用地重组的重点是新产业空间用地。转变城市职能，城市的生命周期会伴随城市的发展规划来调整，并实施特殊的区域开发政策，促进资源型城市与区域融合和互补发展，加快资源型城市的城乡二元经济结构转换。城市经济结构的转型主要是传统产业升级和重组，以及向沿海转移的举措。

（3）自然生态：优美宜人的生态环境是建设宜居城市重要的目标和象征。通过城市生态化建设可以创造宜人的居住环境、生活和生产空间，如何充分利用自然的生态资源，有效地利用现有的自然景观，建造多样开放的城市公共活动空间，营造城市绿化空间，营造宜人的城市氛围，是目前国内众多资源型城市应努力的方向。资源型城市的自然资源过度开发造成了我国资源型城市严重的"生态赤字"和次生灾害隐患，出现"三危现象"（经济[economy]危机、资源[resources]危机、环境[environment]危机），生态治理和灾害防治成为资源型城市空间建设的重点和难点。建立并优化资源型城市生态系统是目前资源型城市一项艰巨而长期的任务。

（4）社会结构：资源型城市的经济困境诱发诸多社会问题。要解决和消除城市贫困等诸多社会问题，首先是建立住房保障体系，解决住房问题，为低收入者提供廉价住房。住房问题影响着社会的公平和稳定，同时涉及千家万户的切身利益。"居者有其屋"是宜居城市最基本的前提。

城市的发展重大决策对于城市的建设起着很重要的作用。如何引入公众参与的形式，使公众参与制定城市规划，管理者应帮助公众了解各种规划决定对他们的影响，启发管理者去创新以满足民愿；城市规划应重视人们对城市的多样化追求，增强城市的活力，促进城市的可持续发展，将社区作为社会治理的基本单元。公众参与是引导宜居城市建设的一种有效途径。将居住问题与社会管理结合起来，重建社会的基础秩序，营造有归属感和安全感的居住环境，才能真正达到和谐社会的目标。

（5）城市文化特色：资源枯竭型城市的经济转型不仅是经济问题，也是文化问题，文化建设与经济发展之间存在着必然的联系。

最能反映城市个性的是城市文化。有特色的城市因其凝聚地域文化的精华而具有竞争力，发展才会有内在动力及后劲，才有可能实现宜居城市的目标。宜居城市的文化特色不是摈弃外来事物的自我崇拜，而是对传统文化的延续，在维护城市文脉的基础上，兼容并蓄，融合现代文明形成特色文化的环境。保护城市历史文化遗产，不仅包括有形的，还要包括无形的文化遗产。只有立足于本土文化，使具有不同时代特征、不同地理位置、不同审美追求的多元文化相融合，才能形成城市独特的文化特征。

（6）高效的公共交通：出行便捷是宜居城市建设的基础，交通便捷舒适是宜居城市建设的重要条件之一。随着城市化进程的加快，目前交通问题已成为影响城市效率、影响社会经济发展和市民身体健康的突出问题。宜居城市应以人为本，建设宜人、完整的步行休闲网络，同时优先发展城市的公共交通，完善交通管理系统，建设交通基础设施，发展可供多种选择的各种公共交通。

（7）城市安全：正处于社会转型期的城市的人口、资源、环境与发展之间的矛盾，巨大的人口规模、人口结构、复杂的各种利益关系，使城市安全问题越来越为政府、社会、公众所关注。宜居城市应形成一套完整的安全城市体系。安全的城市提供给市民的不仅是公共安全保障，还应包括城市生态环境安全、食品安全、生产安全、经济安全、社会安全、文化安全等。纵观中外城市发展史，城市的安全保障一直是城市建设的基本要求。城市应该对自然灾害和社会与经济异常或突发事件具有良好的抵御能力。

4. 研究城市规划的核心问题

城市是由人和人工的物质环境构成的。城市是人类社会组织和人工环境两个层面的有机结合，其中"人类自身"是城市本质的唯一线索。

创立都市社会学的芝加哥学派大师埃兹拉·帕克（Ezra Parker）指出城市"不是"什么。他说："城市不是许多单个人的集合体，不是各种城市设施，比如街道、建筑物、电灯、电车等的简单聚合；也不是各种社会组织，诸如教堂、医院、法庭、学校等的简单聚合；不是，都不是。"最后，他才强调，"总之，城市绝非简单的物质现象，绝非简单的人工构筑物。城市不仅是自然的产物，更是人性的产物。"

城市的主要矛盾是人口和环境的对立统一。这种关系不仅高于城市中人与人的对立统一，也高于物与物的对立统一，体现着城市人类与城市物质环境互为依存、相互对立、相互渗透的关系，而这一矛盾当中的主要方面是人而不是物，因为人在这一联系当中发挥着主导和支配作用。人类自身的属性，就是揭开城市本质奥秘的钥匙。分析城市这一复杂事物中的主要矛盾才能认识城市的本质，城市不可能是脱离了人和人类活动而孤立存在的物质体系。"生态宜居城市"是为人而存在的，人本思想应该是城市规划中最基本的价值判断。

第二节 研究过程与方法

一、研究的目的

我国资源型城市的研究指向不仅与资源型城市自身的发展状况有关，更与国家宏观经济制度和政策的走向密切联系。其研究一直都有深刻的国家政策烙印。许多研究都是针对资源型城市枯竭阶段的问题来进行的。正如江泽民1990年视察大庆市时就提出："未雨绸缪，要考虑长远的发展问题"。唐山目前发展阶段还没有到资源枯竭阶段。所以本研究选题以城市规划为切入点，研究目前阶段城市规划遇到的和将会面临的各类问题，研究城市发展过程中各要素之间的关联关系，在总结国内外资源型城市共性问题的同时，更关注唐山与其他资源型城市的差异之处，研究现阶段城市发展中存在的个性问题。

本研究采用理论与实践相结合的方法，通过唐山发展历程的总结和深入分析，在反思规划理论的基础上，对理念、方法进行一些理性的探讨。研究涉及到规划技术与规划行政管理两个层面，以分析问题、解决现实问题为目的，提出相应的规划应对策略，探讨引导城市的可持续发展

的规划策略，应该对国内资源型城市的发展转型具有重要的现实意义。

城市规划不仅要适应经济发展及各方面的转型要求，同时应发挥空间的引导作用。中国正经历着由计划经济体制向市场经济体制的转型，这场变革将导致利益整合、权力重置及文化转型。在现行体制下，城市规划缺乏一种切实可行并趋于客观、理性、能有效解决现实问题的规划运作模式，这不仅需要在理论层面上探讨体系架构，更有必要建立一套行之有效的、以实践为最终目的的工作方法。同时政府机构正在进行着以依法行政为方向的改革，现实不仅要求政策创新，更呼唤制度创新。

二、研究的过程和方法

面对正处在城市转型关键时期，具有百年历史的资源型工业城市，实践的过程也是对城市的认识过程，确定的选题即是面对种种问题的求解，这项研究也只是阶段性的成果。课题的研究是开放和可持续性的。

首先，本研究开展大量的基础性、前瞻性的规划前期的专题研究工作：基础性的研究为规划的编制与实施提供了科学的前提与保证。各专项专题从多领域、多视角来研究城市的各种问题，试图超越具体问题层面的解决寻找一种对目前城市规划实践趋于合理的解释，从理性的高度来认识和解释现实问题。

本研究在基础研究的分析和总结基础上，汲取相关学科的理论和研究方法，把握城市整体发展方向；提出资源型工业城市转型时期城市规划的基本策略，从实践层面上升到具有指导意义的理论，提出的"城市规划策略"指导具体的规划实践。同时本研究也探讨一些新的工作方法和程序，变革现有的城市规划运作模式，探讨建立一种针对资源型城市转型的一套行之有效的城市规划的工作方法。

其次是多视角的理论分析和实证研究相结合

的研究方法：资源型城市经济结构的转型必然带来城市空间的重组，城市的空间发展与优化是资源型城市可持续发展的重要方面，本研究是以城市空间规划为基本平台，以相关的理论研究成果为基础，融入城市经济、城市形态、城市生态、城市设计、社会学等多个领域的相关理论与实践成果，从实证出发研究，遵循由概念到理论、深层机制与外显的形态相结合、宏观与微观相结合的逻辑思路进行论述，意图改变以往城市规划的研究单纯从"空间、美学"为主导的狭隘视角进行的局限性，运用宽视野和多层次的知识背景来分析资源型城市的问题，提出相应的理念、规划策略和解决问题的方法和途径。同时在实施完成的实践案例中，本研究总结提炼出验证本研究成果的指导价值和正确性，为资源型城市转型提供具体的指导性建议。

三、研究的内容框架和写作章节安排

（一）研究的内容

（1）本研究以唐山的城市发展作为研究实证的案例，系统总结了国内外资源型城市转型的规律及发展趋势。在对历史资料详实的分析基础上，提出城市规划在城市转型过程中的相对应策略。如：生态（绿色）策略、空间（蓝色）策略、社会（红色）发展策略，提出城市转型发展过程中的公共优先、生态优先、安全优先的原则，规划的编制实施中的刚性与弹性原则，规划实施的可变与不变的划分原则，相应的"规划策略及基本原则"能形成指导实践的理论。

（2）研究各策略之间各要素的内在联系，将有形的城市物质空间复合城市文化、生态建设、城市安全、城市社会管理等组合叠加多项要素。建立以城市空间规划为基本平台，具有组合效应，具有多种功效的城市规划空间体系。

（3）提出城市规划的科学、准科学、非科

学的属性特征。城市规划作为完整的具有严谨科学性的学科，不仅具有科学内涵和自然科学的属性，同时还有其他学科的特点，具有准科学（制度、政策、审美等因素）和非科学（认知水平、个人和集体的价值取向）的内容。城市规划的政策行为构建规划的政策体系，编制行为构建规划的空间体系，教育行为构建规划的价值体系，管理行为构建规划的运作体系。它们构建了四位一体的规划行为协同框架。这种认识总结能在实践中采取务实的相应策略，把握问题的实质，解决现实中的问题。

（二）研究方法

1. 多学科、多领域综合的研究方法

城市规划研究涉及的问题复杂、内容庞杂。本研究没囿于某一领域的研究，而是从多个视角、重点对经济、社会、生态、城市规划等多学科进行综合，从唐山的具体规划实践入手，总结出符合现实的规划理论和研究方法。

2. 理论的借鉴与实践可行性相结合的研究方法

吸收国内外有关的资源型城市转型研究的理论成果，总结符合唐山实际的规划策略，以解决现实问题的有效性为基本原则，形成体系性的理论观点。务实的手段与方法指导具体实践，使复杂多变的具体实践与理论互为演进，将规划的技术与行政管理相结合推动策略的实施。

3. 宏观战略策略与微观操作方法相结合的研究方法

从宏观经济战略的角度来分析和把握城市发展的脉络与走向，将微观的具体实践与宏观的战略发展有机地结合起来，从宏观和微观两个层次系统的运作模式寻求结合点，避免宏观与微观相割裂的状况，把握城市短期行为和长期战略发展之间的恰当平衡。将宏观的区域与微观的个体作为一个整体研

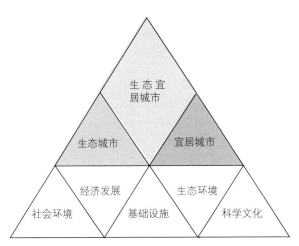

图1-1 城市发展目标建立

究,把宏观战略层面上规划储备,转变成符合资源型城市转型发展的规律的相应策略。

(三)研究的主要结论

资源型城市的发展问题受到社会的关注。目前许多研究都是围绕产业结构的更新调整、产业环境的改造整治、产业工人的再就业等问题展开的。本研究以唐山这个典型的资源型城市为案例,发挥城市规划的指导作用,针对城市转型中城市规划在空间上做出引导和安排,并对各种相关因素进行协调和组织,提出唐山在城市转型中具体的城市规划策略,总结出资源型城市转型中城市规划所要解决的共性问题,并提出本研究的五点结论:

结论一:城市的四个结构

通过研究可以总结出:"经济结构、社会结构、空间结构和自然生态结构"构成了城市的"四个主要结构"。城市四个结构完备协调构成了"生态宜居城市"的核心内容。(图1-1)他们之间的关系不是孤立的,应当是互相融和、有机结合的关系,资源型城市的转型重点应在"四大结构"的调

整,更需要四个结构之间有机结合、共同提升。

结论二:提出的四项策略

针对资源型城市转型提出相应的规划策略:推动产业转型和升级产业结构转型的**绿色策略**;引导城市和产业向沿海布局的**蓝色策略**;促进城乡社会和谐建设的**红色策略**;建设生态宜居城市为目标的**深绿策略**。研究各策略之间各要素的内在联系,将有形的城市物质空间复合城市文化、生态建设、城市安全、城市社会管理等多项要素的组合叠加,实现城市各要素的整合。

结论三:建立的四个体系

研究和建立相对完整的城市规划体系:城市规划不单是纯技术及空间形态层面的问题。社会核心价值观的树立以及思想观念的教育行为构建规划的价值体系。

城市规划不仅要关注城市的经济转型,更应关注城市的公共领域问题,城市规划是政府的公共政策和社会政策结合的产物。政府的政策行为构建规划的政策体系。

城市规划的阶段性,规划在不同阶段不同领域解决不同问题,规划的编制研究应该解决现实问题,各层次的法定及非法定的编制行为构建规划的空间体系。

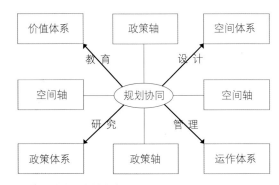

图1-2 四位一体的规划协同框架

城市转型发展的规划策略

城市规划从基础研究、编制、决策到实施管理等一系列行为构建了城市规划的运作体系。

这四个体系构建了四位一体的规划行为协同框架。应建立一个规定空间形成的基本框架规则，以其生成系统。该系统能够随时进行适当灵活的调整，在这个系统中，所建设的最终形态，应该创造出一个在任何阶段都充分具有城市空间、生态意义和生命力的场所。这才是规划的有效途径和实际意义。只有加强并不断完善城市规划的体系建设，规划才能在城市发展中真正有效地发挥作用。（图1-2）

结论四：规划的四点认识

通过多年的规划实践总结和理论思考，本研究认为现阶段城市运行过程中，城市规划的综合性、政策性、过程性、相对性特征认识至关重要。

以往城市规划通常只关注于技术范畴，仅考虑技术性的分析，视城市规划为独立于社会政治领域之外的行为，制定的规划较少考虑其他因素的综合，很少关注城市规划的公共政策属性，也体现不出规划的适应性。城市规划不只是空间规划问题，城市规划其实更是一种充满价值判断的政治决策过程。公共政策与政府的政策行为影响面比空间规划要重要。

一个好的城市规划不仅来自于好的规划理论，而且也来自于好的规划过程。城市规划不仅应包括理想蓝图的制定，也包括一种动态的调整和完善过程。规划的过程与规划理论具有同样的重要性。构造一种能实现蓝图的良好程序要比结果更重要。

城市规划的结果并非体现简单分明的黑白关系，没有绝对好的城市规划。城市规划的有效性只是针对某些局部，任何一种城市规划措施都不可能完全有效，即便是有效的，也是相对的。孤立、单纯、抽象地评价一个城市规划优劣与否缺乏实际意义。这种相对性必须得到客观认识。

结论五：规划的四个阶段

研究建立一套在制度保障的前提下，从规划的研究、编制、决策、管理实施全过程的四个阶段提出改进的观点，并提出了可操作的方法。本研究提出建立灵活的城市规划调整机制，探讨保证规划实施的有效途径，使规划在现实中更加富有实效性，指出在规划的四个环节中，现阶段尤其应该强化前期研究、决策的两个环节。扎实基础的前期研究会使规划编制有科学理性的基础。目前规划的决策环节尤其应该强化和改进，目前的决策体系建立应该在现有的政治体制架构来进行制度设计。城市规划真正做到在法制的框架下，实现科学决策、民主决策还有巨大的改革空间。

（二）写作章节安排和研究框架

1. 写作章节安排

本文共分十五章，内容由上篇、中篇、下篇三个部分组成。

上篇：由前五章组成，主要为资源型城市相关研究的综述、基本情况概述，研究唐山城市的基本特点，资源城市经济产业结构的转型对空间、社会、生态结构性的影响，城市转型中规划所要面临的问题，以及规划及发展策略所需要解决的问题。

第一章，绪论：介绍研究的选题背景和研究方法、研究的主要结论和写作的结构安排。

第二章，关于资源型城市的概念和理论综述部分，总结国内外资源型城市转型发展的理论和发展规律，界定资源型城市内涵及基本特征，可借鉴的规划理论与实践成果。

第三章，唐山的产业与城市发展的回顾综述。

第四章，唐山城市发展中城市规划的回顾，不同时期城市发展思路和城市发展目标，以及当前城市主要问题的分析。

第五章，讨论唐山未来城市发展思路和转型城市的发展原则，提出城市产业发展的绿色策略。

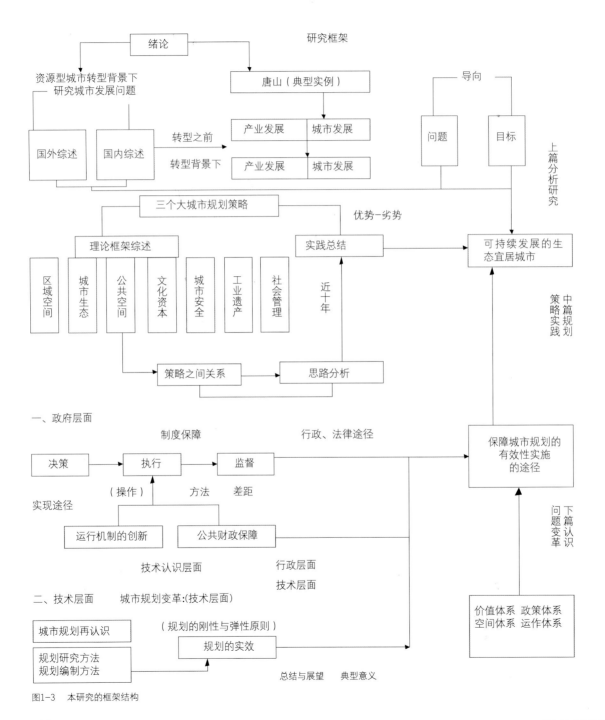

图1-3 本研究的框架结构

中篇：由第六章到第十二章组成，主要提出唐山资源型城市转型过程中的相应规划策略，针对城市发展四个结构提出相应的规划策略，并从政府的立场确定城市的发展目标和方向。在分析城市的各方面存在问题的同时，从城市规划的角度提出相应的七项具体策略，并从技术理性扩展到政策层面，提出制定政策导向和采取措施付诸实施的路径方法。

第六章，研究城市的蓝色策略：主要是城市的空间布局策略研究。

第七章，研究城市的深绿策略：主要是生态城市的目标及策略研究。

第八章至第十二章，研究城市的红色策略：主要研究城市的公共空间、城市的工业遗产保护与再利用、城市文化资本的开发战略、城市安全策略，提出与城市转型发展相适应的理想住区模式以及相关社会发展策略。

下篇：由后三章组成，主要从技术性因素和制度性因素两方面来研究城市规划的现实问题。规划策略的实施应该有方法的正确性和制度的保障，对城市规划的再认识，以及对目前规划研究、编制实施环节中存在的问题进行分析，探讨技术层面的规划研究，编制实施的改进措施。城市规划实践作为一项社会分工，规划不仅担负着政府对城市的公共职能，也代表公共利益，物质性规划领域内的城市规划应该以制定政策和执行政策为工作特征，还应着重在规划的决策、管理以及公众参与等制度层面探讨变革的途径。

第十三章，对城市规划的再认识以及对城市规划实效评估与失效解析，探讨提升中国城市规划实效的途径，构建"中国范式"的城市规划理论和城市规划编制体系。

第十四章，规划的研究与编制方法探讨以及对规划研究、编制、各层次法定规划与非法定规划内容方法的改进途径。

第十五章，关于城市规划的决策管理新体系建立以及规划管理变革的研究。探讨建立新时期城市规划运行机制，构建决策、执行、监督"三权分离"的城市规划管理机制。

2. 研究的框架机构（见图1-3）

---

1. 伽达默尔：《赞美理论》，三联书店，1988，第46页。
2. 《马克思恩格斯选集》第1卷，人民出版社，1995，第11页。

第一节 相关概念的界定

一、"资源"的概念界定

资源型城市中的资源从两个方面来理解：一是资源的性质，资源型城市所依赖的资源为自然资源范畴。二是资源在资源型城市发展过程中的作用。资源型城市是工业化的产物，因此，资源型城市的资源，主要是指工业化时期对城市和区域发展起主导作用的森林和矿产资源。唐山作为资源型工业城市所依赖的资源主要是煤矿、铁矿、矾土矿、石灰石矿等矿产资源。

二、"转型"的概念界定

资源型城市的转型：主要是指经济转型的同时引发的全方位的社会变革。资源型城市转型的过程是脱离资源依存化，转型的目标是实现城市的可持续发展。转型过程是资源型城市运行系统从资源型产业退出主导地位所造成的失衡达到在新的技术基础、产业基础上新的平衡。资源型城市转型是适应国内外市场潮流，让具有巨大发展潜力的新产业代替资源型产业的过程；是吸引先进人才与技术，形成具有城市特色的区域创新系统的过程；是变革城市运行的管理体制机制，建立更加符合市场经济运行规律、更加灵活高效的个体运行体制机制的过程，即体制和机制不断深化改革的过程；是对劳动力资源进行二次开发，改变其形态，提高其附加价值的过程；是城市功能从单一性向综合化、多功能转变的过程；是对严重破坏的自然环境不断修复与保护，使其更适合经济发展，适宜人居的过程；是城市文化与人的思想与观念不断更新，更好地融入现代文明潮流的过程；总之，资源型城市转型是城市发展自我扬弃、自我否定、自我创新的过程。

三、"资源型城市"的概念界定

资源型城市首先满足城市的一般特征，即空间集聚性、经济非农性、构成的异质性等。其次，资源型城市有其特殊性，即资源开发对城市有深刻的影响。对资源型城市的界定，不同的学者有不同的提法。我们采用刘云刚博士对资源型城市的界定方法。他指出，资源型城市最本质的特征在于因资源而兴，而并非职能的一致性。资源型城市在发展中可能经历若干职能的变化，而这些职能的变化受到不同条件的影响，在不同地域、不同类型的城市中表现可能有所不同，但其因资源开发而兴起，并且在发展中一直受到资源开发影响的特征是一致的。他认为，资源型城市在以下三个方面不同于其他类型的城市：第一，大规模的资源开发早在城市设置之前就已经在城市所在地开始进行，城市建立在大型林矿区的基础上；第二，城市兴起依托的是大型的资源开发企业；第三，对于建国前已有的城市，建国后资源开发是其再兴的主要原因。按照这三条标准，中国的资源型城市共有63个。

唐山是因近代开平煤矿的开发而兴起的，开平煤矿的兴建带动了交通、商业、金融和其他近代工业的发展，煤矿产业直到解放初还是唐山的支柱产业，在工业总产值中占50%以上。而建国后唐山作为中国能源基地的开发，无疑成为唐山城市发展的动力。因此，唐山满足资源型城市界定的三条标准，是一座典型的资源型城市。

第二节 国内外资源型城市转型研究概况

资源型城市作为一种城市类型，其转型问题已经发展成为一个世界性的研究课题，国外对于资源型城市转型的研究开始较早，主要来自加拿大、澳大利亚和美国等发达国家。改革开放之后，我国学者就开始了对该类型城市的研究。20世纪80年代以来，国内外专家从不同角度关注资源型城市，对资源型城市转型的研究进入了深层次研究阶段。

一、国外资源型城市转型研究概况

国外资源型城市一般被称为 source-based town（资源型城镇）或 resource-dependent community（资源型社区），而以矿产开采为主的城镇则称为 mining town（工矿城镇），国外还对单一工业（主要是采矿业）城镇(community of single industry)进行过研究。国外对资源型城市转型的研究主要集中在法国、德国、加拿大、澳大利亚、日本和美国等发达国家，其中以加拿大、澳大利亚和美国研究最为深入。

纵观资源型城镇发展的进程，可以将国外专家学者的研究大致划分为三个不同的阶段：第一阶段，初级理论研究阶段（20世纪30年代初至20世纪70年代中期）；第二阶段，从个体到群体的实证与规范研究阶段（20世纪70年代初至80年代中期）；第三阶段，综合性、深层次研究阶段（20世纪80年代以后）。该研究领域主要代表人物有鲁卡斯（R.A.Lucas）、鲁宾逊（I.M.Robinson）、赛门斯（L.B.Siemens）、布莱德伯里（J.Bradbury）、马什（B.Marsh）、沃伦（R.L.Warre）、欧费奇力格（C.Ofairoheallaigh）、霍顿（D.S.Houghton）、海特（R.Hayter）、巴恩斯（T.J.Blames）等。

20世纪30年代，加拿大地理学家英尼斯(J.A.Innis)对资源型城镇进行了开创性研究，主要以单一城市（镇）或特定区域中的若干城市为研究对象进行研究，对资源型城镇发展存在的社会问题、个人行为、性别歧视、婚姻破裂、酗酒等一系列孤独环境的反应进行研究，其意图是寻找社区不稳定的原因。

20世纪60年代以来，由于廉价石油、天然气、核能等的消费比例迅速上升，很多国家对使用煤炭的环境标准提高，使煤炭的需求量和产量下降，从而使产业结构单一的煤炭城市率先出现了衰退，就业岗位减少，人口外迁日趋严重。其他类型的资源型城镇也都经历了不同程度的衰败，由此资源型城市的转型成为社会科学家研究的焦点。研究的内容集中在资源型城市发展中的社会问题和心理问题、矿区的生命周期、工矿城市的兴起和衰落、资源枯竭城市的振兴等方面。

相对于早期注重的个体实证研究，20世纪70年代末期以后，开始了实证研究与规范研究的结合，研究内容上逐步关注资源型城镇的生命周期与可持续发展、经济结构调整、劳动力市场的结构与资源型城镇的劳动力特征以及世界经济一体化对资源型城镇的影响等方面。

研究过程中所运用的理论不断更新，早期主要以传统的行为地理学、城市规划学和区域发展理论为主。70年代末到80年代中期，资本积累与国际化理论和依附理论被引入到资源型城镇的研究之中。80年代中期以后，经济结构调整和劳动力市场分割理论逐步得到了应用。在研究方法上以描述性、概念性的实证研究占多数，而理论性的规范研究成果及构造模型、运用统计方法相对较少。随着越来越多资源丰裕的国家陷入了增长陷阱，1993年针对资源丰富国家经济增长速度缓慢的问题，Auty在研究产矿国经济发展问题时首次提出了"资源诅咒"（Resourse Curse）的概念，针对丰富的自然资源是促进地区经济增长还是阻碍地区经济发展的问题进行了深入研究。

需要指出的是，国外资源型城镇的人口规模通常只有数千至数十万人，产业结构相对简单，而我国资源型城市拥有数十万到上百万人口，已经形成了以资源开发为主导的产业群，与国外存在着很大的差异，因此我国资源型城市转型的过程中，在学习借鉴国外经验的同时，不应该机械地照搬国外的做法。

二、 国内资源型城市转型研究概况

与西方国家相比，我国工业化和城市化进程较晚，相应的大量资源型城市的形成也较晚，我国学者对资源型城市转型的理论研究也晚于西方。在20世纪80年代中期以后，国内一些资源型城市逐渐出现了一系列共性问题，引起了很多专家学者的关注。1978年，李文彦先生率先对我国资源型城镇进行了研究，随着改革开放的深入和我国经济的发展，资源型城市的特殊问题日益引起各方面的关注，吸引着理论界和实际工作者对其进行逐步深入的研究。

在梳理众多资源型城市研究成果后发现，国内对于资源型城市的研究主要集中在"定量标准"、"数量"、"转型成本"、"转型模式"及"劳动力就业"等方面的研究。我国专家学者对资源型城市发展的研究，是伴随着宏观经济与城市发展过程而进行的，有着深刻的国家政策烙印，研究方向指向不仅与资源型城市自身的发展状况有关，更与国家宏观经济制度和政策的走向密切联系。从时间序列划分，我国资源型城市的研究可以大致划分为三个阶段：

第一阶段——1949年—20世纪80年代中期，生产力布局与资源生产基地研究阶段。这一阶段的研究，主要是围绕如何布局和选址、建设规模、建设时序等问题展开，理论研究只作为城市地理的一个专题，重点集中在劳动力地域分工、人口迁移。

第二阶段——20世纪80年代中期—90年代中期，工矿城市研究阶段。这一阶段是我国由计划经济向市场经济体制的过渡阶段，对资源型城市的研究跳出了工业基地研究的范畴，开始出现工矿城市及其发展的概念。80年代中期之后，经济地理学界开始介入城市规划与发展研究领域，突破原有的建设工业基地的视角，从城市发展与布局的角度研究工矿区域城镇的问题，其中从区域角度研究资源型城市布局的成果较多。

第三阶段——20世纪90年代中期至今，资源型城市可持续发展研究阶段。90年代中期之后，我国市场经济体制逐步完善，可持续发展理念逐渐深入人心，可持续发展理念已经成为社会、经济发展的重大主题。与此同时，随着国家经济发展战略的调整以及体制改革特别是市场经济体制改革的推进，我国相当多的资源型城市面临着"矿竭城衰"的危机。

在2003—2004年，资源型城市的发展问题就超越了政府和学术界的研究范围，受到了全社会的关注，其研究领域扩展到其发展的各方面，研究成果数以千计，使近年来我国对资源型城市的研究达到了高潮。其中主要包括资源型城市及其经济的发展与转型、城市社会发展问题、制度转型问题、资源型区域城镇化与城市空间发展问题、生态环境建设及其治理技术等，涉及经济学、地理学、管理学、社会学、城乡规划学、生态学等学科。

第三节 资源型城市相关的理论研究和方法综述

资源型城市发展的理论

（一）资源型城市产业结构的相关研究

产业结构是经济结构的中心内容，是经济增长质量与速度的重要决定因素，一国的产业结构或一个产业的内部结构也是在不断调整、变化的。（1）城市产业结构的形成与发展过程与社会生产力的发展和社会分工细化过程密切相连。（2）按照屈有明对资源型城市产业结构特征的概括，资源型城市产业结构具有单一型、超重型、稳态型等特征。

由于资源型城市的兴起与发展依赖地区各自的资源条件，往往又因区位条件的特殊性而缺乏发展动力，造成传统产业退出的迟缓和新兴产业进入的困难，这些因素的综合影响了资源型城市合理的产业结构的形成。齐建珍、李雨潼等学者认为，我国资源型城市的产业结构问题主要有以下三方面：第一，产业结构次序低，三产比例不合理。产业结构单一且优化速度慢，城市发展对主导产业依赖性强，地方性产业发展严重不足。高科技产业发展滞后，第三产业不发达，比重偏低。资源型产业在整个城市的产业结构中占据支柱产业的地位。从产业结构的角度来说，第二产业是主体，第一、第三产业发展严重滞后，难以适应市场的需求，而在城市发展过程中，由于长期依赖资源产业，使得其他产业潜力没有充分被挖掘的机会。产业组织的单调和分散性导致其调整的效益较低。另外，我国资源型城市自我积累资金的能力普遍不高，自发性组织财政投入的能力十分有限，这是导致我国资源型城市产业结构优化升级的瓶颈。第二，非资源型产业发展不足，产业关联度低，综合经济效益低下。其中重工业比重大，采掘业和原材料工业比重大，加工工业比重小，且大都处于产业链的前端，产品的加工程度相对较低，产品结构中初级产品占绝对优势。此外，产业结构的调整因为其高度刚性而缺乏调整的机理措施。第三，人才结构不合理，科技创新机制缺乏。目前唐山市作为资源型城市典型，其产业结构存在重型化倾向，产业结构不合理。资源型城市产业普遍面临着升级和优化，城市产业结构不断升级是世界各国经济发展到一定阶段后所出现的共同趋势，它以产值的高度化、资产结构的高度化、技术结构的高度化、劳动力结构的高度化为特征。所谓产业结构优化是指通过产业调整，使各产业实现协调发展、技术进步和经济、社会效益的提高，从而满足社会不断增长的需求的过程。

（二）资源型城市就业相关理论

资源型城市产业结构的特殊性决定了就业问题的存在，当前时期资源型城市普遍面临的最大压力便在于解决就业问题。根据李雨潼的概括，目前资源型城市普遍存在以下几方面问题：第一，失业人口比重大。由于我国20世纪八九十年代的经济和企业制度改革，下岗工人规模在资源型城市中尤其庞大，隐性失业与显性失业并存，而高失业率也导致了一系列的社会问题。第二，城市就业的结构特征明显。由于资源型产业的集中存在，就业结构单一，劳动力供需存在结构性失衡。第三，资源型城市下岗失业人员安置难度大，国有企业剥离劳动力困难，且下岗工人再就业难度大。

造成资源型城市就业状况的原因较为复杂，由于历史及产业性质的原因，国有企业的改革致使冗员在短时期内大规模释放，资源型企业及配套企业萎缩或倒闭，导致失业人数骤增，而资本密集型产业比例高使得吸纳就业能力弱。此外，资源开采对于技术水平的需求不是很高，城市职工的文化结构中文化层次偏低的比重较大，失业人员自身思想观念落后。因此，对于衰退的资源型城市来说，职工文化层次偏低，人才结构单一，对市场经济适应能力差，导致社会再就业困难重重。在人才方面，往往是资源型产业人才济济，而其他产业科技力量不足，人才缺乏。在这类城市中，第三产业不发达，而第二产业又多是重体力劳动，从而使男女职工比例不合理，致使男青年择偶难、女青年就业难的问题严重，而社会保障体系的不健全也是引发社会问题的原因之一。

面对资源型城市就业的困境，只有适时提出解决对策，才能实现城市再发展。学者李雨潼认为，劳动力的吸纳来源于以下三方面：第一，接替、替代产业对劳动力的吸纳。新经济部门的发展，能够产生新的就业需求。调整产业结构可以使主导产业摆脱对不可再生资源的绝对依赖。第二，劳动密集型、中小企业对劳动力的吸纳。劳动密集型企业对劳动力的吸纳能力是毋庸置疑的，也是走新型工业化道路，实现产业结构多元化和合理化，提高资源型城市工业化水平的现实可行性选择。另外，中小型企业可以起到调节供求关系的作用。第三，第三产业对劳动力的吸纳。因为从技术进步和劳动生产率的角度看，第三产业对劳动力的需求要大于第二产业，从事三产的人数比例在社会的总需求中的比例将越来越大。

此外，提高人口素质，加强职业教育和继续教育，强化劳动者综合就业技能和文化素质是适应经济转型对劳动者素质的一个刚性要求。其中软环境(如政治环境、文化环境、社会秩序环境和信息环境等方面)是城市竞争力的核心要素，人口素质与软环境建设的关联度也相当密切，良好的制度环境利于直接激励就业积极性。

第四节 我国资源型城市的产生

从本质上看，资源型城市是工业化发展的产物，大工业发展对矿产、林业等资源的强烈需求是资源型城市产生的根本原因。因此，我国资源型城市的形成与我国的工业化、城市化密切相关。

从建国到20世纪70年代末，中国的工业化受到技术封锁和意识形态的影响，具有技术落后、内向性明显和计划经济体制下运行的特点。因此，中国的工业化表现出非常强的特殊性。中国的工业化是建立在极低的经济基础上的。有数据表明，当时的经济基础实际尚不具备大规模工业化的发育条件。另外，中国的经济发展一直受到西方资本主义国家的封锁和压制，无法利用西方的资本和技术来建立自身的工业体系。在这种情况下，中国不得已走上一条非常规的工业化道路。中国工业化的启动无疑得益于苏联的资金和技术援助以及建国前残存的工业基础，而其后中国工业化的发展则是依靠其自身在计划经济体制下建立的特殊的工业化机制和发展模式。出于多种考虑，中国选择了重工业优先发展工业化战略，在封闭的环境条件下，几乎全部由国家投资，按照中央的统一计划，建立以钢铁工业为基础的重工业体系。在这种背景下，各种森林、矿产资源，特别是与钢铁有关的资源受到了格外的关注。围绕资源的开发，在全国各地兴建了一大批资源开发基地。在苏联工业地域综合体思想的影响下，工业生产强调专业化与综合化发展相结合，一方面造成了大多数资源基地与加工基地相分离，资源区产业结构单一初级化；另一方面在基地建设中强调"大而全，小而全"，使资源基地的规模日益扩大，许多基地都建立了城市的建制。

80年代改革开放之后，中国多年封闭的工业化状态被打破，中国工业化模式发生很大变化。一方面原有计划经济体制转变为市场经济体制，工业的发展不再单纯依靠本国资源的优势，而更多依靠国外的资本、技术、资源输入；另一方面伴随着经济结构的调整，工业化重点领域也发生转移。总的来看，经济发展对本国资源的依赖程度降低。这一时期，基地的建设模式也发生很大变化。资源开发的主体趋向于多元化、资源开发行为趋向于企业化，非国有资本也逐步介入资源开发领域，使资源开发逐步走向市场化。在这种背景下，资源开发企业逐步侧重资源开发生产效率和经济效率的提高，"大而全，小而全"的现象得到了缓解，这使新建资源基地的规模大都偏小，而且管理结构更加简单，基地人口规模的扩张得到遏止，更多的资源基地维持在简单的矿区形态上。

一、 我国资源型城市的发展

资源型城市受制于耗竭性资源开发的基本规律：可耗竭或近似可耗竭的自然资源在一定时期内其储量的有限性及其开发成本的递增性，使任何一个资源区的资源开发活动都将经历一个兴起、发展、高潮直到衰退的周期性变化过程。相应的，资源型城市也表现为依附于这个过程的阶段性发展过程。美国地质学家胡贝特概括的，一般资源型城市的生命周期分成四个阶段：

预备期——资源开发前的准备阶段。

成长期——全面投产到达到设计规模阶段。

成熟期——生产达到设计规模阶段后继续发展，利用主导产业的前后向和侧向联系，发展相关联的产业，矿产综合区域发展程度逐步提高，规模逐步扩大。

转型（衰退）期——以矿为主体的产业地位下降，如果有新的产业兴起，矿区区域的性质功能转变，一般演化为综合性工商业中心城市。没有新的产业兴起，城市开始衰退、消失。

二、 国内外资源型城市经济转型成功案例及启示

在国外资源型城市转型的成功范例中，比较著名的有德国鲁尔、英国谢菲尔德、法国洛林、日本九州等；在国内，辽宁阜新、河南焦作是产业转型的先期实践者。

（一） 国外案例及启示

1. 德国鲁尔区

（1）概述

鲁尔工业区是位于德国西部北威斯特法伦州境内的一个区，是一个以煤炭开采为基础的工业基地，面积4434平方公里，人口540万，是世界上最大的工业区之一，也是欧洲最大的工业区，素有"德国工业引擎"的美称。

图2-1 德国鲁尔区煤矿改造成文化项目（左）

图2-2 德国鲁尔区工业改造成展览设施（右）

图2-3 英国钢铁厂改成科学博物馆

从19世纪中叶开始，在以后的一个世纪中煤炭产量始终占全国80%以上，钢产量占全国的70%以上。该工业区的显著特征一直是以采煤、钢铁、化学、机械制造等重工业为核心。从20世纪50年代起，由于世界能源结构的改变和科技革命的冲击，鲁尔区逐步陷入了结构性危机之中，经济增长速度减缓，主导产业衰落，失业率上升，大量人口外流，环境污染日益加剧。

面对危机，德国政府自20世纪60年代末开始着手鲁尔区经济结构的转型工作。在此过程中，德国政府不仅前瞻性地制订了多个调整产业结构的指导方案，而且在计划实施的过程中提供了大量的优惠政策和财政补贴，并设立了地区发展委员会等专门机构，充分发挥政府机构、工会、各行业协会的不同作用，积极推动鲁尔区的产业结构调整工作。

（2）鲁尔工业区转型策略

第一，加强基础设施建设，为资源枯竭地区的工业转型创造良好的投资环境。在这里，建成了欧洲最稠密的交通网络，有600公里高速公路，730公里联邦公路，3300公里乡村公路。拥有铁路线长度近10000公里，年货运量超过1.5亿吨。还有6条水运内航道，以及繁忙而高效的航空运输系统，组成了世界最完善的立体运输网络体系。还有能源保障、现代通讯技术等。

第二，政府制定和出台相应的投资政策，简化审批手续，以吸引外商投资。

第三，因地制宜，发挥本地区的优势，在转型改造的同时，注意保持本地区传统历史文化。鲁尔工业区是德国煤炭和钢铁生产基地，当资源枯竭以后，当地政府不是简单地拆毁工厂，回填煤矿，而是政府投资，将工厂和矿山改造成为风格独特的工业博物馆，变成旅游资源，成为当地著名风景线，并被联合国教科文组织批准成为世界文化遗产，不仅减少了拆迁所带来的工业垃圾的污染，而且为当地的旅游带来丰富的资源，创造了大量的就业机会。

第四，在改造传统工业的同时，鲁尔工业区还十分重视第三产业的发展。目前，在鲁尔区有15万个规模不等的企业，大部分都是第三产业，从事第三产业的人数为140万，占所有就业人口的65%。

第五，重视教育和职业技术培训。所有资源枯竭城市和地区在转产改造的同时都面临下岗工人二次就业的问题，鲁尔区设立了多所大学及科研机构。

第六，积极引进竞争机制，不排斥外国企业参与区域内的竞争，加速了产业的优化组合。

第七，注意生态保护。如今的鲁尔工业区山清水秀，空气清新宜人，居民区和工厂区都坐落在绿色植物群落之中，真正实现了生态城市的建设。

（3）鲁尔工业区转型成果

通过德国和北威政府30多年的经济结构调整和转型，鲁尔区目前已从"煤中心"逐步变成了一个煤钢等传统产业和信息技术等"新经济"产业相结合、多种产业协调发展的新经济区。原有的200座煤矿减至今天的15座，煤矿工人从62万减少到5.3万，钢铁厂从26个减少到4个，从业人员从35

万下降到7.5万，而服务业和信息技术产业却蓬勃发展，其中服务业就吸引了该地区64%的从业人员。林立的烟囱，废弃的井架和高炉，经过多年的整治，已经陆续变成了农田、绿地、商业区、住宅区、展览馆等，并以其优惠的政策和完善的基础设施吸引了国内外的大量投资。

德国鲁尔工业区经过多年的改造，已经取得了世人瞩目的成果。目前，鲁尔工业区已经从德国的煤炭及钢铁制造中心逐步变成了一个以煤炭和钢铁为基础，以高新技术产业为龙头，多种行业协调发展的新经济区。

2. 英国谢菲尔德

（1）概述

谢菲尔德位于顿河和希夫河的交汇处，有七座小山环绕，位于英国的心脏地带，陆路、海路和航空均可到达。谢菲尔德拥有铁矿、煤炭等自然资源，自工业革命时期起就不断抓住发展时机，从18世纪40年代到20世纪50年代近210多年，始终处于英国工业发展的前沿，成为世界领先的金属和冶金中心。谢菲尔德甚至成了钢铁工业的代名词，以至于英国人都改称它为"钢铁之城"。

但是，由于重工业的发展，谢菲尔德的环境很

图2-4 英国钢铁厂的转型与城市复兴计划

差，空气中充满了烟雾和灰尘。20世纪末期，全球石油危机和贸易全球化，打击了英国的制造业，也打击了以煤炭工业和钢铁工业为中心的谢菲尔德。谢菲尔德在国家去工业化时期未能适应市场的变化，经济急剧衰落，大量人口离开城市，城市开始衰退。

谢菲尔德的城市复兴是从物质环境复兴开始，再到城市的经济复兴。在这个过程中，国家政府、区域发展机构、市议会、私人机构和其他发展机构都积极参与，紧密合作，并发挥了重要的作用。

（2）谢菲尔德复兴的三个阶段

谢菲尔德的特殊发展机构先后经历了城市发展公司（1990—1997年）、"谢菲尔德一号"（2000—2007年）、"创新型谢菲尔德"（2007年至今）三个阶段：

谢菲尔德城市发展公司负责监督顿谷下游地区废弃工业区的重建工作。其涵盖的地区是2000英亩土地，其中35%是空置土地或废弃土地。它制订了顿谷下游地区发展规划，集中于开垦荒地和土地修复的物质发展。在该公司运行期间，谢菲尔德市著名的Meadowhall大卖场和谢菲尔德市机场建成，成功举办了世界大学生运动会，并建设了特级有轨电车，这些建设和活动对城市复兴产生了一定的积极影响；"谢菲尔德一号"（2000-2007）仍是独立于城市政府的城市复兴公司，与其合作者一起，编写和执行了被认为非常成功的战略规划和总规划，该规划成功地转变了市中心的经济财富和物质外貌。

如今的"创新型谢菲尔德"是一所由城市发展公司演变而来的经济发展公司，不同之处在于，城市发展公司集中在基础物质建设发展，相比之下，"创新型谢菲尔德"涵盖了整个城市以及几乎所有的经济活动。"创新型谢菲尔德"的首要任务就是准备经济总体规划和交付计划，该规划正在落实中。

（3）谢菲尔德城市转型成果

经过20多年的转型和复兴，谢菲尔德已经从钢铁工业和重型制造业占主导地位的经济，转变成现代制造业、商业、金融、数字和航空航天工业为主导的经济，城市人口约52万人，是继伦敦、伯明翰、利兹和格拉斯哥之后的英国第五大城市，是一座绿色城市，其尖峰国家公园占据整个城市的三分之一。

3.日本北九州

（1）概述

北九州工业区位于日本四大岛屿中的九州岛北部，是日本历史较为悠久的重工业基地之一，它是在本地煤炭资源的基础上，以进口铁矿石和废铁发展起来的日本最早的钢铁工业基地，以钢铁、化学、陶瓷工业为中心，成为日本的第四大工业区，主要分布在九州地区最大的城市福冈及周围的小仓、北九州市周围，以北九州为主。

在第二次世界大战期间，北九州市遭到美军的轰炸袭击。二战以后，日本对该地区进行政策倾斜，北九州地区迅速恢复和发展起来。至战后经济恢复期结束的1955年，北九州工业区生产出现战后高峰，成为日本经济高速增长时期提供满足国民经济大发展基础原材料的基地，并在全国经济高速增长的拉动下，在整个60年代持续增长。

20世纪70年代的两次石油危机之后，日本的产业结构逐渐调整，支柱产业由钢铁、化工等基础材料转向汽车、电子等加工组装型工业，因此，以基础材料工业为核心的北九州地区开始衰落，经济发展陷入了停滞状态。

（2）北九州产业调整经验

为使北九州工业区再次振兴，焕发活力，20世纪90年代开始，北九州市政府开始通过制定新的产业政策，进行设备更新、技术改造，通过填海造地、扩大建立新兴产业等措施进行老工业基地改造，推进资源型城市转型，主要有以下几个方面：

第一，调整衰退产业与扶持新产业相结合；第二，利用区位优势发展新兴替代产业；第三，重视解决就业和社会保障问题；第四，注重生态环境的修复。

（3）北九州城市转型成果

经过20余年的努力，九州地区的经济结构成功转型。九州地区的第一产业明显衰退，而第三产业发展迅速，制造业内部结构由钢铁、造船为代表的重工业型产业向以半导体、汽车相关产品为主的加工、组装型产业转换，并成为日本高科技产业、新兴工业的主要基地。

4.国外成功案例启示

纵观国外资源型城市转型的案例，虽然其所处的历史背景不尽相同，但我们能够从中发现资源型城市成功转型的一些共同点，总结如下：

（1）在城市转型初期，综合全方面发展要素，制定城市或片区总体发展纲要，统一规划，同时实施。

（2）注重片区环境的保护，实行可持续发展政策，发展环境产业。资源型城市转型的一个重要前提就是改善城市的环境，综合整治资源开发过度带来的一系列问题，为成功转型奠定坚实的基础。

（3）政府的政策引导。在城市转型的前期，政府提供特殊优惠政策，以寻求发展机遇，带动经济迅速恢复发展。

（4）完善城市基础设施建设，打造良好的投资环境。加大开放力度，尤其是对城市交通系统的规划、公共活动空间及市中心土地混合利用的规划设计，创造良好的活动空间，为招商引资提供有利条件。

（5）建立高校，完善教育机构，为城市成功转型提供人才支持，并且结合新兴产业，形成完整的科研、生产、销售产业链，同时对失业者进行再培训，增强地区居民综合素质，创造再就业机会。

（6）注重传统文化延续与继承，拒绝大拆大建。在转型期间，尽可能保留原有建筑或设施，一方面保留利用原有元素，可以保留人民对过去的记忆，另一方面更是城市对原有产业与文化的尊重，延续了城市的灵魂。如鲁尔区原有工业建筑被成功改造为博物馆，吸引了大量的参观者与游客。

（7）城市在转型过程中，深入研究分析各个片区发展特点，努力吸收外来资金和技术，在加快老企业改造的同时，大力扶持新兴产业，针对不同地区的优势，实现片区特色化及产业结构多样化。

（二）国内案例及启示

1.河南焦作

（1）概况

焦作市是一个历史悠久的资源型城市，矿产资源丰富，黏土、石灰石、石英石、铁矿、硫铁矿分布很广，煤炭储量很大，以煤炭工业为主形成了资源型产业为主导的产业体系。国家依据焦作丰富的资源，建立了大量的矿产资源开采和配套工业企业。焦作市因煤而建，因煤而兴，一直是全国著名的"煤城"，属于典型的资源型城市。20世纪90年代初，焦作拥有资源开采及配套型企业1200多家，增加值占本市工业增加值的比重在90%以上，多数企业依煤而生。[1]20世纪90年代中后期，焦作市矿产资源特别是煤炭资源出现枯竭，国有大矿先后宣告无煤可采而封井报废。原煤产量锐减，尤其是大企业亏损严重，全市经济停滞不前。另一个严重的问题是环境问题：焦作北靠的太行山由于长年的采石活动，植被遭到了严重的破坏，城市地下的采煤活动，损害了建筑物和道路，企业的污染排放也非常严重。面对经济和环境的双重压力，焦作市的转型迫在眉睫。

（2）焦作城市转型经验

焦作市城市转型的一个突出特征是经济结构的转型与城市空间形态转型相结合：经济结构转型为城市建设提供了财力支撑；而城市空间形态的转型完善了城市功能，美化了城市环境，从而增强了城市对资金、人才、技术等要素资源的凝聚力和吸引力，促进了城市的经济发展。

①经济结构转型，主要从以下两个方面着手

a. 以旅游业为龙头，带动全市第三产业快速发展。这主要是因为焦作市拥有大气磅礴的自然山水景观和内涵丰富的历史文化景观，在转型过程中，充分开发这些"养在深闺人未识"的旅游资源，在景区开发和景区道路建设上做了很多努力。

b. 工业从资源主导转向科技主导。工业是焦作的立市之基，也是焦作转型的关键。面对工业出现的问题，焦作市提出对主要行业、重点企业基本完成用高新技术和先进实用技术对传统产业的改造，基本形成高新技术企业群体和高新技术产业雏形的目标。围绕这一目标，焦作市对工业结构进行了一系列的战略调整：做大做强铝产业和充分发挥"晋煤焦水"优势的电力行业；改造提升化工、机械工业、建材工业等传统产业；逐步培育高新技术产业等新兴产业，并利用农业资源发展农副产品加工业。

②城市空间形态转型，主要包括以下三个方面

a. 完善城市功能。主要包括完善城市的交通网络，提高城市道路的通行能力，完善城市市政设施建设，以及加强文化、教育、医疗、商贸、住宅等项目的建设。

b. 统筹城乡建设。加强县城和重点小城镇建设，通过路网建设，将中心城市与县城、城镇连为一体，逐步形成了以中心城市为核心、各县城为卫星城，连接各小城镇的城镇化网络格局。近

图2-5　新焦作

图2-6　铜陵新貌

年来，自筹资金修建了多条高速公路和一座黄河公路大桥，加强了焦作区域之间的流通和联系，通过创建中国优秀旅游城市，实施了大规模的城市拆迁改造。

　　c．美化城市环境，突出城市特色。主要有四个方面：一是城市环境治理方面，关停了对环境造成严重污染的企业，规划建设废弃治理项目；二是城市美化方面，对城市背街小巷、居民楼院、城乡结合部等进行了治理，实施了景观道路集中整治；三是城市亮化方面，对城市主干道的路灯进行了全面更新改造，基本形成了靓丽的城市夜景照明景观；四是城市绿化方面，以绿色为主题，开展了全方位、大规模的植树造林和城市绿化美化活动，城市绿地率和绿化覆盖率分别达到了37.9%和44.1%。

　　③焦作城市转型成果

　　经过产业转型，焦作的工业已经初步形成了能源、有色金属、化工、以汽车零部件为代表的机械制造、农副产品加工五大支柱产业，2005年，这五大支柱产业完成的增加值占规模以上工业增加值的64.2%；旅游业也为焦作带来了可观的经济效益，同时也带动其他服务业蓬勃发展。现在，焦作

正在成为城市形象特色鲜明，居住环境幽雅舒适的山水园林城市，正在成为我国中西部最具发展活力的，以工业为主，三产全面发展的新型城市之一。

　　2．安徽铜陵市

　　（1）概况

　　铜陵市位于安徽省中南部，以铜立市，以铜兴市，具有3000多年的铜采冶历史，被誉为"中国古铜都"，是一座比较典型的资源型城市。现辖一县三区，面积1113平方公里，人口71.6万人。铜陵市建市第二年（1957年），其铜产量即接近全国总产量的一半。在为国民经济和国防建设做出了巨大贡献的同时，到20世纪90年代，铜陵经济社会发展产生了一系列问题：一是资源临近枯竭，开采成本上升；二是企业效益下滑，失业剧增；三是地质生态破坏和环境污染严重；四是计划体制色彩浓厚，国有企业社会负担重；五是依矿建市，城市功能不全，出现"火车城里跑，汽车城外绕"的现象。针对这些问题，铜陵开始城市发展转型策略。

　　（2）铜陵城市转型经验

　　铜陵市从20世纪80年代开始转型并经历了三个阶段：

①70年代末至80年代，多种经营的早期转型探索阶段；

②90年代的以结构调整为主线、整体推进城市综合配套改革的科学发展阶段；

③2000年以后，全力实施"科教兴市战略"、"结构升级战略"、"可持续发展战略"的协调发展阶段。

（3）铜陵转型的经验总结

可以总结为以下几个方面：

①坚持壮大主导产业与培育接续产业并举，开创了产业多元化和多层次发展的格局。铜陵市明确提出了加快壮大铜加工、电子基础材料、化工和建材四大主导优势产业和积极培育纺织服装、装备制造、能源重化工、新材料和生物医药五大接续替代产业的目标。

②坚持经济发展与环境保护并举，大力发展循环经济，形成了经济发展与生态建设良性互动。对于环境污染问题，铜陵市提出了"双向治理"的思路：一方面，加大环境治理力度，控制污染物排放总量，改善城市环境质量；另一方面，转变经济增长方式，积极开展"三废"综合利用，大力发展循环经济。尤其在发展循环经济方面，铜陵市于2005年通过了《铜陵市循环经济规划》，作为发展循环经济的指导。在循环经济实践上，铜陵市在工业企业内部推行循环经济生产模式，在工业企业之间，促进企业间的共生和横向联合；在区域层次上，建设了两大循环经济工业示范区。此外，铜陵市还致力于发展循环生态型农业。通过有效工作，铜陵市被列为国家作为发展循环经济的4座案例城市之一，有色公司被国家列入循环经济试点企业。

③坚持启动内力与借助外力并举，激发经济发展潜能，实现了企业优化、多元发展。铜陵市在启动内力上，以产权制度改革为核心，实施了一系列改革措施：一是推进企业改制上市，形成了独具特色的"铜陵板块"；二是调整国有经济布局，使国有经济从竞争性行业和系统中推出，国有职工转变为社会人；三是分离企业办社会职能，对国有企业承办的学校和医院，全部转由财政供给。在企业改革的同时，政府的职能也转变为发挥规划引导作用的"导演"角色。在借助外力上，铜陵市一方面积极争取和利用国家的各项优惠政策，比如国家债转股政策、银行核呆政策和国有矿山关破政策；另一方面加大了招商引资力度，把招商引资与调整产业结构结合起来、与国有企业改革结合起来、与产业集群培育结合起来，自"十五"以来，累计利用国内资金61亿元，外资2.3亿美元，先后引进7家世界500强企业。

④坚持老城改造与新城建设并举，打造生态山水铜都，提高了城市承载能力和环境质量。针对历史上城市建设围绕矿山生产需要来安排，布局极不合理，道路、水、电、气等城市基础设施建设滞后等问题，铜陵提出了城市再造的理念，确立了打造"中国生态山水铜都"的目标，按照"拉开大框架、建设大交通、拓展城市空间、增强城市功能"的建设思路，加大城建交通基础设施建设力度，推进矿山城市向现代化城市转型。

⑤坚持发展经济与关注民生并举，把就业放在突出位置，保持了城市转型过程中的社会和谐稳定。如何对大量依赖资源生存的劳动力进行安置，是资源型城市转型的一个突出问题，铜陵市对此采取的措施包括：a.通过国家低保、失业保险等保障职工生活；b.通过增加就业岗位、加强劳动培训等措施降低失业率；c.建立健全社会保障体系。

（4）铜陵城市转型成果

目前，铜陵形成了有色、化工、建材、电子、纺织、环保等多元化特色产业群。在铜加工产业方面，实现了从采掘、冶炼到精深加工的转轨；在建材方面，铜陵成为全国生产能力最大的现代化水泥生产基地；在电子产业方面，围绕建设国家级电子材料产业基地，形成了四条产业链，并且建成了一个国家级研发中心；在接续产业培育方面也取得了一定的成果。

如今，铜陵市初步由资源开采和初加工为主的矿业城市发展成为一座工业经济特色鲜明、城市面貌焕然一新、社会和谐稳定的新型现代化生态山水城市。

（5）国内成功案例启示

国内资源型城市竞争力重塑与提升的过程中有三大支柱，即经济发展、社会转型与环境改造。在转型的过程中，经济结构的多元化、优势产业的培育及生产技术的高科技都是转型的关键。在国内政策及经济体制下，通过对成功转型城市的分析研究，我国资源型城市转型给我们以下启示：

第一，强大主导产业，发展新兴产业，形成产业多元化及多层级发展；第二，充分利用政府优惠政策，针对不同片区发展片区优势产业；第三，充分利用科技力量，提高生产技能，合理开发和集约利用资源；第四，在发展过程中，实行可持续发展战略，坚持资源环境建设与经济同步发展；第五，加强基础设施建设，尤其是城市道路系统的建设，完善投资环境；第六，注重城乡统筹发展，这是由国内二元发展结构决定的；第七，注重城市特色的延续与继承，注重城市品牌打造；第八，关注民生，对转型中失业的员工进行培训或再安置，建立健全的社会保障体系。

---

1. 李雨潼：《我国资源型城市经济转型问题研究》，长春：长春出版社，2009。

第一节 唐山——典型的中国资源型城市概况

唐山市位于河北省东部、环渤海湾中心地带，东隔滦河与秦皇岛相望，西与天津市毗邻，南邻渤海，北依燕山隔长城与承德地区接壤，东西广约130公里，南北衮约150公里，总面积为13472平方公里。唐山市域蕴藏着丰富的矿产资源，目前已发现并探明储量的矿藏有47种。煤炭保有量62.5亿吨，为全国焦煤主要产区；铁矿保有量57.5亿吨，是全国三大铁矿区之一。

2007年唐山南堡地区发现的储量10亿吨的整装优质大油田，奠定了唐山在中国石油战略储备中的重要地位。此外，唐山南部沿海既是渤海湾的重要渔场，又是原盐的集中产区，南堡盐场是亚洲最大的盐场。

丰富的自然资源使唐山成为一座具有百年历史的重工业城市，在中国近现代工业发展史中占有重要地位，在这里曾诞生过中国的六个第一：中国第一座近代大型煤矿、第一条标准轨距铁路、第一个铁路工厂、第一台蒸汽机车、第一桶水泥和第一件卫生陶瓷。现在，唐山市的工业已形成煤炭、钢铁、电力、建材、化工、陶瓷、纺织、造纸等10大支柱产业，机电一体化、电子信息、生物工程、新材料四个高新技术产业群扎实起步。作为全国重要的能源、原材料工业基地，唐山现有开滦、唐钢、冀东水泥、机车车辆、三友碱业、唐山陶瓷等一大批大型骨干优势企业。但是，正像所有的资源型城市一样，唐山在经过了飞速的发展之后，也来到了转型的交叉路口，唐山未雨绸缪，这座百年城市正处在发展的重要转折时期。唐山正努力抓住新的机遇实现完美转型。

一、 唐山是典型因资源而兴的资源型城市

综观唐山市的城市发展历程，唐山城市的

每一步发展——城市的建设、交通的延伸、人口的集聚增长、产业的发展——都有深深的资源烙印。19世纪80年代开平矿务局成立，唐山煤矿兴建，唐山迈出了向城市发展的第一步。为了运输煤炭，我国第一条标准距铁路——唐胥铁路、我国第一个铁路工厂——胥各庄修车厂、我国第一辆蒸汽机车——"龙号"机车在唐山相继诞生。依托唐山丰富的矿产资源，细棉土厂、电力厂、纺织厂等各类企业纷纷建立，工矿企业的发展吸引了来自山东、广东、河北的农民前来谋生，唐山市人口骤增。大量的人口所产生的市场随即吸引了四方商贩，各地的商号、货栈、作坊开始大量向唐山转移，唐山成为京东重要的物资集散中心。1938年，唐山撤镇立市，成为一座真正的城市。到1948年，唐山市在城市建设上市区建成区面积（不含开滦林西、赵各庄、唐家庄矿）为11.194平方公里，人口14万多，住宅建筑面积149万平方米。

建国后，唐山市迎来了百废复兴的第二次重生，但是很长一段时期内，煤炭产业、冶金产业等资源型产业仍然是唐山城市赖以生存和发展的支柱产业。1949年，煤炭工业的工业总产值占唐山全部工业总产值的50.95%，冶金工业占1.73%；1957年煤炭工业和冶金工业的工业总产值分别占唐山全部工业总产值的33.34%和17.61%；到1978年，这一数字是20.03%和17.16%。2007年，唐山市的采矿业的工业总产值比重为9%，黑色金属冶炼及压延加工业的工业总产值比重为64%。可见，虽然唐山市的产业发展的资源依赖程度在不断降低，但是资源型产业对唐山市经济的贡献是不可否认的。

二、 唐山是我国重要的资源基地

依托储量丰富的煤矿、铁矿、油矿和盐场，唐山市成为我国重要的资源基地。从1997年到2006年，唐山市的生铁产量占全国生铁总产量的比重从3.2%上升到9.2%，成品钢材的产量占全国总产量的比重从3.2%上升到8.9%，原煤产量占全国原煤总产量的比重在1.4%-1.9%，水泥产量占全国水泥总产量的比重一直在2.1%-3.1%的范围内。在2006年，唐山市的生铁产量是全国生铁总产量的9.2%，钢产量是全国钢产量的10.6%，原煤产量是全国煤产量的1.4%，原盐产量是全国原盐产量的4.4%，水泥产量是全国水泥总产量的2.4%。

图3-1 地震前的唐山—摄于1975年（左）
图3-2 城市北部工业区—摄于1976年（右）

城市转型发展的规划策略

指标名称	单位	全国	全省	唐山市	唐山占全省比例	唐山占全国比例
成品钢材产量	万吨	46893	8467.1	4182	49.4%	8.9%
生铁产量	万吨	41245	8250.14	3784.25	45.9%	9.2%
原煤产量	万吨	237300	7927.71	3232	40.8%	1.4%
原盐产量	万吨	5663	412.56	250.7	60.8%	4.4%
水泥产量	万吨	123676	8482.68	2910.97	34.3%	2.4%
钢产量	万吨	41915	9096.29	4427.06	48.7%	10.6%
数据来源：《唐山统计局年鉴（2008）》						

表3-1 2006年唐山市的主要资源型产品产量占河北省和全国同类产品总产量的比例

年份	原煤（亿吨）	生铁（万吨）	成品钢材(万吨)	水泥(万吨)
1997	1.7%	3.2%	3.2%	2.1%
1998	1.7%	3.3%	3.2%	2.2%
1999	1.6%	3.8%	3.5%	2.2%
2000	1.8%	4.3%	3.6%	2.7%
2001	1.9%	5.5%	5.1%	2.3%
2002	1.8%	7.3%	5.5%	3.0%
2003	1.7%	9.3%	7.6%	3.1%
2004	1.5%	9.8%	7.4%	3.0%
2005	1.6%	9.6%	8.3%	2.7%
2006	1.4%	9.2%	8.9%	2.4%
数据来源:《唐山统计年鉴》(1998-2000)、《河北经济年鉴》(2001-2007)				

表3-2 1997—2006年唐山市主要资源型产品产量占全国同类产品产量的比重

三、 目前正处于转型阶段的唐山

资源型城市的生命周期论认为，资源型城市的发展分为预备期、成长期、成熟期和转型（衰退）期四个阶段，从唐山市的各项发展特征来看，唐山市正处于成熟期和转型期的过渡阶段，表现出来的特征是：资源型产业发展处于稳定或缓慢增长的状态，通过产业的前后向和侧向联系，发展相关联的产业；而同时由于唐山市的远见和抉择，唐山市同时着力培养其他新兴的产业，促进唐山市的转型。目前唐山市依托资源型产业主打精品钢材、基础能源、优质建材、装备制造和化工五大主导产业，同时培育和促进现代服务业、高新技术产业和

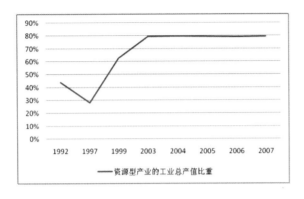

图3-3 近年资源型产业的工业总产值的比重

注：图中所指的资源型产业包括：采矿业；石油加工、炼焦业；非金属矿物制品业；黑色金属冶炼及压延加工业

环保产业等新兴产业的发展。

唐山选择转型是对自身发展规律和趋势的顺应。唐山目前的煤炭的保有量和铁矿石的可开采量都是还能开采50年[1]，而唐山市依赖资源的发展方式也带来了诸多的问题，唐山目前面临的窘境是"资源支撑将难以为继，生态环境承载能力将难以为继，经济持续快速增长将难以为继，改善老百姓生活质量将难以为继"[2]。因此，为了唐山市的长远发展，唐山应该坚定地选择转型。

资源型城市转型也是时代发展和区域发展的要求。国务院2007年底发布《国务院关于促进资源型城市可持续发展的若干意见》，同时《资源型城市可持续发展条例》也有望出台，这就将资源型城市转型提升至国家战略层面。党的十七大、中央经济工作会议以及今年全国两会都提出加快经济发展方式转变，加快结构调整。从区域经济来说，河北定位为沿海省份，提出利用两环（环渤海、环京津）优势建设沿海经济社会强省，以构建现代产业体系新思路调整产业布局，进而推出了包括装备制造、现代物流、石化在内的十大产业振兴规划。这些社会经济发展的大背景都要求唐山市转变经济发展方式，走一条可持续发展的新路。

第二节 产业发展概述

一、近代工业的摇篮——建国前唐山产业的发展

（一）抗日战争（1937年）前唐山产业的发展

据历史记载，明朝对唐山已有一定开发，明永乐年间（公元1403—1424年）在开平镇设有屯卫，驻兵卫戍京都。这时，附近村民除务农外已兼事挖煤、采石、制陶等手工业，并有少量煤炭输往外地。

鸦片战争后，帝国主义用大炮打开了当时闭关锁国的中国大门，西方的商品和资本随之涌了进来。受其影响，以李鸿章为代表的洋务派决定倡导兴办洋务。为了满足北洋海军和北京、天津工业的需要，减少对帝国主义的资源依赖，洋务派于1876年奏准朝廷派唐廷枢勘察开平煤铁情形，次年拟定了12条招股章程，集资80万两白银，其额定官督商办，采用西方的方法采煤。到1881年建成唐山煤矿并开始出煤。这是我国第一座现代化的煤矿，也是唐山由一个村落发展成为一座城市的开始。

为了外运煤矿，1880年开始修建唐山至胥各庄的铁路，在修建铁路的同时，建立了我国第一个铁路工厂——胥各庄修车厂。1881年10月矿属唐

胥铁路建成，这是我国自己出钱兴建并延存下来的第一条标准轨距铁路。而在这条铁路上所运行的第一辆车则是由胥各庄修车厂所制造的"龙号"机车——我国第一台蒸汽机车。不久，煤河通航，开平原煤经铁路、煤河运至芦台，一部运达塘沽供北洋海军舰船，一部运抵天津，供机器局、航运局及民用。初步形成了生产、流通、销售一条龙的经营体系，使企业获得显著的经济效益，声誉日隆，在全国居有显赫地位，并促使桥头屯村由一个荒僻小村逐步发展成为新兴的工业城镇。

唐山至胥各庄铁路于1886年延修至北塘河口的阎庄，1888年至天津，1890年至古冶，1893年经滦州至山海关，1897年至北京城外的马家堡，1907年至奉天。至此，北京至奉天全线通车，称为京奉铁路。

煤炭工业的发展和唐胥铁路的东西延伸，使境内有了廉价的工业食粮和便利的交通条件，加之唐山本地具有藏量丰富的石灰石、矾土等原料，近代工业便逐步发展起来。唐山修车厂迅速扩大，细绵土厂、华记唐山电力厂、德胜窑业厂、马家沟耐火砖厂、华新纺织厂等较大企业相继建立，机械、冶金、铸造、造纸、食品等工业竞相问世，农牧产品加工业也有了一定程度的发展。

工矿企业大量招收工人，山东、广东以及河北等地农民纷纷来唐谋生，使唐山镇人口骤增至7万余人。后随着工业生产的发展和居民生活需求的增长，巨大的市场吸引了四方商贩，丰润、滦州、开平诸城镇各类商号、货栈、作坊开始大量向唐山转移，以唐山为中心的城乡商品交流新经济格局初步形成并发展成为京东最大的物资集散地。

嗣后，开平矿务局生产规模不断扩大，新辟林西、西山两大煤矿，创办建平金矿，永平、承平银矿，先后在天津、秦皇岛、塘沽、烟台、牛庄、上海、香港等处设立输煤码头、煤栈，并自备轮船，办理海上运输业务，使开平煤销路畅通，产量

大增。在1889—1899年十年间，开平矿务局盈利500余万两，是建矿股本150万两的3倍多，其利润率在当时新式煤矿中为最高。民国元年，开平矿务局和北洋滦州官矿股份有限公司合并，组建包括唐山、林西、赵各庄等5矿在内的开滦矿务局，拥有职工2万余名，日产原煤近万吨。1912年—1941年，开滦获纯利1.14亿元。

与此同时，唐山原有的基础工业生产规模不断扩大。唐山修车厂（其前身为胥各庄修车厂）1915年已分为机车厂和货车厂两部分，共有厂房20座，占地500亩，职工总数达3000余人，年修造机车60台、客车70辆、货车480辆，在全国铁路系统中位居榜首。启新水泥厂为国内第一家机械化建材生产企业，1908年复产时，年产水泥达25万桶，1911年销量占全国总销量的92%以上。1922年建成的华新纺织厂是当时国内最大的几家纺纱厂之一，产品远销东北各地和湘、闽、晋、陕诸省。加之陶瓷、制革、造胰、酿酒、机械等近百家业务兴隆的中小企业，唐山工商业已初呈繁荣景象。

在铁路运营方面，得益于唐山境内大量流通的农产品和大批工矿企业所需原材料与产品外销的运输，唐山、古冶两站成为国内铁路系统一流营运大户。公路短途运输则形成以唐山为中心，辐射各县区，东北抵东三省，北至承德、张家口，西至天津、北京的交通运输网络。

此时唐山经济处于自然发展阶段，但已颇具规模，而近代工业群体的崛起促进了交通、邮电、金融、财贸事业和城镇建设的发展，所以唐山享有"中国近代工业摇篮"之称，被载入华夏民族近代经济发展的史册。

（二）1937—1945年唐山产业发展

1937年8月，日伪冀东防共自治政府由通州迁至唐山，次年1月，唐山正式设市，1940年后，

唐山市行政区划扩大为74.75平方公里，人口达到13.27万人，成为冀东政治、经济、文化中心。

日本帝国主义为侵华战争的需要，利用唐山丰富资源，迅速建立起唐山发电所、制钢株式会社、制铁所、矾土公司、光华造纸厂、大陆金矿等一系列与军事有关的工业企业，并扩大马家沟耐火砖厂，兼并华新纺织厂，对开滦、启新、机车厂等大型企业实行军事管制，进行掠夺式生产，1942年仅经由铁路运往日本的煤炭即达399万吨，为开滦煤矿当年总产量的60%。

同时，商业继续向铁路南侧发展。1945年"新世界"商场建成开业，形成以棉纱、棉布和服装为主的专业市场，而以"大世界"为中心的小山地区则成为全市购物、饮食和娱乐中心，商品交换日趋频繁，现代商业开始形成。日货充斥唐山市场，民族工商业则以煤、粮、油、棉布、杂货等为主。

这个时期，京山铁路辖区段无论技术设施还是运输能力当时均居国内先进水平。公路运输、邮电通讯也有所发展，唐山金融界也已具有很强的实力，享有"小天津"之称。但通货膨胀也很严重，人民生活陷入十分艰难的境地。

（三）1945—1949年唐山产业的发展

抗日战争胜利后，国民党军队抢先接管唐山及北宁铁路沿线重要城镇，但辖境广大农村已被人民军队收复，形成国共城乡对峙局势。在国民党统治区，以开滦煤矿为首的几大支柱产业在国民党内战政策和横征暴敛的摧残下，产量急剧下降，经营日益萎缩。被迫停产倒闭的中小企业已达80多家，其中陶瓷工业破产率达40%以上，失业工人约4.5万人。同时，铁路、公路运输基本瘫痪，城乡物资交流陷于停滞状态。通货膨胀严重，物价飞涨，抢购风潮迭起，人民生活陷于水深火热之中。而解放区则在中国共产党领导下，通过实行减租减息、合理负担以及土地改革，使贫苦农民分得了土地。

二、多舛的发展之路——1949—1978年唐山产业的发展

这一时期，新生的中国经历了社会主义改造、大跃进、文化大革命等政治事件，唐山的发展也随着新中国对发展道路的探索呈现出起起落落的特征，表现在发展速度、产业结构、产业所有制等多方面。1976年唐山大地震，更是使唐山市的发展之途更加坎坷。

（一）整体经济在波动中缓慢发展

解放初期，唐山面临着百废待兴、百业待举的经济形势。唐山的经济在经历了农村土地改革、城市企业民主改革和对农业、手工业、私营工商业的社会主义改造等一系列事件，快速而健康地发展着。

以工业的发展为例，1949年唐山市工业总产值为1.12亿元，而到了1952年唐山市的工业总产值为3.01亿元，是1949年的2.68倍，情况到1957年，全市工业总产值为5.98亿元，是1952年的1.98倍。在生产资料所有制方面，唐山市的全民所有制经济也逐渐确立了主导地位。1949年全民所有制经济占25.9%，1952年占64.5%，1957年占58.7%。这一时期，唐山的产业结构仍是第一产业占主导，但是第一产业占GDP的比重下降，第二产业和第三产业占GDP的比重逐渐上升，从1952年的50.59:27.73:21.68,变化为1957年的41.78:37.81:20.41。

1958—1965年是"大跃进"和经济调整时期，唐山市的经济规模在这段时期时起时伏，在1960年和1967年分别出现了一个高波峰和一个低波峰。1965年唐山市工农业总产值达16.82亿元，与1957年相比，8年增长45.13%，平均每年递增4.8%。其中，农业总产值平均递增3.08%，工业总产值平均递增5.9%。这一时期唐山的产业结构的变化也呈现出动荡的特征，1958—1962年第二

产业占主导，第二产业占GDP的比重从45.83%
上升到55.54%又降低到40.05%；1963－1965年
第一产业占主导，第二产业占GDP的比重持续下
降至1965年的37.66%。在这个阶段，第三产业
占GDP的比重从1958年的21.1%下降到1965年的
25.23%。

1966—1978年是十年动乱和三年徘徊时期。
"文革"期间正常的生产秩序被打乱，经济建设遭
到巨大损失，1976年，唐山又发生了人类罕见的
大地震，人祸加天灾，使唐山的国民经济遭到毁灭
性打击。1978年，唐山市工农业总产值为42.13亿
元，13年中平均每年递增7.32%，低于"文革"前
17年平均每年增长9.35%的水平。这一时期唐山市
的产业结构的变化特点是第二产业占GDP的比重持
续上升，在产业结构中占主导地位，而第一产业和
第三产业占GDP的比重则持续下降。1978年，唐
山市的产业结构是28.72:59.46:11.82

1976年大地震后，在全国人民的大力支持
下，唐山人民克服了难以想象的困难，以惊人的毅
力进行艰苦卓绝的抗震救灾斗争，将震灾对生产
的影响降到最低。震后10天开滦马家沟矿开始出
煤，京山铁路通车，震后12天市区已恢复照明。
唐山钢铁公司第一炼钢厂只用28天就恢复了生
产。此后，各厂矿企业陆续在建议条件下恢复生
产。至年底，除少数搬迁单位外，90%以上工矿企

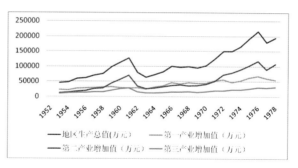

图3-4　唐山市1952-1978年经济发展情况

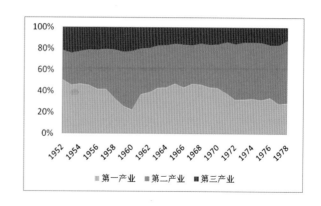

图3-5　唐山市1952-1978年经济结构

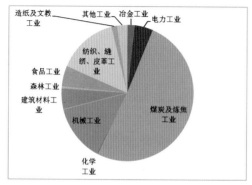

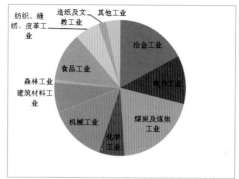

图3-6　唐山市1949年工业行
业结构（左）

图3-7　唐山市1978年工业行
业结构（右）

业达到震前生产能力。当年完成工业总产值28.92亿元，到1978年已达到31.58亿元，超过震前历史最好水平。而与此同时，辖区广大农村积极开展抗震救灾活动，对震毁的农田水利设施进行突击抢修。1978年农业总产值97.976万元，接近震前水平。

（二）工业行业结构从煤炭独大到多种行业并进发展

从1949年到1978年，唐山市工业的行业结构中煤炭及炼焦工业、冶金工业、电力工业、建筑材料工业等资源相关行业始终占有重要的地位，但是资源相关行业的内部结构逐渐优化，从煤炭及炼焦工业占绝对主导发展为煤炭及炼焦工业、冶金工业、机械工业三足鼎立的结构。近30年来，煤炭及炼焦工业总产值占唐山市工业总产值的比重逐渐下降，冶金工业、机械工业、电力工业所占比重逐渐上升。

1949年的工业总产值中，重工业占73.62%，其中仅煤炭工业就占50.95%，冶金、电力、机械工业只占19.93%，化学工业基本没有；轻工业产值仅占26.38%，其中纺织、缝纫和食品加工工业就占19.69%。到1957年，轻工业的比重上升为35.27%，上升了8.89%；煤炭工业比重下降为33.34%，下降了17.61%；而冶金工业由1.73%上升为17.61%，有了巨大的发展。1958—1965年煤炭及炼焦工业仍在工业结构中占据主导地位，其次是冶金工业和纺织、缝纫、皮革工业。煤炭及炼焦工业所占比例有下降趋势，1962年比1957年增长7.88%，而1965年则比1962年下降了9.84%，占整个工业总产值的31.38%。机械工业、电力工业则都有上升的趋势，1965年分别比1957年上升了4.38%和6.98%，分别占工业总产值的8.27%和8.76%。

1966—1978年唐山市工业的产业结构主要是以煤炭及炼焦工业、冶金工业、机械工业三种工业为主导，1978年在工业总产值中的比例分别为20.03%、17.16%、13.9%，三种工业占全市所有工业的51.09%。煤炭及炼焦工业在工业生产总值中所占的比例继续下降，而冶金工业、机械工业、电力工业所占的比例则不断上升。

三、黄金发展时期——1979—2002年唐山产业的发展

这一时期，随着中国共产党工作重点的转移，改革开放政策、家庭联产责任承包制度、企业制度改革、利改税改革等一系列有益于经济发展的政策制度纷至沓来，唐山的经济如沐春风，蓬勃发展。

（一）整体经济快速发展

1979—1985年是唐山市进行各种改革的阶段，也是唐山市经济起飞的预备期。1982年起，唐山市农村普遍推行以家庭承包为主的各种形式的联产承包责任制，改变了多年来农业生产的"大锅饭"经营方式，农村经济得到了较大发展。1980年，全市工业系统开始进行扩大企业自主权和多种形式利润留成的试点，1983年到1984年，又分别进行了利改税第一步和第二步改革，初步改变了职工吃企业大锅饭，企业吃国家大锅饭的局面，促进

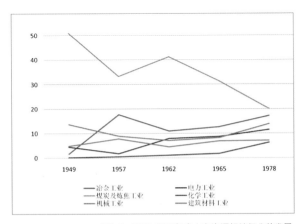

图3-8 1949-1978年唐山市资源相关行业的发展

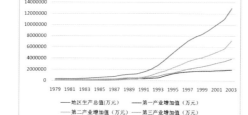

图3-9 1979-2003年唐山市经济发展情况（左）

图3-10 1979-2003年唐山市经济结构发展图（右）

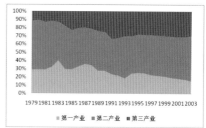

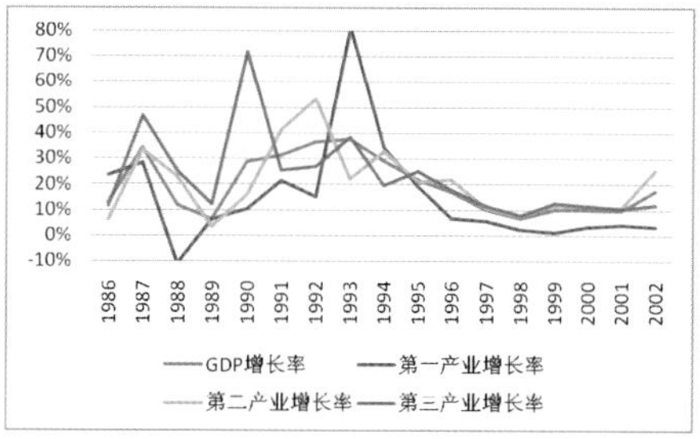

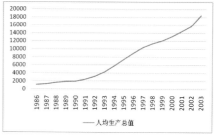

图3-11 1986-2002年唐山市经济增长率变化图（左）

图3-12 1986-2003年唐山市人均GDP变化图（右）

了工业的发展。在商业流通领域逐步实行了多种经济成分、多条流通渠道、多种经营方式、减少流通环节的新体制，唐山市商业有了很大发展。1985年，唐山市的工农业总产值达78.39亿元，比1978年增长86.07%，平均每年增长9.28%。这一时期唐山市的产业结构仍以第二产业为主导，第二产业增加值占GDP的比重有所下降，第一产业的比重略有上升，第三产业的比重上升较大，产业结构从1979年的28.72：59.46：11.82变化为1985年的28.93：47.96：23.11。

（二）经济结构逐渐优化

从1986年起，唐山市的经济规模开始起飞，以较大的速率持续增长。1986年到2003年的18年间，唐山市国民生产总值从1986年的67.4亿增长到2003年的1295.3亿，增长了19.2倍，年均增长19.5%；第一产业增加值增长了8.8倍，年均增长15.11%；第二产业增加值增长了22.3倍，年均增长20.71%；第三产业增加值增长了28.7倍，年均

增长22.75%；人均GDP增长了16.7倍，年均增长18.5%。这一时期唐山市的产业结构仍以第二产业为主导，第二产业增加值所占比重稳定增长，第三产业所占比重较快的增长，而第一产业所占比重有所下降。唐山市的产业结构从1986年的32.52：47.52：19.97变化为14.96：55.2：29.84。

（三）唐山工业行业结构

1978年到2003年唐山市的工业行业结构的变化为资源相关产业仍然占主导地位，但是其内部的结构从冶金工业、电力工业、煤炭及炼焦工业、机械工业的比重相当的局面发展为冶金工业占绝对优势的结构。冶金工业飞速发展而其他资源相关的工业行业则有所下降。

1980年唐山市的工业行业结构表现为冶金工业、煤炭及炼焦工业、机械工业、电力工业、食品工业并驾齐驱的特征，其比重分别为18.18%、14.49%、13.61%、12.7%、11.91%。随后，冶金工业所占的比重持续增长，其他工业行业所占的

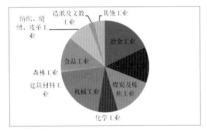

图3-13　1980年唐山工业行业结构

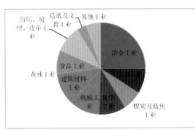

图3-14　1992年唐山工业行业结构

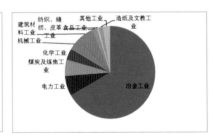

图3-15　2003年唐山工业行业结构

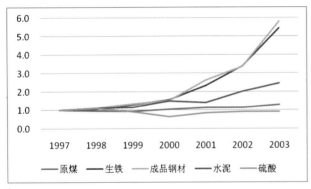

1

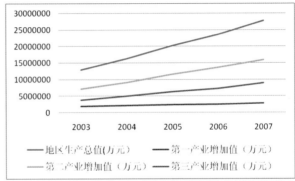

2

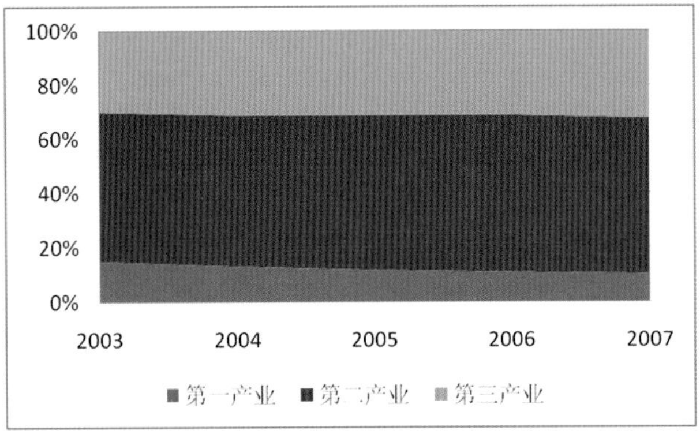

3

图3-16　1997-2003年唐山主要工业产品产量增长情况比较[1]

注：以各工业产品1997年的产量为1，其他年份的数值是与1997年产量的比值。

图3-17　2003-2007年唐山市三次产业增长情况[2]

图3-18　2003-2007年唐山市产业结构变化[3]

城市转型发展的规划策略

比重持续下降。到1992年唐山市的冶金工业的比重达到25.1%，而到2003年冶金工业的比重达到66.8%，唐山市的工业行业结构表现为冶金工业独大的特征。从唐山市主要工业产品产量的增长情况也可以看出这一发展趋势，即成品钢材、生铁的产量增速最快、增幅最大，远超过水泥、硫酸和原煤的产量的增长情况。

四、转型之路——2003年至今唐山产业的发展

从2003年开始唐山走上了转型之路，突出表现在资源相关行业工业总产值占唐山市工业总产值的比重保持稳定，同时唐山市注重对工业污染的治理，并且取得了显著的成效。唐山市在转型的同时，其经济规模仍然保持高速率的增长，经济结构和工业行业结构也没有出现明显的变化。

（一）整体经济保持快速发展

2003年到2007年，唐山市的GDP和三次产业的增加值仍然延续前一时期的增长速率高速增长，GDP从2003年的1295亿增长到2007年的2779亿，年均增长率达到20.4%，三次产业增加值这五年来的年均增长率分别为8.97%、22.95%和21.22%。唐山市的经济仍然以第二产业为主导，第二产业和第三产业增加值所占比重略有增长，第一产业增加值所占比重下降，到2007年唐山市的经济结构为10.3：57.4：32.3。

（二）工业行业结构"一钢独大"

这一时期，唐山市的工业仍然以资源相关产业为主导，但是资源相关产业所占比重呈现比较稳定的状态，在79.2%-79.7%的范围内浮动。资源相关产业工业总产值占唐山工业总产值的79%以上，其中黑色金属冶炼及压延工业所占的比重达到63.5%以上，仍然居于绝对优势的地位。从工业总产值的比重的变化情况来看，黑色金属冶炼及压延工业的比重略有下降的趋势，五年间下降了0.41%，而其他资源相关行业的比重都有上升趋势，其中石油加工、炼焦及核燃料加工业的工业总产值的比重上升趋势最为明显，五年间上升了2.09%。以2003年的各行业的工业总产值为1，分析其他年份的工业总产值相对于2003年的比值情况，可以看出石油加工、炼焦及核燃料加工业是增长最快的行业，2007的工业总产值是2003年的15倍以上。

五、唐山产业转型初具成果

进入转型时期，唐山市产业结构对资源的依赖性增长停止，转而稳定在79%左右，其他非资源型产业得到发展。1997-2003年，唐山市资源型产业的工业总产值占唐山市工业总产值的比重以较高的速率持续增长，七年间增长了35.3%，而2003—2007年五年间唐山市资源型产业的比重在79.3%-79.8%之间浮动，变化范围仅为0.5%。

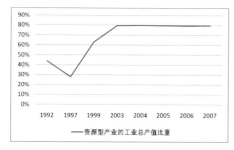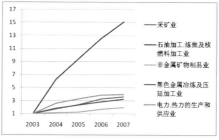

图3-19　2003-2007年唐山市资源相关行业工业总产值增长比较图（左）

图3-20　1992-2007年唐山资源相关行业工业总产值比重变化图（右）

	2003	2004	2005	2006	2007
采矿业	8.64%	8.42%	8.96%	9.85%	9.42%
石油加工、炼焦及核燃料加工业	0.58%	2.04%	2.37%	2.54%	2.67%
非金属矿物制品业	0.31%	3.75%	3.08%	3.37%	3.46%
黑色金属冶炼及压延加工业	64.38%	65.56%	65.06%	63.47%	63.97%
合计	79.33%	79.77%	79.48%	79.22%	79.52%

表3-3　2003-2007年唐山市资源相关工业行业生产总值比重表

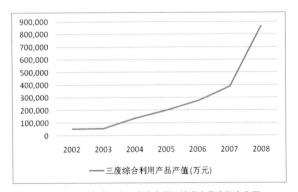

图3-21　2002-2008年唐山市三废综合利用情况产品产值变化图

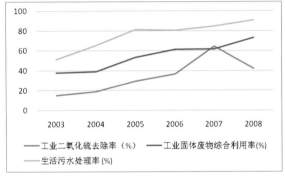

图3-22　2003-2008年唐山市污染治理变化图

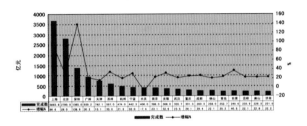

图3-23　2007年唐山GDP及财政收入在全国排名

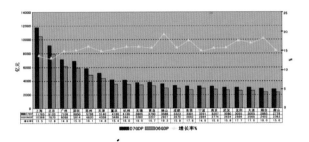

城市转型发展的规划策略

第三节 城市发展概述

一、建国前（1949年前）唐山城市的发展

唐山地区在历史时期就有人类活动，但是唐山作为城市的兴起则始于19世纪70年代末。1878年，开平矿务局设立，在唐山乔山屯西南一带，开始兴建唐山煤矿，这是唐山城市发展的开始。

随着开滦煤矿的建立，人口逐渐增多，小型的商业日益增多，形成了乔屯街、东局子街、粮市街、鱼市街等早期商业街和居住区。之后由于广东、山东劳工的大量涌入，又出现了广东街、山东街，把厂矿、商店、居民区连成一片，形成了唐山镇的早期城市雏形。1907年京奉铁路全线通车，为唐山的繁荣发展创造了条件。1925年，唐山镇改称唐山市，但仍属河北省滦县管辖。1934年，小山最高点修建成大世界商场，东西两楼内设有戏院、皮影院、评戏院以及饭店、百货等，是当时唐山文娱集中地和商业中心。伴随小山繁华区的发展，形成了便宜街、新立街等路南区的主要街道。1938年改镇为市。1940年后，唐山市行政区划扩大为74.75平方公里，人口达到13.27万人，成为冀东政治、经济、文化中心。到1948年，唐山市在城市建设上市区建成区面积（不含开滦林西、赵各庄、唐家庄矿）为11.194平方公里，人口14万多，住宅建筑149万平方米。

唐山1938年正式建市到解放前的10年间的日伪、国民政府统治时期，虽然设有城市建设管理机构，但都没制定一个正式的城市发展规划，城市建设始终处于盲目的发展状态。整个城市沿开滦唐山矿的周围和京山铁路的两侧发展，由于给排水方便，陡河两岸建满了工厂，工厂与村庄逐渐连成一片，形成了市区。

当时唐山最好的建筑是坐落在新开路和西山路一带的开滦煤矿"洋人"和高级员司住宅区，一幢幢别墅式洋房，上下水、暖气等设备齐全，绿树成荫，环境优美，还有一处跑马场和高尔夫球场，并有矿警站岗守卫，颇似租借地。

二、1949—1976年唐山城市的发展概述

解放后，经过大规模的经济建设，随着工业的发展，城市建设事业有了很大发展，截止到地震前的1975年，全市总面积达630平方公里（不含10县），其中市区面积达66平方公里。全市共修建了各种道路266公里及相应的给排水设施，新建职工住宅636万平方米（包括职工自建住宅），建立并发展了园林绿化、公共交通等事业，使城市面貌和生产、生活条件有了很大改观。

到地震前，唐山市已建成为以钢铁、煤炭、陶瓷、电力、建材等工业门类比较齐全的重工业城市。终因原有基础所限，未能对城市进行彻底改造，对解放前遗留的旧城市不合理状况，如城市布局混乱，市内道路狭窄、弯曲，交通不畅，污染严

图3-24 陡河沿岸工业区—摄于1975年

图3-25 唐山铁道学院—摄于1972年

图3-26 西山道洋房子—摄于1975年

图3-27 火车站——1972年美国约瑟夫拍摄　　图3-28 新华道——1972年美国约瑟夫拍摄　　图3-29 唐山发电厂

重等问题未能解决好。

三、 1976—1985年唐山大地震对城市的破坏，唐山城市的重建

1976年7月28日，唐山—丰南一带发生了7.8级强烈地震，唐山市人民的生命财产遭受到极为严重的损失，唐山市区震亡14.8万多人，占总人口13.96%；地面建筑和城市基础设施全部被震毁。工业建筑倒塌和遭受不同程度破坏的达90%，民用建筑震毁达94%，工厂企业全部停产；90%以上的道路沉陷开裂；15%的排水干道移位堵塞；85%的污水井被废墟埋没；80%的水源井泵倒塌或严重震裂，供水管道大部分折裂、拔脱、错口；园林设施和行道树遭到了严重损坏。市区供水、供电、通讯和交通全部中断。废墟遍布了整个城市。机关、学校、医院、厂矿、企业、商业的房屋，以及灾民的住房、供水等的恢复都是简易的。"登上凤凰山，低头看唐山，遍地简易房，砖头压油毡。"四句话是对震后唐山形成简易城市的真实写照。

（一）城市建设概述

经过地震十年的恢复重建，唐山已由震后废墟上建起的简易城市，变成为一座楼房鳞次栉比，市政建设比较配套，抗震性能良好，生产生活方便，环境比较优美的新型城市。

图3-30 开滦赵各庄矿震灾严重—摄于1976年 图3-31 被震塌的唐山地区商业楼—摄于1976年　　　图3-32 震后的唐山鸟瞰—摄于1976年

城市转型发展的规划策略

图3-33 唐山第一代地震棚

图3-36 建设路与新华道交叉口—摄于1984年

　　合理布局整个城市的工业区、商业区、生活区、仓库区，做到动静分开，住宅区清新优雅，生活服务比较完善，基本形成四通八达的交通道路体系。通过集中供热、供气、完善雨污分流的排水管网和污水处理系统，加强各种污染源的控制和治理，发展城市绿化，使整个城市的环境质量有了很大提高。到1986年底，城市建成区面积达到101.38平方公里。

　　1990年，为表彰唐山大地震后在大规模重建中所取得的成就，联合国授予唐山市人民政府"为人类住区发展做出杰出贡献的组织"，唐山市成为我国第一个荣获联合国"人居荣誉奖"称号的城市。

图3-34 地震十周年的唐山—摄于1986年

（二）城市建设的布局

　　震前唐山城区分两大片：老市区和东矿区，为了控制老市区的规模，结合震后的恢复重建，将8个较大的工厂迁往老市区北的丰润县城关以东进行建设，形成了以水泥、机械、纺织工业为主的新区，占地7.34平方公里。老市区片包括路南、路北、开平三个区，以煤炭、钢铁、陶瓷、电力、建材工业为主，市级的党、政机关设在这里，是全市

图3-35 俯瞰唐山—摄于1986年

图3-37 西山居民小区建设工地—摄于1979年

的政治、经济、文化中心，占地40.88平方公里。东矿区基本在原地恢复建设，处于城市近郊比较分散的开平、马家沟、荆各庄、陡河电站四个厂矿所在地，则建成独立的工矿区。以开滦五个煤矿为基础，形成依矿建点，分散布局，相对集中，密切联系的矿区城镇，占地25平方公里。

这样全市城区分为三大片，各相距25公里左右，有京秦、京山、唐遵三条铁路，唐古、唐丰、丰古三条公路连通，交通比较方便。新区、老区、东矿区形成南、北、东三足鼎立，中间是风山脚下的陡河水库风景区，环境优美宜人。

老市区：大城山位于城市中心、陡河西岸，市区境内有陡河自北向南穿过市区，规划充分利用了这个自然条件，在陡河以东规划为钢铁、陶瓷工业区，陡河以北为机械工业，陡河以西为生活区，大城山为天然的防护隔离地带。另外在西部生活区的边缘安排了一个无害工业区，有轻工、食品加工等小工业。靠近城市主干道——新华道和建设路，在这里安排了行政中心和商业中心。位于城市西部生活区的几何中心成为唐山市的市中心，商业中心的南侧是中心广场，广场以南是人民公园。另外，为了适应农村商品经济的发展，在新华西道和荷花坑安排了两处大型农贸市场，并恢复了小山和建国路两处传统商业区。

东矿区：以开滦的五个煤矿为基础，分为五个居民点，分别是赵各庄、唐家庄、范各庄、林西、吕家坨，区中心设在林西。在这五个煤矿附近安排了各自的生活区，互相有公路连通，既自成系统，又相互联系。

新区：位于丰润县城关东侧，背靠还乡河，面对京秦铁路，境内有一条北东向断裂带，规划为80米宽的卫生隔离带和林荫道，林荫道以西为生活区，以东为工业区，北部利用还乡河的河套规划为公园。

四、1985—1994年唐山城市的发展概述

自1985年编制城市建设总体规划以来，唐山市的城市建设基本是按照城市规划要求进行的，但军用机场不能搬迁，始终影响中心区城市进行合理布局。城市沿新华道、建设路，向西、向北呈形状发展，城市功能不能相对集中。中心区工业用地主要分布在陡河以东地区、北部贾庵子地区及东南部地区。建设北路的高新技术开发区也安排了工业项目，现已初具规模。仓库区主要位于中心区东部和北部。生活居住用地和公共服务设施用地主要位于中心区中部和中西部地区，建设质量大部分尚好，还有一些位于南部塌陷区范围内，住宅建筑及公共建筑以平房为主，建筑质量差。

图3-39 纪念碑广场—摄于1992年

图3-40 开滦唐山矿—摄于1992年

图3-41 赵庄居民小区—摄于1993年

（一）1994—2002年唐山城市的发展概述

自1985年编制《唐山市2000年城市建设总体规划》和1994年编制《唐山市城市总体规划（1994—2010年）》以来，唐山市的建设基本是按规划要求进行的。主要包括中心区和开平区两部分。

中心区因为西北部的军用机场搬迁进程缓慢，城市主要沿新华道、建设路向西、向北发展，呈反"L"形布局。现状城市公共设施布局主要沿新华道和建设路展开：市级行政中心位于西山道东段（建设路东西两侧）；市级商业中心位于新华道和建设路交叉口现百货大楼一带；市级体育中心位于建设路中段；市级主要文化娱乐设施主要布置在文化路一带。中心区工业用地主要分布在陡河以东地区、北部贾庵子地区及东南部地区，城区北部的高新技术开发区也初具规模；仓储用地主要位于东部和北部；生活居住用地主要位于中西部和北部。中心区南侧是唐山矿采煤塌陷区，东部工业区和开平区之间为马家沟矿采煤塌陷区，东北方向为荆各庄矿采煤塌陷区。中心区建筑质量大多较好，但有部分位于采煤塌陷区范围内或压煤。中心区东南部的小山地区是唐山城市的发祥地，1976年7月28日发生的7.8级强烈地震宏观震中就位于该地区，极震区在老津山铁路南北两侧，因为工程地质条件差和压煤等原因，震后恢复建设规划曾放弃该地区，后因国家投资压缩等原因，原规划意图未能实现，经历放弃、简易恢复和原地复建的过程。开平建成区位于中心城区东部，包括马家沟工矿区及开平镇两个部分，距市中心仅七公里，联系非常密切。开平镇的建成区全部处于马家沟矿煤田上，采煤波及区从东西两面包围了开平镇，镇南部为老津山铁路和两大化工厂，北部为马家沟矿工业广场。在唐山震后恢复建设规划中曾确定开平镇放弃，不再恢复，后来由于种种原因，已在原址复建。但由于开平镇大部分是压在深度煤层上，除压在浅层煤田的部分应搬迁外，其余部分仍可保留，城镇中心及大部分

图3-42　新华道东段—摄于1994年

图3-43　建设路与新华道交叉口—摄于1995年

图3-44　城市中心纪念碑广场—摄于2009年

图3-38 联合国向人类住宅作出杰出贡献的唐山市人民政府举行颁奖仪式

建成区不会受到采煤的影响。

（二） 2002年至今唐山城市的发展概述

近十年来，唐山城市用地结构总体上趋于合理。2008 年城市人口约为175 万人，建设用地约206 平方公里（含丰南），人均建设用地为1.18平方米。公共服务设施用地、居住用地和绿地所占比例有所提高，工业用地和道路用地的比例有所下降。中心城区的居住用地比例略有提高，占到了32.9%；公共服务设施用地比例有较大提高，但中心城区的文化娱乐设施和体育设施用地指标严重偏低，主要是区级、街区级和社区级设施严重不足，较大型体育场馆仅市体育中心；道路广场用地比例偏低，仅占到6.9%；而公共绿地比例进一步降低（尽管南湖纳入到统计范围后将极大提升绿地指标，但反映出中心城区内部的公园和街头绿地不足）；工业用地比例有所下降，比例为28.2%，中

图3-45 凤凰新城拔地而起—摄于2009年

图3-46 城市住宅—摄于2009年

心城区人均工业用地31平方米，基本合理，但三类工业用地比例高达80%，且较为混杂，对居住用地、陡河等周边环境影响较大，市区重污染企业搬迁后面临着用地功能如何重新安排的问题。

生态格局方面，东湖郊野公园、弯道山公园、大成山公园、南湖郊野公园、凤凰山公园等主要城市公园构成西北–东南向贯穿市区的生态带，环城水系、道路绿化隔离带形成四条穿越及环绕城区的生态廊道。唐山市区已经建成由公园、公共绿地、水域和防护绿地系统构成的生态系统和开放空间格局，生态系统相对稳定。

1．第二次涅槃 唐山市长陈国鹰：五年内再造新唐山，http://www.china.com.cn/news/zhuanti/09cfdlt/2009-10/05/content_18656643.htm

2．唐山转型：从内陆走向沿海，渤海湾上造新城，http://www.heb.chinanews.com/tangshan/22/2009/0423/2550.shtml.

作为典型的资源型城市，唐山市面临着资源型城市的典型问题，比如唐山市的经济社会对资源的过度依赖，资源的不可再生性使唐山不得不正视矿竭城衰的威胁，另外对自然资源的开发严重损害了唐山市的生态环境，资源型产业的发展又进一步加剧了环境的污染，这些问题使唐山的转型成为一个迫切需要解决的问题。

第一节 城市面临的产业及城市关键问题分析

问题一：唐山城市的经济社会对资源的过度依赖

唐山市作为因资源而兴的重要的资源基地，其经济社会的发展具有明显的资源型城市的特征。唐山市的经济以工业为支柱，2007年唐山市的经济结构是10.3:57.4:32.3，而对唐山市的工业经济发展贡献最大的产业是黑色金属冶炼及压延加工业、电力·热力的生产和供应业、煤炭开采和洗选业、黑色

金属矿采选业、非金属矿物制品业，这些产业产出的工业增加值累计占唐山市工业增加值的比重达到77.4%，而唐山市的这些支柱产业几乎全部都是资源型产业。资源型产业中黑色金属冶炼及压延加工业占唐山工业总产值的比重达到64%，其所吸纳的就业人口占唐山市总就业人口的10.4%。采矿业的工业总产值占唐山市工业总产值的9.4%，从事采矿业的就业人口的比重为11.9%。此外，唐山市的资源型大型企业也对城市的公共服务设施的发展有较大的影响，比如唐山开滦集团、唐山钢铁集团有限责任公司下属的生活服务总公司所经营建设的幼儿园、托儿所、宾馆、宿舍、食堂等，在逐渐社会化的过程中为唐山城市的发展提供了大量可利用的资源。

问题二：资源的不可再生性与城市可持续发展的要求的矛盾

唐山市的经济发展对资源的高度依赖性，使资

源的储量、品味和禀赋直接影响矿业相关企业的效益和生命周期，也关系着唐山城市经济的兴衰。唐山市不得不直面"矿竭城衰"的可能性，寻求脱离资源而保持城市繁荣的路径。开滦集团总经理殷作如在接受《中国经济时报》记者采访时表示"资源型企业没有资源就意味着没有饭吃。开滦经过上百年的持续开采，唐山矿区的可采储量只有14.5亿吨，按照老矿区2500万吨的年产量计算，总部经济只能再维持30年。"[1] 而开滦在唐山的职工有11万人之多，包括家属在内多达50万人，可见"矿竭、厂败、城衰"在唐山并不是耸人听闻的传说。

问题三：自然资源的开发与生态环境的保护的矛盾

唐山市在开采矿产资源的过程中，形成了大量的矿坑和大面积的采空的矿床，破坏了本地的生态环境；而依托矿产资源发展的资源型产业多是污染重、能耗大的产业，对当地的环境造成了较大的破坏。唐山市在2004年、2007年因污染问题两度被国家环保总局点名，甚至2007年受到国家环保总局"区域限批""待遇"[2]；唐山单位GDP能耗、电耗在全省11个设区市均排第一位，用全省三分之一的能耗实现了全省五分之一的GDP。

第二节 资源型工业城市规划转型的必要性

资源型工业城市的特殊性要求

资源型工业城市具有城市工业速度增长较快，但综合发展程度不高，产业门类单一[3]等特点，资源型工业城市的规划不能简单地基于和其他普通城市一样的模式，应当注意某些和一般城市不同的特殊性问题。

（一）修复恶化的生态环境的要求

经过多年的资源开采与发展，资源型城市的环境容量和可持续发展空间约束日趋凸显。加上复杂的开采之后的地质和污染，自然景观的破坏、生态

环境急剧恶化、其生存与发展受到了前所未有的威胁与挑战。治理环境、保护环境的要求使得城市规划必须在同时实现转型，转变传统资源型城市规划的理念。

（二）经济转型需要相应的城市规划转型以实现空间落实

在以自然资源为物质基础的工业化进程中，资源型城市作为区域增长中心和空间极核，为我国经济社会发展做出了巨大贡献。随着经济体制改革的不断深入，经济结构调整以及资源型产品供求关系的重大变化，资源型城市的发展面临主导资源濒临枯竭、又没找到其他支柱产业的尴尬局面。

2003年党的十六大报告明确做出了"支持东北地区等老工业基地加快振兴和改造，支持以资源开采为主的城市和地区发展接续产业"的重要指示，《中共中央关于制定"十一五"规划的建议》中也明确提出了"促进资源枯竭型城市经济转型，在改革开放中实现振兴"的战略方针；《中共中央关于构建社会主义和谐社会若干重大问题的决定》也把"建立健全资源开发有偿使用制度和补偿机制，对资源衰退和枯竭的困难地区经济转型实行扶持措施"作为促进区域协调发展,构建社会主义和

图4-1 曹妃甸吹沙造地

城市转型发展的规划策略

图4-2　25万吨矿石码头—摄于2005年（左）

图4-3　石油码头—摄于2008年（右）

谐社会的重要内容之一。目前我国正面临着许多国内、国际新的问题、新的挑战。资源全面短缺、环境不断恶化，节能减排的国际环境压力加大。所以资源型城市的经济转型不止是一个热点，也是必然的要求。经济转型的同时需要相应的城市规划转型相配合，提供战略支持以实现空间的引导、落实。

（三）　社会机制转型需要相应的城市规划转型以提供政策技术支持

资源型城市经济性转型正面临着经济、社会、资源、环境问题，城市产业结构属于资源型、粗放型的传统初级产业结构，技术水平落后与效益低下的问题，低收入和高失业并存。资源型城市的社会机制转型需要城市规划提供政策技术支持，因而城市规划的转型是迫切的。

第三节　唐山城市转型所具备的条件、优势、机遇

一、宏观区域发展带来的机遇

2005年11月《中共中央关于制定十一五规划的建议》提出要"推进天津滨海新区等条件较好地区的开发开放"；2006年，天津滨海新区被国务院批准为继上海浦东新区之后的"综合配套改革实验区"。天津滨海新区进入国家战略，可以预见，京津冀地区的崛起已是指日可待。

与此同时，京津冀地区的区域合作也有了实质性的进展。2004年，"廊坊共识"、"北京倡议"、"环渤海经济合作联席会议"、"东北亚暨环渤海国际合作论坛"、"环渤海区域中日韩经济合作发展论坛"、"区域经济发展论坛"密集的提出或召开，使环渤海、京津冀地区的区域合作有了长足的进步。在这样的背景下，北京将走出行政界限，在更大的范围内为城市发展提供支撑，并实现城市间的和谐共荣，构建以"首都地区"为范围的大北京框架。在这个框架的引导下，京津冀区域内的联系迅速加强，京津唐秦之间的城际铁路（津秦城际铁路、京秦城际铁路、京哈客运专线）建设在即。在这个过程中，唐山将会成为北京城市功能疏解的目的地之一，得到更多的发展机遇。

同时，河北省打造沿海经济隆起带的目标也为唐山市的发展带来了巨大的机遇。2006年河北省第七次党代会第一次明确提出了建设沿海经济社会发展强省的目标，要求唐山在打造沿海经济隆起带中发挥带头作用，在冀东城市群建设中发挥龙头作用，在社会主义新农村建设中发挥示范作用。唐山

以其区位优势和得天独厚的资源优势被推到建设沿海经济社会强省的最前沿，唐山的目标是成为冀东地区的中心城市。2011年河北省沿海地区发展规划上升为国家战略，河北省第八次党代会又明确提出建设经济强省、和谐河北。并提出举全省之力打造曹妃甸新区增长极的战略部署。

二、曹妃甸成为国家战略空间

（一）曹妃甸是可遇不可求的优良天然港址

曹妃甸是可遇不可求的优良天然港址。曹妃甸是环渤海区域内唯一最接近国际深水航线的天然陆域，也是环渤海中部唯一的25万吨以上的超深水港址，还是环渤海唯一不需要开挖航道和港池即可建设30万吨级大型泊位的天然港址。-25米等深线距海岸的距离长达500—1000米，可建25万吨以上级泊位的岸线长达8000米。以标准泊位计，有110多个顺岸标准泊位的布局空间。泊位多是曹妃甸港在环渤海区域内的另一大绝对优势。

（二）曹妃甸的政策优势

优越的港口资源使曹妃甸成为具有国家战略意义的空间：

——2003年，河北省省委省政府把开发建设曹妃甸列为全省"一号工程"；

——2005年10月，曹妃甸被列为国家第一批发展循环经济试点产业园区；

——2006年3月，曹妃甸被列入国家"十一五"发展规划。

曹妃甸的开发建设得到了党中央、国务院的高度重视，自2006年以来，包括胡锦涛总书记、温家宝总理等在内的30几位党和国家领导人先后到曹妃甸视察并作重要指示。总书记指示：曹妃甸是一块黄金宝地；曹妃甸是唐山和河北发展的潜力所在；曹妃甸在我国的整个生产力布局中占有重要地位；曹妃甸对环渤海地区的发展具有十分重要的意义；要坚持高起点、高质量、高水平，把曹妃甸工业区规划好、建设好、使用好。温总理提出：把曹妃甸建成环渤海地区的"耀眼明珠"。

（三）曹妃甸的发展前景

唐山的曹妃甸深水大港将成为环渤海港口群中具有战略地位的国际性能源、原材料集疏大港，它将成为国家打造沿海经济隆起的领头羊、东北亚一体化的门户、环渤海地区加速发展的引擎、京津冀都市圈的战略支点。到目前为止，首钢京唐钢铁公司、华润曹妃甸电厂、德隆海洋工程等大项目已经纷纷落户曹妃甸，投资额已经达到435亿元。未来，曹妃甸还将建成1000万吨炼油100万吨乙烯的石化产业基地，以及建成年吞吐量达5亿吨的中国北方第一大港，规模可以比肩世界第一大港——荷兰鹿特丹。

三、国家战略资源的发现

唐山南堡地区发现储量10亿吨的整装优质大油田，不仅为唐山石化产业集群的发展提供了不可多得的优势资源，而且对中国石油战略储备具有重大意义。

第四节 唐山城市规划的历程及不同时期目标的确立与调整

一、1976年以前城市规划的编制

唐山解放不久，市人民政府设立了城市建设的专门机构，从1952年编制出《唐山市建设规划的总体设计》初稿，到唐山大地震前，先后完成了《都市计划图》、《城市建设规划说明》、《唐山市中心规划图及说明》、《唐山市城市总体规划修改方案》、《对唐山市区城市规划几个问题的修改意见》（草案）、《唐山市区近期建设规划图》等。在此期间对城市规划有三次较大的修改和调

整。一次是1955年编制的《唐山市规划总图初步设计》（第一方案），纠正了1953年的《都市计划图》带型大城市的规划思想，考虑了城市发展用地紧凑和功能分区合理布置。第二次是1959年编制的《唐山市城市总体规划修改方案》，调整了以前规划中的指标和设想。第三次是1963年编制出《唐山市市区城市规划几个问题的修改意见的草案》，进一步确定了城市规模和性质。

1953年唐山市都市建设委员会拟订出《唐山市都市计划图及城市建设规划说明》，对城市历史、区域划分、人口分析、铁路与公路、河流、市区道路、工厂、公共卫生、体育场所、飞机场、园林设施等做了说明，规划了城市人口规模为100万，城市用地面积东至开平、西至胥各庄约80多平方公里。工业区用地大于生活居住地。

1954年9月，由城市建设委员会主持完成了《唐山市规划示意图》的7个方案。虽然这些方案是在没有充分资料的基础上设计的，但是较1953年的《都市计划图》前进了一步。它纠正了带形大城市的规划思想，考虑了城市发展用地紧凑和对居住区、工业区、市中心、道路系统等的合理布局。1955年12月，城市建设委员会在原有7张规划示意图的基础上，完成了《唐山市规划总图初步设计》（第一方案），主要包括：城市自然资料、现状资料，现有人口构成分析，用地指标，城市发展用地选择和规划布局说明等。这一方案经过反复研究修改，于1956年7月报经中央、河北省政府基本同意。《规划总图》确定了城市性质为重工业城市；指导思想是利用旧城进行改造；确定城市（不包括东矿区）规模为35万人，占地面积为39.76平方公里；将城市分为工业区和生活居住区东西两部分，中心区设在唐（山）韩（城）公路上，将原唐韩路规划为横轴线，该路西达韩城西部矿区，东经地道桥与路南旧市区相连，由地道桥向北至新工业区成为全市的主干道之一。西山口开拓南北大街，南与唐（山）胥（各庄）路相连，北与唐（山）丰（润）

路及工业区路相连，定为纵轴线，交叉点上设立市政中心；确定市区向铁路北、西刘庄一带发展。还规划了河滨公园，重修荷花坑绿地，改建开滦义地为公园（现大钊公园）。这是唐山第一个正式的城市建设规划。

1959年，唐山市城建委编制了《唐山市城市总体规划修改方案》，本着缩小城市规模的原则，进一步明确了城市性质，即市区以采煤、钢铁、炼焦、陶瓷、机械为主，并初步确定在胥各庄、滦州城关（滦县）、丰润城关、韩城及南部沿海等地区发展卫星城市。规划确定城市远期（1977年）总人口为60万人，全市用地面积49.62平方公里，确定北部和西部为市区的发展方向。确定了工业、仓库、交通运输、绿化的规划布局。这个方案确定，工业区安排在市区北部，陡河北岸为重工业区，市区西南部为轻工业区。仓库区位于市区南部将军坨一代，由唐山车站接轨，在北工业区的西部，规划预留一个1平方公里的仓库用地，中小型仓库，仍在市区分散建立。生活居住区，以西部市区（今抗震纪念碑广场）及京山铁路两侧大片旧市区为主，并连成整体作为主要市区部分；在北部工业区的南部开拓新居民点，使工人居住接近工作地点；远期与南部市区连接。干道系统，开辟内环路，一条由火车站经市体育场（南富庄体育场）至工业区沿陡河西岸环至车站；另一条由车站开始，经市中心由唐（山）丰（润）公路环至车站，把原有干道延长，另开两条次干道通铁路、工业区。园林设施，拟利用市区北部龙王庙村的清泉，建水上公园；市区西部利用青龙河作为市西郊文化休息公园；市区东部在路南旧市区西越河以北、陡河湾一带建水上公园；利用跑马场（今工人文化宫）、铁菩萨山（凤凰山）及山西大片破碎地形，规划建一座公园；全市规划大型公园共四处，面积约3.5平方公里，用林荫道与陡河互相连接，并与市郊、绿地及果园取得配合，形成一个比较完备的公园绿化体系。

1963年，城建委编制出《唐山市市区城市规

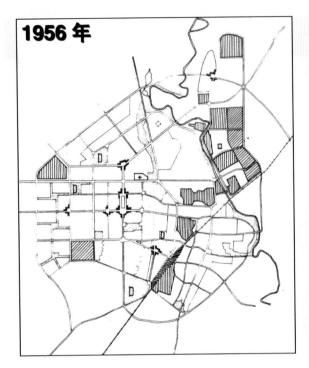

图4-4　1956年《唐山市规划总图初步设计》

图4-5　1963年《唐山市市区城市规划几个问题修改意见草案》

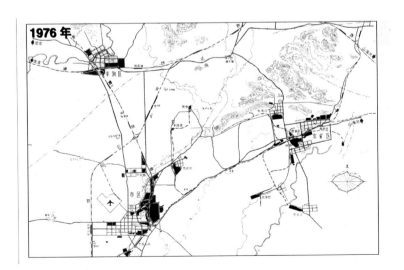

图4-6　1976年《唐山市恢复建设总体规划》

城市转型发展的规划策略

划几个问题修改意见草案》对规划进行了调整和充实，主要是进一步明确了城市规模和性质。提出城市工业在充分利用煤炭、矾土、陶瓷与原料的基础上适当发展，与原料无关的工业应当严格控制发展，人口限定在中小城市的标准上，远期（1978年）市区人口控制在43万人左右。

1965年，唐山市建委提出进一步修改1959年城市规划的意见，严格控制城市规模，在10年内（1966—1975年）将市区人口控制在40万人左右。

二、《唐山市恢复建设总体规划》的编制

震后，对如何重建唐山，曾有两种设想。一种是放弃唐山，异地建设。依据是：唐山市区地下有活动断裂带，还有引发大地震的危险。同时，这次震灾严重，如果就地重建，那么废墟清理，搬运费、工时费过大。异地重建可以减少费用，节省时间加快恢复建设的速度。另一种设想是，立足唐山，就地重建。依据是：唐山市是我国近代经济发展的产物，经过几百年的发展，已经形成一座为世界所知的重工业城市。以唐山市原址为基础重建不

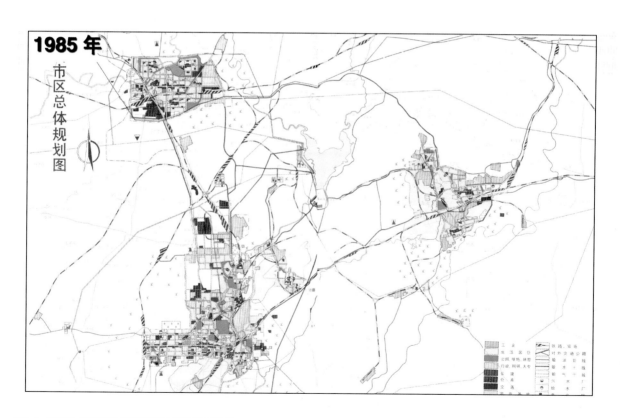

图4-7　1985年《2000年唐山市市区城市建设总体规划》

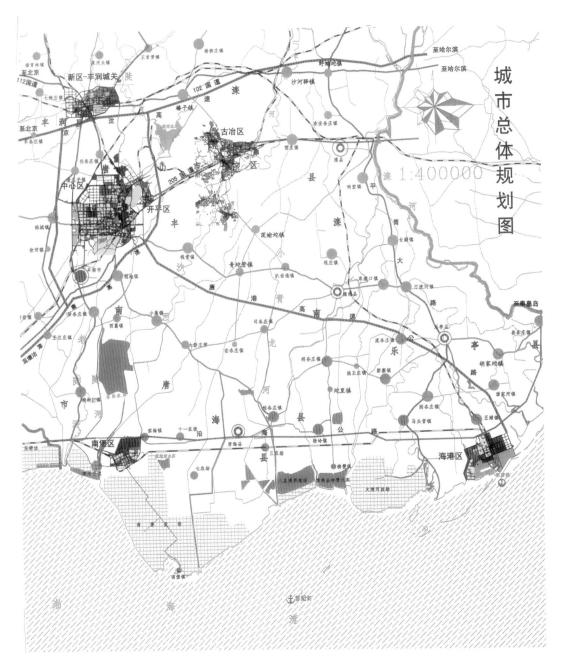

城市总体规划图

1:400000

图4-8
1994年规划图

城市转型发展的规划策略

仅可以减少征地、迁移等巨额投资，而且对保持唐山的历史特色，促进唐山现代经济的发展，都具有重要意义。至于地质上的活动断裂带，主要位于路南区地下，只要避开这个局部区域进行建设，一般不会受到大的影响和威胁。经过反复考虑、比较后，决定按后一种设想，编制唐山市的总体规划。

1976年10月，规划小组编制出《唐山市恢复建设总体规划》。规划中确定唐山市的城市性质为：唐山市市区是一个重工业城市，又是唐山地区的政治、经济、文化中心。规划将唐山分成老市区、东矿区、新区三大片。老市区在原路北区基础上建设，保留开滦唐山矿、唐山钢铁公司、唐山发电厂和一些陶瓷、机械工业的工厂，重新规划建设居民区。地、市、党政机关设在这里，形成唐山地、市的领导中心，人口规模25万。东矿区是以开滦赵各庄、林西、唐家庄、范各庄、吕家坨五个矿为基础，以矿建点，形成矿区小城镇，区中心由林西迁往唐家庄，人口30万。新区是将铁路以南地区的机车车辆工厂、轻机厂等38个工厂迁到新区建设，并新建大型水泥厂、热电站，人口约10万。铁路以南因为大量压煤，震毁严重，决定将工厂和居民全部搬出来，以便把采煤塌陷区改为绿化风景区，保留部分有代表性的地震遗迹，供人们参观考察，把可耕地种植蔬菜，其他地方发展果园和林场。将京山铁路迁出市区，改线建设，以解决压煤问题。

1981年底，因为恢复建设投资缺口大等原因，中央对唐山复建实行"收缩方针"，"收缩方针"的基本精神是：压缩城市规模，控制城市人口，减少占地投资，加快住宅建设。1982年初根据收缩方针的要求，唐山市革委会制定出《唐山市恢复建设贯彻收缩方针的调整方案》。调整方案的重点是对恢复建设投资计划和城市总体规划作适当调整，对城市规划调整的原则是："控制老市区，缩小新区，利用路南区"。

根据收缩方针，调整后的规划城市人口为76万，用地73.22平方公里。分区规划调整结果是：新区调整后的规划为，迁新区共有华新、印染、丝织、色织、轻机、齿轮、机车车辆、毛纺共8个厂，其余一律不再搬迁，连同在新区新建冀东水泥厂、热电厂及中建二局三个单位，新区人口控制到6万，用地7.34平方公里，减少了2.66平方公里。老市区调整后的规划为，人口控制在40万，用地40.88平方公里，其中路北区人口34万，用地35.33平方公里，路南区人口6万，用地5.55平方公里。东矿区的规模调整为25平方公里。唐山市的恢复建设就是按照这次调整后的规划实施的。

1984年以来，兴办第三产业。根据集体经济和个体经济的迅猛发展以及大批农民进城的新形势，对唐山市规划进行了调整。第一，开发传统商业区。将建国路规划为占地7公顷，建筑面积7万多平方米，统一安排了180多个国营、集体和个体商业、饮食业的商业区。第二，在主要街道上安排4个永久性的大型农贸市场，同时在住宅小区内或城市支路两侧安排30多处临时农贸市场，解决农民进城和个体摊点营业问题。第三，在有条件的街道两侧，安排国家、集体、个体农民进城办商业、服务业。第四，规划选址，集资开发，解决拥有资金的部分集体、个体农民办商店和城市网点布局的问题。

三、《2000年唐山市市区城市建设总体规划》

（一）背景

1984年为改革开放初期，实行计划经济体制，唐山市作为国家能源、原材料基地，重点开发开滦煤炭、司家营铁矿资源，按照京津唐国土规划，开发王滩钢铁基地，扩大钢铁、水泥、电力、化工、机械工业规模。城市化途径提出控制大城市的发展规模，逐步发展若干中小城市，积极发展小城市。强调以资源开发和工业项目带动，建立城镇体系。

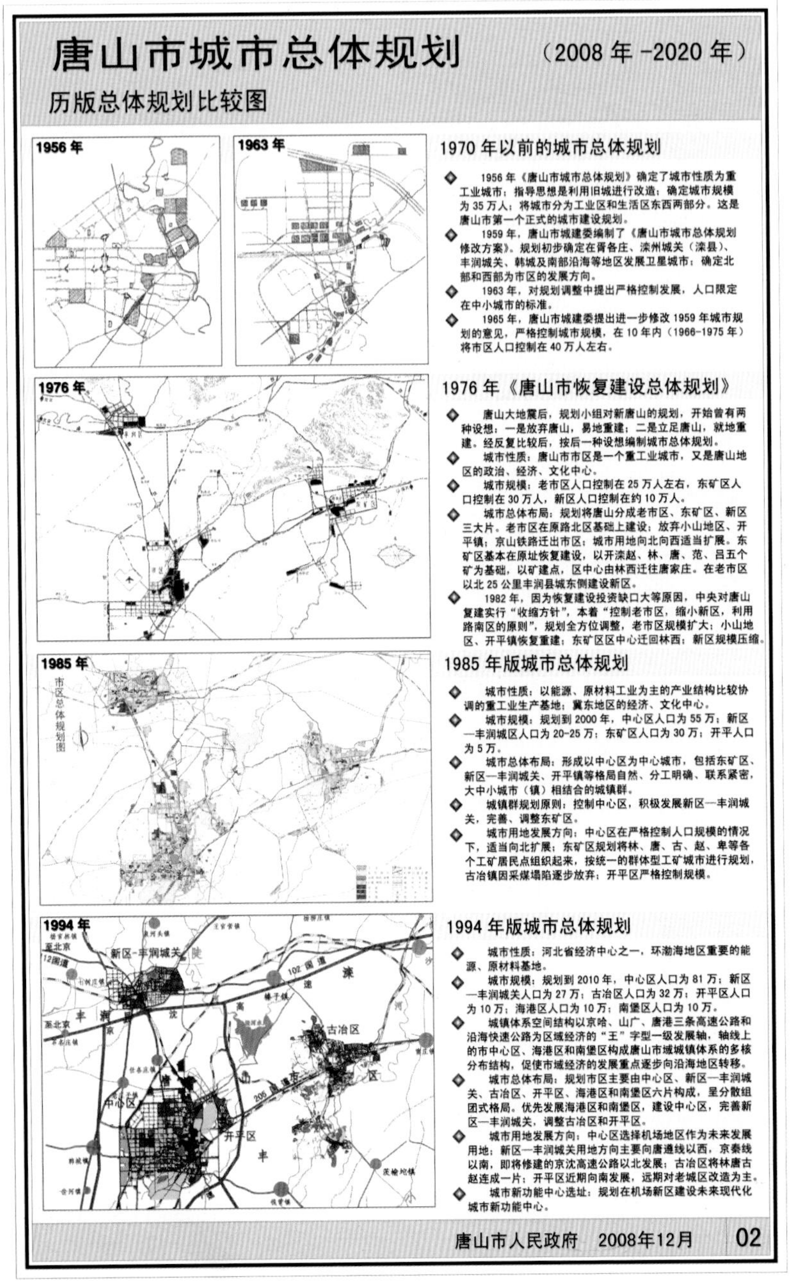

唐山市城市总体规划 （2008 年 -2020 年）

历版总体规划比较图

1970 年以前的城市总体规划

- 1956 年《唐山市城市总体规划》确定了城市性质为重工业城市；指导思想是利用旧城进行改造；确定城市规模为 35 万人；将城市分为工业区和生活区东西两部分。这是唐山市第一个正式的城市建设规划。
- 1959 年，唐山市城建委编制了《唐山市城市总体规划修改方案》。规划初步确定在胥各庄、滦州城关（滦县）、丰润城关、韩城及南部沿海等地区发展卫星城市；确定北部和西部为市区的发展方向。
- 1963 年，对规划调整中提出严格控制发展，人口限定在中小城市的标准。
- 1965 年，唐山市城建委提出进一步修改 1959 年城市规划的意见，严格控制城市规模，在 10 年内（1966-1975 年）将市区人口控制在 40 万人左右。

1976 年《唐山市恢复建设总体规划》

- 唐山大地震后，规划小组对新唐山的规划，开始曾有两种设想：一是放弃唐山，易地重建；二是立足唐山，就地重建。经反复比较后，按后一种设想编制城市总体规划。
- 城市性质：唐山市市区是一个重工业城市，又是唐山地区的政治、经济、文化中心。
- 城市规模：老市区人口控制在 25 万人左右，东矿区人口控制在 30 万人，新区人口控制在约 10 万人。
- 城市总体布局：规划将唐山分成老市区、东矿区、新区三大片。老市区在原路北区基础上建设；放弃小山地区、开平镇；京山铁路迁出市区；城市用地向北向西适当扩展。东矿区基本在原址恢复建设，以开滦赵、林、唐、范、吕五个矿为基础，以矿建点，区中心由林西迁往唐家庄。在老市区以北 25 公里丰润县城东侧建设新区。
- 1982 年，因为恢复建设投资缺口大等原因，中央对唐山复建实行“收缩方针”，本着“控制老市区，缩小新区，利用路南区的原则”，规划全方位调整，老市区规模扩大；小山地区、开平镇恢复重建；东矿区区中心迁回林西；新区规模压缩。

1985 年版城市总体规划

- 城市性质：以能源、原材料工业为主的产业结构比较协调的重工业生产基地；冀东地区的经济、文化中心。
- 城市规模：规划到 2000 年，中心区人口为 55 万；新区—丰润城区人口为 20-25 万；东矿区人口为 30 万；开平人口为 5 万。
- 城市总体布局：形成以中心区为中心城市，包括东矿区、新区—丰润城关、开平镇等格局自然、分工明确、联系紧密，大中小城市（镇）相结合的城镇群。
- 城镇群规划原则：控制中心区，积极发展新区—丰润城关，完善、调整东矿区。
- 城市用地发展方向：中心区在严格控制人口规模的情况下，适当向北扩展；东矿区规划将林、唐、古、赵、卑等各个工矿居民点组织起来，按统一的群体型工矿城市进行规划，古冶镇因采煤塌陷逐步放弃；开平区严格控制规模。

1994 年版城市总体规划

- 城市性质：河北省经济中心之一，环渤海地区重要的能源、原材料基地。
- 城市规模：规划到 2010 年，中心区人口为 81 万；新区—丰润城关人口为 27 万；古冶区人口为 32 万；开平区人口为 10 万；海港区人口为 10 万；南堡区人口为 10 万。
- 城镇体系空间结构以京哈、山广、唐港三条高速公路和沿海快速公路为区域经济的“王”字型一级发展轴，轴线上的市中心区、海港区和南堡区构成唐山市域城镇体系的多核分布结构，促使市域经济的发展重点逐步向沿海地区转移。
- 城市总体布局：规划市区主要由中心区、新区—丰润城关、古冶区、开平区、海港区和南堡区六片构成，呈分散组团式格局。优先发展海港区和南堡区，建设中心区，完善新区—丰润城关，调整古冶区和开平区。
- 城市用地发展方向：中心区选择机场地区作为未来发展用地；新区—丰润城关用地方向主要向唐遵线以西，京秦线以南，即将修建的京沈高速公路以北发展；古冶区将林唐古赵连成一片；开平区近期向南发展，远期对老城区改造为主。
- 城市新功能中心选址：规划在机场新区建设未来现代化城市新功能中心。

唐山市人民政府　2008年12月　02

图4-9　历版总体规划比较图

图4-10　2008年《唐山市城市总体规划（2008-2020）》

同时，唐山市在地震后的恢复建设规划总体上已基本实现，但由于恢复建设规划几经调整，京山铁路压煤改线工程推迟，以及投资体制等原因，恢复建设遗留了一些待解决的问题。

（二）《2000年唐山市市区城市建设总体规划》

1986年版的《2000年唐山市市区城市建设总体规划》规划确定唐山市的城市性质为：以能源、原材料工业为主的产业结构比较协调的重工业生产

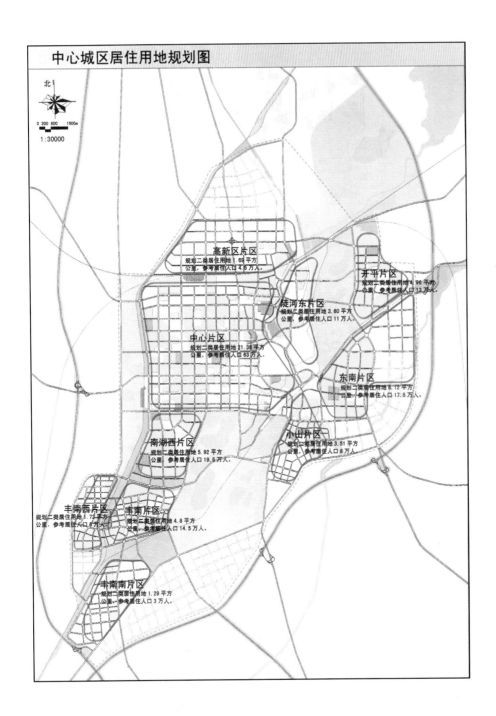

中心城区居住用地规划图

高新区片区
规划二类居住用地1.69平方
公里，参考居住人口4.5万人。

开平片区
规划二类居住用地4.96平方
公里，参考居住人口13万人。

陡河东片区
规划二类居住用地3.60平方
公里，参考居住人口11万人。

中心片区
规划二类居住用地21.38平方
公里，参考居住人口63万人。

东南片区
规划二类居住用地6.12平方
公里，参考居住人口17.5万人。

南湖西片区
规划二类居住用地5.92平方
公里，参考居住人口19.5万人。

小山片区
规划二类居住用地3.51平方
公里，参考居住人口8万人。

丰南西片区
规划二类居住用地1.73平方
公里，参考居住人口5万人。

丰南片区
规划二类居住用地4.8平方
公里，参考居住人口14.5万人。

丰南南片区
规划二类居住用地1.29平方
公里，参考居住人口3万人。

图4-11　2008年规划图

城市转型发展的规划策略

基地；冀东地区的经济、文化中心。

城镇群规划以"控制中心区，积极发展新区—丰润城关，完善、调整东矿区"为原则，形成以中心区为中心城市，包括东矿区、新区—丰润城关、开平镇等格局自然、分工明确、联系紧密、大中小城市（镇）相结合的城镇群。建立市区—中小城市—县城—建制镇四级结构。中小城市为五个：王滩（钢铁基地）、南堡（化工基地）、滦县（铁矿基地）、新区—丰润城关（机械、商贸）和东矿区（煤炭基地）。建制镇增加35个。

关于城市用地发展方向，规划确定，中心区在严格控制人口规模的情况下，适当向北扩展；东矿区规划将林西、唐家庄、赵各庄、卑家店等各个工矿居民点组织起来，按统一的群体型工矿城市进行规划，古冶镇因采煤塌陷逐步放弃；开平区严格控制规模。

规划到2000年，中心区人口为55万；新区—丰润城区人口为20—25万；洞窟康衢人口为30万；开平人口为5万。

四、《唐山市城市总体规划（1994-2010）》

（一）背景

1992年邓小平南巡讲话后，中国经济发展由停顿全面转入高速增长，各地区出现开发热、房地产热，许多城市提出建设国际化城市的发展目标。唐山市军用机场搬迁已列到议事日程。唐山市提出"以港兴市"，产业布局向沿海转移的战略，建设市级海港和南堡两大开发区。到1994年，唐山市中心区的人口已接近1985年版总体规划时确定的2000年的人口规模；海港区初具规模；南堡盐化工基地有了比较大的发展；京山铁路唐山市压煤地段的线路改造完成，新的京山线和唐山市火车站已建成；特别是中央军委决定唐山军用机场搬迁，为唐山市的城市建设提供了用地和发展空间。

（二）《唐山市城市总体规划（1994—2010）》

1. 城市性质和城市职能

《唐山市城市总体规划（1994-2010）》将唐山市定位为"河北省经济中心之一，环渤海地区重要的能源、原材料基地"。各城区职能分工如下：

中心区：全市的政治、经济、科技、教育、文化中心；华北地区重要的工业基地；现有工业要走内涵式发展道路，城市将主要向更高级的服务功能方向转化。

古冶区：煤炭工业生产基地，以水泥、耐火材料为特色的建材工业城市。积极发展多种经营和第三产业，由单一工矿型城市向综合型、多功能方向转化。

新区—丰润城关：以机械、纺织和新兴工业为主的工业城市。

海港区：环渤海地区西海岸的一个新的对外出海通道，新兴的港口工业基地。

南堡区：以盐化工为基础，同时发展石油加工业的滨海化工城市。

2. 城市规模

规划到2010年唐山市人口总规模为170万人，其中中心区的人口规模为81万人，古冶区人口规模为32万人，新区—丰润城关的人口规模为27万人，开平区人口规模为10万人，海港区人口规模为10万人，南堡区人口规模为10万人。

3. 市域城镇体系

唐山市城镇体系发展战略是：调整市中心区功能，重点发展海港区、南堡区，形成多核城镇结构；优先发展县城以上的城镇，形成各级中心城镇；选择重点，积极发展若干建制镇。规划市域城市化水平2000年达34%，2010年达49%。

城镇体系空间结构以京哈、山广、唐港三条

高速公路和沿海快速公路为区域经济的"王"字型一级发展轴，轴线上的市中心区、海港区和南堡区构成唐山市域城镇体系的多核分布结构，形成由市中心区—海港区—南堡区组成的"新三角"区域发展结构，促使市域经济的发展重点逐步向沿海地区转移；依托三抚、唐宣、平大三条交通干线，沟通并带动北部的发展，最终形成点轴状的城镇地域结构。

市域城镇等级结构规划为六级：市域中心城市、市域次中心城市、地区性中心城市、县域中心城镇、重点建制镇和一般建制镇。其中：市域中心城市为中心区；市域次中心城市为海港区和南堡区；地区性中心城市有新区—丰润城关、古冶及丰南、玉田、遵化、迁安等镇(市)；县域中心城镇包括五个县城关(滦县、迁西、乐亭、滦南、唐海)。建制镇数量2000年发展到115个。

4.城市总体布局

规划市区主要由中心区、新区—丰润城关、古冶区、开平区、海港区和南堡区六片构成，城市总体布局呈分散组团式格局。优先发展海港区和南堡区，建设中心区，完善新区—丰润城关，调整古冶区和开平区。

5.城市用地发展方向

中心区的城市建设选择机场地区作为未来发展用地；新区—丰润城关用地方向主要向唐遵线以西，京秦线以南，即将修建的京沈高速公路以北发展；古冶区在规划中将林唐古赵连成一片；开平区近期向南发展，局限于京山铁路以北，半壁店村以东至开平镇老建成区之间的范围内，远期以对老建成区改造为主。

6.城市新功能中心选址

唐山的城市中心解放前和解放初在老火车站、小山一带，在震后恢复建设时期西移到了现百货大楼、市政府一带。机场搬迁后城市中心将继续向西北方向转移。规划在机场新区建设未来唐山市市级行政中心、市级商业服务中心、市级商贸金融中心、市级文化中心和市级体育中心等现代化新城市功能中心。

五、《唐山市城市总体规划（2008-2020）》

（一）背景

2002年，唐山市进行了行政区划调整，原丰南市改丰南区，原丰润县与丰润新区合并为丰润区，拓展了城市发展空间，为在更大范围内实现城市合理布局创造了有利条件。目前，唐山市既面临着前所未有的发展机遇，如京津唐区域合作初见端倪，北京市许多重大项目正在向唐山市战略转移，曹妃甸大港建设提上议事日程，机场新区启动在即等，同时在自身发展中又面临各种各样问题，比如上版规划在市域和城市空间形态、城市空间布局、城市未来功能中心选址、城市安全保障、城市特色塑造、城市道路交通组织和生态环境整治等方面尚有许多问题需进一步加强研究、准确把握。

（二）《唐山市城市总体规划（2008—2020）》

1.城市性质和城市功能

2002年启动历时八年编制的《唐山市城市总体规划（2008-2020）》确定唐山市的定位为：国家新型工业化基地，环渤海地区中心城市之一，京津冀国际港口城市。规划唐山中心城区的职能是"京津冀重要的产业服务和生活居住中心；全市的政治、经济、科技、教育、文化中心"；曹妃甸新城的职能是"京津冀重要的临海产业服务中心；冀东区域高教科研及产业转化基地；国家级滨海生态创新发展中心"。

2. 城市规模

规划预测唐山市域人口规模到2020年达到990万人，唐山市中心城区的人口规模达到220万人，曹妃甸新城的人口规模达到80万人，唐海片区的人口规模达到23.5万人，南堡开发区的人口规模达到15万人，丰润片区的人口达到35万人，古冶片区的人口达到20万人，空港片区的人口达到5万人，海港片区的人口规模达到15万人，丰南工业区人口规模达到16.5万人，汉沽管理区人口达到3.5万人，芦台开发区的人口规模达到2万人。

3. 市域城镇体系

规划唐山市域形成"两核两带"的空间结构。"两核"是中部和南部发展核心，中部发展核心包括中心城区、古冶片区、丰润片区和空港片区；南部发展核心即曹妃甸新区，包括曹妃甸新城、曹妃甸工业区、唐海县城和南堡开发区。"两带"即沿海发展带和山前发展带。

规划唐山市形成两个市域中心城市，即中部中心城市和南部中心城市，其中中部中心城市由中心城区、古冶片区、丰润片区和空港片区组合而成，南部中心城市由曹妃甸新城、曹妃甸工业区、唐海县城、南堡开发区组合而成。此外，还形成4个市域副中心城市和若干个中心镇。

4. 城市总体布局

本次规划的城市地区将形成"两核一带"的空间格局，中部发展核心着重城市转型和空间重构，南部发展核心着重产业发展，成为河北省沿海经济隆起带的重要组成部分。中心城区规划形成三大片区、11个功能组团和两大郊野公园的空间结构，其中两大郊野公园分别是南湖和东湖郊野公园。

5. 城市新功能中心选址

本次规划将唐山南部沿海地区确定为城市新的战略拓展地区，依托曹妃甸港的开发规划了曹妃甸新区，并确定曹妃甸新区将成为"我国北方国际航运中心重要组成部分、世界级重化工业基地、京津冀城镇群重要的国际港口城市"。

第五节 唐山近30年城市发展目标的调整与确立

历版总规划对唐山城市发展的引导

唐山历版总规划编制于唐山市发展的不同阶段，有着不同的编制背景，面临着不同的发展问题，引导着唐山向不同的城市发展目标前进。1976年《唐山市恢复建设总体规划》需要解决的首要问题是唐山市的震后重建，并且试图解决京山铁路改线的问题，这版总体规划奠定了唐山市中心城区由市区、东矿区、新区三个组团组成的格局。1985年《2000年唐山市市区城市建设总体规划》将唐山市定位为国家能源、原材料基地，主张控制主城区的规模，以资源开发和工业项目带动中小城市的发展，此版规划的贡献在于对唐山市域城镇体系的完善。1994年《唐山市城市总体规划（1994-2010）》的编制以唐山市提出"以港兴市"、"产业布局向沿海转移"的战略，军用机场搬迁，海港区、南堡区建设初具成效为背景的，此版规划提出重点发展海港区、南堡区，形成中心区—海港区—南堡区的"新三角"，奠定唐山市的城市空间和产业空间向海布局的格局。2002年《唐山市城市总体规划（2008-2020）》是在京津冀进入国家战略并加强区域内部合作、曹妃甸开发进入国家战略的背景下提出的，此版规划将唐山市的定位从河北省的层面提升到京津冀区域，并且提出建立以曹妃甸新城、曹妃甸工业区、唐海县城和南堡开发区为基点的南部核心的设想，这无疑将唐山市向海布局，从内陆城市走向海洋城市的战略落到了实处。唐山市提出的城市建设目标是："宜居生态城市、充满人文关怀的城市、有利于人全面发展的城市、新型的滨海城市"。

1.《开滦战略转型催生唐山城市蝶变》。
2.《再度涅槃——河北唐山资源型城市转型的嬗变之路》。
3. 李文彦：《煤矿城市的工业发展与城市规划问题》，1978。

第一节 生态宜居城市——城市的发展目标

一座可持续发展的城市就是一座公平的城市，一座美丽的城市，一座创新的城市，一座生态适宜的城市，一座易于交往的城市，一座具有多样性的城市。

罗杰斯《小行星上的城市》

古希腊哲学家亚里士多德说过："人们来到城市就是为了生活，人们居住在城市是为了生活得更好。"城市是人类文明的聚集地，更是人们的栖息地(Habitat)与庇护所(Refuge)。努力创造良好的人居环境，是人类发展的永恒主题。

吴良镛院士提出的"人居环境科学理论"指出："所谓人居环境是指一个大环境。简言之，就是人居环境建设不仅要求住宅室内的环境好，也要求室外的环境好，它从个人居所的环境展开，范围

延伸到社区、邻里、交通、就业等方方面面，是一个庞大复杂的系统。"这也是吴良镛院士从一个综合的城市大系统来理解一个具有社会属性的人居环境理论。联合国两次人居大会和中国21世纪议程中已有对"最佳人居环境"(Best Human Settlement)的具体描述：居民所需适当住房的保证；居民健康和安全的保障；人与城市环境、住区环境的和谐发展；城市住区的生态环境建设与管理；住区基础设施和住区资源的可持续开发与利用。"最适合生活的城市"其实就是一个从就业、文化、经济、居住、发展机会等各个方面来综合理解的城市。

城市的人居环境包括社会环境、经济环境、人文环境与物理环境四个部分。社会环境有社会秩序、民主政治、社会保障体系、教育体系、医疗体系和居住社区等各个层面；经济环境包括产业结构、资源转化效率等；人文环境包括城市的历史文化底蕴、当代城市文化氛围、城市文化品格与文化

活力等方面的内容；物理环境有城市用地布局、环境污染防治、城乡协调发展、生态敏感区保护等内容。

同时将城市人居环境划分为三个层次：城市环境(宏观)、社区环境(中观)和居家环境(微观)。"居住"是个广泛的概念，它不仅意味着住房本身，而且几乎包括了人类生活的各个方面。人居环境有广义和狭义之分。狭义的人居环境是指居住社区的综合环境，是居民赖以生活的场所，也是进行社交以及与自然接触的空间。

宜居城市是一个融合了物质、空间、行为、交往、文化、心理等要素形成的有机系统。最终表现为一个可以获得全面可持续发展的人类生活有机综合系统。宜居城市的主要内容为：居民所需适当住房的保证；居民健康和安全的保障；人与城市环境、住区环境的和谐发展；城市住区的生态环境建设与管理；住区基础设施和住区资源的可持续开发与利用。旨在不断提高人居环境的内涵以及经济发展的过程中，即在局部的创造行为过程中，着力把握全局的动态平衡与发展，使城市聚居环境的决策者、规划者、居住者都能关注整体生态状况，实现健康、文明地发展。

"宜居城市"其内涵首先就是应当满足人们有其居，而且居得起、居得好和居得久的基本要求和良好条件。生态宜居城市必须满足人们对于居住的基本需求、居住改良需求、居住健康需求以及心理需求，这是生态宜居城市所必须体现出来的城市品质。这也集中体现为一种城市的"可持续居住"特征，体现为一个平等的、充满选择机会的、健康的、安全的城市。

（1）"宜居城市"应该追求人文与自然的协调共存。人类应重新认识自然，减轻并弥补城市工业发展和空间高密度开发对城市生态和人们精神紧张所造成的伤害，使人居环境成为优化人们身心素质的基础和社会发展所需要的最佳人居区域。

（2）"宜居城市"应该注重生产与生活的综合开发。人居环境建设既要创造舒适、安全、方便的人类生活环境，又要提供充裕的就业机会和符合需求的社区服务设施，使人居环境成为人类生存、生活和发展的最佳场所。

（3）"宜居城市"应该强调物质享受和精神满足的并重。人居环境建设要为人们的教育、卫生、休闲等提供必要的物质享受资料；必须培育良好的社会氛围，包括和睦的邻里关系、亲切的人间情感和适宜的住区景观等，使人们的精神得到必要的满足，良好的情感得到升华。

一、生态宜居城市的基本含义

在"最适合生活的城市"与"最佳人居环境城市"的基础上，从"人居环境科学理论"的基础上提出生态宜居城市(Ecology Livable City)的概念。在"宜居城市"上冠以"生态宜居城市"。这里的生态包括社会生态、自然生态、文化生态、经济生态，不仅作为城市未来发展的一个新的取向，更是针对资源型城市转型中城市发展方向所提出的目标概念。"生态宜居城市"不仅成为"最适合生活的城市"，而且从城市的就业、文化、经济、居住、发展机会等各个方面来综合理解的城市，建立一个可持续的、以人为本的城市社会综合体。生态宜居城市应该属于一个集产业、就业、商业、文化、环境、生态、居住、城市服务、政府治理、市民生活等系统型城市发展的定位。

"生态宜居城市"是一个适合人们居住、充满就业机会、生活环境舒适、高品质的城市形态；在这样的城市形态中，产业生态、社会人文生态、自然环境生态能够各自实现循环生长又能相互协调发展，互相促进；并且在城市制度层面、文化层面、服务层面都能够将人、自然、环境、社会关系统筹协调和，能够将发展与增长、资源与环境、城市与乡村、居住与就业、物质与精神之间的关系置于均衡协调状态，并最终形成一个人与自然、与社会友好和谐的绿色型可持续的城市社会有机体。

在探讨"生态宜居城市"概念与内涵的同时，针对唐山这座资源型重工业城市可持续的发展，建设"生态宜居城市"成为资源型城市转型发展的城市战略和城市的新定位，作为唐山的城市战略发展新目标。

二、生态宜居城市的特征认知

芝加哥社会学派的领军人物帕克指出："城市绝非是简单的物质现象，绝非简单的人的构筑物；城市是一种心理状态，是各种礼俗和传统构成的整体，是这些礼俗中所包含，并随传统而流传的那些统一思想和感情所构成的整体；城市已同居民的各种重要的活动密切地联系在一起，它是自然的产物，而尤其是人类属性的产物。"

生态宜居城市作为城市发展与建设的一个愿景，要把城市规划建设成为适宜人们生活居住的生态城市，使居于其中的人们价值满足与安居乐业，使城市成为一个受市民欢迎与称赞的城市。生态宜居城市必须可以凝聚人气并获得永续发展，成为一个全面可持续的有机系统。

可以看出，生态宜居城市不仅是物质的，更是符合人类心理、人文的城市。宜居不但应该包括良好的舒适的居住环境，而且应该包括良好的人文社会环境，比如良好的社会道德风气、健全的法治社会秩序、社会福利普及和充分的社会就业等，这些社会人文环境因素都会直接影响人们的居住状态。同时，建筑环境和自然环境是相互协调的，不同的社会阶层是融合的，文化是多样的。

就城市物质空间而言，城市的密度是适度的，有丰富的街道生活和良好的城市景观。一个适宜人们居住的好城市，不应只是适宜一部分人，而是适宜所有人居住。城市应当是合乎人性的，应当对居民有一种亲和力。居住在城市中，人们应该有归属感，不应当感到陌生和紧张。

"生态宜居城市"应体现城市的平等性(Living Equally)。

"城市是人民的，它应充分表达平民性、共享性的理念，而不应强化等级、特权和社会分层。"平等地生活于城市而不受任何形式的歧视是人类社会长期以来的基本人权。只有能够实现人格平等、权利平等、居住选择平等的城市才是可适合人居住的城市。在这个层面上，生态宜居城市应该是一个平等的城市，是一个让人充满选择机会的城市，更是一个充满人性关怀的城市。

生态宜居城市应该是具有住房选择机会的城市(Residence Choiceable City)。可以提供大量可以改善人们居住条件的住房，有很多住房供应，可以让有条件的人选择一个更为宽松的居住空间与优良的居住环境。亚里士多德在《政治学》一书中指出："城市是一个人类聚集地，是一个人们可以从中获得满足其各种生活需求的机会充裕的地方"。居住需求是人们基本的需求之一，城市应该给人们提供居住选择的充裕机会。生态宜居城市对于宜居的诉求侧重于一种住房选择的机会，即在宜居条件基础上可以提供人们选择更为宽裕的居住条件的机会。

生态宜居城市应该是健康的城市(Healthy City)。

城市是一个不断创造健康的城市居住空间与文化空间，可以不断提升城市居住质量，不断满足城市中人的身心健康。这要求生态宜居城市的居住空间设计、社区环境质量、社区服务质量、城市公共环境的健康、城市氛围的积极向上等一系列的城市健康元素，创造一个健康、增进市民健康、可持续健康发展的城市。

生态宜居城市应该是能提供人身体与心理安全的城市(Psychologically Safe City)。人们对于城市的感知最终是一种心理感知，居住于城市的居民所需要的经济安全、环境安全、健康安全、社会安全、政治安全是形成城市居民自我认同与寻求归属感的前提要素。一个没有安全感的城市，一个没有心理保障的城市，不可能是一个能够让人安居乐业、长久居住的城市。因此，生态宜居城市应该可以提供给人们一个安全的城市社会环境，一个安定的工作与就业环境，一个安乐的生活环境，一个安康的心理环境。

三、生态宜居城市遵循的基本原则与基本条件

（一）生态宜居城市应遵循的基本原则

生态宜居城市应遵循的基本原则：可达性(Accessibility)、平等性(Equality)、参与性(Paritcipant)。可持续发展原则、生态保护原则、以人为本准则和因地制宜准则。

可达性主要是指居住于城市的市民所体验的生活质量的高低取决于他们可以获取或享有的基础设施(交通、通讯、水、卫生条件)、食物、干净的空气、负担得起的居住条件、有价值的就业机会、绿色空间与公园。城市中不同的市民所获取上述基础设施与生活必需品的机会不同就是一个城市平等性的问题。一个城市宜居的可达性原则还取决于市民是否有参与决策制定以满足他们之所需的政策的权利与机会。因此，在某种意义上，宜居也可以理解为市民的"生活的质量"的问题。

可持续性则指可以持续获得我们珍惜或期待的生活质量的能力，也就是实践中我们是否能持续改进当代人以及子孙后代的经济的、社会的、文化的、环境的福利与质量。

宜居性指的是一个城市系统中可以满足人们生理的、社会的、精神的健康需求，满足所有人的个人发展需求。它包括令人舒适与渴求的并提供和反映出文化与宗教繁荣的城市空间。它的核心原则是公平、尊严、快乐、共享、参与。

（二）生态宜居城市的基本条件

对生态宜居城市的认知，包括经济发展层面、市政设施层面、城市文化层面、城市服务层面、商业发展层面、社会安全等多个综合性层面。这与生态宜居城市的制度环境、经济环境、社会环境、生态环境、文化环境、居住环境的要求是不谋而合的一个理论与实践的媾和。要建设生态宜居城市，必须具备经济、政治、社会、文化和科学技术等方面的基本条件。

第一，就业是生态宜居城市的第一要素。

城市首先要能够为人们提供足够的就业岗位，只有足够的就业机会才能保障人们能够获得一定的经济来源，获取生存与发展的必要条件。如果一个城市长期充斥着大量失业人口，人们日常生活都难以为继，那么生态宜居城市根本无从谈起。这需要生态宜居城市在制度设计与经济发展方面具有发展的潜力、可持续增值的机会，这样才能为创造生态宜居城市提供一个基本的物质条件。从这个层面上说，生态宜居城市首先是一个经济问题。

第二，社会和谐共存共生是生态宜居城市的核心要素。

作为人类社会有机体的城市犹如一个社会大家庭，人们要在城市的天空下，在共同的法律、法规与道德规范下共同生存、生活与发展自己。社会的和谐共存共生包括阶层之间、集团之间、组织之间、组织与个体、人与人的关系的有效平衡与和谐。在当代市场经济条件下，贫富差距日益扩大，宜居的、和谐的、可循环、可持续发展的城市需要先富的人要帮穷致富，要关怀城市的弱势群体。这需要城市公共管理与城市治理达到一个新的高度，倡导法治、建立秩序、弘扬道德、发扬人道主义，树立公平、公正、正义的城市精神品格，在城市社会关系的协调、化解阶层矛盾、维护城市公共安全等方面建立一整套的城市制度。从这个层面上讲，生态宜居城市的战略是一个政治问题。

第三，生态环境优美是生态宜居城市的基础要素。

人们的生活离不开生态环境，"生态宜居城

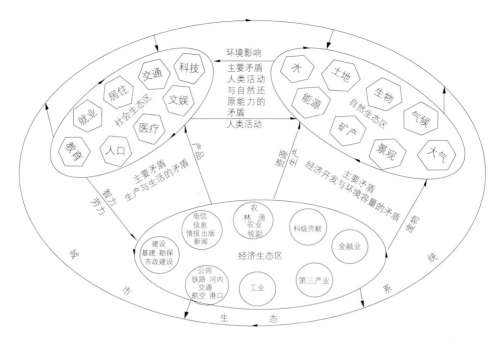

图5-1 生态城市的结构（仿刘天齐，2000）

市"在很大程度上是指环境宜人。而这里所说的环境，是相对狭义的自然生态环境。一个有山有水有树木花草的景观环境是人们最愿意看到的，这是建设生态宜居城市最直观的标志和象征。所以，生态宜居城市显性的条件是要求有一个绿色的、清洁的、漂亮的、舒适的视觉环境。山清水秀、湖光树影、城市绿化、城市公园、景观公园、社区美化、环境净化、空气宜人等条件都是建设生态宜居城市的重要方面。在这个层面上讲，生态宜居城市是一个美学问题。

第四，文化是一个生态宜居城市的精神与灵魂。

城市文化是城市价值的引擎，城市的历史文化与市民文化是城市的灵魂、城市的根。一个缺乏文化品位的城市是留不住人心的空间躯壳，绝不可能成为宜居的城市。世界著名建筑师沙里宁说过："看看你的城市，我就知道那里居民在文化上的追求。"一个具有鲜明特色的城市文化，是决定一个城市是否具有文化个性与品位的重要体现。生态宜居城市不仅是一个居住的问题，更是一个发展的问题，而城市文化对于城市的发展具有不可替代的价值功能与导向作用，城市文化是提升城市形象与城市价值、提升城市竞争力的重要内容。从这个层面上讲，生态宜居城市是一个文化问题。

第五，基础设施是生态宜居城市的必备硬件。

城市基础设施是决定城市的硬件系统，是城市重要的公共产品。城市的硬件系统包括很多方面，有道路交通、水、电、热、气、信息化设施、商业设施、文化设施、环境设施等等在人们生活中不可缺少的基础设施条件。人们生活在具体的城市环境中，生态宜居城市必须提供与人们生活全面相关的那些基础设施条件，要让生活于其中的人们感觉方便、快捷、舒适、高效。从这个层面来讲，生态宜居城市是一个技术问题。

生态宜居城市是一个具体的、看得见、摸得着、感觉得到的城市，必须有建立在以"生活与发展"的理念基础上的提供符合人们宜居期待的各种完备的软硬件产品、服务与设施，才能真正建设一个让市民满意的城市。

第二节 经济、社会、环境的协调——资源型城市转型的关键

一、城市的复合生态系统理论

城市的出现是人类走向成熟和文明的标志，城市是人类独特聚集空间和各种活动的汇聚点，是一定规模的人口、经济的聚集中心，在一定地理空间范围上形成的异质性景观，是系统结构复合化、过程人为化、多样化的自然—社会—经济复合人工生态系统。人类已经成为系统中的主导因素，人类活动成为影响和控制系统中能量流动、物质循环、信息传递和系统演变的重要因素。

城市的社会、经济生态系统与自然生态系统一样，也包含结构、过程、功能等方面的内容，并为人类提供各种服务和福利。城市生态系统的结构影响城市中物质、能量、信息等各种流的运动状态，即结构影响过程，同时这些过程又会反作用于城市生态系统的结构，两者相互作用，相互依托。与此同时，结构和过程同时又受到人类活动的强烈影响，城市生态系统的结构和过程实际上是自然过程与人类经济社会过程相互作用的产物。结构和过程的状态进而影响城市的功能，功能决定服务(包括生态系统服务)，服务决定福利，最终都将作用于城市生态系统的主体——人类。

城市是由社会、经济、环境三个基本要素之间通过相互作用、相互依赖、相互制约而构成的紧密联系的复杂系统。其中，社会系统是由以提高人的素质和实现人口再生产为目的的社会服务体系构成，主要功能是处理人与人之间的关系，解决人自身的发展，保持合理的人口再生产，促进物质和精神文明的不断提高；经济亚系统是由经济组织、经济体制、经济实体、经济产业等因素构成，主要功能是保证物质产品的生产，满足人的物质生活和精神生活的需要；环境亚系统则是由自然环境、人工环境等要素构成，环境通过自然再生产过程，并以其物流和能流等功能，直接或间接地满足人类日益增长的生态需要。人们必须靠发展经济来解决贫困、发展社会和提高生活质量。因此，从对发展社会经济的作用看经济是第一位的，是主导；但人们发展经济的一切活动又必须在自然生态系统运行正常的基础上才能顺利进行，否则经济发展本身就要受到制约，甚至出现危机，所以环境是基础。因此，在生态宜居城市建设中，要在遵循自然生态规律的基础上发展经济，只有良好的经济结构和增长方式才能保证经济的可持续性，符合可持续发展的理念。环境可持续性是基础，经济可持续性是条件，社会可持续性是目的，这三者的协调发展是生态宜居城市建设的关键。自然、经济、社会三个子系统共同构成了城市的复合支持系统。

（一）经济生态

生态宜居城市的结构协调机理表明，以产业发展为特征的经济发展是生态宜居城市发展的动力，其发展状况对城市社会、文化、环境等各个方面都有着深刻的影响。实现产业发展模式的转变以推进经济系统发展，是建设生态宜居城市的关键所在。进行以产业结构调整为核心的经济发展子系统的建设，须根据生态宜居城市建设的规划，根据各城市的实际情况，制定合理的生态经济部署，以产业结构协调、产业链联系顺畅、经济发展态势健康为目标，提升产业优势与增强城市功能相互促进。城市存在的命脉是经济，经济繁荣，城市就蓬勃发展；经济衰退，城市就

衰败萧条。良好的经济支持系统是生态宜居城市建设的最基本的保证。其原因在于：

（1）生态宜居城市的概念本身就是随着经济的发展而产生并发展的。在工业革命后，经济飞速发展，带来了城市化和工业化的空前繁荣，但同时也带来了全球环境问题的凸显，就是在这个时候，针对污染问题，人们首次提出了生态宜居城市的概念。在之后的几十年里，随着经济的不断发展及环境问题的复杂化和全球化，生态宜居城市的建设要求也转向了整个复合生态系统的全面生态化。如今，生态宜居城市要求采用先进适用的技术发展生态农业、生态工业、生态社会等一系列"生态"工程，这些也是经济全面发展的产物。

（2）良好的经济环境为生态宜居城市的建设提供必要的资金支持。生态宜居城市的设计和建设都需要花费大量的资金，根据发达国家的经验，一个国家在经济高速增长时期，环保投入要在一定时间内持续稳定达到国民生产总值的1％—1.5％，才能有效控制住污染，达到3％才能使环境质量得到明显的改善。可见要实现生态宜居城市，大量的资金投入是不可避免的。尽管在城市建设中兼顾经济增长与环境保护是所有城市面临的一个难题，但是从长远来看，城市环境的改善有助于城市经济的发展；反过来，城市经济的发展又可为环境保护提供资金与技术。

（3）运用经济手段佐之必要的行政手段和法律手段，推广和效仿生态宜居城市建设中环境和经济双赢的案例,通过"模范典型"的案例，让全社会看到生态宜居城市建设是经济价值、社会价值和环境价值的全面体现，尤其是其对经济支持系统的保障促进作用对整个社会乃至全球都是十分重要的。

舒马赫曾在其《小的是美好的》一书中强调："今天，政治的主要内容是经济，而经济的主要内容是技术"。科学技术是第一生产力，是一切创新

的基础和建设的手段。先进的科学技术是生态宜居城市建设经济支持的最重要组成，也是环境问题的最终解决手段。

首先；先进的科学技术是人们认识自然、改造自然的有力工具。先进的科学技术可以帮助人们更合理、更有效地利用现有的自然资源，不仅可以缓解当今的资源紧缺的问题，还可以降低污染物排放量，减少污染。先进的科学技术可以帮助人们寻找新的自然资源，征服新的环境，创作出更适宜人类生存和发展的城市环境。其次，先进的科学技术是解决当今环境污染问题的重要保障。当今的污染问题，尤其是那些影响严重、难以解决的污染问题都需要依靠科技的支持而最终得以解决。生态宜居城市建设思想本身就是科学技术的结晶，是人们解决环境问题、创造良好生存环境的方法手段。反之，环境问题也是阻碍生态宜居城市建设的绊脚石，也需要依靠一定的科学技术才能解决。再次，科学技术的支持作用会随着时间的推移而变化。例如，汽车和电梯的发明使得城市的空间布局发生了根本的变化，摆脱空间束缚的城市，能够向更高更远的空间扩张，使得城市具有了更加丰富多彩的内容。但是，随着汽车尾气污染以及城市热岛效应等与城市扩张相关的污染问题的产生，人们开始认识到了现有科技成果的一些弊端，并且在努力寻求更先进的科技去弥补这些不足。在实际中，经济发展、技术更新与生态建设之间是相互制约、相互依存的，仅仅依靠某一方面的提高来带动其他，往往会适得其反。因此，只有协调好经济发展、技术更新与生态建设之间的关系，实现综合效益的最优化，才能最终达到生态宜居城市的目标，满足人们的需要。

（二）社会生态

在社会—经济—环境复合生态系统中，"社会"处于能动的地位，是城市的最终目的。因为经济问题和生态环境问题归根结底都是人类自身的问题，人类已经意识到，却又难以彼此协调、更难

以与自然相互协调的行为，才造成了生态环境的失调和灾难，又是这种灾害反作用于经济系统，才使人们得以领悟到保护环境与自然协调发展对于人类自身发展的重要性。所以，对于"生态宜居城市"的社会支持，最为关键的应该是人类自身行为的建设，包括法律、政策和公众三个层面的支持作用。

1. 社会的公正与稳定

社会公正和稳定也是生态宜居城市的基本要求和特征，是生态宜居城市建设的重要条件和支撑。"社会平等、社会公正、社会融合和社会稳定"是一个城市社会正常运行的关键。如果没有这些，不仅会引起社会局势紧张和骚动，而且最终还会导致内战和民族暴力冲突。社会如果不安宁，所有的发展成果都会受到威胁。

要实现社会的公正与稳定，首先，要消除两极分化，实现共同富裕。贫富差距是社会不公平和不稳定的最重要原因。其次，要大力宣传倡导公平、公正的社会核心价值观，营造出人人平等、团结友善的道德观。再次，政府应加强对社会公共领域的管理和投资力度，尤其是社会福利、医疗卫生、教育、住房、市政建设、就业和社会救助等领域，以保证公共领域的条件与整个社会经济发展水平相适应。建立公正、稳定的社会比发展经济难度更大，但也更重要，这是建设生态宜居城市的必由之路，是生态宜居城市得以建立的现实支柱。

2. 政府的法律政策支持

要达到生态宜居城市的要求，仅靠道德的约束是远远不够的，还需要必要的法律和政策的保障。目前我国的法律体系虽已日渐完备，但是在保护自然环境和资源方面的法律漏洞还很多，法律力量还很薄弱。例如对于污染物的处理和排放，因为其本身是无利润的，所以就需要有相关的法律强制执行。另外，生态宜居城市建设的一些新的措施和规定都需要有法律的保障才能顺利实行。

生态宜居城市建设中的政策支持包括了财政政策、收费政策、财税政策、信贷政策等多种政策。其主要目的就是通过制定和实施政策来干预和引导经济活动的发展方向，实现生态城市的目标。例如，生态宜居城市建设所需要的大量资金可以通过公私合作(public private partnerships)等新型投资方式进行融资，为了吸引投资商投资，在法律无法干预的情况下，只有通过政策给予一定的优惠，才能吸引资本投资。还有对于那些有利于环境的新产品、新技术也需要给予一定的政策优惠，从而加快它们的推广速度，为生态宜居城市建设服务。法律和政策对生态宜居城市建设具有很强的导向性，能否制定出合理的法律和政策，往往关系到一个城市的发展取向。

例如，20世纪70年代中东石油危机时，美国政府制定了给装有节能设施的建筑以税收上的优惠政策，从而大大推动了节能建筑的建设，也促进了节能设施的研制和生产，这也符合美国的眼前和长远利益。到了80年代，里根总统上台后，为鼓励核能、煤和石油工业的发展，取消了节能优惠政策。因此建筑界也停止了节能建筑的设计和建造，高消费成了建筑的时尚。而克林顿入主白宫后，美国政府又重新重视节能问题，建筑界也重新开始了节能建筑的设计和建造，"生态建筑"、"绿色建筑"开始蓬勃发展。可见，政策对城市建设和发展的影响是非常显著的。但是需要注意的是，由于人们认识自然的能力有限，一些法律和政策本身就具有局限性，随着时间和科技的进步，这种局限性(尤其是某些特殊政策的局限性)就会慢慢显现出来。这就需要政府与时俱进，在保证大方向不变的情况下，随时调整政策，使之成为生态宜居城市建设的有力支持。

3. 文化与公众支持

文化是人类社会区别于动物世界的本质特征，其具有时代性和阶级性的特点。农业社会有农业社会的文化，工业社会有工业社会的文化，生态宜居城市也会要求产生与生态宜居城市的要求相一致的文化也即生态文化。没有生态文化的深入人心和日趋成熟，就不会有生态宜居城市的建成。特定的文化受其所处时代的政治、经济、社会等因素的制约，也对人类的政治、经济和社会活动产生深刻的影响。文化是历史的积淀，它存留于建筑间，融会在生活里，对城市的营造和市民的行为起着潜移默化的影响，是城市和建筑的灵魂。在生态宜居城市建设中，人们既要向自然索取，让自然为人类服务，又要向自然给予、补偿，使自然、生态同样享有权利，才能真正做到社会、经济、生态的协调发展，达到"天人合一"的理想境界。

生态宜居城市建设从表面上看是城市建设实践活动的革新，深层次原因则在于人们思想观念的变革。生态宜居城市这一概念本身就是思想观念变革的产物，生态宜居城市的战略规划和设计也必须在这种新的思想观念的框架内进行。从根本上讲，人的一切行动都有其文化依据或文化动因，生态宜居城市建设也必须有一定的文化环境作为其现实支持条件。因此，生态宜居城市建设需要一种以生态意识为核心的生态文化作为背景和基础。所谓生态意识，就是指在人与自然全面依赖与和谐的前提下，从解决人与自然的最优关系的原则出发，认识和处理当代人类面临的生态环境的一种思维方式。生态意识提高了，人们自觉参与生态环境保护的意识也随之增强。生态意识的核心就是人与自然的相互依赖、全面和谐。

（三）自然生态

生态宜居城市建设的目标能否实现，从一定意义上讲取决于该城市所在区域的生态环境支持能力。换言之，城市发展的前景，决定于城市生态支持系统的承载能力。城市生态环境支持系统的组成成分涵盖了各种城市发展所必须依赖的资源和环境要素。这些资源环境要素如同一组"木板"，组成了容纳城市人口、经济、建成区面积等内容的城市生态支持系统"木桶"。城市生态支持系统的承载力即为"桶"的容纳量。由"短板原理"可知，木桶容量取决于最短板。因而，提高城市生态支持系统的限制因子，成为提升整个城市生态承载力的关键。这里，从资源、环境、生态承载力三个方面对生态宜居城市建设的环境支持简要分析。这里所讲的资源支持包括对城市发展起作用的一切资源要素，如水资源、土地资源、能源等。城市社会经济系统增长的发展趋势决定了其对资源的需求是无限的，但资源总量是有限的，这就决定了资源会成为城市发展的瓶颈。如同适用于自然生态系统的生态因子作用规律和最小因子法则所描述的，各种生态因子总是综合地起作用，但具体情况下总是由一个或少数几个生态因子起着主导作用一样，城市生态支持系统中资源要素往往会成为城市发展的限制因子。因此，资源支持对于生态宜居城市目标的实现及城市的可持续发展尤其重要。

对于资源支持能力低的城市来说，和资源丰富的城市相比，要实现生态宜居城市的目标存在先天不足。这样的城市要建设生态宜居城市，就必须克服资源要素的瓶颈，实现现有的资源对生态城市的支持作用。唯一的办法就是大力发展循环经济，进行清洁生产，建立生态经济结构，提高资源的利用效率，同时也可以提高城市的环境容纳能力。

世界上的城市具有不同的特点，对于不可再生资源(如矿产资源)贫乏的城市来说，要根据自己城市的资源特点，制定相应的生态宜居城市建设规划。从生态系统角度看，不同的城市具有不同的结构特征，在生态宜居城市建设过程中也是一样，没有一个适用于世界上各城市统一的标准。各城市可以根据自己城市的生态基础和经济特点，合理利用现有的资源基础，实现生态宜居城市建设中资源对其的重要支持。

自然生态系统是城市复合生态系统存在和发展的基本条件，是社会、经济发展的基础。良好的生态环境，是实现社会经济可持续发展的重要保障。因此，须将生态景观格局与城镇体系建设、重点地域生态保护建设和区域生态补偿的机制探索作为生态支撑子系统的重点建设领域。自然资源和自然环境构成了环境生态系统，对整个生态宜居城市起基础支持作用。城市的环境基础主要是指城市所占据的地表空间、岩石、地质与地形、水、生物、大气等。

纵观城市的产生和发展历程，不难看出环境因素一向都是城市规划、建设和发展的重要因素。对于生态宜居城市建设，环境因素也同样起着重要的作用，它规定了生态宜居城市发展的方向、布局以及规模，是生态宜居城市发展的基础依据和载体。

城市系统的承受能力一直是生态宜居城市的发展焦点，其中气候因素由于其相对的不可变性而成为城市系统承受能力的决定因素。著名建筑师欧斯金认为：作为自然环境的基本要素，气候是城市规划的一个重要的参数，气候越是特殊就越需要规划设计来反映它。绿地是重要的城市文化载体，在城市绿地环境的生态建设中要注重赋予其文化内涵，人文景观与自然景观有机融合。景观设计就是要设计出人与自然的和谐关系，这是生态宜居城市建设中最重要的方面，也是根本方面。因此，在生态宜居城市建设中，对城市绿地系统不能只做绿色空间的组合、景观景致的塑造等形态研究，而是需要将其作为生态宜居城市的有机整体来研究。从斑块理论讲，城市绿地系统应是斑块、基质用廊道沟通形成的整体，这样有利于构筑丰富的复合生态环境，促进不同种类的动植物迁移并互相影响形成新的物种，同时结合其他生态要素营造出多种复合生态环境，有利于生物的多样性繁殖栖息。

水系统与绿地系统相结合，可以创造出多种类的生态环境，为水陆生物和两栖生物的繁衍生息创造出多种可供选择的途径。城市的水系统还具有蓄水、航运和养殖水产的功能，而且具有增加空气湿度、降低气温、改善大气质量等调节气候的作用，同时还为市民提供了良好休闲场所。城市生态建设要把各种文化沉淀汇合于城市生态载体中，利用各种传统符号折射历史肌理，保护自然景观和人文景观的和谐平衡。

城市的土地利用和土地覆被变化是随着城市发展变化而变化的。在生态宜居城市建设中，土地利用应该是一个动态的发展过程；追求生态效益是生态宜居城市土地利用的基本前提，经济效益是实现生态效益的驱动力，社会效益则是实现生态效益和经济效益的目标。生态宜居城市土地利用的空间配置直接影响到城市生态环境质量的优劣。生态宜居

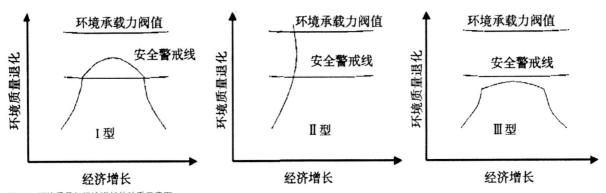

图5-2 环境质量与经济增长的关系示意图

城市建设中将充分考虑各类用地的生态适宜度，充分发挥工业、居住、交通、绿化等功能区对环境的正面影响，减少负面效应。因此，发挥土地利用对城市的最佳生态作用，是生态宜居城市建设的重要支持部分。

总之，生态宜居城市建设必须具有良好的自然环境基础。这里说的自然环境既包括天然的、原生的环境，也包括人工改造甚至是创作的次生自然环境。因此，强调环境生态系统对生态城市的支持作用，并不是说那些天然环境(如气候、地形、水资源等)不利的地方就不能建设生态宜居城市，这也正是生态宜居城市建设之"建设"的意义所在。

二、研究经济、社会、自然环境三者的关系

1972年，著名的环境保护运动的先驱组织罗马俱乐部提交了他们的第一份研究报告，即《增长的极限》，为人类社会的增长模式敲响了警钟，在全世界范围内掀起了一场环境保护的热潮，使人们开始意识并思考地球资源的有限性以及高速进行资源开发的不可持续性。在这个报告发表三十多年后的今天，可持续发展的主题已经成为平凡的真理，越来越多的人日益深刻地体会到传统经济增长模式给人类和自然带来的尖锐的矛盾，以及由此衍生的一系列社会问题，这就引发了人们对于经济、生态与社会三者关系问题更为广泛的关注。

经济增长的无限性和生态资源的有限性之间先天性的矛盾，是我们无法根治的，但寻求新的经济发展模式无疑可以缓解这个矛盾所带来的一系列社会问题。发展是全世界都在高歌的主旋律，发展的目的即是构建一个和谐有序、人民安居乐业的社会，这是发展的终极目标，在这个目标之下的经济增长和生态保护则分别是发展的基础和条件。只有缓和了基础和条件之间的矛盾，才能实现发展的目标。可持续发展是全世界普遍接受的缓和这一主要矛盾的正确观点，而循环经济模式则是处理可持续发展三大支柱的有效方法。环境库兹涅茨曲线是描述经济发展与环境污染水平演替关系的计量模型。因为这种曲线的形状特征，该模型又常被称为倒"U"型曲线模型，如图5-2中I型曲线所示，就是常说的"先污染、后治理"型发展模式，也是唐山之前所实施的模式。在该模式下,经济发展以环境退化为代价,经济发展导致环境质量下降并突破安全警戒线。在经济发展至一定阶段后,社会环保意识开始增强,经济增长方式开始改变,并伴随污染治理技术手段提高。此时环境质量退化开始减缓,在突破环境承载力阈值之前逐步好转,最终有望实现环境质量同经济增长的协调发展。灰色关联度模型,通过对耦合度的分析,可以从时间序列上考察社会经济发展与生态环境在同一时间轴上的变化规律,规律如图5-3所示。[1]

回顾唐山发展历程，开滦煤矿等近代工业的出现是唐山成为一个近代工业城市的开始，正是近代工业文化的发展，才催生了唐山这座城市,唐山城市文化深深打着工业文化的烙印。直到今天，唐山仍然属于重工业城市行列，工业生产是这座城市的一个重要功能。唐山钢铁、煤炭、陶瓷、电力、化工等行业的发展，依然占举足轻重的地位，深刻影响着唐山经济社会的状况和发展。[2]

唐山的城市发展以工业发展为开端，城市的经济发展以工业文明的兴盛为基础，在相当长的时间

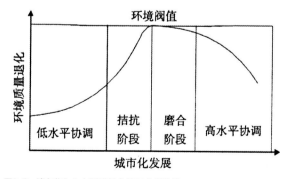

图5-3 城市化与生态环境耦合的时序规律性

内，在经济与生态之间，自动选择了经济发展为主要目标，牺牲了一定的环境质量。到了今天，在全社会对生态环境、人居环境越来越多的关注之下，唐山开始了自己从追求工业文明向追求生态文明、社会和谐的发展方向的转变。在这个转变发生之际，我们首先要承认经济、生态、社会直接协调磨合的过程是具有一定阶段性的，我们不能否定唐山之前为了经济发展所做的工作，是灰色关联度模型中得出的城市化的低水平协调阶段和拮抗阶段，在这个新的时期，唐山正在努力通过各个方面的实践来实现对可持续发展中各项硬指标以及软指标的实现，来度过磨合阶段，以求实现经济增长与环境保护之间的高水平协调所带来的社会繁荣。这里所说的硬指标即是普遍的各项经济及环保指标，而软指标则是生态经济意识在价值观方面的体现，是实现经济、生态、社会协同发展的思想保障。

第三节 资源型城市转型目标——唐山的城市发展目标与发展策略

一、资源型城市现阶段发展过程中存在的问题与相应对策

（一）城市规划的编制、决策、管理、法规制定

经过改革开放的中国城市建设，城市迅猛发展。虽然成绩显著，但城市化推进过程中也出现诸多问题，中国的城市化有其独特性，无范例可遵循，也是一个探索的过程。

首先，目前我们缺少能有效解决中国现实问题的城市规划理论体系。更缺少根植于中国本土的系统指导城市化实践的理论。解决现实问题及对城市规划理论的理性思考是推动城市规划学科发展的两个动力源泉。现实问题会推动人们对理论进行思考，理论的创新与进步又会促进现实问题的有效解决。

其次，目前的规划编制制定往往是被动的、静止的。处于从属地位的城市规划往往落后于城市的迅速发展与信息瞬息万变的实际变化。缺乏远见的随意与临时性策略成为城市规划制定的主要特征。在这样一种状态下，城市的发展失去秩序，城市的结构失去和谐，城市的管理失去规范，城市的宜居属性大大降低。《雅典宪章》指出："城市最急切的需要是每个城市都应该有一个城市计划方案与区域计划、国家计划整个的配合起来，这种全国性、区域性和城市性的计划之实施，必须制定必要的法律以保证其实现"。

城市的发展策略必须以准确而深入的研究为根据，与城市的各种情况下所存在的每种自然的、社会的、经济的和文化的因素配合起来。它必须能预见到城市发展在时间和空间上不同的阶段。制定长远的规划和具体详尽的实施建设方案，城市空间布局才能有促进经济的实质的改变。

同时，城市规划的决策体系中，缺乏对规划管理决策的咨询、参谋和监督的机制，更缺失科学与民主的监督机制与制度保障。城市应该是一个自然延续体，城市的制度性延续需要有可持续的、可靠的城市立法与执法系统，需要有可延承的规划制度保障。除了有完备的各层次的规划外，还需要法律作保障，建立一个健全的法制环境。

（二）城市基础设施建设

城市的基础设施是城市得以正常运行的根本之所在。完善的基础设施是城市经济、政治、文化等正常运行的载体，也是城市居民生活不可缺少的物质条件。城市是基于便利而不断得到的发展机会。交通、电力、环卫、居住条件等基础设施的欠缺，不仅会影响城市的正常运转，也会影响到城市的竞争和市民的发展机会。资源型老工业城市的基础设施与发展之间的矛盾尤为突出，基础设施的欠缺，不能发挥城市功能会直接导致人口流失、经济衰退、城市衰败，使城市进入到发展的死循环之中，早期的欧美工业城市案例已成为明证。

现阶段中国的许多城市在追求城市的"巨

变"，城市建设很少遵循城市的自身发展规律来去规划和建设。"一年一大步，三年大变样" 更多是关注城市形象，许多城市建设已成为施政者"追求政绩"和资本"追求利润"的空间。每一任政府都抢着上马"短、平、快"注重表面形象的政绩工程。在城市形象与城市的基础设施之间缺少平衡。很少人去关心城市的基础设施。雨果所说的"下水道考验的是一个城市的良心"，道理不是没人懂。中国行政体系的"流官制"和现行的政绩考核办法，决定了没人愿意去做"前任栽树、后任乘凉"看不见的地下良心工程。

（三）城市特色与地方文化特性

城市的地方特色是指特定的区域因为特定的地理气候、自然生态环境、人类生活构成等要素形成的具有一定差别性的有界线的人文与自然现象的总和。地方性是一个城市的特色与个性，也是一个城市的传统。城市不仅具有物质价值，还有文化价值、精神价值，城市应该有自身的性格，城市是有精神、有生命的，它是活的东西。"鉴古而知今"，一个没有文化根基的城市无法具有活力。对于历史留给我们的宝贵财富，我们应该加以尊重和保护。

贝聿铭说："建筑是有生命的，它虽然是凝固的，可在它的上面蕴涵着人文思想。"建筑是城市凝固的音乐，是城市最可靠的历史记忆的见证者，是传承城市精神与文化的唯一载体。城市的各历史时期的建筑是一个城市的文化记忆。

现阶段的城市建设中有诸多历史性建筑与历史街区，在随意性规划、短视决策和城市突变中被不断地拆除，导致具有历史文化价值的遗存被恣意颠覆，历史文化在城市的速度狂潮中被损坏、被抛弃、被毁灭，造成城市文化与城市文脉的丧失。有文化特色的建筑与人文景观都不断消失，使得城市失去地方特性的个性之根。正如《美国大城市的死与生》中描绘的："这些住得好好的人都被驱散了，我们再也找不到熟悉的邻居，再也找不到儿时的街景。一切都同岁月一起流逝了。"

构成城市的特质建筑代表了城市的无形的文化独特精神。城市的历史性建筑，可以成为城市的品牌形象代表，也可以是城市文化品位的象征，更体现了一个社会的历史文化传承和内涵品位。构成城市记忆的重要空间与建筑遗址得到有效的保护能传承城市的记忆。城市的发展不仅要保存和维护好城市的历史遗址，而且要继承一般的具有城市特色的文化传统。

城市的个性和特性取决于城市的空间结构和社会特征，他代表着城市历史的延续。唐山作为资源生产基地，在我国近现代的工业文明形成和发展中曾发挥了极其重要的作用。唐山的工业遗迹是工业化进程的伴生物和历史佐证。工业文化是其发展历史中所形成的特色文化，深深地影响着这座城市，深入每一个市民的生活之中，工业地段及其建筑物构筑物即是这种工业文化的物质体现，见证了这种文化的缘起、辉煌、衰落和变迁。大量的工业厂房体现了工业美学特征，仍在使用寿命之内，不仅具有使用价值，同时也具有一定的文物价值，值得保护与传承。

（四）城市生态系统与城市环境

唐山市是一座以资源密集型工业为主的重工业城市，大工业为社会做出卓越贡献的同时，也使城市生态环境遭到了不同程度的破坏，工业副产品给唐山带来了沉重的包袱，唐山市人均生态足迹远超过全国平均水平，亦远超过全球人均生态足迹。第二产业，特别是高能耗产业比重大，是唐山市生态足迹高的主要原因，城市转型的任务迫在眉睫。各方都在反思曾经高污染、高消耗的发展方式，并积极探索城市新的出路。整体判断，唐山市属于生态不可持续状态，城区负载的工农业生产活动及居民生活起居活动强度很大，城市发展高度依赖外部资源供给，以及依赖于高强度开发不可再生能源，以消耗土地自然资本为代价。这些远远超出唐山市自身的生态承载能力。

环境问题是城市的核心问题，发展经济不能以破坏环境为代价。城市的发展应遵循生态学规律，合理利用自然资源和环境容量，在物质不断循环利用的基础上发展经济，使经济系统和谐地纳入到自然生态系统的物质循环过程中，实现经济活动的生态化。而在社会层面，改善环境条件是为了实现人与自然的和谐发展。人类社会的发展得益于自然环境的供给。要保持可持续发展，必须与自然环境和谐共存。

（五）城市空间的隔离与社会分化

城市是由不同人群组成的一个异质性很强的陌生型社会体，在这个社会体中，迫切需要一个相对开放与宽松的社会环境，从而增加人们的交流深度与广度。在人的交往中，宽容和谅解的精神是城市生活的首要因素。人是社会性的生命体，人与人的平等、尊严、交流、交往等都需要获得社会支持。

当前的城市住宅的开发建设过度依赖市场，经济适用房、廉租房完全集中并在边缘区域大规模建设，带来了巨大的社会问题，从而产生空间上的贫富差距和地区差异。社会的隔离将导致人群的分化、矛盾与对立，造成社会的不安全、不稳定。社会的贫富差距会导致社会的断裂，这种断裂又通过空间形式固定下来，并越来越深。空间的隔离导致不同收入阶层的排斥，成为诸多社会矛盾产生的根源。而且，目前的城市住房政策只考虑人们基本居住需求的满足，没有考虑住区环境、质量和人们在社区层面上社会参与、社会交往和社会支持的需要。目前居住隔离尚未引起各方足够的重视，在制度设计方面缺乏混合式住区发展的理念。同时，城市中没有构筑很好的公共空间并提供公共参与的机会，会导致社会过度隔离(Social Segregation)与人们心理焦虑(Psychologically Depressed)现象。

和谐社会的建设应是人与人、人与社会、人与自然和谐共生、融合相处的社会，建立公正、公平、正义的城市治理制度是实现"生态宜居城市"的上层建筑保障。在这样的城市中，人们能够在一种稳定、融合、参与和团结的社会环境中居住、工作、生活。这样的城市具有经济的安全感、政治的平等感、精神的进取感，在这里，人们能相互尊重并自觉形成环境保护意识、创造意识、公平竞争意识。如此，城市才能让人安居乐业、价值提升、文化繁荣、具有欣欣向荣活力并可持续发展。

（六）城市的公共空间

当今的中国城市空间，土地以单位所有制、以楼盘为单位的私密性、半私密性空间存在为特征，没有真正形成有助于形成市民意识和社区凝聚力的地区级或社区级的公共空间。城市仍延续着以广场、公园等政治性集会型并体现城市政府意志的开放空间为主导。与欧洲城市空间的外向发展、追求外部环境不同，中国传统城市的空间都是内向发展的。中国城市的广场、花园在整个封建时期都被统治阶级占据，代表着皇权、宗族权，是封闭型的空间。由于历史和社会的原因，中国从来没有出现过类似欧洲的自由民的聚居模式，因此也未能形成欧洲那种体现市民社会精神的公共空间。

城市的公共开放空间不仅构成城市的景观，同时能体现城市品质，展现城市魅力。城市的公共空间的真正意义在于能以物质空间为触媒，激发活跃的城市活动，形成居民对城市和地区的认同感，培育普通居民的市民精神，进而促进社区建设。公共开放空间不仅是汇聚城市的文化特质、包容多样的社会生活和体现着市民自由精神的场所，也表现为公共资源的配置和使用，体现一个城市社会的公正和宽容。城市公共空间的形象和实质影响市民大众的心理和行为。建构是空间与人通过社会生活等方式进行的"互构过程"，是现阶段唐山建设"生态宜居城市"的重要内容。

（七）城市的公共安全

城市是人口、产业、财富高度聚集的地区，是现代经济社会活动最集中、最活跃的核心地域。城市在灾害面前也相当脆弱。由于城市人口流动频繁，就业结构、聚居区域、生活方式都具有多样化的特征，导致公共安全问题的诱发因素也较为复杂。唐山处于地震断裂带地区、沿海地区，属于生态环境脆弱区，自然灾种多，影响大；同时唐山的发展正处于快速工业化时期，高层建筑、重化工区、交通、大型工程设施、重大危险源等不断增多，使得火灾、爆炸、工程事故、环境公害等更容易发生。

安全城市概念是城市规划的重要组成部分，针对危害城市公共安全的各种因素，提出城市总体防护目标、原则，制定综合的安全战略和规划方案，在空间规划上分层落实城市安全要素，并对防灾专项规划提出指导要求。

（八）城市的经济发展与城市的资产

生态宜居城市是一个综合系统，城市发展的驱动力来自经济的发展，产业是经济可持续发展的支撑。经济社会的发展是生态宜居城市的决定因素。城市的基础设施的改善、城市文化的繁荣、城市社会的融合与团结、城市风貌的保护与城市治理等等都依赖于城市的自身经济实力的提高和发展。唐山作为一个资源型城市，现阶段还没有完全摆脱资源依赖高的问题，突出的经济结构性矛盾并没有完全缓解，需求结构不尽合理等深层次矛盾和问题没有得到有效破解，经济发展水平与城镇化进程不相适应。当前促进经济的发展，不仅要提升原有的传统优势产业，还要大力发展战略性新兴产业和服务业。只有经济发展才能促进并加快城镇化的进程，才能实现生态宜居城市的目标。

资源型城市转型过程中是因为有投资才具有增长的机会。如缺乏完备的法律与政策体系作保障，

吸引外来投资的机会就非常有限，会导致资源型城市治理的投资缺乏，城市自身经济发展乏力，城市就会越来越陷入困境中。城市的各种问题不断涌现，人口外流、文化流失、基础设施落后、环境恶化、城市发展所具备的条件会日益不足，严重制约城市的可持续发展。资源型城市转型到生态宜居城市的有效途径如下：要有可靠的法律法规和政务环境；加大投入改善基础设施；改善城市的人居条件；鼓励多元的直接或间接投资；为市民创造更多的工作岗位；改善城市的环境条件；恢复历史性建筑；实现社会融合和团结；城市资产大大增值。经济的发展是城市增长的动力，城市的价值增值会提供居民的发展机会。提高城市的宜居性，才会实现社会的融合与和谐发展。城市的价值决定了城市的其他资产的价值。城市的居住价值、就业价值与生活价值提高，基于这些价值之上的投资的价值、商务的价值与旅游的价值自然也会获得提升。城市的价值不断弱化，在人口、经济条件、自然环境、政策、文化层面都不断受到侵蚀，城市价值也不断贬值，使得城市中的投资机会也减少，城市的各种资产特别是物业不动产的价值严重贬值，导致城市的整体价值无法提高，资源型城市就会走向衰退。

二、资源型工业城市规划转型引导的基本原则与发展策略

资源型工业城市规划转型引导的基本原则

（一）采用问题导向型的规划思维

资源的开发能够引起城镇的发生与发展，但由于资源开发点的建设规模与总体布局、资源所在地的地理条件与经济基础以及距原有城市的远近都有很大区别，因而有的可能围绕资源开发点兴起一个新的资源型工业城市；有的则可能形成原有城市的一个资源开发工业区，大大促进原有城市的发展；有的则长期只能作为分散的工人镇而存在。不同的资源型城市之间的差别很大，出现的问题也有差异

性，很难形成统一的解决办法或者规划模式，在进行资源型工业城市的规划时，对不同资源型城市要有针对性，采用问题导向型的规划思维，针对典型的问题制定规划，力求一次彻底解决一个问题，而不是全局一起抓。

（二） 强调动态调整的规划思维

动态思维是城市规划过程中的一种普遍思维，对于资源型工业城市的规划而言，动态思维显得尤其重要。在确定城市工业发展方向的基础上，城市规划必须基于掌握好不同发展阶段资源型工业同其他工业之间的结构关系得以确定。例如，在始建阶段，应着重考虑如何迅速建成资源型工业本身比较完整的体系，事先由国家统一考虑交通、建筑材料等部门的配合建设，使后者起到"先行"的作用。在建设达成或接近规划最终规模时，应充分利用资源型工业的有利条件，合理利用劳动力，有重点有步骤地建设一些经济上合理而且必要的加工工业部门，形成具有一定综合发展程度的资源型城市。在资源型工业接近衰老阶段，则除了寻找后备资源外，应考虑资源型工业生产递减期间和报废以后如何利用现有工业建筑以及其他不宜移动的设备、公用设施与居民点，规划好拆迁、改建、转产和工业发展方向的调整以及居民的迁留问题。[3]

（三） 采用渐进的策略支撑城市转型

从最初的黑色、棕色工业发展策略，到深绿生态保护策略，红色社会和谐策略，顺应城市转型的不同阶段，在各个时期都提出相应的策略支撑城市的转型，树立基本的城市转型观点，并赋予策略阶段的层次性。从早期的绿色增长策略导向关停并转淘汰落后产能为主导的生态防治型策略，到深绿的生态城市构建策略，体现了转型过程中各个阶段的手段和方式的不同。同时，注重环境保护与城市空间发展方向以及涉及社会公平和谐发展的各类策略

交织并行，覆盖了转型城市的各个方面。

（四） 走向城市规划的生态化

资源型城市的转型要求坚持环保优先，不以牺牲环境为代价换取一时的发展，加快转变经济增长方式，优化经济增长，走新型工业化道路，构建生态产业体系，实现经济持续发展。应对此要求，资源型城市规划只有力求在城市规划和建设中渗透、结合生态学的思想，从规划思维、方法、程序和规划空间、制度、管理等角度实现城市规划的生态化。

城市规划生态学化包括城市发展战略的生态学化、城市规划思维的生态学化以及环境影响评价的生态学化。城市发展战略的生态学化要求在城市规划中制定发展战略时需要考虑生态的要求，用生态学的方法指导发展战略的确定；城市规划思维的生态学化则是要求在城市规划整个过程中融入生态规划的思想，用生态化的思维去完成城市规划。在规划之初首先确立生态底限，提出自然空间的保留计划和生态要素的保护控制性原则，保证整个规划在必须满足生态底限的前提下进行。规划编制后期，结合规划的内容，补充提出对空间生态控制的指标等要求，与前期生态底限一起形成生态控制指标。规划实施后定期进行生态评价，分析区域社会经济发展趋势和对生态环境的影响，并在趋势分析的基础上进行合理预测，对规划及时提出修正。

资源型城市规划走向生态化的关键是要以构建城市生态产业体系为主线，以恢复城市生态功能和完善城市基础设施为重要手段，推进城市生产—消费—资源—环境良性循环。营造绿色人居环境，加强生态小城镇、生态社区和生态型新农村建设；把加快农业产业化和加强小城镇建设有机结合起来，将生态脆弱区的农民和农村剩余劳动力转移出来向小城镇集中，减缓对农村生态环境的压力，增强区域生态支撑系统承载能力。[4]

三、唐山的城市发展策略

唐山在产业、空间、生态、社会的转型策略

（一）绿色策略——推动产业转型和升级

唐山市为实现产业转型做出了很大的努力，并达到了很好的效果。首先是降低了能耗，淘汰落后产业。仅2006年已淘汰了9家钢铁企业,拆除200立方米以下高炉5座、20吨以下电炉和转炉16座,淘汰落后产能铁75万吨、钢128万吨。通过强制推行钢渣、煤矸石、粉煤灰综合利用和污水处理循环利用技术,在节能降耗工作方面取得了阶段性成果。这一方面体现了唐山市政府发展循环经济的决心,另一方面也为曹妃甸工业区发展循环经济吹响了冲锋号。[5]

其次,唐山市也积极推动新兴产业的发展,建立了一批科技含量高,并能带动城市发展的产业。曹妃甸新区将重点发展现代物流、钢铁、石化、装备制造和海洋化工产业,同时带动高新技术产业和高端服务业快速发展;乐亭新区将重点发展港口物流、精品钢铁、煤化工、装备制造、生态旅游等产业;丰南沿海工业区将重点发展装备制造产业、新型建材产业;芦汉经济技术开发区重点发展高新技术与信息服务外包产业、自行车配件与五金制品产业。[6]

1. 传统产业升级

唐山是全国钢铁产量最大的城市,对传统产业的升级当然要以钢铁产业为破题点。唐山市的钢铁企业以控制总量、淘汰落后为前提,以资本为纽带上大压小、增高减低,实现战略重组。2008年底,渤海、长城两大钢铁集团揭牌运营。一家以国丰钢铁为龙头,丰南区12家企业重组成立唐山渤海钢铁集团;一家以九江钢铁为龙头,迁安市27家钢企成立唐山长城钢铁集团。两大集团产能总规模达2800万吨,占该市钢铁产能的51.7%。这期间,唐山累计淘汰落后炼铁产能1408万吨、

钢1257万吨。"三年来,唐山因淘汰落后产能影响GDP176亿元、财政收入22亿元,但我们科学发展的步伐从未动摇和停滞。"[7]唐山市政府还将引导产业向南部沿海和北部资源聚集区有序转移和集聚发展,推进以唐钢、首钢京唐、渤海、长城钢铁集团为龙头的企业整合重组,2015年全市70%的总产能将集中到四大集团。北部集聚区的"主战场"在迁安,而南部沿海的战略节点则是曹妃甸工业区和乐亭新区。在联合重组的基础上,唐山市的钢铁产业的产品也向高附加值、高技术含量的方向发展:渤海钢铁的产品定位为高牌号管线钢、宽厚板等精品钢材,长城钢铁的产品定位为优质卷板和高强度建筑钢材。

2009年中旬唐山市启动实施"三个100计划",即培育100种优质、高附加值、有市场需求的新产品,用100项高新技术和先进适用技术改造传统产业,培育引进100名产业结构调整领军人才,推进产业结构向高端、精品、专业化、深加工方向发展。以高新技术改造传统产业,推动传统产业升级。目前,该计划已经取得了初步的成果:高速动车组研发基地和中国动车城建设,为时速350公里高速列车的自主创新和产业化奠定良好的基础;洗选煤装备制造研发基地建设,使唐山成为全国重要的能源装备制造基地;国家火炬计划焊接产业基地目前已形成规模效应。

2.产业结构转型

唐山市产业结构的一大特征是"一钢独大",2011年钢铁产业占唐山GDP的比重最高时甚至达到70%,而唐山市改变这种资源产业独大的产业结构的秘诀就是产业链延伸:发展装备制造业,将唐山出产的钢材的一半就地消化;发展化工业,盐化工以南堡盐场为依托,煤化工和石油化工以曹妃甸大港口为依托。通过传统优势产业链延伸,唐山市不久就能形成钢铁产业、装备制造业和化工业"三足鼎立"的产业结构。此

图5-4 开滦国家矿山公园

图5-7 唐钢集团循环生产与清洁生产的厂区

外，唐山市还着力培育生物医药、新能源、环保等新兴产业，促进唐山市的产业结构向"多极发展"的方向进化。

历经沧桑、历史厚重的唐山开滦集团有130余年的历史，开滦的发展历史伴随了整个中国近代工业的发展历史。进入新世纪以来，面临资源枯竭、产业单一、发展方式粗放、企业抗风险能力弱等众多因素制约，企业的可持续发展陷入困境。

由于煤炭作为我国主体能源的地位短期内不会改变，在这一背景下，作为高碳企业的煤炭企业，实现绿色低碳转型具有很强的时代意义，不仅是企业自身的生存发展问题，而是关乎全国经济结构调整与发展方式转变的战略问题。虽然开滦集团并非完全的资源枯竭企业，但开滦集团超前谋划、着眼长远，紧紧抓住国家经济结构调整、发展方式的转变的战略机遇。开滦提出了六大转型。

发展模式：一是从以煤为主的一元战略转向以比较优势为基础的多元发展战略；二是从以产量增长为导向的资源驱动型发展模式转向以循环经济为导向的科技创新驱动型发展模式；三是从着眼企业自身的发展模式转向融入区域经济的城企互动发展模式；四是从单区域挖潜型发展模式转向以总部经济为基础的多区域发展模式；五是从封闭整合发展模式转向开放式横向战略合作发展模式；六是从传统粗放型管理方式转向以精细化、科学化为特征的现代企业管理体系。

开滦的产业结构实现了由"一业独大"向一基多元的转化，例如：装备制造业、煤化工产业、物流生产服务业、文化产业等新型业态。

其中高效利用优质煤炭资源发展煤化工产业，充分利用好煤炭资源还关系到中国的经济安全。开滦从根本上转变了煤炭"一业独大"的产业格局，接续产业和替代产业已成为主体产业，企业抗风险能力明显增强。

企业的转型不仅促进了企业跨越发展，还促进了产业结构水平、创新能力、经济效益、综合竞争力的全面提升，实现了规模导向型向战略引领型、传统业态向新型业态、生产经营向资本运营的重大跨越，为我国资源型企业转型发展提供了一个成功案例。2008-2010年，煤产量增长111%，营业收入增长494%，利润总额增长463%，利税增长177%，资产总额增长102%，开滦集团在中国企业500强榜单中跃升200位，至第91位。

开滦主动转型抓机遇、依托自身调结构、多元协调促升级、科学布局谋发展的转型发展模式，不仅对于我国促进资源型企业转变发展方式，实现绿色、低碳和可持续发展具有重要意义。在当前举国上下加速转变经济发展方式的宏观背景下，开滦的

城市转型发展的规划策略

图5-5 开滦集团年产20万吨甲醇的煤化工项目

产业转型不仅有很强的标本作用，也对资源城市的转型有新的启示意义。

3. 绿色增长

"唐山正在成为一座绿色增长的新领军城市，选择唐山就是投资未来。""绝不以牺牲环境、浪费资源为代价换取所谓的经济增长，宁可少增加一点GDP和财政收入，也要坚持科学发展。"

唐山市在绿色增长的研究、政策制度支持和绿色增长实践上都有可圈可点之处。唐山市颁布了全国第一个《科学发展指标体系》，并且制定17项政策措施保证其施行，唐山市累计建立和完善1.2万多项制度和政策，推广65个科学发展示范模式。曹妃甸工业区在项目选择上也践行绿色增长的原则。曹妃甸工业区制定了主导产业的准入标准，这是全省第一个工业园区固定资产投资方面的"标准"。

唐山市的绿色增长实践体现在经济发展的方方面面。对于原有产业，唐山采取多项举措打造绿色GDP，比如开展实施"双三十"[8]和"10100"[9]等七大工程，对钢铁等10大重点领域的4591家企业进行综合整治，关闭取缔"十小"企业236家，停产整顿高耗能、高污染企业267家。仅2009年，唐山市就淘汰落后良港产能360万吨、炼铁549万吨、水泥630万吨、造纸29.8万吨、小火电机组62.4万千瓦，预计万元生产总值能耗同比下降5.28%，化学需氧量和二氧化硫排放量分别削减1.8万吨和6.5万吨，三项指标均完成或超额完成省达目标。

图5-6 京唐港开发区新建的唐山中润煤化工有限公司

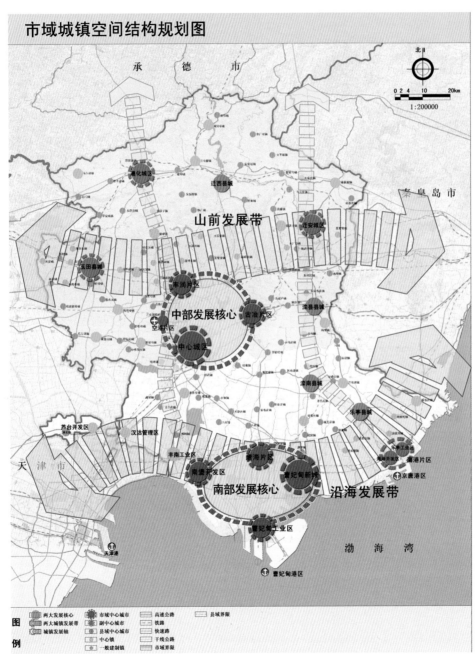

市域城镇空间结构规划图

承 德 市

北

0 2 4   10   20km

1:200000

秦皇岛市

山前发展带

通化城区

迁西县城

迁安城区

滦县县城

玉田县城

牟润片区

中部发展核心

古冶片区

空港片区

中心城区

滦南县城

乐亭县城

芦台开区

汉沽管理区

丰南工业区

滦港片区

乐亭工业园

潮港片区

南堡开发区

潮湾片区

潮港开发区

京唐港区

南部发展核心

曹妃甸新城

沿海发展带

天 津 市

曹妃甸工业区

天津港

渤 海 湾

曹妃甸港区

图
例

两大发展核心
两大城镇发展带
城镇发展轴

市域中心城市
副中心城市
县域中心城市
中心镇
一般建制镇

高速公路
铁路
快速路
干线公路
市域界限

县域界限

图5-8　市域城镇空间结构规划图

城市转型发展的规划策略

淘汰落后产能的同时，唐山市着力打造循环经济产业链，推进清洁生产。唐山市的曹妃甸工业区是国家级循环经济示范园区，三友化纤、司家营铁矿、开滦煤化工等也被列入国家和省级循环经济示范园区。唐山与首钢合作的京唐钢铁项目，采用220项国内外先进技术，污染零排放，节能降耗达到国际先进水平，成为唐山乃至全国循环经济的一个标杆。曹妃甸打造钢铁、化工、装备制造三大循环经济产业链，力争在每个产业链上，形成企业间原料、中间产品及废弃物的互供互用，实现上下游企业间"无缝链接"和清洁生产，同时在每个产业之间也形成循环链接。

（二） 蓝色策略——引导城市和产业向沿海布局

1. 沿海区域发展空间

唐山在转型过程中实现了对沿海空间的开发。曹妃甸港区可利用岸线62公里，可建30万吨级以上的大型码头16个；10-15万吨泊位50个；5-8万吨泊位200个，将建设矿石、煤炭、原油、液化天然气、散杂货、集装箱等码头，年吞吐量将超过5亿吨，成为世界上最大的港口之一。就曹妃甸的自身天然条件来看，可以概括为四句话："就是面向大海有深槽，背靠陆地有浅滩，地下储有大油田,依托腹地有支撑"。曹妃甸岸线资源丰富,可利用岸线达62公里;是渤海沿岸唯一不需开挖航道和

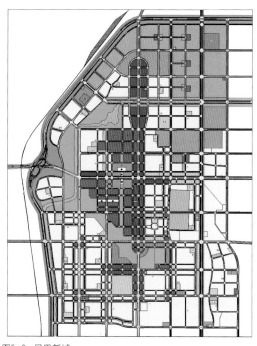

图5-9 凤凰新城

图5-10 南湖规划

港池即可建设30万吨级以上大型泊位的天然"钻石级"港址。背靠陆地有浅滩,岛后方滩涂广阔,浅滩、荒滩面积达1000多平方公里,为临港产业布局和城市开发建设提供了充足的用地。同时曹妃甸新区坐拥新探明储量10亿吨以上的大型整装优质油田,储量规模之大、油层厚度之大为近十多年所仅有。就区位来说,毗邻京津冀城市群,陆路交通便利,铁路东西贯通、南北相连,高速公路网密集,构成了运输便捷、成本低廉的海陆一体化交通运输体系。港口一直是城市与外界联系的重要载体,而曹妃甸港区是个优良的港口,曹妃甸港区的建设将推动城市的发展。

2. 凤凰新城

唐山市很好地运用了老军用机场,实现了对旧空间的置换利用,进驻了一些重要的机构,提高了空间的利用率。例如凤凰新城的建设是依托市中心老军用机场搬迁后的土地空间,规划面积23平方公里,目标是建成现代化商务中心、总部基地等功能的标志性新城区。目前,市政基础设施基本完成,地税、检察院大楼投入使用,香格里拉大酒店、青少年宫等20多个项目陆续开工。

3. 唐山南湖生态城

唐山南湖公园已经成为资源型城市转型的重要标志,先后荣获联合国人居署"中国范例卓越贡献最佳奖"和首批"全国生态文化示范基地"、国家4A级旅游景区、国家体育休闲示范区称号。唐山是中国工业文明的诞生地,而湮没于重建城市中的地震遗址是唐山精神的表征物。唐山南湖正是唐山百年文明的载体。破旧的矿井,荒漠的煤灰场,穿越南湖的铁路轨道,这些都是南湖的文化特征。[10]经过环境的整治和开发,南湖地区已经不是城市边缘的废弃地,而将成为城市内部的功能区。在南湖地区内仍在使用或半使用状态的工厂及其他设施,经过保留、改造使其成为南湖地区的新景点。南湖

图5-11 城市策略

地区的规划建设,与其周边的城市功能相互渗透,并影响带动周边城市区域功能的更新。[11]唐山市南湖地区城市设计实现了南湖地区的文化复兴、生态保护、功能提升。

除了现在已经被作为典型的南湖生态公园建设,唐山市还进行了其他一系列生态改造建设,在城市中许多废弃或即将废弃的工业区域,对其加以利用,将其改造成具有唐山特色的景观。例如陡河、青龙河通过实施河、岸、绿、路、景"五位一体"的生态修复治理,形成环绕中心城区、长约57公里的环城水系。

从内陆城市发展到海洋城市,从黑色的煤炭产业发展到蓝色的海洋经济,唐山市新一轮的发展机遇在唐山南部沿海地区。唐山将重点发展唐山湾"四点一带",即曹妃甸新区、乐亭新区、丰南沿海工业区和芦汉经济技术开发区;在近230公里的海岸线上,形成5700多平方公里的产业带、城市带和生态带。

根据《唐山市城市总体规划(2008-2020)》,曹妃甸港将成为我国北方国际性铁矿石、煤炭、原油、天然气等能源原材料主要集疏大港;依托曹妃

城市转型发展的规划策略

甸港发展的曹妃甸工业区将成为世界级重化工业基地、国家商业性能源储备和调配中心、国家级循环经济示范区；曹妃甸新城将成为京津冀区域性金融中心、信息中心、会展中心、国际化商业中心和旅游度假休闲中心，同时是冀东区域高教科研及产业转化基地和国家级滨海生态创新发展中心。可见依托曹妃甸的优质港口资源，唐山南部沿海地区将具有日益重要的战略地位。

此外，唐山南部沿海地区的经济地位也不容忽视。包括曹妃甸新区、乐亭新区、丰南沿海工业区和芦汉经济技术开发区在内的唐山沿海地区，产业规划面积超过2000平方公里，经济总量、财政收入、新增投资占唐山的30%、28%和63%。相信唐山沿海区域的经济发展，未来会再造一个新唐山。

（三）深绿策略——建设生态城市

多年的自然资源的开发，使唐山的生态自然环境遭到严重的破坏。面对这一难题，唐山市以建设绿色生态城市为目标开展了绿化唐山攻坚活动。2008年，唐山市实施城镇及周边绿化、通道绿化、村庄绿化、农田及"四荒"绿化、工业园区及企业绿化、矿山修复绿化等六大工程，完成造林绿化42.4万亩，森林覆盖率达到26.45%，提高2.1个百分点。

值得一提的是，唐山市还向采煤塌陷区进军，规划91平方公里的南湖生态城，打造集旅游度假、文化创意、高端服务、住宅开发多种功能的中心城区。2008年3月1日，唐山南湖生态城开工建设，唐山人在28平方公里的采煤塌陷区上植树180多万株，清运了2000万立方米垃圾和工业废料，扩充水面11.5平方公里，如今南湖公园是一个面积相当于3000个足球场的中央生态公园，拥有一个水面面积比西湖大两倍的南湖，成为新唐山建设的一个里程碑。

（四）红色策略——促进城乡社会和谐建设

我国已经进入了追求城市反哺乡村、城乡和谐发展的新时代，唐山也不例外。为了达到城乡统筹发展的目标，唐山市实施红色策略，编制完成《城乡发展一体化战略规划》，并且扎扎实实施让农民富起来、农户暖起来、农村靓起来、农家乐起

图5-13 和谐家园

图5-12 城市与自然环境的和谐

来、农村经济循环起来"五个起来"，全面落实农民工进城落户、农民进城就业、农民工子女就读、农民进城公共交通、农民进城就医报销"五个无障碍"，推动了新农村建设深入开展。

1．傅威、林涛："区域社会经济发展与生态环境耦合关系研究模型的比较分析"，《四川环境》，2010年6月第29卷第3期。
2．沙彬、刘冰、崔明子："唐山城市文化探微"，《唐山学院学报》，2005年12月第18卷第4期。
3．李文彦：《煤矿城市的工业发展与城市规划问题》，1978。
4．董锁成等：《中国资源型城市经济转型问题与战略探索》，2007。
5．段昌钰："曹妃甸工业区发展循环经济的SWOT分析"，《环渤海经济瞭望》2008，9。
6．唐山市情。http://www.tangshan.gov.cn/html/tangshanshiqing/2010/0608/1159.shtml
7．唐山：大重工转型升级的中国样本。http://finance.ifeng.com/city/dhcs/20100716/2415632.shtml.
8．在河北省确定30个重点县(市、区)和30家排污和能耗大的企业，作为节能减排的重点区域和重点企业，全力攻坚，带动全局。
9．确定迁西、遵化、路北等10个县(市、区)和唐山国丰钢铁有限公司等100家重点企业为全市节能减排的重点单位。
10．唐山市南湖地区城市设计。
11．同注10。

中篇

城市规划相应策略及实践总结

第六章
资源型城市转型的
区域协调与空间布
局策略

第一节 资源型城市空间结构格局的基本特点

城市空间结构的基本含义

空 间

"空间"是一个非常抽象和十分宽泛的概念，不同学科对空间提出相关界定。一般意义上的空间是指数学上的二维立体空间以及有明显界线的二维平面空间。

1. 城市空间

城市空间作为地理学与规划的研究领域，属于中观尺度的空间层次，与社会经济发展息息相关。对城市空间的理解也逐步深入，大体经历了城市物质空间、城市社会经济空间两个阶段。

城市物质空间的观点起源于建筑学，认为城市空间主要由物质空间组成，强调城市建造空间与形态及其对人类感知的影响、人们对建造空间和形态的使用以及建造空间和形态传达的意义。

城市社会经济空间，由于建筑学对城市空间认识的局限，是无法从物质空间的角度解决的。地理学者和社会学者认为城市空间是一种社会经济空间，城市空间是经济、社会制度在空间上的体现与结果，建造空间的物质特征只是城市空间的一个方面，在城市空间的多个层次中处于次要地位。

2. 城市空间结构

城市是由多种经济活动空间聚集而成的地理实体。经济活动对空间的要求是有差别的，这些差别使不同的经济活动占据城市内不同的空间，在城市地域内部出现不同的组合格局，形成不同的城市形态，这就是城市空间结构。

它是城市经济结构、社会结构、自然条件在空间上的投影，是城市经济、社会存在和发展的空间形式，表现了城市各种物质要素在空间范围内的分布特征和组合关系。

尽管城市内部存在着多种多样的结构，如经济结构、产业结构、社会结构、人口结构、劳动结构、空间结构，但空间结构是城市各种结构中的基础结构。由于城市是一种特殊的地域，是地理的、经济的、社会的、文化的区域实体，是各种人文要素和自然要素的综合体，所以城市空间结构是一个跨学科的研究对象。由于各学科的研究角度不同，因而难以形成一个共同的城市空间结构概念框架。

3. 城市空间结构的含义

城市密度：城市是人口、经济活动密集的场所，但城市单位面积上的人口密度和经济活动的集约程度在地域上的分布是不均衡的。密度表现了城市内部不同地段土地利用强度，是城市不同地段经济活动聚集程度的反映。一般城市的土地利用密度从市中心向外围递减。

城市布局：构成城市的各要素不但表现为数量，而且要按照经济活动对区位发展的特殊要求，分布在城市空间的某一位置上，根据经济活动的特点，形成多层次、多方位的组合关系，及其相应的物质外貌的地域差异。城市布局是城市地域的结构和层次，城市内部各种功能用地的比例关系。

城市形态：城市形态是城市空间结构的整体形式，是城市空间布局和密度相互影响、相互作用而引起的城市三维形状和外在表现。

城市的立体形态主要来自于对城市三维空间的利用及城市的外观、外貌。城市空间结构具有层次性。关于城市空间结构的层次性，大致有两种划分：城市内部空间结构和外部空间结构两个层次。城市内部空间结构指城市内部的土地利用形式和城市功能区的结构与组合，城市外部空间结构是作为一个整体的城市的组合形态，是由一个中心城市辐射区域内中心城市与其他城市共同构成的空间体系。

城市空间结构并非一成不变，在一个相对较短的时间内，它表现为一种静态的结构关系。在较长的时期内则表现为一种动态的地域演变过程。特别是随着现代城市流动性的增加，人口、资本、商品、信息等都处于不停的变化之中，城市空间结构的变动频率会越来越快。

4. 城市空间结构体系

城市空间结构体系由城市带、城市圈、城市群等多个层级组成。

城市群：城市群是指城市规模和城市经济发展到一定程度后，聚集于城市的非农产业活动与城市的其他功能对周围城市的影响力不断增大，使周围一定范围内城市与中心城市能够保持密切的社会经济联系，从而形成资源、环境、基础设施共享，产业活动紧密关联，具有一体化倾向的城市功能地域。巨大的多中心城市体系具有高度的连续性和很强的内部相互作用。

在城市群与其他任何未连成片的大城市网之间，有城市化水平很低的空旷地带作为分隔。城市群中有一个核心城市在城市群中起龙头作用，四到五个区域性中心城市起着辐射源的作用，是城市群的支柱，若干个中等城市、小城市、卫星城散布在核心城市、中心城市四周，起着基础性的作用，共同组成巨大的城市群体系。城市群可以分为单核心城市群、双核心城市群及多核心城市群。

（1）城市群的特征

a. 城市人口密度高。人口规模达到2500万人以上，人口密度至少有每平方公里250人。

b. 发展的枢纽。大城市群一般以国际化大城市为核心，连接国内与国外两个城市网络，城市群内的城市沿轴线发展，形成城市走廊。

c. 交通通信网络等基础设施发达。如高速公路网、世界级海港、空港和高速铁路等。

d. 城市功能分工合理。城市群内的城市布局合理，每个城市承担一定的职能，共同组成一个有机的城市网络。

城市圈：城市圈是以经济比较发达并具有较强城市功能的中心城市为核心，与邻近的卫星城市及城镇，连同这些城市覆盖的范围构成的具有特色的城市群体。城市圈是城市发展的一种空间表现形式，是以空间联系作为主要考虑特征的功能地域概念。城市圈的形成是中心城市与周围地区双向流动的结果，健全的城市圈的运作以内在的社会经济联系为基础，以便利的交通、通信条件为支撑，以跨地区的行政协调为保障。

（2）城市圈特征

a. 城市圈内有一定的人口规模和人口密度，并与中心城市形成经济和通勤上的密切便捷联系，依托中心城市形成经济和社会文化活动上的融合性和互补性，构成经济上的一体化关系。

b. 城市圈内的大中小城市基本呈圈层状结构布局，并且等级规模体系相对合理。

c. 城市圈内具有密集的基础设施网络，以中心城市为核心，向外延伸。

d. 城市圈内融行政与经济为一体，各行政区和各级政府之间具有行政上的独立性，由于经济和社会的内在联系，各行政区和各级政府都具有共同的社会经济发展目标，带来城市圈内经济的可协调性，使城市圈内的经济发展融合为一体化的经济区域。

e. 城市圈与城市圈之间的经济发展具有相对的独立性，但城市圈内各城市间的分工与合作密切，城市圈内的产业结构是综合、多元和开放的，具有较强的创新能力和结构转换能力以及国际市场竞争能力。

城市带：城市带是城市圈内城市空间分布呈带状的城市群，在城市带内不仅城乡差别几乎很小甚至不存在，在卫星城市间、小城镇间的经济合作和社会生活达到空间频繁。城市带里的城市都是在乡村和郊区的融合中发展的，围绕中心向周围扩展，相接相邻的城市，沿着中心城市的交通主干道，分裂出若干个卫星城市及城镇，形成城市带。

城市带是对资源的最有效配置和最合理的产业结构的区域布局，能更快地推进社会经济发展。不仅能使人们在同一区域内随时选择城镇与乡村不同的生活场景和生活内容，而且能带动城镇周围农村地区在生活方式、价值观念及人际关系等方面的城市化，能缩小城乡差别。城市带主要有沿海城市带、铁路城市带等。城市带的发展为本城市经济的发展，所在的城市群的经济发展提供支持，激发和增强城市圈、城市群的竞争能力。

第二节　资源型城市空间结构转型的意义

城市空间结构是城市社会经济发展长期积累的结果，是城市生产要素的重要的配置形式，城市空间结构的状况直接影响城市的社会、经济和生态效益的发挥。因而，调整和完善资源型城市空间结构，实现空间结构转型是资源型城市规划的一项重要工作，对实现资源型城市整体转型和城市的可持续发展有着极其重要的意义。

一、 经济结构调整

城市经济结构是指城市内各经济单位之间的内在经济、技术、制度及组织联系和数量关系，城市经济结构包括城市产业结构、所有制结构、企业结构、技术结构、生产要素结构、城乡结构和空间结构在内的诸多结构。城市经济结构决定了城市资源配置的基本模式，是影响城市经济发展的重要因素之一。在城市经济结构调整中，城市产业结构的调整和城市生产要素的配置都与城市空间结构优化有关。在经济体制和技术进步的前提下，城市经济发展在很大程度上取决于城市生产要素的空间分布状况。因为城市是生产要素的"容器"，也是人类活动的主要场所，尤其是当城市化水平较高时，城市经济的发展状况、趋势与城市空间结构的优化有直接的关系。随着城市化水平的提高，原来城市规模的扩大，大城市由高度集中结构向分散结构转化，新城市的产生，经济活动由第一产业向第二、第三产业转化，农业人口转化为城市人口，由此带动整个城市产业结构的优化。

资源型城市经济结构特别是产业结构具有高度的单一性，资源型城市的主导产业与其他产业之间的比例关系失调，这种产业结构依赖性强，具有很大的风险性，如不及时转型和发展相关的接续产业，会严重影响城市的经济发展和社会的健康运行。

这种产业关系反映在地域空间上，形成围绕资源开采、运输和资源加工的产业集聚地带和圈层，同时居民点和基础服务设施呈积聚区间或分布在矿区周围，形成因资源而集中的空间地域结构。在城市建设初期，这种结构促进了城市发展，弊端并未显露出来。但随着资源的逐渐减少乃至枯竭，资源型的产业作为主导产业在日益激烈的城市竞争中会力不从心，所以产业结构转型势在必行，围绕资源集中的空间结构会成为阻碍城市健康发展的障碍，急需接续产业和替代产业的培育、发展和壮大资源型城市的产业经济。经济的转型反映在地域空间上就要对资源型城市的空间结构进行转型。

二、优化资源配置

资源型城市空间结构的不断合理化，使城市资源开发利用效率的提高成为可能。一般来说，城市资源配置效率与城市的规模成正比，即城市规模越大，城市资源配置效率越高，城市资源配置效率随着城市规模等级的提高而递进。城市空间结构转型可实现城市资源的优化配置，主要表现在以下几个方面：

（1）通过城市空间结构的转型，把分散于不同地理空间的相关资源和要素相互链接、重新配

置，最大限度地发挥资源效能，形成合理的空间组织形式。

（2）通过城市空间结构的转型，使企业的活动空间范围扩大，在更大的地理空间分享某些具有很强地域性特征的稀缺资源，实现资源共享。

（3）通过城市空间结构的转型，可为地区间、产业间的交流创造便利条件，加快资金流、信息流、人才流和知识流的流动速度，缩短流转周期，这就相当于创造了部分无形资源。

（4）通过城市空间结构的转型，可使地区、部门之间的联系更为紧密，形成合理的分工协作体系，在生产过程中节省大量资源，实现资源节约、降低生产成本。

三、提高区域竞争力

城市竞争力是在社会、经济结构、价值观念、文化、制度政策等多个因素综合作用下创造和维持的，是城市为其自身发展进行资源优化配置的能力。资源型城市的发展主要依赖于资源型产业，但资源型产业大部分都是科技含量低、创新能力弱、产业链条短、产业市场竞争力不强，从而导致了资源型城市竞争力也较弱。而资源型城市空间结构转型，有助于提高资源的利用效率，促进城市高新技术发展，强化资源型主导产业的竞争力，从而有助于提高城市的整体竞争力。

四、可持续发展及环境建设的需要

随着城市化的发展变化，城市空间结构也呈现出新的特征，主要表现在：

第一，超大城市的主导作用不断加强，虽然城镇仍然是空间结构的核心，但新经济倾向于向超大城市和都市连绵区集聚，超大城市的集聚和辐射能力进一步强化。

第二，城市空间结构由点状分布向点轴分布和网络状分布积极过渡，空间联系不断强化。

第三，旧城区改造和新城区建设并举，旧城区

土地置换步伐加快，功能性的新城区建设发展迅速。在国际和国内城市空间结构迅速转型的大环境下，资源型城市空间结构转型成为必然选择，有利于资源型城市加快发展步伐和区域分工合作。

不同的城市、不同的发展阶段对城市可持续发展的认识是不同的。

首先，城市可持续发展是经济增长、生活质量提高和社会进步的统一。作为高度集聚的经济活动的城市地域，经济发展会带来城市环境的污染，自然生态系统受到人为的破坏，所以城市的可持续发展不能以牺牲环境为代价。

再有，城市可持续发展强调以人为本，满足人的生存需求和发展需求是可持续发展的基本要求。城市的发展首先表现为人口素质的全面提高，城市人口应保持与城市发展相适应的增长速度，保证后代人与当代人拥有同样的发展机会和潜力。城市具有较强的吸纳人口的能力，能够吸引周围地域的人口向城市集聚，所以城市可持续发展依赖于科技、体制、决策管理等各要素对可持续发展系统的支撑和保障能力。城市要具备可持续发展的能力，还要为周围地域提供支援，实现区域共同的可持续发展。

社会—经济—环境复合系统相互协调，并"以人为本"的发展模式是城市可持续发展追求的目标，城市的空间结构转型必须有重点地兼顾生态适宜、经济发展和社会公正三个方面效益，实现城市与周边区域的合理分工，带动周边区域发展。资源型城市空间结构是社会经济长期发展的结果，也是根据城市的自然、历史、经济、区位等因素的特点实施相应的城市发展政策的结果。城市内的社会经济客体的空间组织具有不同的发展阶段和形式。空间格局是由社会经济发展的规模、方向、方式、性质等支配的。最佳形式的发展态势必定具有相应的空间格局，可持续发展是人类社会追求的最佳发展模式和高级发展阶段，可持续发展要求产生与之相适应的经济空间结构。可持续发展的城市涉及城市

生活的各个方面，表现在空间结构方面应该是具有高效、紧凑的居住和公共空间，通畅的并且流程最短的能流、物流、人流和信息流以及协调的生态网络格局。由于受历史因素和人为因素的影响，资源型城市不合理、不理性的开发模式还大量存在，不能协调地解决这些问题，不仅会影响当代人的生存和生活空间，影响自然界的动植物生存空间，更将影响后代人的生存与发展空间。合理的空间结构对城市的发展至关重要，科学的城市格局才能促进城市可持续发展。实现城市空间格局转型是可持续发展的内在要求，对资源型城市可持续发展有着重要的影响。城市空间结构表现为城市密度、城市布局和城市形态三个方面。合理的城市密度能够节约经济运行成本，避免交通堵塞、环境污染等城市病问题。合理的布局和网络，可以缩短人、物、资金、能源、信息的流动时间和空间，提高经济效益。城市形态中城市的外观和外貌具有重要的经济意义，合理的空间布局和居住环境不仅可以改善居民的生活水平，还是一种很有经济价值的旅游资源。城市空间结构存在形式要比生产力布局更复杂、更丰富、更重要。它是城市所有建筑物、自然物和人相结合的空间体系，它的合理与否，对城市经济的发展有重大的影响和制约。从城市发展的历史来看，大多数城市是在优越的区位和商品集散地基础上经过较长时期逐步形成和发展起来的，具备自我调节和发展机制。而资源型城市作为一种特殊类型的城市，是在资源的大规模开发中，依赖外部大量人力、物力和财力的集中投入而迅速发展起来的，对本地资源和外部的投入依赖性大。随着可采资源日益减少、资源开采收益下降及资源型产品市场发生变化，这种资源危机会引发城市经济危机和生态危机，使城市陷入结构性衰退，直接影响到城市的可持续发展。可持续发展要求与之相适应的城市空间结构：可持续发展是资源型城市转型中追求的最佳发展模式和高级发展阶段，与其相适应

的空间结构应该是有利于经济发展、环境保护的城市空间结构。因此，资源型城市空间结构转型是可持续发展的要求。

（一）空间结构转型追求的生态目标

1. 形成协调的人地关系

人地关系是人类与其赖以生存和发展的自然环境之间的关系。人地关系问题是由于人们的生产生活而产生的，其矛盾也通过生产力的发展和人口的增加而不断变化。随着人地关系剧烈对抗的不断加深，人地关系协调论逐渐成为人们的共识。人地协调即寻求人与地对立中的统一，差异中的一致。人地协调论与可持续发展所追求的目标是一致的。从人地关系协调要求出发，城市空间结构转型主要考虑城市容量的可持续性，即有没有可持续的土地供城市扩大其绝对容量。

2. 生态环境容量的可持续性

即生态环境区域内对人类活动造成影响的最大容纳量。城市与自然生态环境共同构成了一个完整的有机生态系统，其可持续协调发展的核心是实现城市社会、经济和生态环境效益的协调统一。要求资源型城市空间结构转型过程中必须进行城市生态规划，有机结合生态规划和城市规划，以生态学原理指导城市空间结构转型，达到城市生态系统的良性循环。

（二）空间结构转型又促进可持续发展

城市是一个复杂的系统结构，空间结构是其中之一，要实现城市的持续协调发展，就必须建立起可持续的空间结构系统，将不适应可持续发展目标、滞后于城市社会经济发展要求的空间结构进行转型和调整，促使城市获取经济、社会和生态三大效益的可持续性。通过对城市内部产业结构、空间结构的调整，将城市形成有机的整体，充分发挥城市内各自的优势，产生整体大于部分之和的经济效应。城市空间结构的转型也考虑到社会和环境成本，以追求城市动态的、整体的效益为目标，可以很好地解决城市代内、代际公正的问题。通过建立起和谐的城市空间体系，解决人口、资源和环境三大问题，促进城市内社会和环境效益的不断增强。实现城市空间形态的紧凑有序。

（三）城市空间结构转型应关注的问题

城市形态：通过高效紧凑的城市空间形态，尽量减少对自然生态环境的影响与破坏，实现自然与城市社会的和谐共存。城市开发保持适当的密度及强度。提高市政服务设施的利用效率，避免城市基础设施的重复浪费，为大型公共服务设施提供充分的资金和政策支持。

城市交通：城市公共交通的发展。通过多元化公共交通的发展解决居民主要的日常出行问题，以达到节约能源、降低污染等目的。提倡混合发展的思想。通过有序混合的土地利用模式，一方面可以减少总体的交通出行量，达到就近出行的目的，另一方面为创建多样化的城市生活奠定良好的基础。

城市集聚度：经济的持续增长客观上要求逐步调整区域空间发展的方向，重点引导发展新的地区，实现新区和老区的合理搭配和衔接。对空间结构的发展进行适时调整和转型，促进城市的可持续发展。

第三节 唐山市空间结构转型的现实意义

一、 产业调整升级的经济转型需要新的承载空间

唐山市是伴随着资源的开发利用发展起来的，钢铁工业的发展壮大，开启了唐山市工业化的进程，带动了相关产业的发展。唐山市产业结构具有高度的单一性，资源型产业构成城市的主导产业。2010年钢铁工业增加值占唐山市规模以上工业的42.4%，钢铁工业增加值占唐山市GDP的21.3%以

上。（统计局2010年数据）唐山市未来总有一天会面临"矿竭城衰"的困境，新技术改造传统、提升传统工业是唐山市经济转型、振兴唐山市的重大战略抉择。随着唐山市经济转型的深化，2010年唐山的装备制造业增加值占唐山市规模以上的4.9%。随着经济转型的成功开展，唐山市的社会转型、文化转型和生态转型也积极开展起来。把这些转型落实到城市空间上，迫切地需要唐山市的空间结构转型。原有的围绕资源集中的城市空间结构已经不能承载城市经济转型的需要，狭小的单功能城区已经成为制约唐山市经济转型的瓶颈。经济转型表现在地域空间上就是要对唐山市空间结构进行调整和转型，通过唐山市空间结构转型达到促进经济发展。

二、城市功能的完善需要空间结构更新

现代城市功能正朝着多元化发展，随着唐山市社会经济转型，城市功能缺陷逐渐暴露。目前唐山的城市功能还不能满足城市全面发展的需要。城市功能不完善，引发城市凝聚力不强，既无法发挥城市的辐射带动作用，也无法承接产业转移和实现产业创新。需要城市功能的重新定位，会涉及城市经济、社会、文化和生态等多方面指标的量化和考核，这些指标必须在合理的城市空间下才能达到最佳状态。唐山市城市功能的重新定位及城市功能的完善，要求更新城市空间结构。以合理的空间结构来适应和保障城市功能转型，发挥城市的集聚和辐射能力。

三、城市的可持续发展需要新空间结构保障

唐山市过去采用粗放式的资源开采方式，造成环境的污染和生态系统的破坏。一方面，矿产枯竭，城市可利用资源日益萎缩；另一方面，工业企业生产设备老化和工艺落后，形成大量废石、废渣、废水、废气等衍生物。唐山市曾经是全国大气、水和重金属污染严重的城市。唐山市生态的重建显得异常重要，要使唐山市能可持续发展，实现空间结构转型和构建新城市空间是必须、紧迫的。要通过城市空间结构转型，促进产业创新和资源利用方式转变，实现唐山市可持续发展合理开发和保护自然资源是可持续发展重要保障。要实现唐山市的社会稳定与可持续发展，减少社会的就业压力，就要寻求新的经济增长空间，促进和实现唐山市空间结构转型，以新空间为载体，妥善安排和合理解决由于资源枯竭所带来的一系列社会问题，在可持续利用的资源和环境基础上才能实现城市经济社会的可持续发展，建立和谐唐山。

四、城市化的推进发展需要空间结构转型并建立空间体系支撑

城市空间体系总是随着区域经济的发展，从低级过渡到高级，从简单到复杂，从无序到有序。在城市空间结构发育初期，城市规模小，集聚和辐射能力弱，区域封闭性强。随着城市空间结构不断转型，中心城市规模扩大，对区域经济发展的带动作用增强，基础设施完善，资金、人员流动频繁。

城市空间结构与唐山区域经济发展之间存在着极为密切的关系。城市空间结构的转型为区域经济发展奠定了基础并提供新的动力，完善了区域经济赖以存在和发展的空间形态，促进区域发展中资金流、人员流、能量流等合理流动，生产与流通过程支出最小化，区域整体效应最优化。根据唐山区域经济发展现状与趋势，实现唐山市空间结构转型并建立空间体系支撑，能有效地促进唐山区域经济发展，实现区域经济持续发展。

第四节　唐山市空间结构特点及发展趋势

一、唐山市城市空间形态的演变研究

（一）空间形态演变的概念

形态一词来源于希腊语Morph(构成)和Logos

（逻辑），意指形式的构成逻辑。城市形态学就是以形态的方法分析城市的社会与物质环境。国内学者对城市形态所下的定义有狭义广义的区别。狭义的城市形态是指市实体所表现出来的具体的空间物质形态，而广义的城市形态则不仅仅指城市各组成部分有形的表现，也不只是指城市用地在空间上呈现的几何形状，而是在特定的地理环境和一定的社会经济发展阶段中，人类各种活动与自然因素相互作用的综合结果。因此，城市形态包括物质形态和非物质形态两部分，具体说，主要包括城市各有形要素的空间布置方式、城市社会精神面貌和城市文化特色、社会分层现象和社会地理分布特征以及居民对城市环境外界部分现实的个人心理反映和对城市的认知。

对唐山城市空间形态研究为狭义的范畴，包括中观和宏观层面城市空间物质形态，其中尤其以城市外部形态研究为重点。

研究空间形态演变就是以城市空间的动态变化过程为研究对象。归纳总结地域城市空间形态演变的时代性特征，揭示其发展的动力和机制，并探讨合理形态模式。

根据不同的学科背景，对空间形态演变研究分为如下六个角度：

1. 城市历史研究

西方著名城市研究学者培根、吉尔德恩、科斯托夫、芒福德、拉姆森和斯乔伯格等对传统城市研究做出了主要贡献。他们的著作除了详尽地描述了西方城市历史形态演变过程之外，亦讨论了引起其变化的原因。

2. 市镇规划分析

古典市镇规划分析起源于欧洲中部，以德国的斯卢特为代表的"形态基因"研究（Morphogenesis）是其最早的理论基础。"形态基因"在康泽恩（M.R.G.Conzen,1960）的著作中被进一步发展，依靠创立并运用以下概念方法："规划单元"、"形态周期"、"形态区域"、"形态框架"、"地块循环"和"城镇边缘带"，康泽恩的研究在英国形成了康泽恩学派。

3. 城市功能结构理论

这一理论学派关注于城市用地，从社会经济学角度研究城市用地发展关系。其始有这样两个分支：第一是20世纪20年代出现的被称作文化形态研究的伯克利学派；第二是形成于芝加哥大学社会学系的芝加哥学派。克里斯托尔的"中心地理论"也是其中的重要理论。

4. 政治经济学

这个学派在建筑环境与商品生产过程之间建立了联系。这一领域的代表学者哈维分析了城市景观形成与变化和资本主义发展动力之间的矛盾关系,在此基础上建立了"资本循环"理论,指出城市景观变

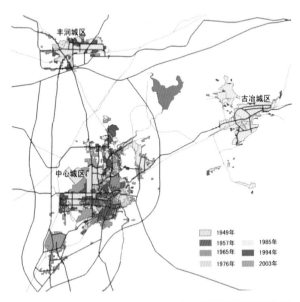

图6-1　1949-2003年用地现状图同比例拼合图

城市转型发展的规划策略

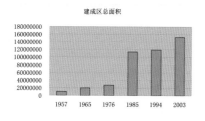

图6-2　唐山1957-2003年建成区面积比较

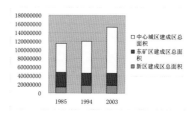

图6-3　唐山1985-2003年分组团面积比较
单位：平方米

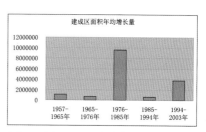

图6-4　唐山1957-2003年建成区年均增长量比较

化过程中蕴涵了资本置换。鲍尔推进了这一思想,发展出"建筑供给结构"模型。更进一步,诺克斯通过对美国城市景观的分析,证明社会文化因素与经济因素同等重要并影响着城市环境的形成过程。

5. 环境行为研究

这个学派建议城市发展演变应与当地生活方式及文化需求相适应,强调设计应与环境相协调。乔尔、林奇、拉波波特和赖特等都是这个学派的代表人物,他们的探索包括人类如何感知特定的环境并且产生行为反应,进而如何在设计实践中利用这些规律。在这些研究中客观科学的方法代替了旧的个人直观的行为研究传统。此外拉波波特、洛赞诺和特兰塞克讨论了人特定建筑环境的行为反应,分析了现代城市问题多出于"逆城市"和"逆人"的作用力。

6. 建筑学

这一学派包括类型学(typological studies)与文脉研究(contextual studies)。类型学起源于意大利与法国,它关注于建筑和开敞空间的类型分类,解释城市形态并建议未来发展方向。文脉研究着重于对物质环境的自然和人文特色分析,其目的是在不同的地域条件下创造有意义的环境空间。文脉研究在艾普亚德(Appleyard,1981)、卡勒恩(Cullen,1961)、克雷尔(Krier,1984)、罗(Rowe,1978)和赛尼特(Sennett,1990)著作中被广泛讨论。

7. 城市形态学

这一理论认为城市由基本空间元素组成,它们构成了不同的开放与围合空间和各种交通走廊等,空间形态研究从不同规模层次分析城市的基础几何元素,其目的是试图描述和定量化这些基本元素和它们之间的关系。空间形态研究起源于1950年代,由马奇和马丁在英国剑桥大学创立"城市形态与用地研究中心"。随后各种不同概念被发展用以定义和描述建筑和居住聚落,其中最有影响的是"空间句法",这一概念可以被定义为描述、解释和定量建筑或聚落空间结构的技术方法。这一方法不仅强调分析空间集合的几何特性,更重要的是蕴涵其间的社会与人类学意义。

总体看,这些研究都表现出多学科交叉渗透的特征,将对城市形态的表现规律研究和机制研究相互结合起来,而大致形成"形态分析"(包括城市历史研究、市镇规划分析、建筑学和空间形态研究)、"环境行为研究"和"政治经济学研究"三类研究类型。

(二) 唐山城市空间形态演变特征

按照从数量化分析到形态拟合分析再到形态验证分析,从单体形态到组合形态关系的分析框架以及唐山城市形态特征,采用建成区用地总量变化特征→紧凑度计算(基于圆形特征拟合)→点缓冲区分析→线缓冲区分析→几何中心空间演化的分析过程,将所获取的1949年、1957年、1965年、1976

图6-7 唐山中心城区中心点
缓冲区示意图

缓冲距离	1957年	1965年	1976年	1985年	1994年	2003年
1000	31.02	38.05	77.88	90.33	99.54	99.54
2000	28.35	40.07	64.16	90.29	99.31	99.54
3000	24.54	41.95	44.29	88.14	94.39	99.54
4000	11.86	26.04	35.29	71.16	78.00	93.65
5000	1.09	2.88	8.75	33.53	38.79	54.69
6000	1.18	2.63	3.14	13.99	19.71	26.70
7000	0.38	0.78	1.86	7.83	11.38	18.05
8000		1.17	0.40	7.04	5.56	10.21
9000				5.02	2.96	12.76
10000				2.03	1.73	9.31
11000				0.51	1.34	6.10
12000				0.02	0.51	3.91
13000						1.28
14000						0.61
15000						0.58
16000						0.03

表6-1 唐山中心城区中心点缓冲区统计 单位：米，%
注：红色块所标注的单元格表明城市用地所占比重高于90%；
灰色块所标注的单元格表明城市用地所占比重低于10%
由于海岸线的存在，从4200米区段开始的城市用地比重
在60%基本接近极限大值。

年、1985年、1994年和2003年7个时间节点的唐山城市地图作为样本分析对象，将同比例的不同年份的图纸拼合以作为研究的基础，进行形态演化过程分析，并划分演化所经历的不同阶段。

1. 唐山建成区用地总量变化的特征比较

通过分析图6-2,6-3,6-4得出结论：

（1）1976年城市建成区面积迅速扩张，而后1985-1994年的年均增长量迅速下降，仅为前个阶段年均增长量的0.6倍。不过1994-2003年的年均增长量再次提升，达到仅次于1976-1985年的峰值，为3.75平方公里。

（2）从总的用地量而言，还是处于不断增加的状态，在2003年达到最大值153.10平方公里。其中中心城区所占的比重始终为最大，并且在1994-2003年期间用地增量增长快。其他两个组团变化则不大，新区组团的规模始终为最低。

2. 城市各组团形态演变特征

（1）唐山市中心城区

A）紧凑度计算

B）点缓冲区分析

通过比较，选取1957年地图作为底图，通过GIS工具获取该年份的城市几何中心，并以此点为中心作缓冲区，选取1000米为单位，0-16000米为空间距离范围计算每个年份城市建成区在各个圈层中所占的比例。

通过上文的分析可以得到这样的结论：

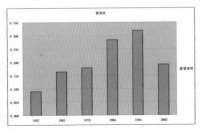

图6-5 唐山1957-2003年紧凑度变化比较

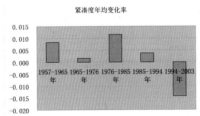

图6-6 唐山1957-2003年紧凑度年均变化比较

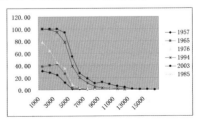

图6-8 唐山中心城区中心点缓冲区变化趋势
单位：米，%

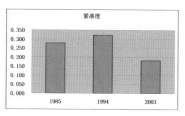

图6-9 丰润区1985-2003年紧凑度变化比较

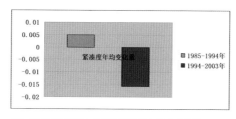

图6-10 丰润区1985-2003年紧凑度年均变化比较

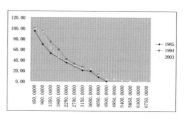

图6-12 唐山丰润城区中心点缓冲区变化趋势　单位：米，%

a．与其他城市不同，中心城区初始紧凑度比较低，从点缓冲区分析看，同样也表现用地比例低的现象，这表明城市用地形态比较松散，表现为放射状的形态趋势。

b．1957年开始，紧凑度增加。1957-1976年增加比较缓慢，从点缓冲区分析的结果看，用地拓展也很缓慢，表现为中心区段用地比例缓慢增加。这说明城市形态相对而言，变化小。

c．1976-1985年，紧凑度有很大的增加，与此同时，点缓冲区分析结果表明中心区段0-3000米的取值不断增加，并达到90%以上；同时向外围拓展了4个区段。说明这个阶段形态的增长还是以核心区整合为重点，核心形态开始向集中化发展。1994年保持这样的趋势。

d．2003年紧凑度急剧下降，在点分析方面可以看到向外拓展4个区段。在形态上表现为出现西南部比较大的形态飞地。

（2）唐山丰润区

A）紧凑度计算

B）点缓冲区分析

通过比较，选取1985年地图作为底图，通过GIS工具获取该年份的城市几何中心，并以此点为中心作缓冲区，选取450米为单位，0-6750米为空间距离范围计算每个年份城市建成区在各个圈层中所占的比例。

a．丰润区的初始紧凑度要高于主城区，但是从点缓冲区分析的曲线走势看，城市用地形态没有

缓冲距离	1985年	1994年	2003年
450.0000	94.72	99.54	99.54
900.0000	70.07	94.02	94.02
1350.0000	52.27	74.28	62.81
1800.0000	43.70	59.63	45.11
2250.0000	35.13	41.62	38.50
2700.0000	28.35	32.87	29.80
3150.0000	20.56	26.95	25.40
3600.0000	18.95	21.65	23.90
4050.0000	8.07	12.60	12.36
4500.0000	0.06	1.55	3.95
4950.0000			4.64
5400.0000			2.50
5850.0000			1.78
6300.0000			0.72
6750.0000			0.01

表6-2　唐山丰润城区中心点缓冲区统计　　　单位：米，%
注：红色块所标注的单元格表明城市用地所占比重高于90%；
　　灰色块所标注的单元格表明城市用地所占比重低于10%
　　由于海岸线的存在，从4200米区段开始的城市用地比重在60%基本接近极限大值。

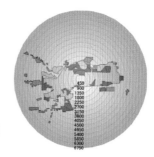

图6-11　唐山丰润城区中心点缓冲区示意图

表现出各向均质的集中分布，而是表现为类似长方形形态特征。1994年保持这样的状态，紧凑度相对提高。

b. 1994-2003年紧凑度有相对大幅度的下降。从点缓冲区分析可以看到，外围区段显著向外拓展5个区段，城市形态在前两个阶段稳步内涵发展的基础上表现出了点状向外拓展的特征。从图6-11中可以看到几条比较显著的增长轴线。

（3）唐山古冶区

a. 古冶区的情况则相反，在1985-1994年期间，紧凑度相对下降，而到了2003年又有所提高，不过相对的变化范围很小，因此可以认为具有不显著的形态变化。

b. 相比较它紧凑度的值始终在0.1附近徘徊。从形态上可以看到它本身具有极强的分散组团状特征。

3. 城市各组团形态验证性分析

（1）延伸率计算

从上文的分析可以看到中心城区初始紧凑度极低，需要验证是否具有带状特征。

在发展过程中表现出放射状的特征，需要对增长轴进行验证。

a. 从对1957年进行的延伸率分析看，长轴与短轴的比值为2.16。以对带状城市的比值定义看，由于值小于4，因此形态特征还不能算具有带状的特征，而仅仅表现为形态分布相对松散。

b. 从现状图也可以看到城市形态，尤其是外围的形态密度相对较低，表征为图6-15中粉色区

图6-15 长短轴比计算示意图

域所表示出来的城市小飞地。

（2）线缓冲区分析

根据图6-16所显示的不同年份城市用地叠合的状况以及它们和交通线间的关系，初步确定所需分析的对象轴线分别为：缸窑路、老京山线、新华路。

具体的分析过程见下文"唐山城市形态量化研

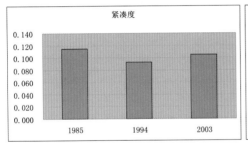

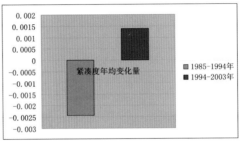

图6-13 古冶区1985-2003年紧凑度变化比较（左）

图6-14 古冶区1985-2003年紧凑度年均变化比较（右）

究过程—线缓冲区分析"。将线分析的结果汇总成表6-3、6-4，则可以看到每个年份生长轴的分布状况。

a．1976年前，老京山线是城市形态增长的重要轴线。

b．1985年后，缸窑路和老京山线共同成为城市形态增长的重要轴线。新华路则表现为对形态增长方向的导向性特征，即其左右1000米的范围中都表现为形态增长的特征。

c．1994年，缸窑路继续保持增长轴的特征。

d．2003年不表现为沿增长轴轴向增长的特征。

4．唐山城市形态量化研究过程 —— 线缓冲区分析

（1）唐山市缸窑路

a．从以上的数据可以看到，从1985年开始，缸窑路两侧开始出现随距离区段增加，用地量减少的情况。

b．从分年份的特征看，1957–1976年间，曲线比较平缓，在中间区段出现用地量的下降，尤其是外围区段在1976年的值还要高于中心区段。这表明，城市用地有沿轴拓展的趋势，但是不显著，从图6-16中可以显著地看到斑块的特征。与此同

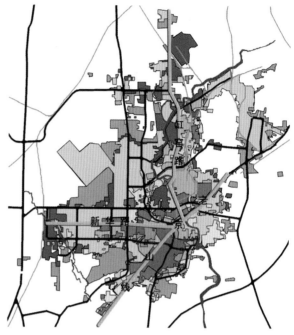

图6-16　线缓冲区分析基础线段示意图

表6-3　缓冲区沿轴拓展情况汇总

备注：+表明分析对象在该年份具有沿轴指状拓展的形态特征
√表明分析对象在该年份沿轴指状拓展出现重心偏离的情况
×表明分析对象在该年份沿轴指状拓展未出现重心偏离的情况

	1957年	1965年	1976年	1985年	1994年	2003年
缸窑路				+ ×	+ ×	+ ×
老京城线	+	√	×	√	+ ×	+ ×
新华路						

表6-4 缓冲区用地增加量差值情况汇总

备注：+表明分析对象在该年份用地增长量大

	1957–1965年	1965–1976年	1976–1985年	1985–1994年	1994–2003年
缸窑路			+	+	
老京城线					
新华路			+		

图6-17 缸窑路沿线城市用地状况[1]
图6-18 缸窑路缓冲分析统计 单位：平方米、米[4]
图6-19 老京山线沿线城市用地状况[2]
图6-20 老京山线缓冲区分析统计 单位：平方米、米[5]
图6-21 新华路沿线城市用地状况[3]
图6-22 新华路沿线线缓冲区分析统计 单位：平方米、米[6]
图6-23 1949-2003年唐山几何中心演变[7]

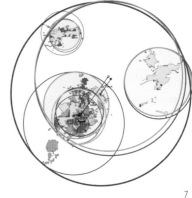

7

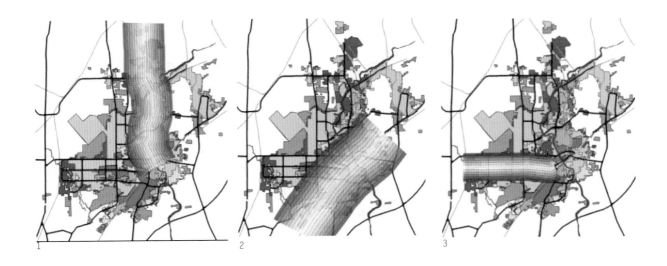

1 2 3

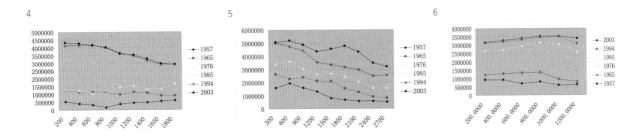

4 5 6

时，形态存在沿其他路径进行拓展的现象，导致这个阶段形态的沿轴线状拓展的特征不显著。

但到了1985年曲线发生比较大的变化，尤其是中心区段用地大幅增加，曲线开始表现出随距离区段增加，用地量减少的特征。用地量的最高值出现在中心的200米区段。只是在最外围的三个区段，表现出比较小的上翘。因此从图6-16中也可以看到形态沿轴线开始出现带状拓展的特征。而随着1994年的中心区段用地量的继续增加，曲线的陡度继续增加。形态拓展的轴带状特征更加显著。

c. 小结：通过上面的分析可以看到缸窑路作为城市用地增长轴的趋势出现是在1985年，而真正表现为生长轴特征的是在1994年，并且具有强烈的沿轴发展的趋势。

（2）唐山市老京山线

a. 从以上的数据可以看到，曲线基本表现出随距离区段增加，用地量递减的现象。但是曲线波动比较大。表明沿这条曲线形态增长受其他要素的干扰比较大。

b. 从分年份的特征看，1957-1994年都具有随距离区段增加，用地量递减的现象，从曲线走势的特征看，1994年表现出的形态轴带向的特征最为显著：最高值出现在中心300米区段，外围区段值变小，曲线更为陡峭，尽管这样的特征在1985年已经具备，但在1994年得到强化。1957-1976年，曲线走势波动强烈，不过仍然表现出一定的轴带状的特征，只是在1957年和1976年出现偏离轴线单侧增长的特征。但2003年，曲线走势1500-2100米区段出现很大的增长，极大改变了曲线的走势，表明这个阶段沿轴带状的生长被垂直轴线的增长所替代。

c. 小结：通过上面的分析可以看到老京山线可以被视作城市比较早的形态增长轴线，尤其相对于当时整体形态都比较松散的特征而言。不过表征

出真正意义上城市用地生长轴趋势是在1985年，而真正表现为生长轴特征的是在1994年，并且具有强烈的沿轴发展的趋势。但到了2003年这种趋势消失了。

（3）唐山市新华路

a. 从以上的数据可以看到，曲线整体比较平缓，并且没有表现出随距离区段增加，用地量减少的特征。

b. 从分年份的特征看，1965-1976年曲线在1000米的区段出现衰减。在形态上表现为沿新华路800米范围内的形态块状的形态。1985年相对1976年而言，用地量大幅增加，并且向外围区段推进。最高值出现在800米的区段。从形态上表现为沿新华路用地拓展同时，垂直新华路的纵向距离继续拓展，形态的长方形块状特征进一步显著。1994-2003年保持了曲线走势相同的特征。

c. 小结：通过上面的分析可以看到，尽管城市形态没有表现出强烈的沿轴线拓展的带状特征，但是从1957年开始，城市形态就具有了沿新华路面状拓展的特征，城市形态在这个象限表现出强烈的长方形带状特征。

（三）城市组团间关系分析——唐山市几何中心空间演变研究

从图6-23可以看到：

（1）1976年前城市形态的几何中心基本保持在中心城区的范围内，表明城市尚未出现独立的组团。

（2）1976年以后出现城市几何中心比较大的跳跃，中心间的距离达到13392米，并且出现在城市形态之外的空间，城市形态开始出现组团状的特征。

（3）三个组团各自形成下一等级的城市几何中心。

从城市次级几何中心的变化可以看到，1976-

图6-24 唐山第一阶段城市形态示意图

图6-26 唐山第三阶段城市形态示意图

图6-25 唐山第二阶段城市形态示意图

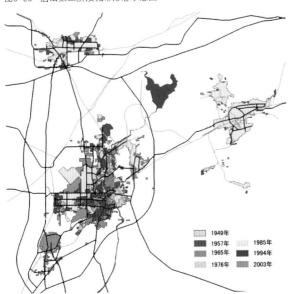

图6-27 唐山第四阶段城市形态示意图

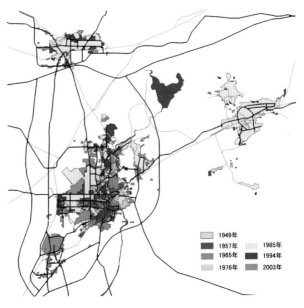

城市转型发展的规划策略

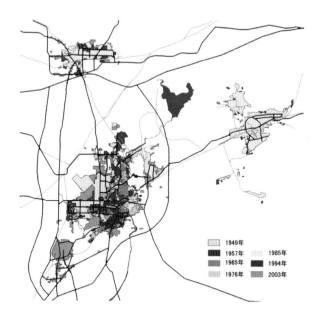

图6-29 唐山主城区第五阶段城市形态示意图

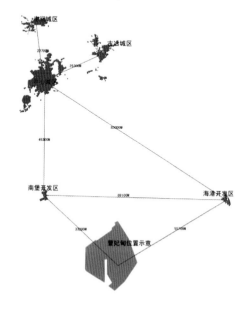

图6-28 唐山第五阶段整体城市形态示意图

1985年是唐山城市整体形态发生变化的阶段。在这之后形态主体的变化保持在中心城区部分：受到向东北以及向西南先后的拓展影响。

（四）分阶段实证分析

1. 第一阶段（1949年前）

在洋务运动中，凭借丰富的煤炭资源，近代工业开始在唐山兴起，产业人口积聚，小型商业日益增多，从而促成唐山从村落向工业城市过渡。1925年唐山镇改称唐山市，到1938年唐山已成为冀东的政治、经济、文化中心，现代商业和商贸繁荣，使得唐山被誉为"小天津"。开平矿物的规模扩张带动其他的基础工业规模也不断扩大，这些企业所需原材料和产品外销多依赖铁路，由此使得唐山、古冶两站成为国内铁路系统一流营运大户。

从形态演变的分析结果可以看到，城市形态在这个阶段表现出显著的团块集聚的特征，城市形态围绕单一矿点布局，用地规模相对较小，并且由于工矿点的关系，而没有表现出规则的城市形态，但是团块状集聚的状态还是存在。（见图6-24）

从形态形成的动力特征看，可看到自然资源的区位禀赋以及洋务运动的历史背景带动唐山矿的开发，引导产业、人口、商贸围绕矿点和铁路积聚形成初始状态下团块状的城市形态。

2. 第二阶段（1949-1976年）

这个阶段，唐山提出"五年内把唐山市建成一座现代化工业城市"的目标。到1975年，唐山已经建成以煤炭、钢铁、电力、陶瓷、建材等工业为主、门类齐全的重工业城市。尽管城市制定了一系列的建设规划，但是在强化工业生产的指导思想下，城市职能发育缓慢，城市形态的扩展以工矿企业建设为核心进行。

从形态分析的结果可以看到，尽管在这个阶段城市形态还是表现为集中式团块状形态特征，但开始向外拓展形态，表现为沿交通线放射状增长。这

些比较重要的交通轴包括了京山线，以及东西向和南北向两条主干道。（见图6-25）

从形态拓展的动力特征分析可以看到，在解放初期，唐山工业投入相对较少，地方性工业的规模决定城市空间将延续解放前已有的工业布局模式，也即重工业空间布局模式。

与秦皇岛比较相似是，在解放初期的固定资产投资中，作为城市的综合职能组团会关注公共性依赖政府投入的项目。东工西居的格局也在这样的情况下确定了下来。

3. 第三阶段（1976-1985年）

1976年地震，对唐山造成毁灭性的破坏。在1976年的总规指导下，确定唐山"三组团"的空间模式。其中老市区在原路北区基础上，以煤炭、钢铁、电力、陶瓷、建筑工业为主建设，并为党政机关所在地，是唐山市的政治、经济、文化中心；新区则作为机械、纺织、建筑材料工业为主的新城区；东矿区则以开滦5个矿为基础，形成依矿建点、分散布局、相对集中、紧密联系的矿区城镇。

除了城市物质空间的建设，城市产业重新组织。部分旧市区的工厂开始向新区搬迁。但总体来说，老市区仍然保持其在重工业生产方面的相对优势，因此铁路、公路仍然是城市取得对外联系的重要支撑要素。

从城市形态分析的角度，也可以看到唐山城市形态在这个阶段发生重大改变，由集中发展的城市形态向组团状的城市形态转变。其中中心区保持沿轴拓展的特征，形成相对均衡的"L"形形态。与此同时，围绕上个阶段已经形成的形态核心，圈层状向外拓展。比较单独形态元素是作为军用机场部分，由于其职能的特殊性，因此不能进入形态分析。

古冶城区继续保持原有散点结构特征，在初始点的基础上向外规模扩充。距离相近的散点相互连接，形成中心团块状的形态。

丰润城区则表现出比较完整的沿东西向轴方形集中式的形态特征。（见图6-26）

从形态动力特征分析结果可以看到，灾后重建以及与其相辅相成的抗震计划是重要的推动机制，其中包括了产业空间的调整，居住空间、公共服务设施空间重建。这样的重建过程落实在空间中，突出了政府自上而下的规划调控和建设落实的机制。与此同时发生作用的是自下而上而形成的灾后自救工作，其中尤其是指商贸和居住空间的恢复。比较具有时代特征的影响要素是经济体制的改革，它鼓励乡镇企业发展。尽管在这个阶段不足以影响整体的空间构架，但是却设下空间自我增长的引子。

4. 第四阶段（1985-1994年）

这个阶段是具有承前启后意义的阶段。1988年河北省、唐山市政府决定建设唐山港。开发沿海空间开始进入决策者视野，"以港兴市"的策略在这个阶段被提出来。对于唐山这样一个"内陆城市"而言，必须要识别沿海空间支点。这样就构筑成新三角关系。在片区职能分工上，中心区为全市的政治中心、科技、教育、文化中心、经济中心；海港开发区为环渤海地区西海岸的一个新的对外出海通道，新兴的港口工业基地；南堡工业区为以盐化工为基础的滨海化工基地。同时城市性质也发生比较大的改变：由传统的内陆型的重化工城市向以港口和港口工业为新兴支柱产业的多功能、现代沿海开放城市转变。

但是由于1995年至2000年中国经济出现结构调整，国际方面经历了亚洲金融危机，经济增长速度大幅回落，"新三角"结构没有形成。

因此从空间形态变化的分析看，仍然保持了老的组团形态关系，但组团间开始表现出相向生长的趋势。其中中心城区形态继续扩展，除了保持向西向北的拓展之外，开始出现指间填充的特征。古冶城区和丰润城区的形态变化则不大。因此这个阶段城市形态向外拓展的趋势相比上个阶段显著降低，

表现为内涵整合的特征。（见图6-27）

从形态变化的动力机制可以看到，虽然这个阶段政府开始关注城市发展的问题，但是缺乏根本性动力的推动。政府对基础设施的建设投资仍然是这个阶段重要推动力，其中尤其是火车西站的建设，带动城市形态重心向西部转移。东南部地区的发展基础动摇，城市发展重心向西北转移。这从一定程度上推动机场搬迁的设想提出。在政府推力和产业发展动力不强的情况下，自下而上的商贸力量在优势交通区位自我集聚，成为推动丰润组团形态沿路拓展的重要动力。

从港城关系互动的分析可以看到，这个阶段开始进入所谓京唐港时期，从发展阶段来说尚处在有港无城的阶段，港口规模极小，主营业务刚刚起步。从港城看，作为同样从乐亭县挖出的一块特殊功能区，它缺乏像天津经济技术开发区起步发展的一些条件：主城区产业空间的战略性转移；技术人才的储备；可依托的城镇；在全球网络中的可识别性；港口的建设水平；相关政策体系的支撑；以通勤为导向的交通组织……导致港城发展缓慢，也就无从谈起港口与中心城的互动关系。

5. 第五阶段（1994-2003年）

2002年唐山市的行政区划调整使丰润县和丰南划归市区，城市市区范围扩大。

与此同时，随着曹妃甸港的开发，唐山港地位进一步提升：它被确定为我国沿海地区性重要港口，是河北以及北京、山西、内蒙古、宁夏、陕西等省市经济发展的重要依托，是唐山市社会经济发展、构建"沿海经济隆起带"的龙头……其中首钢搬迁带动下的曹妃甸地区的建设直接提升唐山在区域城市体系中的地位。在2003年编制的规划中提出唐山市城市总体空间结构为："一区一带"、"双三角"。相比上个阶段沿海单点状的支撑构架，这个阶段期望构建的是一个沿海产业和城镇发展带。由此形成由中心城区、丰润城区和古冶城区构筑的城镇空间金三角和由曹妃甸工业区、海港开发区和南堡开发区构筑的产业空间金三角。

从城市形态的分析结果可以看到，这个阶段城市形态开始形成沿海的形态飞地，城市表现出更加强烈的分散组团状特征。其中，中心城区形态除了保持核心地区指间填充的特征外，还由于行政区划调整，在主体形态西南侧产生比较独立的形态单元。相比较而言，古冶城区和丰润城区还是变化不大，仅仅表现为个别形态沿轴的小范围拓展。（见图6-28）

从城市形态形成的动力特征来看，这个阶段影响城市整体空间框架的最为重要的因素是在沿海所出现的全新的产业支点空间对未来预期的影响。不过就现状形态而言，比较大的影响表现在城市发展所获资本的多元化特征，其中包括依靠外资注入而形成的高新产业园区，以温州资本注入为特征所兴起的商贸市场，以及本地资本所推动形成的中小型工业集群。此外，行政区划的调整也是一部分形态变化的原因所在。

从港城的关系看，这个阶段开始进入曹妃甸时期。在这个时期京唐港区主体性业务开始启动，曹妃甸港区也开始启动初期的业务。京唐港区后方港城出现雏形，但是从用地总量看所占比例极小，仅及中心城区用地量的5%，并且对于一个作为开发区来开发的港城而言，仓储和运输用地大大超过了工业用地。这表明运输职能主导下的港口无法支撑后方港城的职能架构，尤其对于一个以飞地形式出现的港城而言，缺乏使其从"区"职能向"城"转变所需的足够的港口区位所引发的产业及人口支撑，港口和城市间并未形成有机的形态关系。

并且由于新价值观的介入，生态资源成为重要的区位资源，而京唐港地区恰恰占据了这样的景观优势区位，这样港口资源禀赋与后方港城的职能在初始定位中就产生了矛盾，会从一定程度上制约、弱化了港区本该拥有的竞争优势。

相比较而言，曹妃甸港城的发展预期相对要好于京唐港现状。同样作为区域合作的结果，但它不仅仅担负运输角度的出海口，而且具有大项目导向性，而得以获得启动期的资金人才产业的保障。并且它在后续产业组织和后备人才方面都提供了相应预期。而尤为重要的是主城区在这个阶段开始关注于基于更大空间范围的产业空间调整，这种有充足产业支撑的状况显然要优于京唐港时期仅仅依赖于为北京提供出海口而形成的发展动力。并且从港口区位禀赋看，深水港区和原油大量储藏地区与大型重化工企业聚集的产业定位相符相承，因此曹妃甸港口和后方生产区的互动性相较京唐港区更为强烈。也因此港城互动的关系对于曹妃甸来说是产业层面的内容要更加多于城市社会层面的内容。社会层面的职能发展将更依赖于政府在产业政策方面的引导性。

南堡港区由于缺乏港口的支撑，从本质而言它是一个获得政府资金支撑的沿海小城镇。这可以从对它用地规模和结构的分析中看出来。它的发展动力相比较港口，或许更加来源于它具有"边缘效应"的区位特征——获取从天津所得的产业辐射的作用。

（五）唐山城市形态演变规律总结

总体来看，可以将唐山城市形态演变归纳为如下的模式图，并归纳形成各阶段影响形态发展的主导动力与形态特征间，与港口与后方城市间的互动关系。

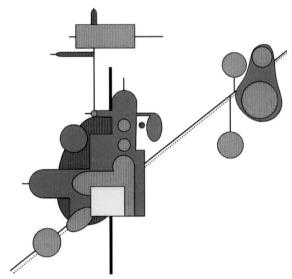

图6-31　唐山中心城区形态演变模式示意图

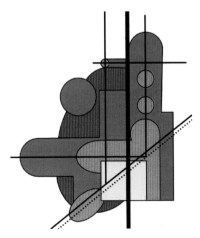

图6-30　城市块状集聚阶段

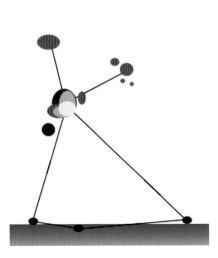

图6-32　唐山形态演变模式示意图[1]

城市转型发展的规划策略

1. 唐山中心城区

从上面的分析可以将中心城区形态发展分为这样几个阶段（不含开平、丰南）：

第一阶段：块状集聚阶段（1949年前）

在这个阶段，城市形态围绕单一矿点布局，城市用地规模相对较小，并由于工矿点的关系，而没有表现出规则的城市形态，但是团块状急剧的状态还是存在。

第二阶段：沿轴拓展阶段（1949-1976年）

这个阶段城市形态沿着几条重要的交通轴向外拓展，其中包括了京山线，以及东西向和南北向两条主干道。

第三阶段：放射状+圈层式拓展阶段（1976-1994年）

这个阶段中心区开始沿着主要的道路轴带状的拓展，而整体表现出"L"形的形态特征。与此同时，围绕上个阶段已经形成的形态核心，圈层状向外拓展。比较单独形态元素是作为军用机场部分，由于其职能的特殊性，不能作为形态的有机组成部分。

第四阶段：圈层式拓展阶段（1994年—）

这个阶段受到城市向外扩张动力和发展空间限制矛盾影响，城市用地四面出击，而形成圈层式的扩张张力。

2. 中心城区—丰润—古冶城区

将唐山整体的空间拓展模式划分为以下几个阶段：

第一阶段：块状集聚阶段（1949年前）

在这个阶段城，市形态围绕单一矿点布局，城市用地规模相对较小，并由于工矿点的关系，而没

有表现出规则的城市形态，但是团块状急剧的状态还是存在。

第二阶段：沿轴拓展阶段（1949-1976年）

这个阶段城市形态沿着几条重要的交通轴向外拓展，其中包括了京山线，以及东西向和南北向两条主干道。与此同时跳出主城区，围绕矿点，同样形成散点状的城市形态。

第三阶段：组团形态形成阶段（1976-1994年）

这个阶段唐山主城区表现出组团状的特征。其中中心城区继续沿轴扩张，但是沿铁路的轴向拓展减弱，中心和向西、向北的拓展加强。同时开平镇的形态也被纳入中心城区。古冶城区原本散点的形态继续向外拓展，距离相近的散点相互连接，形成团块状的形态。丰润城区则表现出比较完整的沿东西向轴方形团块状的形态特征。

第四阶段：组团形态成熟阶段（1994年—）

城市形态继续保持组团状特征。中心城区形态继续扩展，除了保持向西向北的拓展之外，开始出现指间填充的特征。并且在主体形态西南侧产生比较独立的形态单元。相比较而言，古冶城区和丰润城区变化不大，仅仅表现为个别形态沿轴的小范围拓展。

3. 形态演变的模式归纳见图6-31,6-32

二、唐山城市空间演化机制比较研究

（一）机制分析框架的构建

1. 框架构建的依据

根据鲍恩关于城市空间的定义[2]，可以将空间形态概括为两个层面的内容：其一，城市空间形态是城市外在的空间形式；其二，城市空间形态是城市空间要素关系的产物。从这样一个角度来解释城

市空间形态就可以将城市形态分为主体性要素和客体性要素。从一般意义而言，所谓主体要素指具有主观意识的认知者，客体要素则指不依赖于人的意识而存在的被认知者。[3] 两者间的关系是客体不依赖于主体而独立存在，但主体并非主观地反映与消极地适应客体，而是在实践中能动地认知与改造客体。从城市形态角度研究主体和客体要素，是要强调城市形态不仅具有客体性空间的被构特征，更具有作为主体性空间的自构特性。图6-32表示的是

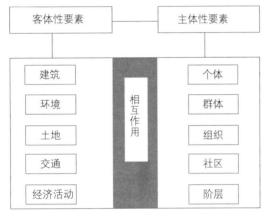

图6-33 城市形态主体与客体要素归纳

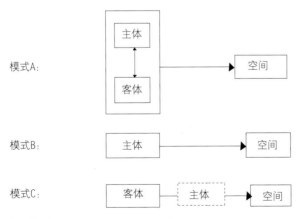

图6-34 主体和客体相互作用的三种模式

所界定的与城市形态相关的主体性和客体性要素。

2. 机制分析的框架

本文根据对京津冀沿海四个城市形态演变动力机制的研究，概括而得到这样一个动力机制分析框架结构：

第一层次：历史语境，包括社会意识形态、社会体制

第二层次：本体空间，包括主体要素、客体要素

第三层次：空间作用机制

第四层次：空间效力

城市作为一个人类集中活动的场所，不同的社会意识形态和体制决定主体要素的行为方式，包括决定空间的使用方式和所产生的空间效力，也包括决定主体和客体间作用关系（见图6-34）。因此城市发展的不同阶段的历史语境是分析动力机制的基础。

在第一层次的分析过程中，尤其要强调历史事件的影响性。历史性的事件具有作用的阶段性和随机性的特征。它打断了城市发展的一贯脉络，通过激发形态主体和客体间的新关系，以及包括激发形态自身的修补机制，来促进形态进入另一种轨道的发展，因此将其归入第一层次的分析要素中。比方说天津"二道闸"的建设，作为一个历史性的事件本身仅仅代表了某个市政设施建设，但是由于这个市政设施的建设改变了海河的运输性作用，并且由于海河肩负了重要的形态骨架性作用，因此产生的影响就不同了。它使得"工业东移"策略的提出具有水到渠成性，同时由于海河上游运输作用消失，景观性作用提升，使之成为中心区重要稀缺性资源。加之传统城市中心也是在海河两岸，这样在小白楼、南京路、解放北路金融区及南站地区以海河为核心构筑商务区也成为必然之举。虽说必然性和偶然性是相伴的，但是不能不说"二道闸"的建设通过促进城市内部结构调整，对外部形态变化具有潜在的影响。

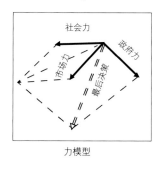

力模型

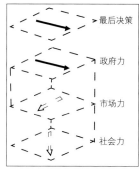

覆盖模型

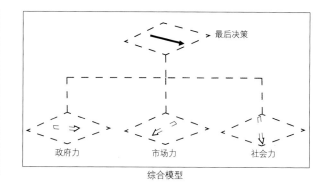

综合模型

图6-35　三种合力模型[4]

第二层次的分析内容本质是对动力源的分析，其中包括了主体和客体两方面的要素。

主体性要素在本文中概括为三方面的内容：政府性要素；市场性要素；社区性要素。

政府性要素主要指当时当地政府的组成成分及其采用的发展战略；市场性要素则包括控制资源的各种经济部类及其与国际资本的关系；社区性要素则包括社区组织、非政府机构及全体市民。在第一层次基础上研究主体性要素，可以看到它们之间具有截然不同的作用关系。张庭伟（2001）提出三种力的作用模型。即合力模型、覆盖模型和综合模型。（见图6-35）

客体性要素主要指自然地理要素、交通设施及其他重大的区域性基础设施。这些客体虽然无法作用于城市形态的形成过程，却可以成为形态生长的偏好依据。以格迪斯的观点看：铁路、道路、运河对某些地区留下天然的节点；工业聚集和经济规模扩大。[5] 同样在第一层次的基础上，客体要素内部具有不同的重要性关系。运河、铁路、海岸线资源在不同时期对城市形态发展效力、对主体要素的选择偏好都有不同的影响力。

第三层面的内容分析作用力的作用方式。同样可以将其分为两类：主体性作用机制和客体性作用

机制。主体性作用机制针对形态的被构性特征，包括资本投资、政策调控、行政命令、规划引导等。这些主体性作用机制可能直接作用于空间，而有的则通过具有空间特性的其他机制得以补足。客体性作用机制则表征形态的自构性特征包括运行经济机制、结构关系机制、形态演进机制[6]以及空间路径依赖机制[7]。而无论主体性作用机制和客体性作用机制都必须遵循这样的客观规律：要素—形态互适机制；职能—形态互适机制；环境—形态互适机制。

第四层面的内容分析作用力通过一定的作用方式而产生的空间效力。之所以采用空间效力这个词是因为建立于"城市形态发展的自构性特征的基础是城市空间的发展性特征"的理念上。通俗地说它构的角度研究形态局限于讨论空间形态模式层面的内容，包括一般所认可的集团块型、带型等六大主要类型。而从自构的角度研究形态则还要关注形态的生长能力。这样可以将空间的作用效力分为增长型、门槛型和非增长型三类。非增长型空间效力相对于增长型的空间效力而言，后者强调空间效力具有持续的鼓励自我生长的能力，而前者则需要通过外力推动的方式得到增长。秦皇岛的例子中可以显著地看到点状的交通性设施以及资源性要素对城

市形态所产生的增长型空间效力。在秦皇岛的例子中可以看到海港区的城市形态在形成之初的动力一直在三角地附近，并且形态的拓展也始终以其为核心——现在中心区和火车站周围仍然有大量的城中村存在，这说明以城市固有的发展轨迹而言，远没有到达这片腹地空间。但是由于秦皇岛站作为联系关内关外的枢纽性的车站，带动大量的货流和人流的活动。在货流的带动下，以车站为核心，火车线为轴形

成大量的仓储设施和市场贸易设施聚集；在人流的带动下，以车站为核心，以迎宾道为轴，形成大量的住宿和餐饮接待设施的聚集。城市投资的空间轨迹在这两股力的作用下发生改变，城市形态开始跃出城市既有的发展路径，在新的生长点附近增长。

作为门槛性的作用效力则根据门槛性原则，在一定的阶段内是起到阻碍城市形态生长作用的。同样以秦皇岛为例，铁路线、纵向河流、山体、历史文物所形成的空间都具有这样的空间效力。

这样汇总可以得到如下空间动力机制分析的框架表格（表6-5）：

（二）城市动力机制主导要素识别（见图6-37）

（三）唐山市城市空间形态分阶段演变动力机制研究

1. 第一阶段形态演变动力辨析（1949年前）

唐山得以从农村村落向近代工业城市转变，并形成最初的城市形态，完全得益于唐山煤矿的开采。以洋务活动为契机，设立开平矿务局，带动交

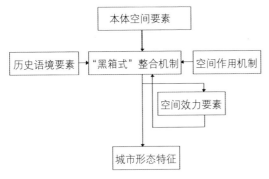

图6-36 机制框架层次间的关系

层次等级	层名	要素构成	
第一层次	历史语境	社会体制、社会意识形态、历史事件	
第二层次	主体空间	主体性要素	政府性要素、市场性要素、社区性要素
		本体性要素	自然地理要素、交通设施及其他重大区域性基础设施
第三层次	空间作用机制	主体性作用机制	资本投资、政策调控、行政命令（区划调整）、规划引导
		客体性作用机制	运行经济机制、机构关系机制、形态演进机制、空间路径依赖机制
		规律性机制	要素—形态互适、职能—形态互适、环境—形态互适
第四层次	空间效力	增长型、非增长型、门槛型	

表6-5 机制分析框架图

城市转型发展的规划策略

通运输和近代工业的发展，带来大量农业人口向产业人口转变，在当时，唐山镇的人口规模已经达到7万余人。人口集聚又带来商埠的发展，甚至吸引了周边原来已成规模的开平、丰润等乡镇商业向唐山转移，并集聚形成以唐山为中心的京东最大物资集散地。城市商业中心也由最初的乔屯转移到了沟东大街，并在民国二十年（1931年）形成以估衣市为主的小山市场以及1945年的铁路南侧的"新世界"商场。工贸的繁荣促成唐山在1938年建立市制，也促成唐山围绕矿点和铁路而形成最初团块状的城市形态。

2.第二阶段形态演变动力辨析（1949-1976）

唐山在解放后必须要面对生产所有制的调整，因此在1955年前工业投入相对较少，这在一定程度上决定了城市空间将延续解放前已有的工业布局模式。1962年，由于中央提出"调整、巩固、充实、提高"的八字方针，地方政府由此调整工业投入的结构，增强对轻工业以及农机、农具、煤矿设备等机械工业和其他支农产品的投入。这些工业发展的政策提出相应的空间需求。但由于这些产业规模小，基本还是需要依赖于城市主体空间——小山和车站为中心的路南地区，也有部分以单点的模式出现在城市北部地区，而无法像同期天津所上的大型项目那样，对城市形态产生直接的影响。城市产业的主体空间构成还是要依赖既有重工业空间。

与秦皇岛比较相似的是，完全依赖工业对农业人口的吸引所起来的城市，在公共设施配套方面相对比较弱。因此在解放初期的固定资产投资中，会关注于交通、邮电、文教、卫生和公用事业等依赖政府投入的项目。这样规划在这些公共项目的落实上就会起到更多的作用。东工西居的格局也在这样的情况下确定了下来。

但正像前文所提及的，这个阶段产业发展的重点是通过体制改革保留解放前比较大的工厂，东工的结果毋宁说是规划的结果，不如说是空间形态惯

性的结果。

在控制城市规模的思路下，城市建设的投入极少，既有空间所产生的空间职能衍生和形态生长则是更为积极的影响要素。在这里包括了火车站、小山中心区，以及既有的工业空间。尤其是小山中心区作为传统的生活性商贸集聚地区，吸引大量居住人口在其周围集中，居住和从事商贸活动。这个空间也就成为最有生长力的地区。

与此同时，火车站作为工业物资重要的运输节点，吸引了一批中小规模的机械制造、纺织等地方性产业的集中，这就造成城市形态没有像规划所设想的向西北向铁路北西刘庄的发展。这可以从1957年规划和1965年现状比较清晰地看到（见图6-44）。不过公共设施在西部的布局则为未来通过外力引导城市形态打破形态生长惯性打下基础。

总体来说，可以将这个阶段形态演变的动力概括为这样的几个方面。（见图6-45）

3.第三阶段形态演变动力辨析（1976-1985）

1976年的大地震首先对唐山形态造成直接的物理性的破坏——其中又以对路南地区的影响为最大。而震后重建过程中所建立的应急政策——对未来的抗震计划和灾后重建的工作也同样成为重塑城市形态的重要力量。

首先在宏观层面确定了三组团大分散小集中的格局。在1976年版的总规划中确定唐山由老市区、东矿区、新区组成，其中新区完全将通过政府引导作用自无到有建设。这就从整体上改变了城市形态模式——由集中放射状的城市形态向分散组团状城市形态转变。

对老市区来说，在灾后重建的过程中，提出了先住宅后公建的口号，并且住宅建设过程，强调政府的统建工作。这样就有足够的力量通过住宅建设对城市形态产生影响。

这些大型居住区成功引导城市形态向西扩展，其中包括新华路、文化路、建设路、小窑马路及钓

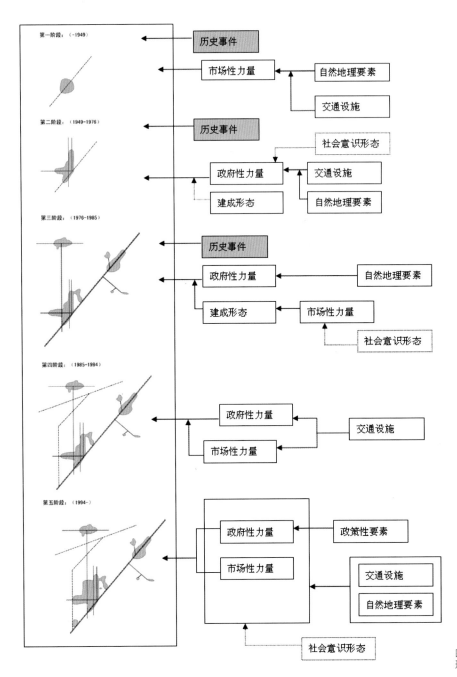

第一阶段：(-1949)

历史事件

市场性力量 ← 自然地理要素

交通设施

第二阶段：(1949-1976)

历史事件

社会意识形态

政府性力量 ← 交通设施

建成形态 ← 自然地理要素

第三阶段：(1976-1985)

历史事件

政府性力量 ← 自然地理要素

建成形态 ← 市场性力量

社会意识形态

第四阶段：(1985-1994)

政府性力量 ← 交通设施

市场性力量

第五阶段：(1994-)

政府性力量 ← 政策性要素

市场性力量 ← 交通设施

自然地理要素

社会意识形态

图6-37 唐山中心区—丰润—古冶城市
形态演变动力主导要素识别

118   城市转型发展的规划策略

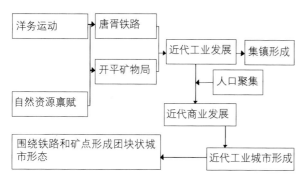

图6-39 第一阶段城市形态动力识别

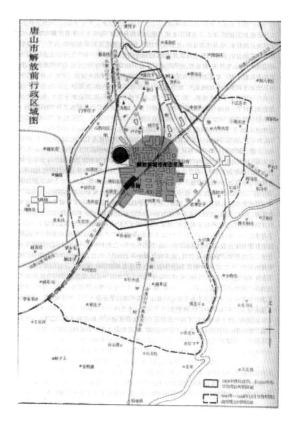

图6-38 唐山市解放前行政区域图

鱼台附近。

作为对统建方式的补充，单位自建和个人自建也被视为灾后重建的重要形式。其中尤其是个人自建，在很大程度上延续了地震前的空间布局的特征。（见图6-45）如果说居住空间在这个阶段被认为是架构性的措施，那么产业空间的调整则抽离了一部分原有的产业空间。

在1982年的调整规划中确定9家要搬迁的企业：机车车辆厂、轻机厂、齿轮厂、华新、印染厂、丝织厂、色织厂、毛纺厂、三服。其他部分企业属于区内调整和迁往其他县城的范围。在判定企业的搬迁过程中，采煤波及线被认为是重要的依据。

采煤波及线除了对工业空间产生影响，同时影响京山线的选线。也是从这版规划开始提出京山铁

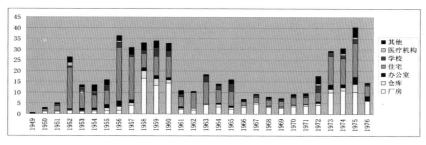

图6-40 1949-1976年唐山市区房屋竣工分类表　　单位：万平方米

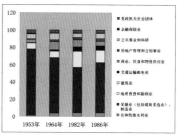

图6-41 几个年份产业结构　单位：%

第六章　资源型城市转型的区域协调与空间布局策略　　　　　　　　　　119

路的改线问题。而一般来说，城市火车站的建设对车站周围城市形态具有重要的作用。

尽管地震对城市空间产生巨大影响，但是城市形态格局还是在一定程度上保持了既有的模式：工业区和小山商业区。对于大型重工业企业而言，恢复生产比异地重建是更为可取的方案——与既有的运输条件和资源禀赋是相关的。因此重要的工业空间在这个阶段还是保留下来了；而小山商业区则从另一个角度有力地证明了城市形态对社会活动产生影响而形成惯性。尽管1976年版总规划提出小山地区作为人口迁出地，但在灾后复建的过程中，原地复建的企业就有47个，人口115603人（1982年统计），因此在1982年版的规划中调整规划内容，工、建、交企业尽量就地复建，同时安排居住，并保持小山繁商区的传统特色。

在这个阶段，不容忽视的另一股历史性的力量则是十一届三中全会的召开。经济体制改革所产生的影响补充震后复建中政府对城市形态产生的主导性力量影响。其中受到影响最大的是城市商业流通层面的内容。从图6-48可以看到，个体机构是这个阶段增长最快的。相比较因政府建设行为而形成

的中心区而言，小山地区，作为传统的中低档的商业市场集散地，无疑成为这些个体机构活动的重要空间载体。因此可以看到，遭受到严重地震破坏的小山地区，在缺乏政府作为的情况下，由于自下而上的建设力量——住宅自建，而后又因为体制改革的关系，而获得更具有自发性自我集聚要素的支持——商贸集市，有力地推动了这一地区形态生长——一种和路北地区截然不同的生长机理。

在推动商贸的同时，经济体制的改革也鼓励乡镇企业发展。开平区的半壁店村就是在这个背景下发展农村工业。但是这个阶段产业规模小，因此还不足以直接推动形态的增长，但是却为未来产业规模化打下基础。

抗震工作的另一方面是对城市绿地的关注：大城山、凤凰山、文化宫、人民公园、烈士陵园都是在这个阶段建成的。

比较单独的架构性要素，是公共设施的建设。在1976年版的总规划中，强调提出老市区在三大组团中中心性的职能地位。因此在规划中尤其强调对新华路两侧公共设施的建设。这些公建设施建设普遍要晚于居住区的建设，基本从1980年才开

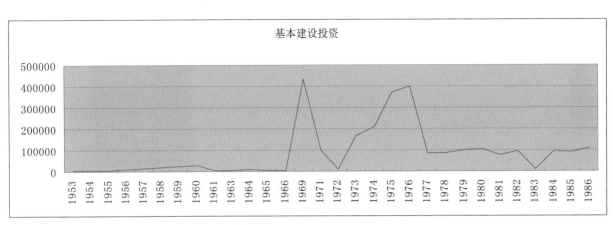

图6-43 唐山城区部分年份基本建设投资 单位：元[8]

城市转型发展的规划策略

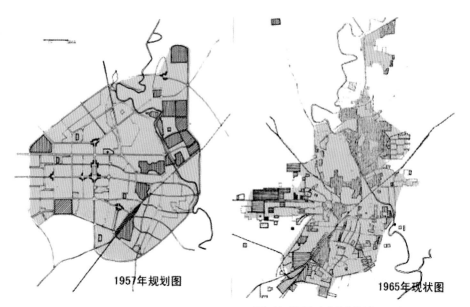

1957年规划图

1965年现状图

图6-44 1957年唐山总体规划与1965年现状图比较

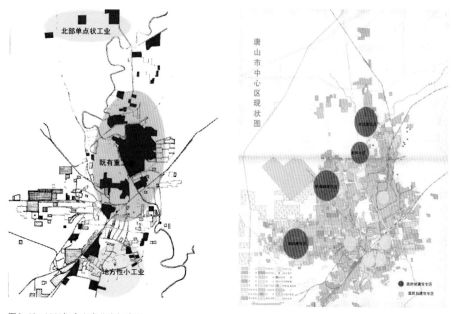

北部单点状工业

既有重工业

地方性小工业

图6-42 1965年唐山产业空间布局

唐山市中心区现状图

图6-46 震后统建和自建住宅分布

名称	编制年份	城市性质/职能	指导思想	城市规模	城市布局	
唐山市规划总图初步设计	1956年	重工业城市	利用改造,不宜大拆大建	人口:35万 用地:39.76平方公里	东工西居	
唐山市城市总体规划修改方案	1959年	采煤、钢铁、炼焦、陶瓷、机械	缩小城市规模	人口:60万（1977） 用地:49.62平方公里	发展卫星城市	
					工业	北部工业区
						陡河北重工业区
						市区西南轻工业区
					居住	西部及京山铁路两侧
						北部工业区南部
对唐山市区城市规划几个问题的修改意见草案	1963年	适当发展原料工业	控制城市规模、城市空间紧凑化	人口:43万（1978） 用地:一		

表6-6　这个阶段几版唐山总体规划比较

居住区名	位置	组成	面积（公顷）
河北居住区	陡河北	河北里、河南里、永庄里	101.02
机场路居住区		团结里、和平里、机北里、机南里、机场路	85.62
赵庄居住区	新华西道南	–	61.56
龙华小区	长宁道东	–	21.76

表6-7　震后主要统建住宅区

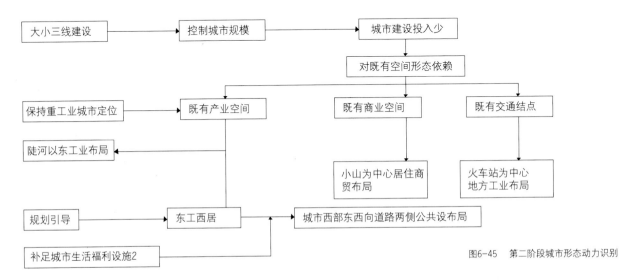

图6-45　第二阶段城市形态动力识别

城市转型发展的规划策略

始。但正是通过比较大规模的公共设施的建设稳固了居住向西转移的趋势，使得城市形态拓展中心转移到了河西地区。

因此可以看到，灾后重建的过程，更加突出了政府通过规划手段的引导性，并通过大量的基本建设投资实现了规划构思。

对于新区而言，最为与众不同的特征在于它形态的形成基本依赖政府外力的推动，首先体现在产业的转移层面：包括上文所提及的9家从市区转移入新区的企业以及包括炼焦制气厂、热电厂、污水处理厂、冀东水泥厂、自来水厂在内的5家新建的企业；其次是和产业相关的居住和配套设施。因此相对主城区而言，这片地区形态规则，基本实现了规划所设定的功能分区的设想。

东矿地区由于资源禀赋和形态形成的直接相关性，因此在产业依旧依赖于资源禀赋的情况下，形态格局的可变性不强烈。同时由于社会群体行为方式对空间所产生的惯性作用，引导中心偏离规划中的唐家庄，而保持林西的中心职能。

尽管开平区在震后并未进入空间调整的整体框架，但由于接受了部分老市区调整的工业，而形成沿矿西路的工业布局模式。原有镇区的格局也通过自身的恢复性建设使得形态得到延续。

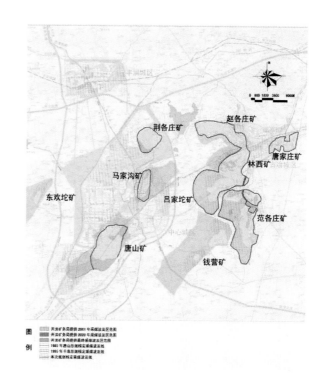

图6-47 采煤波及线示意图

图6-48 1976年规划、1982年规划、1985年现状小山地区比较

4. 第四阶段形态演变动力辨析（1985—1994）

在上个阶段灾后重建工作基本完成的基础上，这个阶段城市开始关注发展的问题。但由于缺乏外力对城市发展的推动，城市依循既有的发展方式，更多的变化停留在认知的层面。因此城市形态的发展还处于内涵整合的阶段，其中也包括开平区在内。

这可以从1986年版的市区2000年城市建设总体规划中看出。

从实施的结果看，这个阶段对城市形态增长产生重大影响的是几个基础设施的建设。首先是火车西站的建设，虽然它并没有如规划所预计的

围绕车站形成具有规模的商业服务、商业管理区，但是确实拉动城市形态向西横向的进一步增长。而从另一个层面说，它也同时限定城市进一步跨越铁路向西增长。

其次的影响在于提出机场搬迁设想。在唐山城市形态形成的过程中，机场所占据的西北方位一直是造成城市L型形态的最直接因素。机场搬迁使得城市空间格局的调整获得空间，并且最重要的是城市产业结构在这个阶段面临转型，从总规划所定义的城市性质看，重工业的城市不再被提及，城市产业的多功能性以及第三产业的发展在这版规划被首度被提出来。因此虽然在这个阶段，机场对城市形态变化并未起到直接的作用，但是却为城市形态变

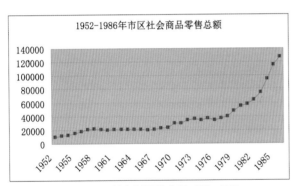

图6-49 1952-1986年市区社会商品零售总额 单位：万元

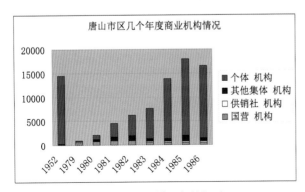

图6-50 唐山市区几个年度商业机构情况表 单位：个

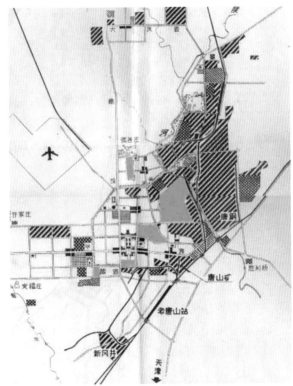

图6-51 1976年版规划绿地

城市转型发展的规划策略

	组团划分	城市性质	人口规模	城市功能布局	
1997年总体规划	中心城区	重工业城市	25万	工业	滨河路、缸窑路和大庆路一带
					西部五小工业备用地
				居住	新华路、文化路、建设路、小窑马路及钓鱼台一带
					大庆路独立居民点
		唐山地区的政治、经济、文化中心		仓库	缸窑路以东、锅炉厂以南
					复兴路地道桥铁路北侧
				中心区	新华路、文化路、建设路之间
	东矿区	工矿城镇	30万	工业	保持依矿建点的特色
				居住	与工矿点配套
				中心区	林西
	新区	以纺织、机械、电子为主的工业区	10万	工业	在通坨、唐遵铁路交汇点东北向
				居住	县城东关
					还乡河两岸
					县城南关
					旧城及北关
				中心区	东关外
1982年总体规划	中心城区	–	40万	工业	河东钢铁、陶瓷工业区
					河北工业区
				居住	路北市中心附近
	东矿区	–		中心区	新华路和建设路交叉口
				仓库	贾子安、城西
			30万	居住	断裂带以西
				工业	隔离带以东
	新区	–	6万	群体性工业城市	
				中心	唐家庄

表6-8 1976年版总规划与1982年版总规划修编比较

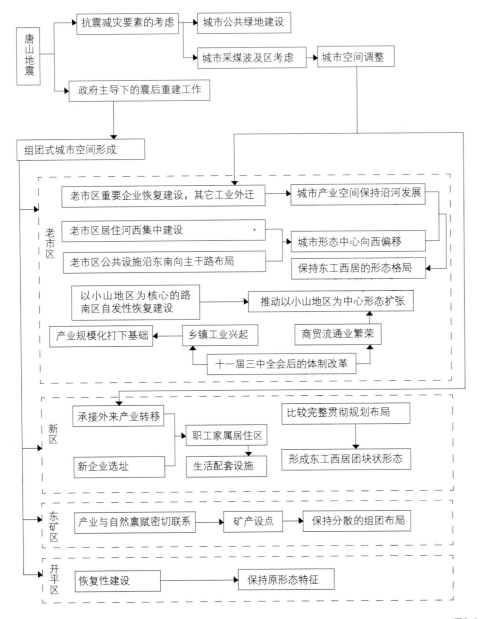

图6-52　第三阶段城市形态动力识别

城市转型发展的规划策略

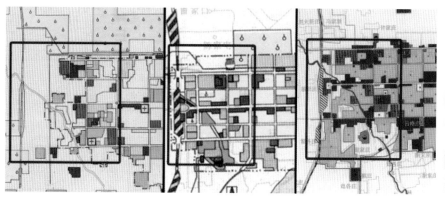
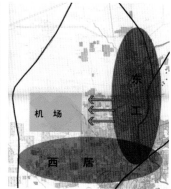

图6-53 铁路西站地区1985年现状、1986年规划、1994年现状比较　　　　　　　　　　　　图6-54 机场与城市功能区关系示意图

化积聚了势能。

对于丰润地区而言，这个阶段相比上个阶段而言，政府主导下的产业转移减弱，城市形态更多表现为内在整合补足过程，尤其是生活性服务设施。在这个过程中比较特殊的一股力量来自于自下而上所形成的商贸流通作用。由于丰润组团在建筑技术和物资集散上的优势，又加之接近铁路和公路的优势，在政府的引导下，在唐丰公路的入城处形成相当规模的建材市场。这与黄骅所形成的模具城具有异曲同工之效，只是由于它作为流通的集散体，必须接近于良好的交通区位，而不能简单地纳入工业

区的体系中。

这样可以概括这个阶段影响城市形态演变的动力。（见图6-55）

5. 第五阶段形态演变动力辨析（1994-2003）

这个阶段城市形态发展动力发生重大的变化——相对于过去以资源导向的重工业发展路径而言，这个阶段宏观背景的调整更多表现为空间的调整。

（1）新的产业空间支点

在20世纪90年代，中央加强改革开放的力

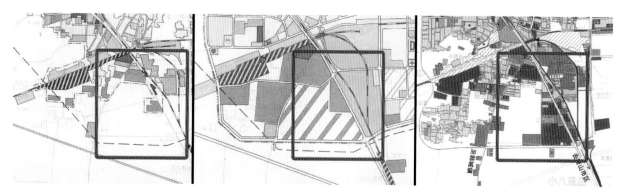

图6-55 小山地区1985年现状、1986年规划、1994年现状比较

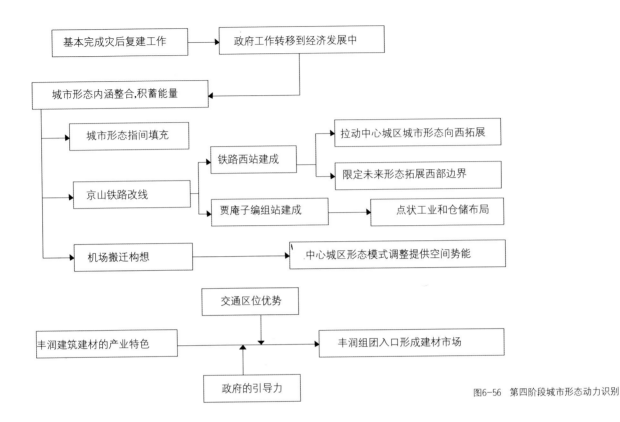

图6-56 第四阶段城市形态动力识别

度，要将经济中心逐步向沿海转移，确定要加速环渤海地区的开放开发的力度。这样唐山沿海地区成为其融入环渤海开发的重要支点，而且地方政府也明确提出要"以港兴市"的战略。（事实上在1959年版总规划修编和1985年的市区2000年城市建设总体规划中均提到关注唐山南部地区，尤其是王滩和南堡地区。在1985年规划中提到王滩是港口城市，是唐山的出海口，对唐山的经济发展意义重大；南堡是化工城市，随着经济实力的增长，会对全市化学工业的发展产生一定的影响。）在1994年版总规划中确定王滩和南堡作为未来经济增长的热点。这样在上几版总规划中所确定的老三角关系开始向新三角关系转变。尤其值得注意的

是在2003年版的规划中，强化曹妃甸工业区的作用，将区域的空间结构归纳为"一个综合服务中心、三条产业发展带、若干产业集群"，并在城镇结构中强调曹妃甸地区，提出双核的结构特征。

这样新的区域格局，对老三角关系中的城市定位产生了影响。

同样也因为改革开放的缘故，唐山高新技术开发区——作为城市提高经济开放度、实现产业转型的重要载体，也必然得到更多的关注——形成了"一区两基地"以外资为主导的产业园区，由此得以填充了大庆道到老市区间的空间，构成城市新的产业空间支撑点。

城市转型发展的规划策略

（2）投资来源的多元化

这个阶段比较有意思的城市发展动力还是来自于商贸流通环节。尽管居住人口和公共服务设施在震后大规模地向路北地区迁移，但是由于小山地区传统的商贸流通中心积聚性——这种积聚性在唐山更强烈的表现为外来人口的积聚性，使得该地区成为唐山地区重要的物资流通交易中心。而在这其中，五金商贸城——一个依赖温州商人运作而形成的商贸流通空间——可以被看作是比较有特征的空间形成动力。这样的例子还表现在开平镇区形态结构调整中，这里不再赘述。

除了外地游资的注入，本地资本的推动也是重要的因素。正如上文所提及，半壁店村以乡镇工业

城市性质	京津唐及环渤海地区以能源、原材料深加工工业为基础的，以港口和港口工业为新兴支柱产业的多功能现代化沿海开放城市	
城市职能	中心区	全市政治中心，科技、教育、文化中心
		全市经济中心
	古冶	煤炭工业生产基础，并逐步向综合型的产业结构转化
	新区—丰润	以机械、纺织、新兴工业为主的工业成产基地
	海港区	环渤海地区西海岸的对外出海通道，新兴港口工业基地
	南堡	以盐化工为基础滨海工业基地

表6-9 1994年版总规划对城市性质和城市职能的确定

图6-57 新三角关系示意图[1]

图6-58 2003年版总规划确定城市结构[2]

1

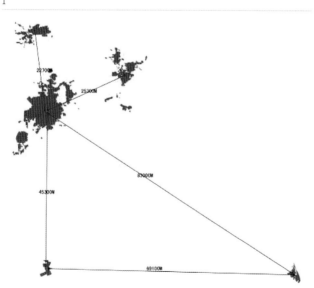

2

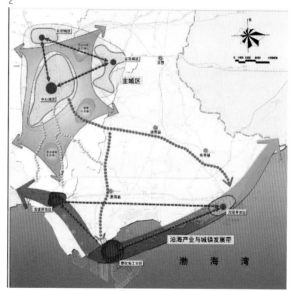

起家，通过市场经济的运作，形成具有相当规模的钢铁制造以及相关设备制造企业集团，在空间上形成积聚，并最终影响城市的形态。

（3）行政区划的影响

这个阶段影响城市形态形成的另一股重要的动力来自于行政区划的调整。2000年确定唐山行政辖区包括5个市辖区、7个县，代管3个县级市，其中市辖区包括路南、路北、古冶、开平、新区。到了2002年撤销县级丰南市，设立丰南区，同时撤销丰润县、新区，建立丰润区。这样直接导致中心城市形态在西南侧形成独立形态飞地以及飞地自身的形态增长——通过民营的钢铁厂布局。这样的例子还包括2003年沿唐古公路所形成的以陶瓷为主体的沿路商业和小型加工业。

相比较丰南的发展，同样受到行政区划调整影响的丰润地区在新的产业发展和区域结构调整的背景中所受到的关注有限。因此城市形态的自下而上的特征显著：包括上文所提到市场地区的积聚以及沿老102国道两侧的小型乡镇工业的发展。

图6-59　城市聚集的商贸流通空间

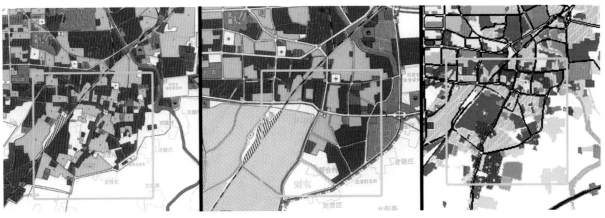

图6-60　小山地区1994年现状、规划、2003年现状比较

130　　　　　　　　　　　　　　　　　　　　　　　城市转型发展的规划策略

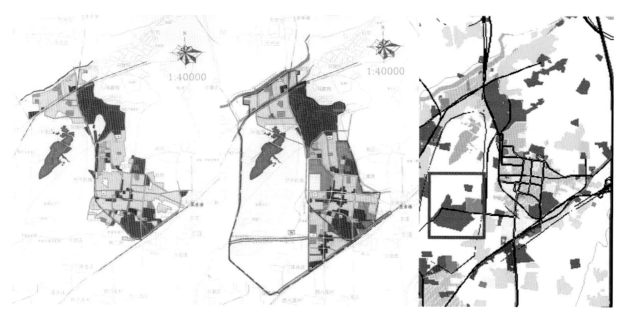

图6-61　开平区1994年现状、规划、2003年现状比较

东矿地区在这个阶段仍然强调要一体化，尤其是林唐古赵一体化发展。所采取的方式包括了公共设施建设和产业结构的调整。从空间的角度看，对于处于结构调整期的古冶区，外力对城市形态的影响尚不显著。

正像路南区在这个阶段受到温州商团的关注一样，解放前就成为商贸大镇的开平镇也成为温州商团关注的对象。起初开平镇区就定位为商业贸易的新城区，但那时还停留于农贸商品交易的范围，而后由于温州商团的介入，也包括乡镇工业的繁荣，使得镇区以电器等生活资料交易为核心，建立了有相当规模的温州商城。

（四）各阶段城市形态拓展主导要素

通过上文的阶段分析，可以归纳出不同阶段最具有生长力的城市那部分形态是哪些要素在起作用，并且最后形成怎样的形态特征。

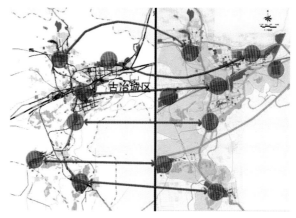

图6-62　古冶区2003年版现状和规划工矿点比较

（五）城市形态演变的动力机制总结

在上文机制要素识别基础上，以历史语境为阶段划分的标准，对影响城市形态演变的动力机制进行归纳。

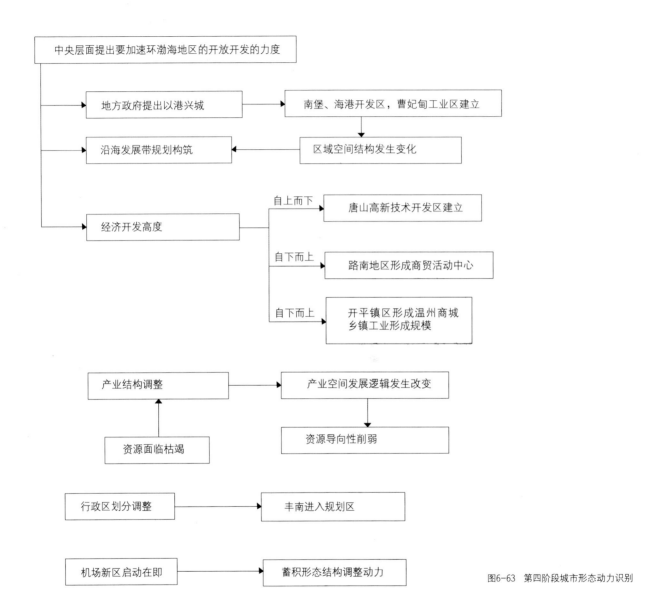

图6-63 第四阶段城市形态动力识别

城市转型发展的规划策略

阶段	时间段	主导要素	形态特征
第一阶段	-1949年	自然资源禀赋、近代工业、商贸、对外交通设施	围绕增长点集中团块状
第二阶段	1949-1976年	重工业、对外交通设施	沿交通线放射状增长
第三阶段	1976-1985年	统建住宅、产业空间调整、自然资源禀赋	组团状形态
第四阶段	1985-1994年	物资商贸、对外交通设施	组团状形态
第五阶段	1994年-	沿海港口、开发区、行政区划调整	组团状形态、出现沿海形态飞地

表6-10　分阶段影响城市形态演变主导要素

1. 第一阶段：半封建时期（清末-1948）

在这个时期封建统治的力量和殖民掠夺的力量是两股主要的对抗力。如果按表6-10所示的框架来识别，则可以认为首先这个阶段的社会体制具有封建与维新共存的特性。在主体要素方面，政府性要素表现为，封建统治者、军阀阶层、殖民地官方力量。市场性要素表现为近代工业企业、商贸集市、房地产。社区性要素则包括了商会和公益会。这些主体要素通过筑城、划定租界、建立新区、创建工厂、发展集市的方式来对空间产生影响。因此他们会关注于内河港口、海港、铁路等交通性设施以及海岸资源、矿产等自然地理资源。这样这个阶段的作用力具有自上而下和自下而上两个特性。并且从形态形成的机制看，他构性机制要往往强于自构性机制，前者能引导形态斑块状增长（天津租界和河北新区），而后者仅仅引导形态据点状或者蔓延式增长（塘沽解放前的形态和沧州城沿河的集市发展）。

2. 第二阶段：计划经济时期（1949-1977）

在这个时期城市发展受到所谓"三位一体"计划经济配置的影响以及"变消费型城市为生活性城市"的思想影响。从主体性要素看，政府性要素起到绝对性的主导力量，它借助于重大项目选址、地方工业仓储空间组织、大型居民区的建设等单一职能空间的建设来对城市空间产生影响。这样铁路、公路等交通设施以及矿产、能源等自然地理资源成为这个阶段受到关注的客体要素。但是由于计划经济所形成的资源支配的集权方式，客体要素的整体重要性下降，自上而下的力量强调主体性的作用机制，宏观政策、行政命令、项目投资都是这个阶段主要的作用要素，城市形态大幅度向外增长——当然这些需要强大的政府投资的支撑。因此相比之下，在缺乏政府投资支撑的情况下，像唐山这种解放前已形成比较庞大的产业空间，解放后城市发展又缺乏新的发展动力来改变旧的产业空间格局，空间依赖机制反而能作用显著，城市关注于内涵式的发展。

3. 第三阶段：计划经济向社会主义市场经济过渡时期（1978-1988）

1978年底，党的十一届三中全会后"搞活开放"成为重要的思想共识。这样对城市发展最为直观的影响表现在流通领域、沿海发展和城市内部结构调整。政府性的力量仍然作为这个阶段相对的主要力量，宏观政策的引导成为比较重要的主体作用机制要素——其中包括天津提出的"东工西移"的战略。同时市场性要素开始发展，乡镇企业、商贸集市、多渠道建房都是这个阶段市场性要素的表现形式。城市形态的增长点增加，由此形成他构机制与自构机制共同作用的特征。但是由于他构机制相对上个阶段削弱，自构机制尚未全面形成，因此这个阶段城市以结构调整、孕育增长点为主要特征，外延扩张的速度减慢。

4. 第四阶段：社会主义市场经济和全球经济时期（1988-）

在这个阶段，尤其是1997年之后，市场经济的体系基本建立——包括税收改革、股份改革、土地市场改革、房地产市场改革等。政府性要素开始以建立开发区的方式引导城市产业空间发展，改变过去项目配置的方式；市场性要素进一步得到强化，房地产，包括居住型和商业型房产开发；第三产业发展；以及国外资本的投资。海港、机场、高速公路等交通设施成为重要的客体要素。在这些动力的推动下，城市的他构机制更多表现规划和政策的引导性特征。市场性的力量推动形态自构机制，其中包括产业集群产生的空间依赖型自构机制（天津津滨走廊的冶金产业）以及运行经济机制下城市空间调整（唐山机场搬迁）。由于这些新因素的引导作用，城市形态开始出现强烈的外延式增长，尤其出现政府中心搬迁引导下的城市新区的建设和沿海飞地的建设。并且由于市场性要素的非边界化特征，城市的区域化发展显著。尤其对于所研究的京津冀沿海四大城市而言，通过构筑"沿海新区"的方式来促进城市区域化发展成为总的趋势。

三、港口发展与城市形态演变互动关系

（一）港口、临港组团、主城区组团形态关系分析

与本研究相关的滨海地区的职能组团包括南堡开发区、京唐港开发区和曹妃甸开发区。由于曹妃甸港尚未形成完整的形态，因此仅对前两者形态进行研究。并且相比秦皇岛和天津而言，它们还处在形成初期，因此这部分分析由两部分组成：港与城的形态关系以及临海组团与主城区的形态关系，而不作历史维度的分阶段的分析。

从总体的用地规模比较看，中心城区用地规模是最大的，而京唐港和南堡开发区两者的用地规模仅及其用地量的5%左右。丰润城区和古冶城区的用地量居中，它们相当于中心城区用地量的20%左右。

从用地结构看，以南堡的工业用地比重最高，用地比重超过35%。而京唐港区工业用地比重反而是最低的，仅占到用地比重10%。古冶和中心城区居住用地比重高，都超过了30%。海港区和丰润城区的公共设施用地比较大，接近于15%的比重。对于京唐港区的用地而言，占到比较大比重的是仓储和运输用地。而南堡则是工业用地。因此可以总体来看，京唐港区用地还以仓储运输用地为主。而主城区和南堡的用地比重比较相似，都以居住和工业用地为主，南堡相比较而言，工业用地和仓储用地比重相对较高，而居住用地比重相对较低。

从这三组形态间的距离而言，京唐港区和南堡开发区相距中心城区的距离相对于主城区内部三个组团间的距离达到3-4倍，并且它们自身间的距离也达到了69公里，同样相当于主城区内部三组团距离值的2倍。这是唐山沿海地区形态相对于沧州而言比较特殊的地方。

从港城的关系来看，南堡开发区没有独立的港区，而只有京唐港区有。从图6-68可以看到，就形态而言，规划所设定的"泊位、加工、仓储"的格局设定，事实上由于港口吞吐的货种以煤炭为主，因此仓储和港口的空间关联紧密。工业则谋求和生活服务区的关系，规划形成东工北居的状态。但是可以看到工业的用地极少，由此导致生活用地

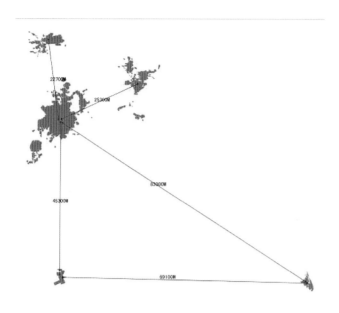

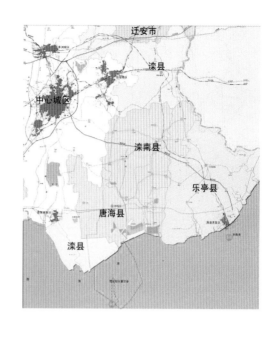

图6-64 唐山城区空间形态与临海空间形态示意图

比重小，生活服务片区中行政用地比重大。在这样的关系下，城市形态表现出松散的特征，港口和城市间并没有形成有机的形态联系。

（二）港口与城市互动机制分析

从港城关系的角度可以将唐山地区的港城关系分成两个阶段：京唐港时期和曹妃甸港时期。

1. 京唐港时期

京唐港的最初背景是为了开发司家营铁矿提供运输便利而在王滩建港、建钢场。后来在改革开放过程中，这样的建港初衷发生改变（在改革开放后，开始采用进口铁矿石代替本地铁矿石，京唐港无法满足矿石运输队水深条件的需求，因此使用功能发生改变，转而向沿海工业开发区的辅助港口转变）。在中央强化环渤海地区开放开发力度，地方提出"以港兴市"口号之前，对于唐山这样一个一

贯以陆路矿产资源为基础所建立起来的城市而言，临海空间的发展是不被重视的。在面临区域空间结构变化情况时，存在一个认识不断更新的过程。1994年的城市总体规划是作为唐山产业结构调整的重要支点，是要谋求发展港口工业。在当时规划中给出的港口工业的定义是利用岸线资源发展起来的工业，它包括了利用海运的工业，利用海域的工业，利用海水的工业，为港口服务的工业，利用进出口物资进行加工的工业。因此从规划构想而言，是希望能够在沿海地区打造新兴的支柱产业，来补充完整整个唐山的产业门类，并通过产业的扩散机制来带动内陆地区产业更新。这样就面临源头产业从何而来的问题。京唐港地区属于典型的飞地性的职能空间，这种飞地表现在行政层面：它在乐亭县的县城挖出了一块地区作为市级的行政管辖区；从人口方面，作为滩涂地区缺乏基本的技术人才的储备；从生活配套方面，完全依赖于从白地凭空

而建；而最重要的是在产业层面，完全依赖于空投式的注入。因此尽管它从职能空间的角度和天津经济技术开发区具有相似性，都作为一种临港型的新经济形式的载体，但是它却缺乏天津经济技术开发区所具有的一些特征：主城区产业空间的战略性转移；技术人才的储备；可依托的城镇；在全球网络中的可识别性；港口的建设水平；相关政策体系的支撑；以通勤为导向的交通组织……再加上东南亚经济危机的影响，事实证明京唐港开发区的产业发展缓慢。从图6-69所统计的2003年的用地比重中可以看到，作为一个开发区，工业用地比重仅有7%。相比较而言，同期滨海新区工业用地比重是31%，塘沽区工业用地比重为25%，远远高于7%的比重。

从地方的角度对港区的认识却是另一个面貌，在港务局对京唐港所作的职能设定中，提出它的职能定位是：唐山市商贸物流中心、京冀地区重要的物资集散地、华北及西北地区货物进出口的重要口岸。

主要标志为：唐山与"三西"能源基地出口动力煤配送中心、唐山建材及钢铁产品出口转运基地、华北地区钢铁企业进口铁矿石主要中转基地、华北地区原油及化工产品进出口基地。

因此可以看到，地方对港口的认识更多关注于服务于腹地的港口运输所应起到的作用。与此同时，1994年提出建立"京、津、唐经济区"。在这样情况下，唐山提出要和北京合作建设京唐港，要使之成为北京的出海口，并建立技术、人才的合作关系。但是从国际物流组织和产业合作的角度看，天津港的基础显然要好于唐山港。

从最终所形成的货物吞吐量的比重看，煤炭作为最初级的原料成为最主要货物。或者更确切地说，当时京唐港所起的作用还是停留在天津港和秦皇岛港的下位，来担当拾遗补缺的工作。这样的结

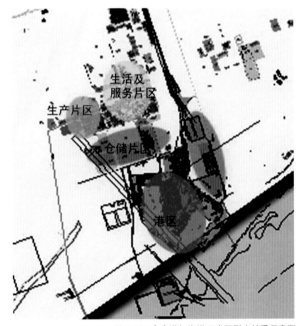

图6-68 京唐港与海港开发区形态关系示意图

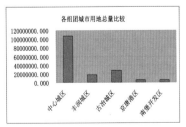

图6-65 唐山城区与临海各组团建设用地规模比较

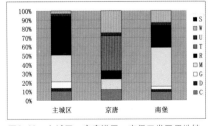

图6-66 主城区、京唐港区、南堡开发区用地结构比较

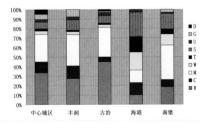

图6-67 分组团用地结构比较

果是仓储交通设施在京唐港区用地中占据巨大的比重，而工业区中的企业赖港性很弱。港区的社会职能始终没有得到发育，"城"的概念要始终弱于"区"的概念。

从另一个角度看，由于京唐港接近于滦河入海口、并且是泥质的沙滩，因此景观旅游方面的竞争优势反而相对强于港口运输方面的优势。这样所谓"以港兴城"的切入点，或者说港口禀赋与后方港区的职能在初始定位中就产生了问题。

2. 曹妃甸时期

曹妃甸港区建设从一定程度上说也是区域合作的结果，但是它和京唐港的启动最大的不同在于它有大项目导向。这种飞地模式具有一定的发展基础。或者说它更具有定向转移的特征：首先在资金投入方面有确定性和保障性；其次在技术人员方面同样具有稳定的特征；再次在产业合作方面，唐山城区钢铁始终是重要的产业支柱，这对产业链组织和后备技术人员的准备都形成未来的可能性。而关键的内容还在于曹妃甸建设得到中央和地方政策的极大扶持，尤其在这个时期，主城区的产业调整开始在空间产生效应，产业空间开始向外松动——相比较而言，京唐港时期还处在各自为政的发展阶段。

从港口禀赋看，作为渤海湾独一无二的深水港区和原油大量储藏地区，曹妃甸港具有的是一种排他性的港口特质。具有大进大出特色的大型重化工企业和钢铁企业在港口布局正是符合了这种港口特征，这样港口和后方生产区的互动性相较京唐港区更为强烈。也因此，港城互动的关系对于曹妃甸来说是，产业层面的内容要更加多于城市社会层面的内容。社会层面的职能发展将更依赖于政府在产业政策方面的引导性。

（三）城市与港口的关系总结

总结来看，唐山港城的关系还处在中港小城

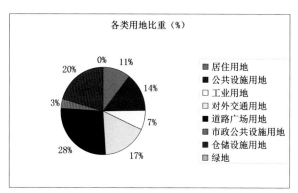

图6-69　海港开发区用地结构（2003年数据）

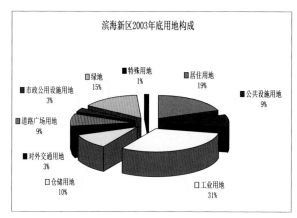

图6-70　滨海新区用地结构（2003年数据）

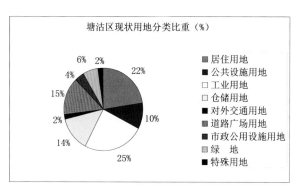

图6-71　塘沽城区用地结构（2003年数据）

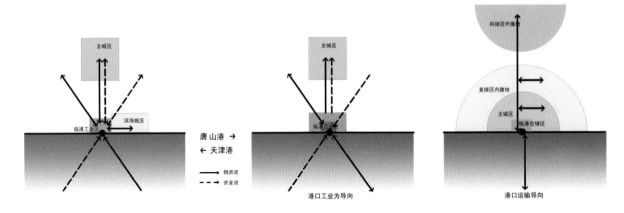

图6-72 天津港与京唐港区发展路径比较

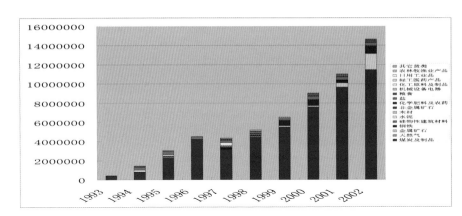

图6-73 1993-2002年货物吞吐量结构比较 单位：吨

的阶段，港口后方的城市空间发育还很不完善，港口与产业的互动性弱。但是从规划的预期看，由于曹妃甸的开发，从外注入全新的推动港口和城市发展的动力，在源头规模企业和深水大港的动力推动下，面临如何选择产业结构，以促进城镇化的过程——这是能够在港口后方形成新城的问题症结所在。只有这样才能从一个全新的角度形成港城互动的关系——既是产业层面的也包括了生活空间的组织。

四、唐山城市形态发展趋势预测

（一）沿海港口城市港城空间模式

1. 沿海港口城市港城发展路径选择

以上文阐述的港口、临港组团、临海地区的互动发展为基本线索，以上文对港口的分类为基础，对沿海港口城市港城发展路径提出可选的模式。（见表6-11）

城市转型发展的规划策略

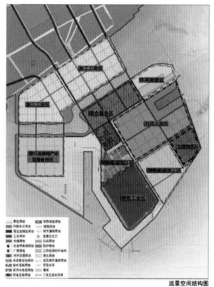

远景空间结构图

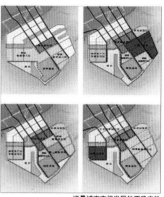

远景城市空间发展的不确定性

发展模式一：体现年产 2500 左右万吨的单一钢铁企业，港口以煤炭、原油中转和储备为特点的城市空间布局。

发展模式二：环渤海地区钢铁企业向曹妃甸地区集聚，体现多个钢铁企业集群发展的城市空间布局。

发展模式三：体现钢铁和石化为主导的重工业发展模式，形成钢铁、石化两大产业区的城市空间布局。

发展模式四：体现由重工业和加工制造业协同发展，形成综合产业发展模式的城市空间布局

模式	港口转型	临港组团职能	核心特征	产业区位[9]	扩散载体	区域形态特征	中心组团职能
A	门户港→集装箱综合港	临港物流节点	资金、信息密集	商务服务	投资扩散	大城市连绵区	母城由区域中心城市向国际大都市过渡
		自由贸易区 (FTZ)[10]					
		高端生产服务业			居住扩散		
		高端商贸居住服务					
B	运输港→专业港→散货综合港	临港重化工工业区	技术、资本密集	专用投入品	技术扩散	城市群	母城由一般城市向区域中心城市过渡
		临港物流节点			生产资料扩散		
C	客运码头→旅游港口→邮轮挂靠港	旅游接待设施体系	消费密集	舒适度导向	旅游客流扩散	城市群	母城由一般城市向生态型旅游城市（区域中心城市）过渡
		旅游消费设施体系			居住、产业扩散		
		特色人文生态环境					

图6-74 规划设定的曹妃甸工业区的发展可选模式

表6-11 沿海港口城市港城发展路径

2. 沿海港口城市港城发展空间模式选择

根据以上所提及的发展路径而落实于空间中，从整体形态特征来说可以分为这样两类：

（1）空间模式A：双城轴向模式

形成这类港口模式的城市港口往往以门户港→集装箱综合港以及运输港→专业港→散货综合港这两类港口为依托。由于历史原因，港口在主城区演变的过程"缺位"，而形成主城区独立于港口的空间发展模式。随后由于经济外向度提升、经济全球化等诸多要素的影响，港口为城市的产业发展提供了新的发展动力，使其本身成为重要的形态"触媒"。从而使得城市整体空间形态发生调整：在港口后方直接形成以产业空间为核心来组织的临港综合职能空间。

临港综合职能空间的产生带来两种趋势：一个自身沿海岸带带状延伸，并会由于外界因素干预（规划引导、生态约束）而分生形成具有特色次生临海组团；另一个趋势是垂直岸线通过产业空间扩散带动联系临港组团和主城区联络线两侧的城镇发展，形成所谓"走廊地区的连绵"特征。最终形成图6-74所示的空间格局。

根据门户港→集装箱综合港以及运输港→专业港→散货综合港这两类不同的港口所支撑的后方不同产业发展路径，可以将空间模式A的临港综合职能组团的空间职能组织细分为两类：

（2）模式A1：港口、港区、港城一体式

①这类空间模式以门户港→集装箱综合港为空间发展动力。

②由于这类港口所支撑的产业发展与生活空间，相对而言空间矛盾小，因此有利于形成港口、港区、港城一体化的空间模式。

③临港岸线资源由生活空间和生产空间共享。

④临港生产空间以物流增值空间为主要载体。港口与物流职能空间、保税园区和生产服务空间保

持密切的关系。

⑤保税园区是支撑这种形态空间的发展核心，它由保税出口加工区、保税仓储物流区和保税商贸等职能共同组成，最大限度发挥门户港对信息、资金、物资的核心组织作用。

⑥综合体经济发展到一定层次，可能在滨海地区形成高端化的沿海居住组团。

⑦由于临港物流增值空间对投资的吸引作用扩散而形成外向型加工业为主体的第二层次产业空间。

⑧鉴于房地产价格的梯度降低原则，而在港城外围形成第二层次的居住空间。

⑨随着产业链向下衍生形成产业集群向腹地衍生。

（3）模式A2：港口、港区与港城分离式

①这类空间模式以运输港→专业港→散货综合港为空间发展动力。

②由于这类港口所支撑的产业发展与生活空间，相对而言存在空间矛盾，因此形成港口、港区和港城相互分离的情况。

③港区以重型工业和化工业为主，常常由港口以及与港口设施共享生产流水线的重工业企业组成。

④核心大型企业担负构架这种产业空间的主导性职能，并根据产业链关系、循环经济组织等特征形成相关衍生企业而构成临港重型工业和化工业的

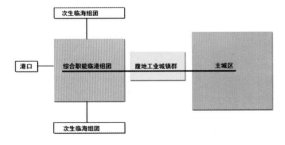

图6-75 空间模式A示意图

产业集群。

⑤物流职能作为港区重要职能空间担负港区本身以及后方产业空间与港区的物资联系关系。

⑥港区和港城间必须采用生态隔离措施。

⑦港城与港区并列沿海"并联"，也可以垂直岸线"串联"。

⑧港城空间为重要的生活空间，担负临港生产空间的产业工人居住和生活服务的职能。

⑨为了推动港区产业的发展，需要在港城建立以技术培训、研发为特征的生产性服务业。

⑩随着产业链下衍生形成产业集群向腹地衍生。

（4）空间模式B：带状组团模式

形成这类空间模式的城市港口往往以客运码头→旅游港口→邮轮挂靠港为依托。由于自然禀赋的关系，这类城市的发展常常与港口密切相关，而形成城市空间与港口一体化的形态特征。

在随后的发展过程中，区域整合和地方竞争力提升都有效促进城市旅游职能的强化，并由此促进产业向污染少、技术含量高的方向调整，这样进一步促进城市形态一体化特征的形成。

旅游产业发展本身以及它对房地产业的促进作用，引导城市沿海带状延伸，在外力干预下，常能衍生形成新的以居住、度假休闲为特征的临海组团。

产业结构的调整在政府的引导下，往往会在空间上分生形成新的产业组团。借助于沿海港口优势，还会在沿海形成新的临港产业空间，从而形成以一个核心综合组团为中心，多个单一职能组团为支撑的沿海带状组团式的空间模式。

细究临港综合职能组团可以看到这样的职能空间组织关系：

①这类空间模式以客运码→旅游港口→邮轮挂靠港为空间发展动力。

②临港岸线资源由生活、休闲娱乐以及旅游服

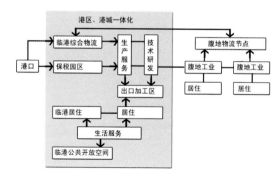

图6-76 空间模式A1示意图

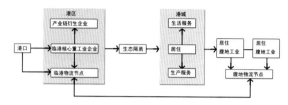

图6-77 空间模式A2示意图

务型空间共同组成。

③港口与后方旅游服务空间紧密联系，并共同组成临港综合职能空间的核心动力空间。

④旅游服务空间由旅游接待、旅游消费、会展服务以及旅游中转等职能空间共同组成，并由其组织与沿海景区和腹地景区的有机联系。

⑤沿海空间和组团内部形成具有不同地价特征的居住空间，并配备形成相应的生活服务空间。

⑥结合临港休闲娱乐空间组织形成城市的公共开放空间。

⑦组团腹地为产业发展用地，并以高新技术开发区和低污染工业区为主要的产业空间载体。

⑧与产业空间相配套形成以技术研发为特征的生产服务空间，尤其要注意其与城市教育科研设施相互间有机的关系。

⑨腹地连接各个具有旅游特色的组团。

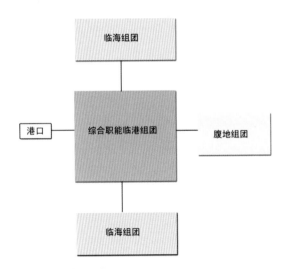

图6-78 空间模式B示意图

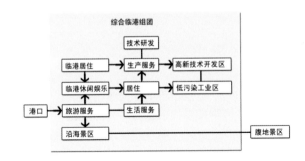

图6-79 空间模式B示意图

3. 港城模式的修正

上文所提出的模式是理想状态下而形成的。在实际实施的过程中会遇到这样一些状况:

（1）港口当局与地方的博弈

尽管港口管辖权下放地方,但由于港务局形成自身的港务集团,实行企业化的管理,这种半官方的机构掌握影响地方发展的战略性资源,这样就会与政府从地域整合发展角度所提出的发展途径在特定的情况下形成博弈。比如,尽管秦皇岛港务局提出黑白分家的目标,但是从上文的分析可以看到,城市综合性的旅游职能决不是处于夹缝中的新开河内河港口可以解决的——尤其是如果要发展邮轮经济的话。既有的港口空间如何调整,如何再在调整的过程中做大做强都需要一个博弈的过程,博弈的结果就可能造成城市空间模式混合化。

（2）诸侯割据

临港地区的用地形态空白并不意味着行政管理权的空白。当临港地区成为地方投资重点的时候,每个权力单体都有从中获取一杯羹的愿望。由此形成与整合模式下不同的空间发展策略——有很多是违反市场规律,伤害区域竞争力的行为——在全球竞争日益激烈的时期,失去先机就会沦为下一等级的港口地区。是通过建立协调委员会方式还是建立更高等级的管理机构,不同的地方应该根据市场发育的不同程度采用不同的方式。从实践看,以沧州为例,所构筑的临港产业空间是从临港行政空间中抽出来划归非临港型的上级行政单元管辖,隔山打老牛的方式是否能够推动临港空间对区域性的带动力?临港行政空间的动力核心又从何找寻?而更复杂的下一层级的行政空间如何从惯性思维中走出来?这也会有不断博弈的过程,博弈的结果在市场流通没有真正建立的情况下,很可能是和区域整合的空间模式背道而行。

（3）政府的引导能力

对于大多数非传统的临海港口城市而言,沿海地区的产业空间表现出"飞地型"的特征,这种飞地型的空间在工业化的过程中如何实现城镇化的路径。显然以打造工业区的思路吸引企业投资,以企业单纯的投资行为是无法构成对城镇化的推动作用的。政府需要以引导城镇化为导向促进产业发展。这样的问题是如何引导?市场是否能够提供足够的配合?政府本身是否具有足够的远见？以唐山南部为例，从一定程度说现状的曹妃甸港具有强烈的专业型港口的特征。对于它的广大腹地而言，港口所引发的工业源头企业的布局未必会在当地空白的腹地上沿产业链轨迹扩散。这样首钢搬迁是否会引发飞地型的空间模式？如何将首钢的搬迁与城区钢铁企业转型整合？在这样一个空白地区是否建立重要的规划实施管理机制要强于对空间模式的直接引导？

（4）生态环境的限制

在科学发展观下看港口地区的发展要关注到资源环境的承载力问题。地下水漏斗、水资源、岸线生物海洋资源等都是很硬的限制条件。对于有强烈沿海发展愿望的临港重工业而言，如何来取得和生态环境的和谐关系？现在固然能够吸取日本东京湾开发的教训，但是我们是否能够跨越这样的产业发展阶段？而从另一个角度说，如果遵循生态优先的战略，沿海发展空间格局可能和理想状态完全不同。至少在分析唐山南部地区时可以发现，广大腹地中的非生态敏感性的地区是破碎的，少量的。这样任何一种模式的空间都要努力和生态空间寻求耦合。

（5）区域职能互动的影响

在理想状态下的港口、城市空间模式是以单个城市作为研究对象，但作为区域中的城市，尤其是城市行政边界附近的功能组团就可能受到临近组团发展的影响。这样的例子比方说唐山的京唐港区。从现状看，尤其就唐山辖区范围来看，面临极大的工业产业的发展动力。但从未来区域整合的角度看，尤其将它和秦皇岛的发展相互拼合，可以发现它在未来定位中要考虑旅游的职能。因此要在近期有控制地统筹发展工业。

（二）唐山城市形态发展趋势预测

唐山的港口特征是以散货作为港口重要的货种资源。它的空间模式应该参照模式A2。

相比较集装箱为主要货种的港口而言，它后方的生产空间具有全球厂商驱动型产品的特征。（见图6-80）

它强调港区与相关企业纵向一体化，即所谓"运输作为生产组织延续"的理念，将企业的生产流水线直接与港口设施相连接。因此港口后方的产业空间中赖水性强的部分必须要和港口空间紧密相连，而后才是港口产业的衍生产业。

因此唐山城市空间发展模式应该具有空间模式A2：港口、港区及港城分离式的空间格局特征。

唐山港是这个地区独一无二的深水大港，因此在对唐山港的定位中强调突出深水大港的特征，确认它能成为重要的综合工业散货码头区，表现出大宗货物交流的特征。这样它除了对港口后方产业的支撑外，还应该具有水水转运、水陆转运的功能。但是至于它是否能转变成为以港口增值活动为中心的综合港，则还取决于唐山地区特别是曹妃甸附近是否可能出现大量的、多元化加工工业。这和天津、北京以及唐山工业结构走向关系密切。就综合工业散货码头区而言，唐山港曹妃甸港区的最大特征是一方面地方化的巨大资源禀赋——冀东大油田，另一方面是有首钢这个大型项目的定向搬迁。其中尤其是后者对于港口建设启动具有触媒性的作用。并且结合对唐山城区的分析可以看出已经表现有钢铁产业向外扩散的趋势，表明钢铁行业在唐山地区的发展具有区域竞争性的优势。

从图6-81,6-82两张图可以看到无论是钢铁行业还是化学产业都具有很长的产业延伸链。从生产流程组织的过程看，化学产业相比钢铁行业具有更大的赖水性特征。钢铁产业的生产空间更容易产生垂直岸线纵向布局的方式，而化学产业则更易表现出平行岸线水平布局的特征。对于曹妃甸港区而言，发展以钢铁为主的产业形成绝对的优势还是鼓励钢铁和化学产业共同发展是不同的发展模式。从钢铁行业的组织方式看，建议以钢铁行业为主，有

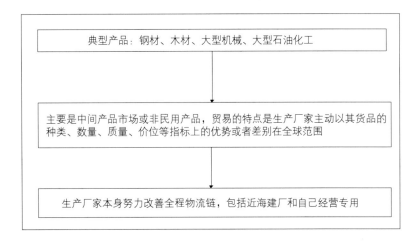

典型产品：钢材、木材、大型机械、大型石油化工

主要是中间产品市场或非民用产品，贸易的特点是生产厂家主动以其货品的种类、数量、质量、价位等指标上的优势或者差别在全球范围

生产厂家本身努力改善全程物流链，包括近海建厂和自己经营专用

图6-80 全球厂商驱动型产品对我国港口发展的影响[11]

选择地发展源头化工是对港区发展模式的建议。但不论港区怎样发展，由于产业链衍生的关系，它对于后方空间的带动作用是显著的。并且打造钢铁产业集群使之成为唐山地区具有区域竞争优势的目标也是必然的选择。而对于钢铁行业而言，则具有技术密集型的特征。从社会阶层的构成而言具有中间阶层随产业链衍生不断壮大的过程，而从技术支撑的角度则有对技术交流、生产性研发的强烈需求。

唐山地区区别于其他几个城市最大的不同点在于其南部地区存在大量的基本农田。如果以保护生态资源作为重要规划维度，那么这些基本农田就会对唐山城市空间布局产生影响。

从这样的角度看城市的空间结构关系可能形成的结果是：（见图6-79）

主城区则通过这次新城建设的契机积极发展第三产业，尤其是文化、科研、教育等服务于技术阶层的第三产业。

基于港口产业链衍生和主城区产业扩散的趋势，规划引导形成以钢铁源头向成品制造衍生而形成的连接主城和港区的钢铁产业带。基于生态本底的特征，这条带又是由工业组团有机组合而成，因此可能无法形成像津滨走廊那样连绵的形态，围绕

港城形成几个大型制造业的基地。

鉴于曹妃甸港区水水转运和水陆转运的特征以及人工造岛的成本，考虑在曹妃甸港的直接后方建设以居住和服务职能为主导的组团以及物流园区。该组团要尤其注重技能培训等人才储备相关职能培育。而随着高端制造业的兴起，建议在临海环境容量适宜的地区建设相对高端的以商贸活动、金融、会展、技术交流等生产性服务业和适宜中间阶层居住和生活的滨海新城，以推动唐山地区对全球资本的吸引能力。

南堡组团保持其工业组团特征不变，继续强化盐化工特色。

京唐港区现状工业区和运输型港口特征在一定时期会存在，甚至有可能因为曹妃甸港的开发带动工业发展或者因为乐亭等后方城镇的发展港口功能强化。这就要求在发展产业的过程，要充分考虑岸线在生态层面的重要性，引导产业纵向发展。不过以比较理想的角度看，优良的地理旅游资源禀赋以及和南戴河的度假职能相呼应，同时也是从更高层面上支撑曹妃甸港口后方产业区的产业向高端演化，京唐港区在未来宜作为旅游度假休闲的地方。京唐港应该有一部分的职能和秦皇岛一起组织以邮

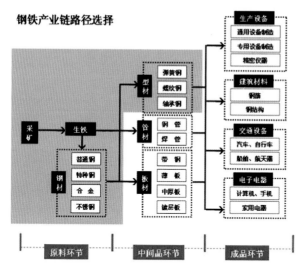

图6-81　钢铁产业链路径选择[12]

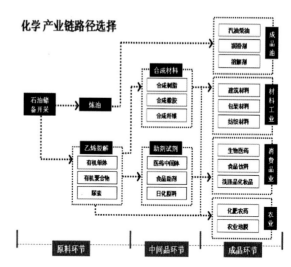

图6-82　化学产业链路径选择[13]

船经济为特征的高端旅游市场。

对于唐山而言，问题的核心是开发模式。沿海经济隆起带的空间框架是否就意味着城镇的连绵发展？处于起步的开发阶段，唐山即便是河北省是否能支撑这样的开发模式？如果不能，那就需要在既有的空间支点中寻求重点。从上文的阐述已经可以很明确地看出，曹妃甸地区是开发的重点。

因此说开发曹妃甸的目的是以它为核心支撑沿海经济隆起带形成，支撑主城区的产业转型。深水大港是它重要的资源禀赋、首钢搬迁是其发展的重要机遇。但它的发展不仅仅是首钢，而是一系列大型或者大批量机械设备制造等与钢材生产紧密相关的企业。只有打造一个高端的工业新城而非一厂独大的产业格局才可能达成曹妃甸发展的区域性目标。从这个角度说，由于现状良好的宏观背景，及时吸纳大型企业的投资是关键——企业总是比政府更加敏感于发展的机遇。因此对于唐山来说，核心不是形成一个宏伟的终极的空间蓝图，而是应采用渐进性的过程。在这个过程中除了保留必要的战略空间（比方说保留重要的交通和生态廊

道以外），更加要适时地补充过渡性空间。比如对于目前基建不足以满足企业需求时候，是否可以考虑在港区后方地区先建立过渡性产业空间，又比如就业人口居住的问题，在新城建成前，是否可以考虑在唐海先建立基础性的居住服务基地。总之，虽然曹妃甸发展前景广阔，但是要经历从无到有缓慢的过程。在这样的过程中不可能完全按照理想的空间模式来进行。

（三）唐山市空间拓展的趋势与机遇

在对城市空间发展历程的回顾中可以看到，从1990年代开始谋划且逐步推进的"以港兴市"战略具有重要意义，在获得前所未有的大好历史发展机遇时，唐山城市空间格局迅速进入到战略转型的新阶段。在这一阶段中，亟待研究区域格局和自身发展中产生的重大变化，准确把握城市空间的发展走向。从区域发展来看，《京津冀城镇群协调发展规划》、《京津冀都市圈区域规划》等宏观区域规划，均明确和强调沿海地区在区域格局调整中的重

图6-83 唐山南部地区生态绿地空间布局示意图（图中绿色地区）[14]

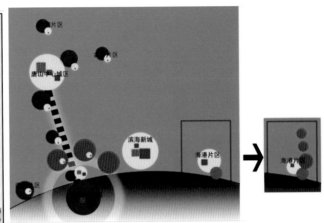

图6-84 唐山城市形态发展趋势预测

要作用；而河北省近年来不断深化的沿海城镇化部署，更是要求充分发挥河北沿海优势、加快沿海地区开发建设。《河北省沿海城市带规划》提出"构筑都市，提升沿海；强化轴带，对接京津；海陆互通，区域联动；保护岸线，优化生态"的空间策略，着力构建"一带三区多节点"的空间结构；提出将唐山打造成为区域第三极的发展目标。在京津冀区域发展的大背景下，一方面是唐山市获得若干重大产业项目的空投式进驻和若干政策支持，另一方面是区域间的联系迅速加强，津秦客运专线、京秦城际铁路、张唐铁路、沿海高速公路等重大基础设施的建设，使唐山和京津乃至更大区域的联系得到空前加强。从自身条件来看，在全市生产力布局向沿海地区转移的过程中，中心城区大量产业的转移，置换出宝贵的发展空间，对于优化土地资源配置、引导传统产业的结构调整、促进城市综合职能完善具有重要的作用；同时，一直困扰和制约中心城区空间发展的原军用机场终于得以搬迁，中心城区获得向西北方向拓展的宝贵空间，为解决现状反"L"形空间形态下的功能、交通诸多问题奠定了基础。区域格局和自身变化的叠加，使唐山这一资

源型城市的战略转型得到了强有力的支撑。

第五节 京津冀都市圈背景下的城市发展

一、 唐山在区域中定位及京津冀都市圈相关研究及规划

（一）《京津冀城镇群协调发展规划》

《京津冀城镇群协调发展规划》提出了"提升城镇职能、调整区域格局"的战略方向，提出"京津协作、河北提升、沿海带动、生态保护"的空间对策，明确提出了将都市区作为空间发展的重要载体。唐山—曹妃甸联合都市区的发展定位为：环渤海地区重要的经济中心，主城区承担区域生活、服务职能，曹妃甸为国家级能源原材料和基础工业基地，国家能源原材料储备调节中心和新型滨海生态城市。唐山—曹妃甸联合都市区的区域职能包括三方面：一是保护职能，包括保护北部浅山丘陵；水库、水系、湿地；沿海岸线；北、中、南部农业用地资源；长城、清东陵和景忠山历史文化资源等。二是生产职能，北部地区在原有重化工业向南部转

型之后，将进行产业升级并与沿海形成合理的产业链结构，重点发展装备制造业，主要以大型企业为主；沿海地区为其提供原料和能源，原有小型原料生产企业可以引导其转型为辅助生产或者为大企业提供配件产品，由此形成大、中、小企业分工合理的产业集群。三是服务职能，本地区承担区域商贸物流服务职能、区域创新体系、人才教育培养、应用研究职能；随着发展模式的转型，城市服务需求的增强，依托全国公路主枢纽和良好的深水港口条件，加强与京、津的联系；积极融入区域体系，在整个区域服务体系中承担重要职能，成为本地区的产业和生活服务中心，职业教育和应用研究等服务职能还具有区域意义，唐山将成为大首都地区的区域性中心城市，唐山中心城区和滨海新城共同成为本地区重要的人口吸纳地；另外积极与京、津、承、秦等地区联合发展区域旅游服务业，形成区域一体化旅游服务体系。

（二）京津冀地区城乡空间发展规划研究（清华大学一期、二期报告）

《京津冀地区城乡空间发展规划研究》分别在2002年和2006年发布了一期、二期研究报告。其中一期报告中提出的空间发展规划思路主要关注核心城市"有机疏散"与区域范围的"重新集中"，强调北京、天津双核心结构，重在北京城市职能的区域分解。空间结构上以京津廊道为主轴，以唐山、保定为两翼，体现出均衡性较强的布局结构。而在2006年发布的二期报告中，针对京津冀地区发展的新背景和新形势，进一步开展深入研究，在一期报告的基础上，提升和完善了整个地区的空间发展结构，概括为"一轴三带"的空间发展骨架。其中"一轴"是指以京津为核心的京津走廊，"三带"指环渤海大滨海地区为新兴发展带，燕山太行山山前城镇密集地区为传统发展带，燕山太行山区为生态文化带。进一步强调"大滨海新区"的空间概念，将环渤海湾新兴发展带定位为京津冀地区乃

至华北地区发展的新引擎。在这一结构性认识转变的背景下，唐山作为区域发展第三极的职能定位呼之欲出。

（三）京津冀都市圈区域规划（国家发改委2010）

2009年，国家发展和改革委员会编制的《京津冀都市圈区域规划》中，将京津冀都市圈的总体功能定位为：我国政治、文化、科教中心和重要的经济中心，全国重要的人口和经济密集区，国家重要的创新基地、现代服务业基地、现代制造业基地、研发和转化基地，我国重要的交通枢纽，参与东北亚及全球经济合作和对外交流的重要窗口和基地，发展水平高、服务带动能力和国际竞争力强的现代化大都市圈。在这一规划中，从空间战略的总体布局角度提出如下要求：提升京津双核、带动周边、优化主轴、做大拓展轴、发展沿海经济带、极化增长点。其中强调积极培育中关村、天津滨海新区、曹妃甸工业区三个具有带动作用的重点开发地区。京津唐作为京津冀地区的核心圈层，将承载更多区域发展的核心职能。

（四）河北省省域城镇体系规划（2006）

《河北省省域城镇体系规划》提出：优化全省城镇发展空间布局，完善城镇体系，强化以石家庄、保定、廊坊、唐山、秦皇岛五市为支点的"中间一线"，发展提高南部邯郸、邢台、衡水、沧州和北部张家口、承德"南北两厢"，形成以中间一线辐射带动南北两厢协调发展的城镇空间结构。加快发展壮大中心城市，进一步完善中心城市功能，带动一批中小城市和具有特色经济优势的小城镇迅速崛起，提高向两侧纵深的辐射力。以秦皇岛、唐山、廊坊、保定为基础，以京津唐、京津保两个三角地区为骨架，进一步构筑环京津城镇密集地区；以石家庄为核心，进一步构筑环省会城镇密集地区。石家庄、唐山是两大省域中心城市。石家

庄是河北省省会，唐山是我国京津唐城市群的重要一极。要加快石家庄、唐山的城市发展，不断提高其在全国城镇网络中的地位。发挥"领跑"作用，带动省内各级城镇积极参与京津冀区域协作和城镇分工，使河北与京津在资源配置中共同取得优势地位。唐山处于环渤海经济圈的中心地带，要结合环渤海地区的区域发展，努力成为冀东区域经济中心城市；发挥海岸线长，港口优良的优势，把发展重心向沿海转移，实现港城一体、以港兴城，建设成为重要的沿海港口城市；要发挥好钢铁产业和机械制造等重工业优势，把产业整合作为重点；突出发展临港产业和海洋经济，努力建成企业强、产业强、综合实力强的城市。

二、 京津冀区域一体化背景下唐山的机会与挑战

东北亚地区特别是中日韩三国在世界经济体系中占据重要的地位，自20世纪90年代至今，中国、日本、韩国国内生产总值占全球比例始终维持在15%以上。从内部结构来看，随着中国经济的快速增长，东北亚地区正逐渐形成更为均衡的发展局势。日本国内生产总值占全球比例从1990年的13.8%下降为2007年的8.1%，中国国内生产总值则由1990年的1.6%增长为2007年的6.0%，中日韩三国间的经济总量差距在进一步缩小，这一地区进行经济合作的条件正日趋成熟。从投资的角度，韩国、日本业已经成为环渤海地区实际利用外资的主要来源。根据2008年北京、河北、辽宁、山东等省市统计数据（不含天津，数据缺失），除港资外，韩国（32.4亿美元）、日本（25.3亿美元）是环渤海地区实际利用外资的首要来源地。东北亚经济发展论坛已经举办数届，韩国西海岸开发计划、日本九州复兴计划都强调加强与环渤海地区的区域合作，东北亚经济合作已经成为这一地区各国政府的共识。在东北亚经济合作大趋势下，回顾日韩两国发展经验，可以为环渤海地区发展路径提供参考与借鉴。这其中，两国的首都圈地区最具有代表性，均以城镇群打造参与全球竞争的核心功能区域。城镇群的核心功能包括以下三方面——全球城市、国际大港（群）以及世界级产业基地，同时通过空间要素的合理布局形成三大核心功能的联动发展。随着全球化进程，日本、韩国陆续进入后工业化阶段，面向全球的制造业功能逐渐向国外低成本地区转移，本土制造业门类集中于技术密集型产业，第三产业占国民经济的比例逐渐提高。日本产业结构自20世纪70年代开始转变，全国的三次产业结构由1970年的6:50:44转变为2006年的2:30:68。同样，韩国自20世纪90年代开始这一进程，三次产业结构由1970年的29:32:39转变为2006年的3:40:57。在这一背景下，两国的核心功能区域逐渐从"全球城市+国际港口+世界级产业基地"的三元结构演变为"全球城市+国际港口"的二元模式（如东京+横滨、首尔+仁川）。发展模式的转变过程中，日本、韩国制造业比重下降，产业门类缩减，都使得世界级产业基地在东北亚地区成为经济发展的稀缺资源，也将成为未来地区合作的主要载体。

（一） 环渤海地区的发展核心

按照"十二五规划"国家将优先开发三个特大城市群，即环渤海地区（包括京津冀、辽中南和山东半岛）、长三角地区和珠三角地区。同时构建"两横三纵"的城市化战略格局："两横"是指欧亚大陆桥通道和沿长江通道两条横轴；"三纵"则是指沿海、京哈京广和包昆通道。历经近几十年的发展，环渤海地区已经取代京津冀，成为国家视野关注下的三大城镇群之一，并且位于欧亚大陆桥、沿海、京哈京广三条通道的交汇处。从地理区位上，也将是我国参与东北亚经济合作的主要空间载体。环渤海地区内传统的京津冀、辽中南、山东半岛三大城镇群，目前均已经形成一定的发展规模、具备成为未来东北亚经济合作核心区域的可能。为

了进一步识别环渤海地区的核心功能区域，将从"全球城市+国际大港(群)+世界级产业基地"的功能体系对上述三大城镇群地区进行评价，辨识环渤海一体化进程中的核心城镇群。

（1）全球城市。在2008年发布的foreign policy、GAWC、WCOC三个全球城市权威排名中，环渤海地区只有北京上榜，分列12位（foreign policy）、8位（GAWC）、57位（WCOC）。另外香港、上海、成都、深圳、重庆等城市也名列其中，分别对应长三角、珠三角、成渝三个城镇群地区。相比之下，山东半岛及辽中南城镇群尚无较高等级的全球城市出现，青岛、济南、大连、沈阳等城市目前仍处于本地区内区域中心城市的发展阶段，在国际间合作功能上仍有待发育。在全球城市这一职能的比较中，京津冀地区占据明显的领先优势。

（2）国际大港（群）。在环渤海地区，天津、河北、山东、辽宁四省市港口发展竞争激烈。其中，津冀港口群位于渤海内湾，更接近华北、西北等内陆资源基地，作为大运量、资源类货物水陆转换点独具区位优势。这一点从津冀港口群的货运种类构成可以看出，煤炭、铁矿石干散货在货运量中占明显多数。辽南港口群相对独立，服务东北腹地市场。胶东港口群近年来集装箱运量快速增长，在集装箱集疏运方面与天津港共同服务华北、西北地区。天津、河北两省市港口分别考察货运量时，均落后于山东、辽宁港群。津冀港群只有忽略行政界线、合并统计才体现出货运量的明显领先。在货种上，山东、辽宁两港群体现为相对完整的货运种类构成，而河北港群则主要以矿石等干散货为主，与天津港形成明显的差异化发展格局。综上所述，津冀港群必须联合发展才能承担北方国际航运中心的国家职能。

（3）世界级产业基地。选取三个城镇群的主要城市，比较第二产业发展规模，可以看出京津冀地区总量上明显领先，并体现出较高的集中度，主要集中在天津、北京、唐山三个城市构成的核心区域。在京津冀城镇群中，北京二产比重已经降至30%以下，进入后工业化阶段，近年来产业功能形成不断向外扩散的趋势；天津、唐山产业发展呈现出规模和速度上的全面优势，正处于第二产业增长的黄金时期。综上所述，从全球城市、国际大港、世界级产业基地三个方面衡量，京津冀城镇群均在环渤海地区处于领先位置，毫无疑问将作为环渤海地区的核心城镇群引领这一地区参与东北亚经济合作。其中，以北京、天津、唐山组成的"京津唐"地区是承担"全球城市+国际大港（群）+世界级产业基地"的发展核心。

（二）京津唐地区的合作模式

东北亚地区合作格局正逐渐形成两个层次：第一层次以全球城市为主体，重点在于生产性服务业的合作；第二层次以港群以及产业基地为主体，重点在于产业、航运的合作。其中，世界级产业基地是东北亚地区发展的稀缺资源，也是未来区域合作的关键节点。京津唐地区作为京津冀乃至环渤海区域的核心，北京将与东京、首尔构成东北亚合作的第一层次，天津与唐山共同承担"国际大港+世界级产业基地"的职能，与横滨、仁川等国际大港构成第二层次的国际合作。在上述区域合作架构下，唐山的发展任务是：培育区域发展第三极，成为京津发展第二空间；以曹妃甸新区和唐山主城区"两核"为载体，全面对接京津。曹妃甸新区主要对接天津，强调两大产业基地、港口的协作，形成沿海发展带；唐山主城区主要联系北京，重点培育研发等生产性服务业。

（三）区域格局下的分区定位

按照习近平副主席从国家战略高度对唐山市发展提出的三大定位和要求：东北亚地区经济合作的窗口城市、环渤海地区的新型工业化基地、首都经济圈的重要支点；结合《河北省沿海城市带规

图6-85 集装箱码头

图6-86 曹妃甸25万吨矿石码头

划》中对唐山区域第三极的发展目标，以及唐山市域"两核"发展的空间结构，分别提出针对唐山主城区和曹妃甸新区的发展定位。主城区的发展定位为：东北亚地区国际产业、经贸合作区；国家沿海科学发展与生态和谐示范区；国家重要的先进制造业、临港重化工业及新兴战略性产业基地；首都经济圈专业性生产服务中心与科研基地；首都经济圈历史文化与旅游集散中心。曹妃甸新区的发展定位为：东北亚地区国际产业、经贸、航运合作区；国家能源运输战略性通道，北方国际航运中心的重要组成部分；国家科学发展与生态和谐示范区；国家重要的先进制造业、临港重化工业及新兴战略性产业基地；首都经济圈专业性生产服务中心与科研基地。

第六节 唐山市城市空间结构转型基本思路与框架

唐山城市空间战略目标选择与发展策略

（一）城市向南

唐山城市向南、生产力布局向沿海推进的战略

设想，最早可以追溯到1982年京津唐国土规划，在1985年的唐山总规划中得到体现，在1994年版唐山总规划中进一步明确，而在2011年版唐山总规划中得到进一步细化，并得以加速实现。

（1）1985年版唐山总规划。1982年，中科院地理所开始编制"京津唐地区国土开发整治的综合研究"，研究报告在系统分析区域地理环境、历史演变、在全国地位、资源优势与发展潜力等若干重大问题的基础上，提出了对京津唐地区进行综合开发整治的若干战略设想，包括：资源密集型的能源、原材料工业应重点向冀东地区转移；工业和城镇建设的总体布局，除向城市郊区卫星镇适当扩散外，还应向天津和唐山的滨海推进，建议在唐山市乐亭王滩另建新港等等。在京津唐国土规划的指导下，1985年版唐山总规划提出建设中心城市—中小城市—县城—建制镇的四级城镇结构。而在5个中小城市中，除了震后恢复建设规划确定的丰润和东矿区外，另外三个均位于沿海地区，包括王滩（钢铁基地）、滦县（煤矿基地）和南堡。

（2）1994年版唐山总规划。1994年版唐山总规划对于唐山市经济重心逐步向沿海转移的战略设

想进一步明确。城镇体系发展战略明确提出：调整市中心区功能，重点发展海港区、南堡区，形成多核城镇结构，发展海港区和南堡区两大市域次中心城市，形成由市中心区—海港区—南堡区组成的"新三角"区域发展结构，促使市域经济的发展重点逐步向沿海地区转移；海港区的职能分工为"环渤海地区西海岸的一个新的对外出海通道，新兴的港口工业基地"，南堡区的职能分工为"以盐化工为基础，同时发展石油加工业的滨海化工城市"。

（3）2011年版唐山总规划。2011年版唐山总规划在充分研究区域发展走势的基础上，重新审视唐山在区域发展中的定位，重新梳理全市生产力布局和城镇格局，提出了"两核两带"的市域城镇空间结构。市域中部发展核心，由中心城区、古冶片区、丰润片区和空港片区组合而成，重点是完善综合服务功能、提升城市环境品质，增强凝聚力和服务辐射带动能力。市域南部发展核心，由曹妃甸新城、曹妃甸工业区、唐海片区和南堡开发区组合而成，重点是发挥其在环渤海地区中的带动和示范作用，构筑高起点、高水平的发展框架，成为河北省沿海经济隆起带的重要组成部分。沿海发展带，包括唐山市南部的曹妃甸工业区、曹妃甸新城、两个开发区（海港开发区和南堡开发区）、四个县（乐亭、滦南、唐海、丰南）和一些重点镇；向西与天津滨海新区相联，向东与秦皇岛相联，是河北省沿海经济隆起带的重要组成部分，唐山市实施向沿海推进战略的核心地区，是唐山市未来的发展重点。山前发展带，南部依托102国道和京哈高速公路，由唐山中心城区、玉田、丰润、古冶、滦县等组成，辐射带动沿线周围的重点镇；北部有遵化、迁西和迁安三个县市，钢铁、机械工业区等产业向中心城镇集中，北部地区沿三抚—帮宽干线公路形成林果、粮油、畜牧农业区，大力培育北部地区生态涵养功能，另外利用清东陵、长城游览区重点发展旅游业。此外，在基础设施建设方面，进一步构建市域双核之间以及和周边区域的紧密联系，完善市域对外、对内交通网络；同时，以唐山南部地区为重点，统筹市域水资源、电力、燃气等重大基础设施，加强对南部地区发展的支撑和保障。

（二）沿海战略

如果说珠三角是国家复苏的起点，长三角是国家中兴的标志，而环渤海地区的发展则是未来国家迈入强盛阶段的象征。在国家经济转型和区域整体崛起的宏观背景下，城市向海"用蓝色改写煤都的历史"，拓展未来发展的新空间，唐山市委市政府做出了全面向沿海推进的战略部署。

唐山南部沿海空间布局的研究。唐山南部沿海地区，包括一区三县、三个开发区和两个国营农场等9个行政单位（丰南区、唐海县、滦南县、乐亭县、南堡开发区、曹妃甸工业区、海港开发区及芦台开发区和汉沽管理区两个国营农场），总面积约2900平方公里。在曹妃甸深水港的建设和投产、曹妃甸工业区作为国家循环经济示范区上升为国家战略的发展背景下，唐山南部地区，围绕京唐港区和曹妃甸港区两大港口地区的临港产业的发展呈现出快速聚集的事态。针对唐山南部沿海地区存在着发展基础差、生态环境脆弱、发展意愿强烈、产业发展同构并呈扁平化等问题。

唐山南部沿海地区空间发展战略的咨询及空间发展规划，旨在从规划层面，对即将到来的超常规

图6-87 曹妃甸京唐钢铁公司

历版总体规划比较图

1956 年

1963 年

1976 年

1985 年

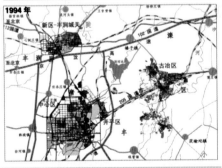

1994 年

图6-88 历版总体规划的演变

发展，在地区从传统农业型地区向具有复合功能的新城市地域迅速转变的发展阶段，开展地区发展战略的研讨、判断和战略部署，以保障地区实现工业化和城镇化的协调发展。

1. 规划研究核心内容解读

促进地区工业化、城镇化良性互动回顾。我国现阶段沿海重工业化发展过程可见，对国际铁矿石和原油的双重依赖，促使化工产业和钢铁产业选择远离内陆老城区到滨海另择新址，沿海地区呈现"飞地型"临港工业区集聚的特点。依托临港工业区建设新城镇，城市服务结构从内陆单心向海陆双心转化，也是众多沿海地区发展的路径。唐山南部沿海地区作为后发地区，以传统农业、海洋养殖和捕捞为发展基础，城镇基础薄弱，我们认为应该将应对超常规工业化的城市化途径，作为地区未来和谐和健康发展的关键问题。将如何从临港工业区走向港口城市，促进工业化与城市化的良性互动，作为唐山南部沿海发展战略和发展规划的核心命题。

2. 对新城选址的判断

大曹妃甸地区的城市化模式及城镇体系建设对地区整体健康发展至关重要。新城的建设必须建立在成本和收益评估的基础上，针对不同发展阶段提出不同建设策略，是借助于现有城镇还是平地起城，是单点发展还是多点联动，这些都是急需判断的问题。或者说规划要解决这一问题，但解决的手段绝不是局限于一个新城选址问题。综上所述，规划研究认为唐山南部沿海地区的战略研究和发展规划应确立以科学发展为指针，积极把握多元发展动力，重构城市竞争优势，探索新型工业化和新型城镇化道路，推动资源型城市跨越式转型的原则。把握以临港重化工、先进制造业、科技研发三大驱动力塑造城市发展的规模竞争力、结构竞争力和创新竞争力，打造世界级基础产业基地、入围尖端制造业核心圈层、建设环渤海科技生态新城的战略目

城市转型发展的规划策略

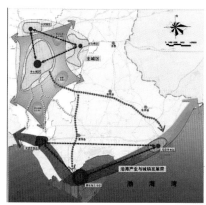

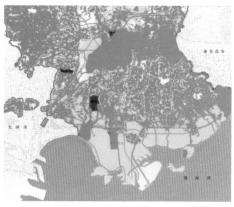

图6-89　2003年版总规划确定城市结构

图6-90　唐山南部地区生态绿地空间布局示意图
（图中绿色地区）

图6-91　唐山城区空间形态与临海空间形态示意图

标。将如何在京津冀城镇结构调整期获取发展先机，构筑资源利用的最优框架，推动跨越式转型的逐步完成，作为唐山南部空间发展战略部署的核心命题。

3. 地区发展定位的判断——地区差异化分析

从生态条件看，唐山南部是环渤海北岸的重要扭结点，处于天津和秦皇岛两个截然不同的城市之间，很多资源天然存在从东到西逐步过渡的特征，这为建构协作分工的发展模式奠定了内在基础。唐山南部属于滦河冲击平原，从古到今滦河冲击扇的摆动以及由此带来的咸水生境的入侵和淡水生境的退化，造就了南部沿海地区陆域生态和岸线资源的东西差异，这使东西两翼在农业、城市居住和休闲旅游等职能发展上存在适宜性差异。从土地资源条件看，中部地区（曹妃甸新区）的土地后备资源是最丰富的，达到537平方公里；其次是西部，后备资源85平方公里；而东部拓展弹性最小，仅60平方公里。从后备资源类型来看，中部以盐田和填海造地为主，分别占总量的47%和32%；而东部和西部都是以农田调整为主，分别占各自总后备资源的

93%和95%。因此，中部地区的用地拓展是对农业和生态安全影响最小的，而东部西部都会不同程度地影响农业发展和生态安全。

4. 从港口条件看

唐山是环渤海唯一具有东西双港的城市，并且发展条件各有优劣；这为唐山整合港口资源、促进散货和集装箱等多种业务的同步发展奠定了基础。曹妃甸港的优势在于独一无二的自然禀赋优势，构建以曹妃甸前段深水泊位为核心的联运体系是发展专业运输业务的最优组织方式。而京唐港区的优势则在于具有相对独立的腹地；由于和天津港的距离更远，它相对于曹妃甸更有和天津港分区而治的条件；强化京唐港的集装箱优势，从争取本地货源开始，逐步扩大到京津廊道以北地区，是发展集装箱运输业务的最高效途径。从区位条件看，在唐山南部的西临天津滨海新区，天津的空间结构正在从中轴集聚走向南北分化。京津廊道上生活和生产职能的过度复合已经严重影响天津城市运转效率的提升。北部以保税港区的建设为契机，港口功能从中部向两侧疏解，北部地区依托保税港和空港的联动

图6-92（右） 唐山沿海区域周围区位条件的东西差异

图6-93（下） 洋流运动与河流水量造成唐山南部沿海区域在人居环境和休闲旅游资源的东西差异

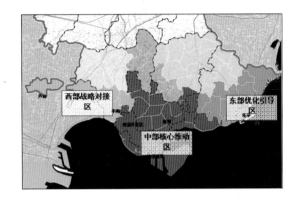

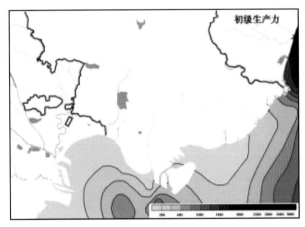

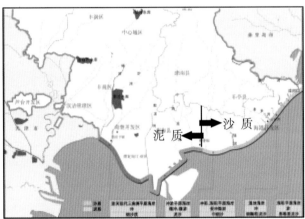

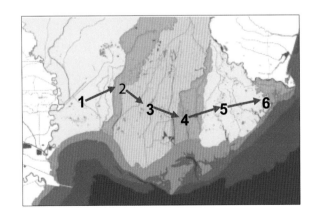

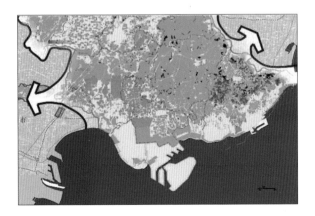

优势，正在形成聚集跨国投资的先发优势。北部聚集态势的形成使唐南西翼从边缘区位转化为门户区位的时机逐步成熟，在促进先进制造驱动力的进入方面必将具有先导性作用。东侧的秦皇岛市，也已呈现旅游职能的逐年南移的发展趋势。唐山南部东翼的乐亭地区生态禀赋优势，为区域性海岸带的联合开发提供了可能。差异化分区战略以分工协作替代扁平同构的发展模式，充分发挥地区禀赋优势，推动整体功能多元化，探索各具特色的发展路径。通过空间资源差异以及多元外部动力的识别，确定三大空间分区为：中部核心推动区，西部战略对接区，东部优化引导区。中部核心推动区对应的是曹妃甸新区，具有发展临港产业的显著优势，不仅曹妃甸港得天独厚，而且海盐和石油等多种基础原料富集，是构筑唐山南部沿海地区核心竞争优势的集中发展区。西部战略对接区对应的是丰南沿海工业区和芦汉经济技术开发区，这"两点"的共性在于港口条件差而陆路区位优，是唐山主城和曹妃甸对接滨海新区的必经咽喉；互补性在于丰南南部拥有交通优势和用地供给优势，而芦汉的产业发展与天津产业具有高度相关性，且人缘地缘优势突出。"两点"的整合有利于共同打造区域性机械制造基地，在促进市域产业结构转型、融入国家战略方面发挥核心推动作用。东部优化引导区对应的是乐亭新区，是唯一同时具备两种优势资源的地区。港口资源举足轻重，对于唐山港运输功能综合化和临港产业多元化都将发挥不可替代的重要作用；生态资源独一无二，是唐山南部新城打造独特优势，培育创新功能的战略性资源。东部优化引导区是确保唐山南部可持续发展的关键性支撑地区。

5. 总体空间发展的格局

生态安全格局地区生态安全格局的确定是以科学发展示范为方针，兼顾生态安全和人居适宜的双重要求，通过构筑生态景观格局，达到维持区域景观的多样性与异质性、加强生态空间的连接度、构

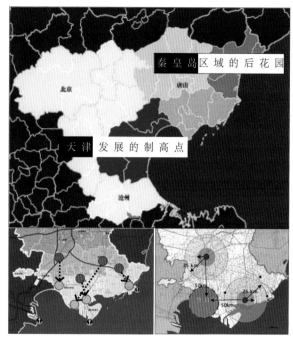

图6-94　唐山沿海区域周围区位条件的东西差异

建人类开发和自然演替的良性互动关系等三方面的目的。规划将潮间带滩涂、生态廊道、生态斑块确定为生态控制的刚性要素。依据特定生态意义和作用明确斑块的最小面积与廊道的最小宽度，作为区域生态绿线加以控制。

6. 产业及城镇空间格局

海洋资源和陆域腹地资源的东西分异，是唐山南部最重要的地域特征，产业、港口资源的再开发，一方面是进一步填海，另一方面，是否可探讨以曹妃甸港区为龙头，利用后方河道水系和南堡盐场地区，研究开挖内河的可行性，形成和曹妃甸港区功能上的互补，推动曹妃甸港区成为真正意义上的综合型港口。

7. 空间管制系统的构建

空间管理体系的建立唐山南部发展涉及到的一些问题超出了每个行政单元自身的范围，更多的涉及到跨行政区之间的相互合作、协商。南部空间战略规划的实施要求不同层级政府之间、政府各个职能部门之间通力合作，在产生矛盾时，单纯依靠城市规划中技术手段的调解能力往往是有限的，需要在更高层面进行协调。因此，规划提出了构建城市政府级别的管理机构，为规划的实施提供了组织平台，建构规划决策和协调机制，保证规划决策、信息的沟通和协调渠道的畅通。

规划控制导则的编制，应该是综合考虑生态安全、农业安全等限定因素以及城市运行、空间组织等需求条件的基础上完成的，包括划定城镇建设用地增长边界，并对建设行为提出规划控制要求。规划控制导则的核心内容，涉及增长边界内的发展功能区和区域基础设施廊道的控制要求。其中，发展功能区内划定城市化控制区、城市化促进区两类。城市化控制区旨在保护和促进本地区生态安全与粮食安全，是进行城市建设布局的前提条件。城市化促进区是正面临从传统农业型地区向工业化地区的快速转变，是以外延扩张为主的用地增长。规划根据控制的侧重点的差异，分别提出了规划控制的要求。针对保障地区发展需要和承接区域重大基础设施职能的廊道地区，包括具有区域作用和区域影响的铁路、城际铁路、客运专线、货运铁路、高速公路等交通廊道和枢纽地区以及给排水、供电、供热、电信、环卫等市政廊道和枢纽地区，分别给予了控制指标和管理的相关规定。

（三）城市完形

唐山中心城区是在一座废墟上建设起来的英雄城市。对于这座年轻的城市，曾经的过往给他打上了深深的烙印，既赋予他独特的魅力，又对今天的城市空间格局产生着深刻影响。比如：震后确定原址重建的重要前提条件是避让工程地质不良区域，

然而在震后重建过程中，由于种种因素产生了对某些区域的政策摇摆，导致现状的诸多历史遗留问题；同时，传统重工业城市的特性（重生产、轻服务）和震后重建的条件限制（建设速度取向决定了震后重建的首要任务是尽快恢复生产和解决居住），导致第三产业的发展缓慢等问题。在区域格局和自身条件的巨大变化下，唐山中心城区的城市形态将发生重大调整。中心城区的空间重构，需要充分把握这些重大因素的影响，在对动力因素、用地条件、空间资源等多方面进行综合评价的基础上，构建良好的空间发展框架，引导和支撑中心城区的战略转型。而在新一轮的空间拓展中，空间发展方向的确立和重大基础设施（高铁枢纽）的选址是最为关键的两个重大问题。

（1）关于空间发展方向的问题。对于任何一座城市来讲，安全是第一位的，唐山更是如此。震后恢复建设中确定的"避让工程地质不良区域"这一基本原则，在30年后的今天乃至未来，仍然是城市空间拓展中需要遵循的最基本原则。因此，基于用地适宜性评价对空间发展方向的确定，是中心城区空间拓展的第一个重大问题。

① 用地适宜性评价。中心城区工程地质条件需要重点关注地震断裂带、采空塌陷、岩溶塌陷和饱和砂土地震液化等问题。

a. 地震断裂带。2008年启动的《河北省城市活断层探测与地震危险性评价》（唐山市）浅层地震勘探的初勘阶段性成果显示：在唐山市内主要有三条平行的近似北东走向的活动断层：陡河断裂，确定为中更新世活动断裂，可不考虑对城市建设的影响；魏山—长山南坡断裂，在凤凰山、大城山以南部分，为晚更新世早、中期活动断裂，且上断点埋藏较深，可以不予考虑对城市建设的影响；凤凰山、大城山以北部分的断裂性质，及对城市影响的评估，需要依据详勘阶段的最终成果进行确定；唐山—古冶断裂，为全新世活动断裂，在城市规划中应按照国家规范予以避让。

政策区分	西部战略对接区	中部核心推动区	东部优化引导区
功能定位	融入国家战略的关键性门户区	构筑核心竞争力的集中发展区	保持可持续发展的重要支撑区
资源特征	建港条件不足但陆路门户优势显著，唐山主城区和曹妃甸对接滨海新区的必经咽喉	在发展临港产业上具有不可比拟的资源优势，曹妃甸港得天独厚，多种基础原料富集。	唯一同时具备两种优势资源的地区港口资源举足轻重，对于唐山港运输功能综合化和临港产业多元化都将发挥不可替代的重要作用，生态资源独一无二，是唐山南部新城打造独特优势、培育创新功能的战略性资源
发展政策	发挥陆路门户资源优势，促进两大国家级产业基地的战略性衔接。在促进市域产业结构转型、融入国家战略方面发挥核心推动作用。	在聚集核心产业和培育创新中心方面均发挥主导作用	促进多种资源的协调发展而不是此消彼长
产业功能	打造区域性机械制造基地将唐山自身机械制造升级要求、曹妃甸钢铁产业延伸要求与滨海新区产业外溢机遇相结合，重点发展尖端装备配套、自行车整车生产和大型生产设备制造	打造国家级临港产业基地，依托深水港资源和产业基础，推动跨国资本和国家龙头企业的聚集，包括基础原料、新材料和船舶制造	在产业方面和曹妃甸错位发展，大力推进以集装箱为主的贸易港职能，以食品医药、陶瓷建材等传统加工制造业为先导，逐步拓展影响，辐射冀东，培育区域性出口加工基地
服务功能	以零配件物流集散、信息发布和技术支撑为辅助	大力发展新城市，培育以研发创新和商务服务为主高端城市职能，促进工业化和城市化的协调互动	在服务方面，充分利用自身资源，打造以滨海度假为主题的特色城镇，为曹妃甸新城东拓做好准备

表6-12 以分工协作替代扁平同构的发展模式、差异化分区战略

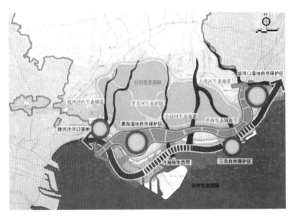

图6-95　唐山南部沿海生态格局

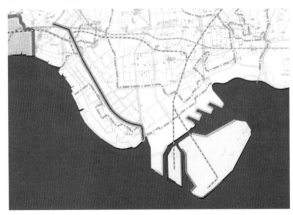

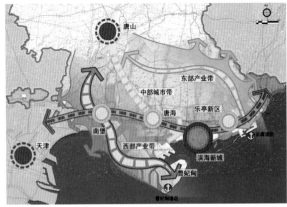

图6-96　唐山南部沿海产业发展区与城市发展区关系图

b.采空塌陷。中心城区周边有唐山矿、马家沟矿和荆各庄矿三座大型煤矿和多个地方煤矿,地下采空区面积非常大。依据《唐山市市区地质灾害调查与区划报告》、《唐山地灾防治规划》和《唐山市地质灾害防治方案》等研究结论,采空塌陷具有分布广、规模大、经济损失严重等特点,是中心城区空间拓展中需要格外关注的地质灾害。

c.岩溶塌陷和饱和砂土地震液化。唐山地处华北地震带,地震基本烈度为Ⅷ度。地震活动频繁,诱发加剧塌陷的发展和发生,一是岩溶塌陷,地震力使洞隙和采空区盖层岩土体产生破裂、位移,形成塌陷,多发生于地表水体、排水沟附近,主要分布在路北区的凤凰山和热力总公司一带,分别称为凤凰山公园岩溶塌陷群和热力总公司岩溶塌陷群;二是引起砂土"液化",促使塌陷形成。1976年大地震时,位于宏观烈度十度区的李各庄、贾庵子、九瓷厂一带,龙王庙北部及张各庄东部的陡河湾,普遍发生了喷水、冒砂土等液化现象。根据对中心城区地质条件综合分析,对中心城区用地进行综合地质评价,划分以下四类用地:适宜建设用地、基本适宜建设用地、基本不适宜建设用地和不适宜建设用地。用地适宜性评价的结论,是中心城区空间拓展的基础依据。首先,对空间拓展底线的界定:不适宜建设用地为禁建区,是保障城市安全的重要区域,原则上禁止任何建设活动,严格遵守国家、省、市有关法律、法规和规章,如三大煤矿采空区的范围。其次,对开发强度的控制。基本不适宜建设用地为限建区,在满足相关法律、法规和规章的条件下,可适度开发,但必须科学确定开发模式、项目性质和规模及强度。

②用地发展方向分析。在对中心城区用地适宜性评价的基础上,对于中心城区的几个可能发展方向,进行了综合分析比较。

a.西北方向,是中心城区的重点拓展方向之一。有利条件包括:对外交通便利(津秦客运专线、京秦城际铁路、津山铁路、三女河机场、京哈高速公路等）；符合区域主要经济流向（北京、天津）；城市空间布局紧凑（与现状空间紧密衔接）、机场搬迁后用地充足、自然环境优越、工程地质条件好、地形平坦、基础设施配套容易等。限制条件基本没有，唯军用机场搬迁后保留的少量特殊用地有一定影响。

b.北部地区，是中心城区的重点拓展方向之一。有利条件包括：对外交通较便利、用地相对充足、自然环境优越、工程地质条件好、地形平坦。限制条件主要是新建设的津秦客运专线和津山铁路在北部形成交通走廊，成为向北进一步发展的门槛。

c.东南方向（开平南部地区），是中心城区的重点拓展方向之一。有利条件包括：对外交通便利（津唐高速公路、唐港高速公路、205国道等）；符合区域主要经济流向（天津、唐山南部地区）；住友等大型企业进驻有较大的带动作用，用地充足、工程地质条件较好；地形较为平坦。限制条件主要是距离中心区相对较远，且存在交通瓶颈问题；基础设施配套条件较差。

d.南部地区。有利条件包括：南湖中央生态公园的优美环境；呼应唐山南部地区的发展。限制条件包括：南湖地区，主要为唐山矿大面积采煤塌陷区，并有地震断裂带通过，工程地质条件较差；南湖东部地区，为大面积液化区，工程地质条件较差，需严格控制开发强度；南湖西部地区，现状建成区较大，可开发用地有限；而南湖以南的地区，工程地质条件较差，与中心区距离过远，基础设施的投入将会非常大。

③用地发展方向结论。在对中心城区的几个可能发展方向的综合分析基础上，最终确定中心城区在规划期（2020年）内的发展方向为：西扩、东延、北控、南拓。西扩，重点结合高铁枢纽建设和空港城的建设，利用军用机场搬迁后的大量空间进行重点发展；东延，主要在住友等重大项目的带动

下，在开平南部、跨越陡河向东发展；北控，主要考虑以铁路走廊为发展边界，以北区域控制为生态涵养地区；南拓；主要结合大南湖整治和市域南部地区发展，带动南湖东西两侧地区的适度开发。结合用地发展方向的研究，可以看到，对于中心城区新一轮的空间拓展来讲，用地是比较富裕的，选择是比较多的，不是困扰发展的最大问题；如何选择空间拓展重点，这成为用地发展方向背后隐含的深层次的重大问题。在这个问题上，目前还存在一定的争议，还需要时间来检验。而实际上可以发现，用地发展方向的最终结论，与前面的分析并不十分吻合（在唐山总规划的编制过程中，对于中心城区的用地发展方向，一直是比较简单明确地表述为"规划期内以向西北、向北发展为主"），而最终结论的表述，也是在这一问题上多次"协调"后的产物。但是不管最终字面表述如何，其实质内涵是没有改变的，而"避让工程地质不良区域"这一基本原则，更是唐山中心城区空间拓展中需要格外关注且丝毫不得违背的。

（2）关于高铁枢纽的选址问题。高铁枢纽的

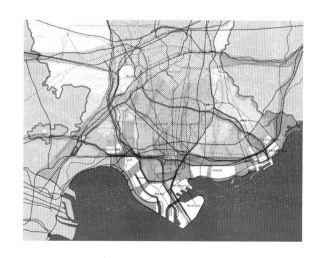

图6-97　唐山南部沿海交通支撑体系

图6-98 城市用地适宜性评价

问题，实质是关于唐山中心城区的发展动力和空间格局的关系问题。之所以认为其选址非常重要，主要是考虑到：在唐山全市生产力布局向沿海转移的背景下，中心城区的发展虽然获得了空间上的支持，获得了转型的机遇，但是随之而来的产业支撑减弱，从而出现的发展动力问题开始困扰中心城区的发展。在此背景下，如何把握和利用重大基础设施可能带来的发展动力，并和空间格局紧密结合起来，成为中心城区拓展的第二个重大问题。而唐山总规划认为，高铁枢纽的建设正是对中心城区的发展具有非常重要的战略意义。

①关于高速铁路及站场的认识。一百多年前，中国的第一条标准轨距铁路诞生在唐山；一百多年后，需要关注和研究高速铁路对于城市发展的意义。这主要在于高速铁路和传统普通铁路之间存在较大差异。我国发展高速铁路还刚刚起步（中国大陆第一条高速铁路——京津城际铁路于2008年开始运行）；但随着《中长期铁路网规划》、《中国高速铁路网规划》的颁布实施，"四纵四横"铁路快速客运通道以及三个城际快速客运系统的构建，高速铁路将迅速成为大中城市间的快速客运骨干。在此背景下，高速铁路的建设将对全国若干个城市的发展带来巨大的影响，这些影响和城市空间格局的关系究竟是怎样的？这是迫切需要关注和研究的。而这个问题，对于正积极寻找发展动力的唐山中心城区来讲，更是如此。

②高铁对城市发展的意义。区域之间的交流增加和铁路的高速化，使高铁枢纽地区的重要性日益凸现，其重要性不仅体现在交通设施本身上，而且体现在对城市经济发展的带动作用，以及对周边地区的规划与土地开发的影响方面。从国外案例来看，高铁车站地区已经成为城市发展和转型的新动力，具体表现在几个方面：

a. 高铁沿线城市整体实力增强。高铁车站的建设会带来沿线城市整体性的人口与产业的增长，增强沿线城市的集聚能力。以日本新干线为例，有新干线车站的城市比没有车站的城市人口增长率平均高出22%；有新干线车站城市比没有设站的城市在零售、工业等方面的增长率高出16-34%。法国TGV大西洋线的车站周边地区，高铁通车的3年时间里，房地产交易量上涨了22%，地价上涨了35%。

b. 带动商务活动与旅游的增长。巴黎至里昂的高铁建成后，带来的主要影响是商务活动与旅游。商务人士在巴黎与里昂之间当天往返，将巴黎的商务活动延伸到法国南部地区，同时里昂的公司

　　　　　　　　　　　　　城市转型发展的规划策略

也开始为巴黎公司提供专业化的服务，将里昂的商务活动延伸到巴黎。1983-1990年，里昂车站周边地区的办公面积从17.5万平方米增长到25.1万平方米，年增长5.2%。里尔是传统的工业城市，随着1993年巴黎至里尔高铁的建成，里尔实现了成功的转型，成为一个以商务办公为主的城市。当然这种转型还得益于里尔良好的区位条件，它位于3个首都城市（伦敦、巴黎、布鲁塞尔）的中心，并有高速铁路相连接。笔者2001年在法国里尔学习，在里尔的欧洲里尔（Lille Europe）实习，欧洲里尔工程已建成会展中心（2万平方米）、欧洲办公大厦（2.5万平方米）、银行大楼（1.5万平方米）、Euralille大型商业中心（9万平方米）。高铁对工业城市里尔向商业城市转型起到了很大作用。

c. 高铁车站地区已经开始成为国家空间政策的新关键性节点。荷兰把这些地区定义为新关键性节点（new key projects），并把它上升到国家的空间规划政策层面。从国内近两年的实践来看，高铁沿线城市也非常注重高铁车站周边地区的开发和建设。以北京南站、新广州站、武汉站、上海虹桥站为代表的新型综合枢纽客站陆续规划建设，并希望以该交通枢纽为中心、辐射周边地区的"极点"式发展，促进区域经济快速发展。

（A）济南依托高铁站建设城市副中心，济南高铁站依靠客站对经济、社会、城市建设的巨大拉动作用，与西部腊山新区建设互为依托、互为促进，建立和形成城市副中心。

（B）上海虹桥枢纽成为上海服务长三角的交通和经济纽带，以依托综合交通枢纽的特有功能，将整个区域建设成为为长三角、为全国经济服务的现代服务业发展区域，使虹桥综合交通枢纽区域成为上海连接、服务长三角，服务全国的重要交通纽带和经济纽带地区。规划中的虹桥枢纽是多种交通方式紧密衔接、高能级、综合性的现代化大型综合交通枢纽。

（C）新长沙站枢纽地区构筑区域高端服务中心，引领长沙市乃至长株潭区域经济的快速发展，新长沙站枢纽地区的定位为长株潭城市群对外交通门户、长株潭城市群CBD、长沙市商业文化次中心。

③高铁枢纽布局的认识。高速铁路走向及站场选址，和传统普通铁路存在着较大不同，必须与城市的空间发展、功能布局紧密结合起来。随着科学

图6-99 350公里动车组

技术进步和经济发展，干扰等问题可以得到很好的解决（例如高架、无缝线路、隔音板等技术）。国内外铁路客运站发展的主要趋势是将客运站设在城市市区，与城市核心功能区等紧密结合，以便更好地为旅客、为城市服务。从国外案例来看，巴黎的6个铁路客站均离市中心较近，最近的圣·拉扎尔站距巴黎歌剧院仅500米，最远的里昂站距市中心6公里；莫斯科、伦敦的铁路客站都在市区内；从国内案例来看，上海、北京、广州、天津等铁路客站也在市内。上海南站位于徐汇区西南部，距徐家汇城市副中心约5公里，是上海中心城市的南大门。

④高铁枢纽选址方案比较。对于唐山来讲，随着产业大量外迁至沿海一带，中心城区的职能定位将转向区域性的产业服务和生活居住为主，与京津之间的快速联系变得更为重要。而津秦客运专线、京津城际铁路这两条高速铁路在中心城区交汇，使唐山迅速融入到京津半小时交通圈内，对中心城区具有重要的战略意义。高速铁路的走向及站场选择提出的三个备选方案如下：

方案1：西站方案。利用现状津山铁路的火车站进行升级、改造。该方案的优点是：和津秦客运专线可研报告的方案一致，不需要调整，无协调成本；同时可利用现有火车站改造。该方案的缺点是：与城市发展空间方向并不十分吻合，该火车站位于现状建成区的边缘位置，周边可发展空间有限；现状拆迁改造压力较大、成本较高；同时势必会带动城市跨越多条铁路向西发展，在现状反"L"型的空间形态进一步加剧其不合理性；同时，两条高铁线路将对丰南城区造成多重分割。

方案2：北站方案。紧密结合城市向西北方向发展的空间走势，在西北方向（高新区南边界）打造综合交通枢纽。该方案的优点是：与中心城区的未来主要空间拓展方向（西北方向）结合紧密，成为拉动城市向西北方向发展的动力。枢纽选址临近凤凰新城核心区，一方面带动新区的高水平开发，另一方面，使凤凰新城更具有服务于区域的重要意义；且与未来发展重点之一的三女河空港产业城也有非常紧密的联系。同时与现状建设矛盾小，拆迁量较方案一更小。此外，与机场、高速公路以及丰

图6-101 法国里尔Euralille商务办公楼

图6-102 法国里尔Euralille大型商业中心

城市转型发展的规划策略

润其他组团有便捷联系，有利于打造区域综合交通枢纽。该方案的缺点是：与津秦客运专线现有设计方案不一致，协调成本较大；对城市存在一定分割，但走线位于中心城区核心区的边缘区（走线以北为高新工业区），分割影响较小。

方案3：综合方案。考虑津秦客运专线的协调难度等问题，近期可将津秦客运专线引入唐山西站，预留北部枢纽；远期京秦城际铁路直接引入北站枢纽；远景津秦客运专线局部改线，站场改至北站。西站联系天津方向，北站联系北京、沈阳方向；远景在北站形成一个枢纽。该方案的优点是：与现有津秦客运专线走线方案一致，解决现阶段最为复杂的协调问题；综合了两个方案的优点，既解决了近期建设问题，同时保留了远景北站作为综合枢纽的可能性；对丰南的影响大大降低。该方案的缺点是：设施浪费较大。

⑤高铁枢纽选址最终方案。随着津秦客运专线的立项、动工，关于高铁枢纽选址的讨论始终局限于技术层面。随着时间的推移，结合津秦客运专线项目的进展情况，方案二已没有实施的可能。但保留方案二的战略设想，将津秦客运专线引入唐山西站，对既有车站进行改造；远景结合京秦城际铁路建设，保留唐山北站的战略设想。然而，京秦城际铁路（北京至唐山段）的建设提前，其选线、可研及立项迅速完成，在津秦客运专线已选址唐山西站的情况下，京秦城际铁路更是无可厚非地选择了唐山西站。因此，唐山西站成为唐山中心城区面向京津的重大区域枢纽地区，北部枢纽选址被彻底放弃。京津唐高速铁路半小时交通圈即将形成，对于中心城区的重要意义将逐步显现，将对城市空间拓展方向和重点，以及近期建设产生深刻影响。遗憾的是，如此重大问题却从未引起更加广泛的讨论和更深入的研究，一直试图探索中心城区的发展动力并和空间紧密结合的美好愿景并未实现。

（3）规划思考。关于中心城区新一轮空间拓

图6-100　法国里尔Euralill银行大厦

展的两个重大问题，实际上是存在着一定关联的。对于空间拓展重点的判断不同，重大基础设施的选址也定会有很大差异。对于近期大力实施中的"南拓"计划，高铁枢纽等其他重大设施的选址，相互之间功能关系是比较紧密的。但是，如何引导和支撑更多核心功能要求的"北扩"，或许将是中心城区面临的重大实际问题。而对重大设施战略意义的认知，和与空间近、远期发展的关系，是未来回顾中心城区发展时值得进一步总结的。此外，避让工程地质不良区域，30年来一直是中心城区空间发

展的最基本原则，也是历版唐山总规划中一直恪守的重要前提，更应是各个下位规划和开发建设中必须遵循的基本前提。对于采空塌陷、地震断裂带、岩溶液化等重大问题，应积极开展具有权威性、综合性的专项研究，对相应地区的开发建设必须以城市安全作为重要前提条件；对于路南部分区域的历史遗留问题，应积极予以解决，而切不可进一步加剧。

---

1. 该图中曹妃甸部分仅作为位置示意（深蓝色组团）。

2. 城市空间形态是城市地域内部要素（建筑、土地利用、社会群体、经济活动、公众机构等）的空间形式与安排。——参见段进主编的《空间研究》系列丛书的序中内容，东南大学出版社，2006。

3. 《简明社会科学词典》，上海辞书出版社，1984：266。

4. 张庭伟："1990年代中国城市空间结构的变化及其动力机制"，《城市规划》，2001（7）：13。

5. 转引自陈勇："我国城镇密集地区聚集与扩散机制研究"，《中国城市规划设计研究院院刊》，2007：5。

6. 前三者转引自陈勇："我国城镇密集地区聚集与扩散机制研究"，《中国城市规划设计研究院院刊》，2007：38。

7. 以唐山的例子为例，小山地区灾后重建中所表现出强烈的自我生长的力量反映出空间路径依赖的特征。

8. 数据来源：《唐山城市建设志》。

9. 自由贸易区指两个或两个以上的国家通过达成某种协定或条约取消相互之间的关税和与关税具有同等效力的其他措施，在主权国家或地区的关境以外，划出特定的区域，准许外国商品豁免关税自由进出。

10. 按照国际通行的定义是以物流为核心组织的国际化生产和增值服务的地区。如果按中文的一般认识应该是一种"保税区＋加工区"的模式，这样不仅要求港口物流系统与生产组织系统一体化并提供物流增值服务，更要求有一次性通关的便利。只有在这种全球经济产物的带动下，才可能带动港口向集装箱枢纽港转变。

11. 王缉宪："曹妃甸：从专业港区到综合大港的各种发展可能及其与唐山和京唐港的发展关系"，《曹妃甸工业区城市空间发展研究专题研究报告》，中国城市规划设计研究院，2004：4。

12. 引自唐山南部沿海地区空间发展战略汇报稿，中国城市规划设计研究院，2007。

13. 同注12。

14. 引自《唐山市城市总体规划（2007-2020）》，中国城市规划设计研究院，2007。

第一节　生态城市的理论基础

一、生态城市的定义

生态城市（Ecological City）是指按照生态学原理建立起来的一类社会、经济、自然协调发展，物质能量信息高效利用，生态良性循环的人类聚居地。首先提出这一概念的是70年代联合国教科文组织发起的"人与生物圈(MAB)"计划研究。MAB认为，应从生态学的角度来研究城市，认为城市是一个以人类活动为中心的生态系统，要求城市的构成要素、结构和功能等不同层面同自然环境之间的关联发展，要求治理工业发展带来的环境污染，保护人类赖以生存的自然环境。此概念一经提出就迅速在世界的各个角落和领域得到响应。1984年的MAB计划将生态城市作为正式的科学概念提出：生态城市要从自然生态和社会心理两方面去创造一种能充分利用技术和自然的人类活动的最优环境，提供高

水平的物质和生活方式。2002年9月，第五届国际生态城市大会正式通过了《生态城市建设的深圳宣言》。该宣言认为生态城市："首先必须运用生态学原理，全面系统地理解城市环境、经济、政治、社会和文化间复杂的相互作用关系。运用生态工程技术设计城市、乡镇和村庄，以促进居民身心健康、提高生活质量、保护其赖以生存的生态系统。言》。该宣言认为生态城市，"首先必须运用生态学原理，全面系统地理解城市环境、经济、政治、社会和文化间复杂的相互作用关系。运用生态工程技术设计城市、乡镇和村庄，以促进居民身心健康、提高生活质量，保护其赖以生存的生态系统，开展翔实的城市生态规划和管理，促使有关受益者集团参加规划和管理过程。采用整体论的系统方法，促进综合性的行政管理，建设一类高效的生态产业，人们的需求和愿望得到满足，和谐的生态文化和功能整合的生态景观，实现自然、农业和人居环境的有机结合。"此概念对生态城市建设过程中

所应用的生态工程技术、规划和管理，以及产业生态发展和生态文化都做出了补充。

对生态城市定义的认识过程可以看出，生态城市的概念从主要强调人与自然关系和谐的初级阶段，经过综合社会、经济、自然和谐的中级阶段，发展到当前认为需要应用生态学的原理、结合生态道德、采取多种生态工程技术手段和途径才能实现目标的高级阶段。这一过程明确地显示了人们对生态城市认识的不断进步。

二、生态城市的内涵和特征

生态城市是建立在人类对人与自然关系更深刻认识基础上的新的城市形态，是按照生态学原则建立起来的社会、经济、自然协调发展的新型社会关系载体，是有效地利用环境资源实现可持续发展的新的生产和生活方式产物。其内涵是一个包括自然环境和人文价值的总和性概念，具有以下三个方面的特征：（1）和谐性——是实现经济、社会和环境的整体协调的人居环境；（2）高效性——是具有高效能流、物流、信息流、价值流和人口流的城市生态系统；（3）公平性——反映在代际之间、城市居民之间的公平，团结协作，平等地享受宜居环境，共享技术与资源。

三、生态城市理论的产生和发展

作为一种崭新的城市发展模式，国内外学者分别从不同的角度研究生态城市理论，总结起来主要是将现代生态学和城市研究结合起来，以生态学的原理和方法研究城市问题，解读城市中社会、经济和文化与自然环境的和谐关系，强调在合理利用自然资源和生态技术的条件下实现环境和社会、经济、文化的最优配置。

生态学原理的应用不是对自然生态的简单模仿，而是运用生态学的理论解释城市运行的机制和原理，合理控制和引导城市发展，取代以人类社会

的欲望(资本、利益)支配城市发展的模式，从而实现生态文明的自觉。

（一）生态系统和系统论

1935年，坦斯利(Tansley)首先提出生态系统一词，用以表示人与环境相互影响的一种组织模型。其意义在于，生态系统的观点让人们从狭隘的事物本体中解脱出来，转向研究外界因素对事物的影响，以及事物对外界的反作用。世界是由一系列彼此连接的生态系统构成，但坦斯利的生态系统倾向于被局限在划定界线的功能单位里，这使得生态系统变得相对孤立和封闭，弱化了物质、能量和信息大量流动与循环的事实。

系统论是由L.V贝塔朗菲(Ludwig Von BeItalan)创立的一门逻辑和数学领域的科学。系统论的核心思想是系统的整体观念。它认为任何系统都是一个有机的整体，而不是各个部分的机械组合或简单相加，系统的整体功能是各要素在孤立状态下所不具有的新特征。它认为，系统中各要素不是孤立地存在着，每个要素在系统中都处于一定的位置上起着特定的作用，一旦将要素从系统整体中分离出，它将失去要素的作用。系统论的价值在于提供了全面审视整个系统并综合分析影响系统的整体和局部的变化因子的研究方法。

1971年，联合国教科文组织率先将城市与生态系统联系起来。该组织提出应将城市、近郊和农村看作是一个复合系统，并以区域的视角，研究大范围内城市分布格局和城市问题。这意味着城市本身既是一个系统，又是一个更大系统的组成部分，城市的成本与价值必须在更大的范围内才能得以完整体现。

（二）城市复合生态系统与生态城市理论

在联合国教科文组织的引领下，规划界关于城市复合生态系统的讨论逐渐深入，并进一步拓展到社会、经济和文化领域。1984年，我国学者马世骏

和王如松提出：城市复合生态系统是由社会、经济和自然三个系统组成，并且三个系统间具有互为因果的制约与互补的关系。此外，两人对三个系统进行了初步细化和再分，并揭示了复合生态系统的构成。随后，马世骏又调整了复合生态系统的结构，认为其内核是人类社会，包括组织机构与管理、思想文化、科技教育和政策法令，是复合生态系统的控制部分。中圈是人类活动的直接环境，包括自然地理的、人为的和生物的环境。它是人类活动的基质，也是复合生态系统基础。外层是作为复合生态系统外部环境的"库"，包括提供复合生态系统的物质、能量和信息，提供资金和人力的"源"，接纳该系统输出的汇(store)，以及沉陷存储物质、能量和信息的槽(sink)，"库"无确定的边界和空间位置。王如松随后针对城市，对复合生态系统进行了改进。他明确提出城市是一个以人类行为为主导、自然生态系统为依托、生态过程所驱动的"社会—经济—自然"复合生态系统。其自然子系统由中国传统的五行元素水、火(能量)、土(营养质和土地)、木(生命有机体)、金(矿产)所构成；经济子系统包括生产、消费、还原、流通和调控五个部分；社会子系统包括技术、体制和文化。城市可持续发展的关键是辨识与综合三个子系统在时间、空间、过程、结构和功能层面的耦合关系。马世骏与王如松对复合生态系统的研究，极大地促进了生态城市与复合生态系统理论的交融。

20世纪80年代发展起来的生态城市理论认为，城市发展存在生态极限。其理论从最初在城市中运用生态学原理，已发展到包括城市自然生态观、城市经济生态观、城市社会生态观和复合生态观等的综合城市生态理论，并从生态学角度提出了解决城市弊病的一系列对策。联合国在《人与生物圈计划》第57集报告中指出，"生态城市规划即要从自然生态和社会心理两方面去创造一种能充分融合技术和自然的人类活动的最优环境，诱发人的创造

性和生产力，提供高水平的物质和生活方式"。在1984年的MAB报告中，提出了生态城规划的五项原则：生态保护战略(包括自然保护动物植物区系及资源保护和污染防治)；生态基础设施(自然景观和腹地对城市的持久支持能力)；居民的生活标准；文化历史的保护；将自然融入城市。

（三）生态城市规划建设的方向

目前国际上生态城市发展的共同方向是：兼顾自然、经济和社会的平衡，减轻城市化对地球环境的影响，并通过改善城市生态环境和经济循环模式来提升城市人居环境和人们生活质量。生态城市建设者协会创始人和主席里查德·瑞吉斯特曾主张，建设生态城市的根本原则是：遵循生态共生，为其他人、其他生物着想。具体有以下几条重要原则：按照生态系统的本来面目建设城市；使城市的功能与进化的形式相适应；确定一个支持这个城市健康机构的土地利用模式，发展高密度的城市土地利用模式；从整体上规划城市交通系统，交通系统的规划应按步行、自行车、铁路、规定公交、小轿车和卡车的优先顺序发展；保护土壤，提高生物多样性。2002年在深圳召开的第五届生态国际会议上通过了《生态城市建设的深圳宣言》，呼吁实现人与自然的和谐相处，把生态整合办法和原则应用于城市规划和管理。《宣言》阐述了建设生态城市包含的5个方面内容：（1）生态安全；（2）生态卫生；（3）生态产业代谢；（4）生态景观整合；（5）生态意识培养。实际上，"生态城市"与目前受热议的"低碳城市"和"绿色城市"都是以"可持续发展"为目标的城市，尽管表达的方式和侧重点有所不同，但在很多方面的内容都有一致性，如保护自然环境、集约利用土地、降低能源消耗、提倡资源的循环利用等等，唐山市向生态城市转型顺应了当前城市发展的大趋势。

第二节 唐山市生态城市条件分析

一、唐山市的生态优势

（一）良好的暖温带生态背景

唐山地处渤海湾的中心地带，独特的地理位置和地形地势产生了许多独具特色的生态环境，为市域生物多样性打下了良好的基础。境内植被种类丰富，树木共有68科，103属，201种，属暖温带落叶阔叶林植被区，处于华北、东北两植物区系的边缘，东西部植物系的各种树种兼有，按区域可分为低山丘陵植被、山前平原植被、内陆洼淀植被、滨海盐生植被，主要类型有针叶林、阔叶林、灌木丛和灌草丛。2009年，唐山森林覆盖率为28.7%，森林单位面积蓄积量为45立方米/公顷，森林总蓄积量为286.038万立方米，人均公共绿地面积达到30平方米。

（二）典型的组团式城市结构

唐山是较为典型的组团式城市结构，这种结构为城市提供了宽广的绿化空间，各个城区之间的生态资源完全可以依靠绿色联结成为一个整体。北部山地森林、中南部丘岗森林、沿海湿地等自然保护区成片拓展，道路林网、水系林网、农田林网、沿海防护林网相互连接，城市、村镇、公园、工矿废弃地点状绿化，星罗棋布，形成全方位覆盖自然环境、产业环境及人居环境的森林生态网络，从而建设"山城田海，水脉相连"为一体的区域生态安全格局，突出"三山两水"城市风貌特色，是京津大都市的"后花园"，保证城市社会经济健康、持续、协调发展。

（三）扎实的前期工作基础

近年来，唐山市先后实施了"蓝天、碧水、绿地、生态环境"四大工程建设，全市生态恶化的趋势得到了控制。二氧化硫、烟尘、工业粉尘、化学需氧量等污染物排放量下降，水体环境质量和大气环境质量得到明显改善，共建成12个自然保护区、森林公园等受保护地。推进资源型城市转型，核心是经济发展方式的转变。唐山市确定了打造七大主导产业链的决策提高经济核心竞争力，建设曹妃甸生态城、凤凰新城、南湖生态城和空港城"城市四大功能区"，构筑唐山市新型城镇化发展格局。在乡村，唐山市大胆探索推进农村现代化的科学发展模式，城乡居民对环境的满意率大幅度提升，已摸索推出了新型工业化、新型城市化、农村现代化、社会管理创新等60个科学发展的具体模式。建设科学发展示范区的"唐山模式"在大胆的摸索中已现雏形，为下一步开展工作提供了经验的同时，夯实了技术与人才基础。

二、唐山市城市生态系统特征辨析

将唐山市2004年建设指标与2003年国家环境保护总局发布环发[2003]91号文件《生态县、生态市、生态省建设指标（试行）》进行比较，唐山市在社会进步指标方面优于经济发展指标，而通过5年左右的发展，唐山市在这两组指标上已达到或接近达到生态市的指标要求。唐山市在实现城市生态建设方面的主要压力还是在于污染治理和生态环境建设及维护，其中大气污染物治理已经接近生态市的要求，但是尽管水环境污染和固体废弃物污染治理方面已经有了长足进步，就实际效果而言，此两者还有很大的提升空间。唐山市具有城市生态系统的所有普遍特征，即城市生态系统的人为性、不完整性、开放性、高集约性、复杂性、脆弱性等。在此简要辨析这些特征。

（一）高速扩张状态——人为性及集约性的不断强化

唐山市兴起于近代工业的发展，工业历史悠久。立市基础为自然资源开发利用及大工业生产。主城区是整个城市高度人工化的中心区域，具有极其高度的人为性特征。

经过大地震后，城市在新规划的基础上进行建设，其中以中心区及丰润新区得到的规划控制最多，两区中留有部分原自然斑块碎片辟为公园绿地，数量不多。古冶、开平及丰南等区以工矿业发展为主要导向，城市建设受工矿业发展模式引导，原自然生境基本消失，即使是半自然状态的成片人工绿地亦十分稀少。城区范围内农田生态系统状况良好，然而优质耕地正是被改为城市建设用地的主要发生区位。唐山市城区人口规模将从145.58万增加到2020年的220-229万左右，增加幅度在51-58%上下，城市建设用地将从现在的161.28平方公里基础上增加到2020年的228.96平方公里，增加幅度在42%左右，呈现城市规模及人口持续快速扩张的趋势。

（二）分解者与生产者几乎"缺席"——不完整性特征显著

城市各类废弃物几乎全部需要靠人工设施处理，原本作为自然生态系统中生产者的自然植被更多在消除污染和净化空气等提高人居环境质量方面起着有限的作用。

由于经济发展的结构性问题，唐山市局部区域生态问题仍比较突出。市内的大型水泥企业因环保问题经常被环保部通报批评。地方经济增长过多地依靠粗放式的经营，付出沉重的环境代价。局部地区水土流失仍比较严重，工矿开采造成山体破坏，山区地质灾害时有发生。水污染问题非常严重，流经唐山市区的陡河、青龙河、还乡河由于大量的工业废水和生活污水排入河流之中，使水环境质量恶化，地表水和地下水受到不同程度的污染，不仅严重影响工农业生产，还影响到市民的身体健康和正常生活。

（三）生态不可持续状态——高度依赖性、辐射性与脆弱性特征

从唐山市生态足迹估算可知，唐山市人均生态足迹远超过全国平均水平，亦远超过全球人均生态足迹。从唐山总的生态足迹需求量组分来看，耕地占16.0%，草地占1.3%，建筑用地占0.6%，水域占1.6%，化石燃料土地占80.5%。第二产业，特别是高能耗产业比重大，是唐山市生态足迹高的主要原因。整体判断，唐山市属于生态不可持续状态，城区负载的工农业生产活动及居民生活起居活动强度很大，城市发展高度依赖外部资源供给，以及依赖于高强度开发不可再生能源，以消耗土地自然资本为代价。这些远远超出唐山市自身的生态承载能力。

在城市高度辐射性的影响下，唐山一方面向周边地区输出大量的产品，同时为自己遗留了大量的"废弃物"，在各类污染方面压力都相当沉重。城市的污染负荷大，环境容量均被突破。如城市需水量超出其水资源供给能力范围，水资源枯竭引起的多种生态环境问题进一步显现。部分地下水受到不同程度的污染，造成生态承载力的进一步降低。城区地处平原，风力较强，大气自然扩散条件较好，并且在卓有成效的大气污染治理后，整体大气环境已经有了明显改善。但是工业区的局部大气污染物排放强度极大，超过了大气自净能力，必然对市民特别是附近的居民的身体健康和生活质量带来影响。同时固体废弃物的处理能力也有待加强。工业发展中的伴生资源和副产品的循环利用开展不足，还在持续增加生态承载力和环境容量不足的压力。高度依赖性与自我调节能力严重不足是城市生态系统脆弱性的直接原因。（见图7-1）

（四）资源型城市产业结构——复杂性特征

唐山的经济发展模式是单一资源选择型的，整个资源的开发利用多限于满足钢材、建材及相关工业的发展，是典型的资源型城市，第三产业相对落后。

唐山的经济发展主要是依靠大量不可再生资源的消耗，通过大量的投资实现外延式的经济增长模式。

经过多年的产业建设与调整，唐山产业结构向着经济效益高、环境污染少的方向发展取得一定的进步，但产业升级与调整的压力依然很大。产业结构调整还将受到工业技术结构层次偏低、高新技术产业和绿色生态产业发展水平低的制约。并由此带来采煤沉降、空气污染、经济结构性矛盾突出等一系列问题。如果按照原有模式发展，未来唐山将有四大难："资源支撑将难以为继，生态环境承载能力将难以为继，经济持续快速发展将难以为继，改善老百姓生活质量将难以为继。"但作为一个复杂的城市生态系统，唐山市还必须包括政治、经济、文化、科学、技术等多项功能。一个优化的城市生态系统除要求功能多样以提高其稳定性外，还要求各项功能协调，系统内耗最小，这样才能达到系统整体的功能效率最高。正是基于这种功能效率的要求，唐山市的产业结构不可能在较短的时间改变。产业结构在偏重的情况下，资源配置的结构需要生态化转型。加强伴生资源和副产品的循环利用，逐步建立循环经济体系是唐山市可持续发展的必然选择。

三、唐山城市主城区生态存在的主要问题

（一）绿地系统生态调节能力不足

总体而言，唐山市绿地系统的"量"、"构"、"形"、"质"均存在问题，绿化系统生态调节能力

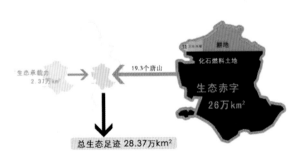

图7-1 唐山的生态足迹示意图

不足。唐山市绿地面积小，各区人均绿地指标最高不超过6.6平方米，特别是丰南、古冶人均绿地指标只有1-1.5平方米，并且呈现出明显的用地不合理现象。

（二）地质状况复杂，局部城区存在安全隐忧

在主城区特别是中心城区部分地质状况复杂或估计地质状况不良的地段继续进行城市建设，或者维持高密度建设现状是十分危险的，应防患于未然。应该仔细研究这些区域的地质状况，科学地予以避让，通过合理的建设降低安全风险。根据当前掌握的资料，主城区内有多条值得注意的断裂带。影响中心城区的地质构造主要有唐山断裂、唐山矿断裂、F0断裂、陡河断裂以及一些规模较小、走向各异的次级断裂[1]。市区内存在岩溶塌陷的地质现象。由于过量开采地下水，矿坑排水和地震诱发的岩溶塌陷坑达1100多个，坑的直径一般为2—5米，深数米。其中约80%为1976年唐山地震引发的，余为过量抽取地下水或矿坑排水的结果。岩溶塌陷破坏耕地、地面建筑和矿井，不仅造成经济损失，还给人民造成心理负担。以岩溶塌陷危险为主的高地质灾害风险区多为居民、行政和商业用地，为市中心和繁华地带，更加增加了地质灾害的破坏力，市政府、凤凰山一带的主要市区位于高地质风险区[2]，在进一步的城市改造和重新规划中应给予充分的考虑。

（三）枯竭矿山地表破坏严重，给生态重建带来困难

枯竭矿山地表破坏严重，给生态重建带来困难，以古冶、开平等区的矿山地表破坏最为严重，塌陷坑引起的地质问题以及固体废弃物引起的土壤污染可能为该区域的生态重建带来困难。

地面沉降灾害以采空塌陷为最高。根据1:100000唐山市矿山生态环境现状图，可以看到中心城区南部、开平区西与中心区交汇部分、古冶区南部南范各庄附近、任家套南部、东部红星煤矿、中心区东北部荆各庄煤矿所在地都存在采空塌陷区。

（四）水资源严重不足，地下水超采严重

城市工业用水和生活用水将继续高速增长。水资源严重不足的状况将影响城市的社会经济发展，并带来生态安全隐忧。

由于地下水资源的超量开采，主城区内出现数个地下水漏斗区。地下漏斗极易导致地面沉降等地质灾难。唐山市地下水位最严重的下降达11.9米，形成以市区为中心的300平方公里复合大漏斗，并发生机井吊泵、含水层疏干、地面塌陷报废等水文地质灾害。对于地下漏斗，目前除了严格禁采限采地下水和进行地下水回灌之外，还没有其他有效的处理办法。

（五）污染问题突出，造成极大环境压力

作为重工业城市，唐山市污染造成的环境压力极大。首先，大气首要污染物为颗粒物，扬尘和土壤尘贡献率最大；其次，地表水地下水均有不同程度的污染；三者，固体废弃物问题十分突出，"垃圾围城"现象时有发生；此外，矿区开发引起的土壤重金属污染也需要引起注意。由此可见，污染的整治将是城市生态环境改善的关键所在。亟待研究建立可行的循环经济模式，研究如何在几十年或是更长的时间内，逐步有计划、有步骤地在唐山建立适合本地、切实可行的循环经济模式，是唐山可持续发展的必然选择。

第三节 唐山城市转型目标与生态城市策略

一、唐山市城市转型的目标——宜居生态城市

唐山市是一座以资源密集型工业为主的重工业城市，大工业为社会做出卓越贡献的同时，也使城市生态环境遭到了不同程度的破坏，工业副产品给唐山带来了沉重的包袱，城市转型的任务迫在眉睫。随着城市发展观念及理论的进步，世界各国的城市都在反思曾经高污染、高消耗的发展方式，并积极探索城市新的出路。在此背景下，唐山市也提出了向宜居生态城市转型的总体目标，并将之诠释为（1）自然：生态良好、（2）社会：和谐家园、（3）经济：绿色发展三个方面的分目标体系。

（一）自然：生态良好

所谓"生态良好"，是指通过生态城市建设，将整个市域建成森林资源丰富、湿地资源充足、山清水秀、生态环境优美、处处生机盎然、欣欣向荣、人与自然和谐美好的生态家园。建设安全健康良好的自然生态系统，有效发挥其在生态城市发展中的基础作用。通过保护、恢复和建设，提高森林、湿地生态系统的结构和功能，维护生态系统的健康发展，构建稳固的生态安全屏障，为经济、社会生态系统的良性运行和发展提供基础保障。生态良好的基本内涵是林更茂、水更清、天更蓝。

节约和集约利用土地资源。根据唐山市资源、环境的实际条件，坚持集中紧凑的发展模式，切实保护好林地、湿地、城市绿地等生态型用地，保护好耕地特别是基本农田。适度增加生态用地的面积，提高单位土地的生态效益。合理控制中心城区城市人口、城市建设用地规模。科学确定城市空间布局，引导人口合理分布。重视节约和集约利用土地，合理开发利用城市地下空间资源。

强化森林、湿地生态系统功能。加强水资源保护，严格控制地下水的开采和利用，提高水资源利用效率和效益，建设节水型城市。加强对自然保护区和森林公园、水源地、风景名胜区等特殊生态功能区的保护，制订保护措施并严格实施。加强森林多功能健康经营，提高森林总量和质量，发挥森林的综合效益。加强城市乡村人居森林生态建设和环境综合整治，改善城乡人居生态环境。

加强矿山生态恢复，防止各类生态灾害。重视城市防灾减灾工作，加强重点防灾设施和灾害监测预警系统的建设，合理规划布局应急避难场所和疏散通道，建立健全包括消防、人防、防震、防洪和防潮等

在内的城市综合防灾体系。要特别重视城市抗震防灾工作，各类建设工程必须达到抗震设防要求。

（二）社会：和谐家园

所谓"和谐家园"，是指通过生态城市建设，将唐山市建设成为生态宜居、社会和谐、文化繁荣、文明进步、人民健康、生活幸福的美好家园。建设"和谐家园"，要求促进唐山和谐社会的全面发展，包括人与自然的和谐发展，人与人、人与社会的和谐相处，人的身心和谐与健康。

建设安全健康良好的社会生态系统，有效发挥其在生态城市发展中的引领作用。社会生态系统是指从自然生态学规律角度来理解的社会运行系统，主要包括城市、乡村等区域，除经济活动之外，社会生活、消费活动对生态环境的影响不超出自然承载力，人口密度合理，生活垃圾能够得到有效资源化处理。进而使社会生态系统与自然生态系统相适应，能够保持健康、良性发展。

通过生态社会和文化建设，使唐山人民过上幸福美好生活。人与自然和谐发展，是一种全面、协调、可持续的科学发展，这种发展有利于人民的物质生活和精神生活水平的提高，目标是追求和实现人的健康、幸福美好生活，建设和谐、和美、温馨的幸福家园。

要求全面提升人民的生态文明意识。建设低碳环保的生态市区，创造良好的人居环境。要坚持以人为本，创建宜居环境。统筹安排关系人民群众切身利益的住房、教育、医疗、市政等公共服务设施的规划布局和建设。加强中心城区采煤塌陷区综合整治，稳步推进城市和国有工矿棚户区改造，提高城市居住和生活质量。建立以公共交通为主体，各种交通方式相结合的多层次、多类型的城市综合交通系统。统筹规划建设城市供水水源、给排水、污水和垃圾处理等基础设施。保护和建设生态文化载体，发展繁荣生态文化。重视历史文化和风貌特色保护。统筹协调发展与保护的关系，按照整体保护的原则，切实保护好城市传统风貌和格局。重点保护好唐山大地震遗址等文物保护单位及其周围环境。加强大城山、凤凰山、弯道山和陡河水系、环城水系等自然景观的保护，突出"三山两水"城市风貌特色。通过优化旅游线路，丰富文化内涵，推动服务标准化，不断提升生态旅游业。加强古树名木保护，丰富节庆会展文化，建设教育示范基地等生态文化载体，发展繁荣各类生态文化，满足城乡居民生态文化需求。

（三）经济：绿色发展

所谓"绿色发展"，是指通过生态城市建设，将唐山市的产业和经济体系建设成为产业发达、活力旺盛、效益突出、低碳循环、持续发展、适宜创业的生态经济示范区。"绿色发展"的建设理念，要求实施低碳循环发展、绿色高效发展、可持续发展。

建设安全健康良好的经济生态系统，有效发挥其在生态城市发展中的驱动作用。经济生态系统是指从自然生态学规律角度来理解的经济运行系统，主要包括林业、农业、工业、交通、建筑、商业等生产和流通部门。通过科学规划、建设和管理，使经济发展过程不仅不对自然生态系统产生不良影响，甚至可以促进自然生态系统的发展。建设资源消耗低、能够再利用、剩余物可以再循环的绿色经济发展模式。

通过生态产业建设，为唐山人民增加就业、提高收入创造条件。发展生态产业，要求"政产学研用"等各方面协调运行，要求产业分工、事业分工越来越细，同时要求经营管理的信息化、标准化、科学化、系统化、国际化程度越来越高，这势必要拓展和创造新的就业岗位和就业渠道，对人的素质的要求也越来越高。这就为唐山社会的进步提出了新的要求，同时也为人的全面发展创造了条件。

建设资源节约型和环境友好型城市。城市发展要走节约资源、保护环境的集约化道路，坚持经济建设、城乡建设与环境建设同步规划，大力发展循环经济，切实做好节能减排工作，推进自然资源可持续利用。严格控制高耗能、高污染和产能过剩行业的发展，严格控制污染物排放总量，加强城市环境综合治理，提高污水处理率和垃圾无害化处理率，严格按照规划提出的各类环保标准限期达标。

鼓励企业循环式生产，加快生态园区建设，开发清洁能源，发展低碳循环的生态工业。发展绿色交通，推广节能建筑，完善生态城市基础设施。推广生态农业技术，发展生态畜牧业和生态渔业，强化集约高效的生态农业。提高果品质量，培育龙头企业，提升规模特色的林果产业。发展教育、医疗、艺术和科技创新等知识经济，加快产业结构调整，大力发展第三产业。

二、唐山宜居生态城市建设的思路

唐山市是一座以资源密集型工业为主的重工业城市，大工业为社会做出卓越贡献的同时，也使城市生态环境遭到了不同程度的破坏，工业副产品给唐山带来了沉重的包袱，城市转型的任务迫在眉睫。随着城市发展观念及理论的进步，世界各国的城市都在反思高污染、高消耗的发展方式，并积极探索城市新的出路。在此背景下，唐山市也提出了向生态城市转型的目标。

第一种思路是目标导向。

这种思路是依据现有的理论框架和模型设立一系列目标，然后一步一个脚印去实施。虽然这看起来是最理想的办法，但在实践中易犯乌托邦式的错误。此类错误就是常常将目标设得很高，甚至超越了发展的阶段，成为可望不可即的空中楼阁。理论家们对生态城的发展编制了很多模型，比如循环模型、共轭模型等等，希望通过这些模型可以把生态的发展目标、概念、内涵、运行机制都研究得比较透彻。但是，所谓模型就是对实际问题和影响因子的高度简化。正是理想化的模型成就了理论构建。但忽视了许多实际的影响因子，其结果是这些模型往往存在缺乏可实施性和针对性的通病。

第二种思路是问题导向。

向生态城市转型的第二种思路："问题导向"即对当前制约城市可持续发展的主要问题或瓶颈，逐个进行分析并实事求是地走务实道路，提出解决问题的方法路径。认为生态城市作为一个人工与自然的复合体，是世界上最庞杂的系统。人类知识的有限性不能构建出符合真实城市的分析工具，还不如脚踏实地去解决眼前的问题更为有效。即先从现象和问题入手，通过理论和技术创新来求解剖析。其缺点是容易缺乏全面系统的考虑。正如小尺度的建筑是清晰的"居住机器"，而对更大尺

图7-2　唐山海水淡化处理

度的社区，单纯的建筑师们常会陷入寻找真正问题的迷雾。如何把握作为复杂大系统的城市的各个子系统，如何协调运作改善生态性能，常缺乏研究，编制的规划有时候会有产生系统性矛盾和冲突的地方，甚至会产生"南辕北辙"式的错误。

第三种思路是经验导向。

发达国家的城市化进程比我国早百年，他们在城市建设的历史上有哪些成功经验和不足？思维方法为"渐近式"方法，并认为城市的发展和演变是有规律可循的。要对城市的过去、现在和将来认真进行总结反思。

正是因为单一的思维方式难以有效解决生态城市类的复杂问题，所以人们应该把目标导向、问题导向、经验导向三种思维进行综合。所以建设生态城向生态城市转型必须在相关理论的指导下先分解问题，再综合协调。必须采取各类相应措施控制成本，比如：绿色建筑星级标识中的分级标准，三星代表最高标准。执行绿色建筑一星的标准意味着要利用最基础、最便宜的节能技术。生态城的规划设计也有类似性。

城市是一个特殊生产综合体，城市生态系统是自然生态系统中的一个特殊组分，建设生态城市必须把城市生态系统与区域生态系统视为一个有机整体，把城市内各个小系统视为城市生态系统内相联系单元，对城市生态系统和它的生态扩散区（如生态腹地）进行综合规划。更大的思路是：在城市远郊建立森林生态系统，这是实现城市生态稳定性的重要举措之一。

当前世界各国推动城市可持续发展的策略主要分为两类：一类是从整个城市宏观层面实行策略引导；另一类是从城市微观层面实行项目带动。唐山市的生态城市建设同样也可以从这两个层面入手。一是在宏观层面建立生态安全网络，如在城市远郊建立森林生态系统，这是实现城市生态稳定性的重要举措，还要实行生态优先策略；二是在微观层面以点带面，局部带动整体，实行生态重建策略。

第四节　唐山市生态城市的建设策略

当前世界各国推动城市可持续发展的策略主要分为两类：一类是从整个城市宏观层面实行策略引导；另一类是从城市微观层面实行项目带动。唐山市的生态城市建设同样也可以从这两个层面入手。一是在宏观层面实行生态优先策略，建立生态安全网络；二是在微观层面实行生态重建策略，以点带面，局部带动整体。

生态优先策略

即在宏观层面以维持城市生态安全为宗旨，优先对城市生态系统实施整体性保护的策略。城市生态安全是指城市赖以生存发展的生态环境系统处于一种不受污染和不受危害和破坏的良好状态，这使城市保持一种完善的结构和健全的生态功能，并具有一定的自我环境调节与净化能力。城市生态安全是城市安全的基础条件，因此，优先保护生态环境，建立良好的生态安全网络，是建设生态城市的基础性策略。

生态重建策略

即在中观和微观层面，对当前制约城市可持续发展的主要问题或主要地段，如废弃地、地震破坏地区、工业污染地等逐个进行深入分析并力求实事求是地提出解决之道，以点带面，局部带动整体，促进城市生态系统的逐步优化。

一、建立全市生态安全网络，提升区域生态系统质量

城市生态安全是指城市赖以生存发展的生态环境，生态系统处于一种不受污染和不受危害与破坏的良好状态，城市保持一种完善的结构和健全的生态功能，并具有一定的自我环境调节与净化能力。城市生态环境是人类从事社会经济活动的物质基础，是城市形成和持续发展的支持系统，因此，城市生态安全也必然是城市安全的基础条件。城市是人类文明的集大成，也是生态环境比较脆弱的地

区。在自然生态环境逐渐走向城市化的今天，城市的生态安全问题是本质问题，应该建立城市的生态安全网络。

2004年清华大学编制的《唐山市城市生态规划研究》针对唐山生态条件的分析提出了"建立生态安全网络"策略。"生态安全网络"是以绿地"斑块—廊道"体系为主体的多层次分形结构。斑块（patch）—廊道（corridor）从构成组分而言主要是以大绿量的自然形态或接近自然形态的复合植被地带为主。

"生态安全网络"分为三个层次：（1）区域层次中，斑块可分为氧源林地、水源涵养林地、水岸湿地地带、防护林地以及其他可供休闲的基于避让不利地质条件的块状林地；廊道则主要包括水

图7-3 主城区生态安全网络的概念图

系湿地廊道、新鲜空气廊道、县乡级以上道路廊道、防护林带以及基于避让不利地质条件的线性林地等。（2）市区层次中，斑块包括几类市级公园、区级公园、近郊公园等大块公共绿地，以及其他面积较大的附属绿地、生产绿地等；廊道包括市区内的主要河道两侧的绿地走廊、带状城市公园、绿化连续性较好的步行街道空间，以及城市道路的行道树绿化带等。（3）小区层次中，斑块可以包括邻近的公园绿地、街头绿地、小区内集中绿地、厂区内的集中绿地等各类型的块状绿地空间；廊道包括道路行道树绿化带、绿化连续性较好的步行空间等。

通过这种多层次的生态网络的建设，大大提高了城市的安全性。划定的禁建区和集中绿地可以避让地质危害区域，也可作为防震减灾的预留用地；氧源绿地和空气通道可以缓解城市局部缺氧状况；绿地和湿地的建设可以提高环境容量，并减小热岛效应的负面影响等等。

另一个遵循"生态安全网络"策略的项目是《唐山市城市总体规划（2008-2020）关于生态的专题研究》，由于唐山在过去几十年里一直以采矿业为主导产业，限于开采技术和生态不强等观念原因，采矿业给唐山留下了诸如地面沉降塌陷、海水倒灌、土地旱化盐碱化等等安全隐患。另外，唐山市的沿海湿地是唐山生态系统中的重要部分，具有丰富的生物资源、天然的净化功能等重要生态功能，近年来由于水质污染等问题使得海陆过渡地带生态系统变得脆弱。针对以上问题，项目从生态网络安全的角度提出了三个建设措施：（1）地下水资源保护；（2）海岸带滩涂湿地的保护；（3）矿产资源和采矿区的生态修复。

《唐山南部沿海地区空间发展战略研究》也体现了"建立生态安全网络"的思想。项目提出：（1）限定增长边界，将潮间带滩涂、生态廊道、生态斑块确定为生态控制的刚性要素。依据特定生态意义和作用明确斑块的最小面积和廊道的最小宽度，

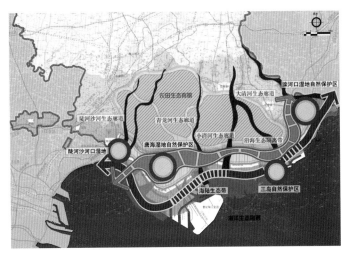

图7-4 唐山南部沿海地区生态格局

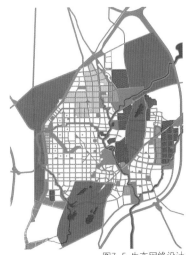

图7-5 生态网络设计

作为区域生态绿线加以控制。（2）建立生态安全格局，通过构筑生态景观格局，达到维持区域景观的多样性与异质性、加强生态空间的连接度、构建人类开发和自然演替的良性互动关系等三方面的目的。

唐山的地貌是以三大生态基质构成的：以农田为主要地貌景观的冲击平原、以淤泥和砂质滩涂为主要地貌景观的潮间带，以及介于两者之间、以各种河口湿地和盐碱滩涂交错分布为主要地貌景观的滨海平原。维持这三大生态基质的基本平衡，是维持特定景观风貌和生物多样性的重要保障。另外，斑块与生态廊道的维护和修复，对整个生态空间的连通性和生态群落的完整性有着重要的积极意义。该区域现有的四大生态斑块为滦河口保护区、唐海复合湿地、草泊水库－陡河河口保护区和三岛保护区，沟通性廊道则主要依托现有主要河流设置。从水系统的角度进行分析，除保证山海之间通道的畅通，还通过对廊道的保护与构建，保持水系统各要素的完整性与连通性，保证水系的健全。通过分析各种生态资源的特点，采取不同保护措施，从而构建

科学的生态安全格局。

二、协调城市空间子系统，优化复合系统要素关系

自然生态系统具有共生互利、协同进化、追求最优的特点，生态锥体呈金字塔形，稳定性良好。而城市间各部门分割，行业缺乏自觉的相互合作，导致只追求局部利益和眼前利益，城市的经济系统具有外在依赖性和内部的易变性，随着城市经济的不断发展，需要外部源源不断地输入物质流、技术流和信息流等，以至其系统失衡，自我调节能力差，从而引发一系列外部的经济问题。在城市的规划和建设中应以生态学原理为指导，对城市中行业间、部门间、层次间以及其与外围环境相间的关系进行协调，形成和谐共生的系统关系。

城市"生态安全网络"，是城市绿地系统以延绵相连、编制成网的方式，深入城市各个区位的一种理念。它在城市多种尺度上有其分形结构，是具有多

城市转型发展的规划策略

重层次性的绿地系统构成概念。"生态安全网络"的概念，结合了防灾减灾、防治污染、生态恢复等城市生态安全的表层理念，同时也具有生态环境优化、促进社会经济发展良性循环，从而进一步保障城市生态安全的深层理念。同时"生态安全网络"的结构方式是明确依据景观生态学原理而成的，紧密地与生态科学前沿相联系，确保其科学性与合理性。"生态安全网络"是具有多个层次的分形结构，存在区域层次的"生态安全网络"、市区层次的"生态安全网络"、小区层次的"生态安全网络"。

唐山市被誉为"中国近代工业的摇篮"、"北方煤都"和"北方瓷都"，是一座有百年历史的沿海重工业城市。作为一座以能源、原材料为主的重工业城市，生态环境保护和规划工作任务重、难度大。从唐山市近几年生态城市建设实践来看，主要从建立全市生态安全网络、协调城市空间子系统、修复更新重点地区和创建生态示范城区四个方面推进，并将生态优先和生态重建的策略贯彻其中。

在过去几年里，唐山市分别针对水系统、绿地系统、公共开放空间系统开展了一系列的规划或研究，通过对这些城市子系统的分析，明确了水系统、绿地系统、公共开放空间系统等子系统在城市生态中的重要地位以及各子系统之间的相互关系。在建设生态城市的过程中，必须妥善协调各种城市空间子系统以及各相关要素的关系，才能达到维护并优化城市复合生态系统的目的。

最近关于唐山的水系统的项目是《唐山环城水系景观规划》，通过重新塑造陡河作为母亲河的新

图7-6 唐山环城水系景观规划图

形象为城市创造环境优美的滨水开发区，从而为唐山的复兴发展注入新鲜血液，并带动城市整体地块的更新。项目涉及到河道治理和两岸开发，从生态学、景观学、水文学、经济学、社会学等角度进行全方位的思考，并将城市文化融入其中，体现了对城市生态各元素统筹协调的思维。整个环城水系分为郊野自然生态区、城市形象展示区、城市工业文明区、湿地生态恢复区、现代都市文化景观区、滨河大道景观区、现代都市生活区、湿地修复景观区八个主题区段，根据这种区段划分，选择符合各区段特征的景观元素融入到具体设计中，使得每个区段既统一协调，又各具特色。

另外，从系统之间协调的角度分析：（1）增强了水系本身的完整性和生态稳定性，通过城市污水处理系统和雨水收集系统沿河布置，把污水和雨水处理系统融入到沿河绿地设计中，为南湖公园储蓄和收集水源，增强了城市水源的循环利用。（2）增加了城市公共空间的活力，环城水系绿廊将唐山历史文化与现代文明串接，形成节点公园与廊道滨河公园共同组成的绿化系统、亲水空间以及水上游船系统，使游憩方式多样化。

通过2011年的《唐山市绿地系统规划》发现，唐山市绿地系统还存在很多问题，使整个城市生态环境呈现不平衡、不系统的增长态势，这是由于重工业城市污染重、环境差、早年对于生态环境和绿地建设重视程度不够等因素造成的。目前，唐山市绿地总量低，各区发展不平衡且不成系统，新城区的绿地水平普遍高于老城区，中心区普遍好于其他城区，厂矿区的绿化水平仍普遍较低。

但由于唐山市的分散组团式城市布局结构又为城市提供了宽广的绿化空间，组团间和片区间可以形成较大面积的绿色空间，形成若干由生态绿核、组团生态绿心、生态廊道组成的生态体系格局。另外，中心城区内有多条河流穿过，同时存在有大城山、凤凰山等多座山体，也为营造良好的城市生态环境提供支持。对于唐山市中心城区来说，还有一个重要契机是

采煤塌陷区内的生态修复，即对大量煤矸石山、采石弃渣、光岩裸地在山区形成的"马赛克"斑痕实施必要的人工干预，将其建设为生态恢复绿地，通过植被的自生长对受损坡面形成生态防护，逐渐达到与周围环境的协调一致。城市绿地子系统的建设，不仅能改善区域景观效果，更重要的意义在于保证自然生态系统的连续和完整性。

作为与市民生活联系更紧密的公共空间，在城市生态系统中的作用则更为明显。在《唐山公共空间系统规划》中，针对现实条件提出唐山市的公共开放空间系统的建立应遵循"体系均衡、充足合理，凸显特色、平灾结合"的原则。具体来讲：（1）实现城市人工环境与外部自然生态环境的有机过渡，从而促进城市整体生态环境的协调发展；（2）满足城市居民不同层面的公共活动需求，并满足居民就近活动的需要，从而激发城市人文环境的活力；（3）体现城市地方特征，将矿产采空区修复、传统工业区更新与保护、震后遗址整理以及长期地震灾害防御等任务作为塑造城市公共开放空间系统的基础，从而保证城市生态系统的安全与稳定。

三、修复更新重点地区，改善核心区生态环境品质

南湖地区的塌陷地是开矿历史的见证，但其生态恢复工程已成为唐山市生态建设的一个亮点。主持德国鲁尔工业区改造设计的德国拉茨景观建筑事务所在《南湖地区城市设计》中提出了建立在对南部采煤塌陷区进行综合生态治理的全方位的规划发展策略：垃圾山、粉煤灰场将经过针对性的治理，建设成为有识别性的典型景观；区域中的铁路、矿井、烟囱、机械、堆料场等地区的典型工业景观，将作为工业时代的纪念物被保留、利用，形成历史文化中心；保护地震遗址，建设地震遗址公园，让历史得以真实安静地保存；利用大面积场地、空间的规划，建设雕塑公园，通过公共艺术活动，展示唐山的旧工业文化、地域文化等内容。

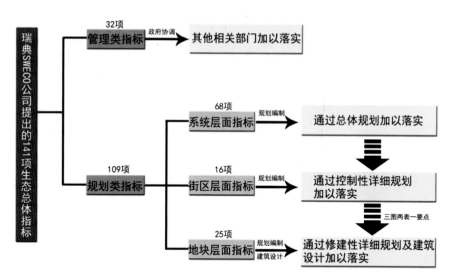

曹妃甸生态城生态指标体系落实方案结构图

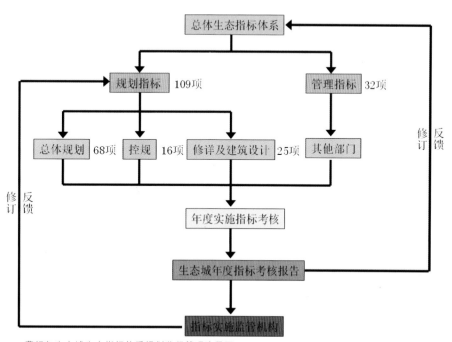

图7-7　唐山生态城指标体系流程

曹妃甸生态城生态指标体系规划监督管理流程图

南部采沉区的生态修复及其周边用地的综合治理，将是提高唐山市生态系统生物多样性水平的重要举措，其核心任务在于提高湿地环境中土壤与水体的质量，协调水与植物的关系。通过对采沉区的整治，营造湿地的自然生态系统，并促进湿地的生态系统发育，恢复地段原有的自然能力。自1996年底，唐山市对南部采沉区进行了大规模整治，生态环境得到基本改善。

在《唐山机场铁路线性空间城市设计》项目中，通过对废弃铁路的空间分析和历史梳理，认为唐山机场铁路及其线性空间是城市中不可多得的土地和空间资源，承载着重要的历史意义，通过营造

代表唐山城市特色的后工业景观意境，将该线性空间变废为宝，由"特殊用地附属用地"转变为"公共绿地"，使其成为富有活力的城市公共开放空间，是城市更新的成功典范。

四、创建生态示范城区，树立生态城市经典模式

曹妃甸生态城主要是以生态指标体系来控制并监测城市的建设，其指标体系包括城市功能、建筑与建筑业、交通和运输、能源、废物（城市生活垃圾）、水、景观和公共空间7个子系统，共141项具体指标，基本涵盖了生态城市建设的各方面。它除包含一般生态城市指标体系中"经济、社会和环境"三方面外，还将规划方案的先进理念和技术具体化，形成可操作性强、可指导规划和实施全过程的生态指标体系。曹妃甸生态城指标体系的意义在于探讨一种适应于中国北方的生态城市建设模式，虽然新城跟老城区的问题有很大差别，但是在建设过程中积累的经验对老城区会有示范作用。

第五节　唐山生态城市的建设实践

一、唐山市城市生态规划的基础研究

城市土地既是形成城市空间格局的地域要素，又成为人类活动及其影响的载体，土地的利用成为城市生态结构的关键环节，同时也决定了城市生态系统的状态和功能。因此土地成为联结城市人口、经济、生态环境、资源诸要素的核心；通过对城市土地利用进行生态适宜度（urban ecological suitability）分析，确定对各种土地利用的适宜度，并根据选定方案调整产业布局，以调控系统内物质流、能量流和信息流的生态效用与经济功能，达到维持城市的生态平衡和经济高效之目的，便成为城市生态规划的首要内容。

①根据城市生态适宜度，制定城市经济战略方

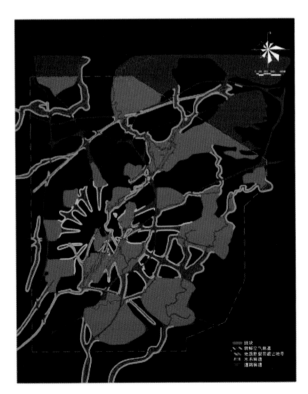

图7-8　廊道构成分析

　　　　　　　　　　　　　　　城市转型发展的规划策略

针，确定相宜的产业结构，进行合理有效的产业布局（特别是工业布局），以避免因土地利用不适宜和布局不合理而造成的生态与环境问题延续或加剧。

②根据土地综合评价结果，对城市基础设施和住宅建设综合布局，提供不同功能区内人口密度、建筑密度、容积率大小和基础设施密度的具体要求。

③根据城市气候效应特征和居民生存环境质量要求，搞好绿化系统设计和城市空间绿化布局，提出城市功能区绿地面积的分配、品种配置、种群或群落类型的具体方案。

④根据生态功能区建设理论，建立环境生态调节区，在此区中，自然生态系统的特征和过程应被保持、维护或模仿。

⑤根据生态经济学基本原理，研究城市社会、地域分工特点，进行城市空间的生态分区（一般可分为中心城区、城乡结合部、远郊农业区、城市功能扩散区），并揭示各区经济专业发展方向和生态特征。

有关城市土地生态规划的总体设计应包括三个层次：

①城市土地生态总体规划。它是对一定城市体系范围内全部土地的开发与利用，在生态学原理指导下所做的战略用地配置。

②城市土地生态专项规划。它是为解决某个特定的土地生态问题而编制的规划，如公园及绿化用地规划、居住区用地规划，开发区用地规划等。

③城市土地生态设计。它是微观的土地生态规划，是总体规划和专项规划的深化，也可称为土地生态详细规划，例如对住宅用地、工业用地、绿化用地等的界线和适用范围，提出人口密度、土地覆盖率等控制指标。

二、南部沿海空间布局生态规划的研究（生态优先案例）

生态环境的压力以及用地供给的瓶颈是唐山

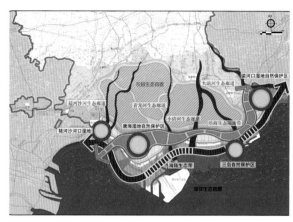

图7-9 沿海岸线制定潮间带基质宽度控制斑块形成生态绿线

南部沿海地区实现发展目标所面临的巨大挑战。未来城镇建设用地需求的激增是主导趋势，这必然给已经非常脆弱的生态环境造成压力；同时，以城镇建设活动为主的新兴功能大规模进入，也会挤压以非城镇建设活动为主体的传统功能的生存空间。因此，实现快速、健康、和谐、科学的发展，构筑多元功能和谐并存的空间体系，仍面临生态安全、农业安全的巨大压力。"四点一带"规划虽然提出了"节约资源、保护生态"的原则，但对于如何处理发展与生态环境之间的关系、如何破解土地供给上的瓶颈并未给出明确的答案，这是发展过程中应该重点解决的问题。

（一）限定增长边界

在综合考虑生态安全、农业安全等限定因素以及城市运行、空间组织等需求条件的基础上，划定城镇建设用地增长边界。其中，构成生态安全格局的核心要素以及成片的优质农田是增长边界永久不能突破的刚性界限，而较为破碎的低效农田区域则视为建设用地边界的弹性增长空间，可适时进行调整，转化为城市建设用地。

增长边界的划定、变更权属于市级行政单位，需国土、城乡规划、环境保护等部门在综合考虑南部地区及全市整体发展利益的前提下协作完成，新区政府有提供详实资料、给予调整建议等义务和权利。新区政府编制总体规划时，空间增长边界需作为强制性内容反映在图纸空间上供市级政府审批核对。规划将潮间带滩涂、生态廊道、生态斑块确定为生态控制的刚性要素。依据特定生态意义和作用明确斑块的最小面积和廊道的最小宽度，为区域生态绿线加以控制。

（二）生态安全格局

规划以科学发展示范为指针，兼顾生态安全和

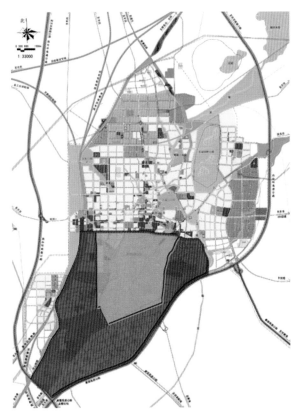

图7-10　南湖在城市区位，南湖核心区28平方公里

人居适宜的双重要求，构筑延续地域景观特征的生态安全格局。规划通过构筑生态景观格局，来达到维持区域景观的多样性与异质性、加强生态空间的连接度、构建人类开发和自然演替的良性互动关系等三方面的目的。本次规划将潮间带滩涂、生态廊道、生态斑块确定为生态控制的刚性要素，依据特定生态意义和作用明确斑块的最小面积和廊道的最小宽度，作为区域生态绿线加以控制。

大清河口以北(东)的滩涂控制宽度为1－2公里不等；大清河口以西的滩涂控制宽度为0.5－1.2公里，港口岸线除外。

（三）平衡三大生态基质比例，维持区域景观多样性

数万年北升南降的地壳变化使唐山南部形成三种主要的生态基质：以农田为主要地貌景观的冲击平原，以淤泥和砂质滩涂为主要地貌景观的潮间带，以及介于两者之间、以各种河口湿地和盐碱滩涂交错分布为主要地貌景观的滨海平原。实现三大基质的面积比例和边界的动态平衡，是维持特定景观风貌和生物多样性的重要保障。尤其要提到的是潮间带滩涂。它是一种最容易被占用，同时也是最难再生的资源。控制城市建设的近海距离，是保护潮间带滩涂的重要手段。不仅仅是城市功能区的开发，还包括海岸工程的建设如大堤、通海公路的建设都会导致自然岸线以及所携带的自然生境的退化消失。荷兰和日本都有过历史的教训，同时目前他们都在力图恢复自然岸线。

（四）促进斑块的维护和修复，形成区域郊野公园和生态绿肺

处于中间地带的滨海平原是咸淡水交界地区，其湿地生态系统对于维护地区过渡性物种和群落的多样性具有重要的价值；同时这也是未来展开城市建设的主要地区，生态资源极易受到侵占。因此必须首先明确重要的生态斑块和面积边界，防止城市建设无序蔓延带来的湿地景观破碎化和最终的完全

图7-11 生态改造前的采
煤沉陷区（左）

图7-12 明湖开玉镜，轻舟泛碧波—摄于2009年

退化，并通过适当设置区域郊野公园和少量文化设施的建设，促进人类发展与生态保育之间良性关系的形成。综合各种国家保护区名录，规划识别出该区域四大生态斑块为滦河口保护区、唐海复合湿地、草泊水库–陡河河口保护区和三岛保护区。

（五）选择生态廊道，加强生态空间的连接度

设置沟通性和隔离性两类廊道。隔离性廊道依托现有区域性交通防护绿带设置在三大生态基质之间，核心作用是防止中间地区的城镇建设用地拓展上下生态基质。沟通性廊道依托现有主要河流设置，核心作用是沟通三大生态基质之间的物质和能量交换，维护生态群落完整性；确保河流水量，防止咸水入侵而造成盐碱化面积增加而淡水湿地面积减少。

（六）生态安全格局构建过程中水系完整性

通过识别对整个生态系统意义重大的生态资源，提出城镇建设用地增长边界在空间上的控制性要求，为维持生态系统结构与功能的稳定和持续发展保留足够的生态空间，构建科学的生态安全格局，研究该地区生态安全格局构建过程中水系完整性的重要作用，为唐山南部沿海地区空间发展

战略提供科学依据。在唐山南部沿海地区生态因子的识别中，其特有的复合水系成为关键因子。唐山南部沿海地区地处燕山诸河下游，渤海之滨，是山海连接的重要通道，河流水库、稻田、芦苇、草甸、盐田、滩涂等湿地类型丰富，具有典型的滨海湿地特征。唐南湿地的核心区作为世界鸟类东亚—澳大利亚迁徙路线通道的中心部分，2005年被批准成立唐海湿地与鸟类自然保护区，并设置了核心区、缓冲区和实验区。但随着水土资源的过度开发，湿地退化的问题依然十分严峻，其核心唐海湿地也受到了威胁。这说明将湿地孤立地进行保护是不够的。

从水系的角度进行分析，唐山南部沿海地区除唐海核心湿地之外，在湿地的周边还分布着由浅海到潮间带滩涂、潮上带碱蓬滩涂、芦苇、盐田、草甸等海滨微咸及咸水沼泽等咸淡水过渡自然水系，以及鱼塘、虾池、浅水淡水库、农业沟渠等人工用水系统构成的复合水系，区内涵盖了以河流作用为主、以海水作用为主以及以河流和海洋共同作用的多种地貌类型。因此，沿海的生态安全格局的基质包括农田(水浇地和水田)和南部的盐碱地，其中斑块包括了自然保护区、重要的(河口)湿地以及

图7-14 景观体系规划图[1]

图7-13 四大郊野公园与绿色生态网络[2]

图7-15 功能分区规划图[3]

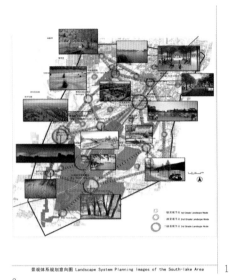

景观体系规划意向图 Landscape System Planning Images of the South-lake Area 1

2

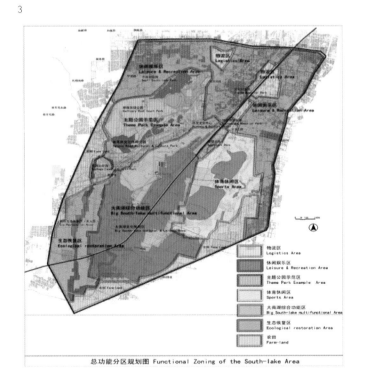

3

城市转型发展的规划策略

生态适宜度较高的连片区域。考虑到曹妃甸港填海工程建设后，将影响到唐海湿地的生境演替区，为保证唐海复合湿地系统过程的完整性，使之不随之退化，需要新的湿地演替区，以保证其空间生物地理完整性与连续性：廊道以河流与绿色开敞连成的廊道为主，以道路与绿色开敞空间为辅，除保证山海之间通道的畅通及连续性，还通过对廊道的保护与构建防止污染的扩散，提高廊道的生态服务效率，保面水系各要素的完整性与连通性，保证水系的健全，最终构建唐山南部地区的生态格局。

生态安全格局对城市水系统规划提了新的要求，传统涉水规划中给水、污水、雨水、景观与湿地等专业规划分别进行，缺乏协调和指导，致使社会水循环系统与自循环系统的联系中断，无法保证水生态系统的安全。为保障生态格局的安全，必须对城市各项要素进行统筹安排。

三、唐山南部采煤塌陷区-南湖生态城的实践（生态重建案例）

（一）南湖的建设历程

南湖生态城总面积91平方公里，位于唐山市区南部路南区与丰南区的结合部，其中28平方公里原为开滦煤田矿区，后来变为采煤塌陷地。地面多为良田和城镇建筑，地下煤层全部采出后，引起上覆岩层的移动和变形，造成大面积地表塌陷，使原本平整的土地变得凹凸不平，造成水土流失、季节性或常年积水，自然生态和地貌景观受到破坏。农田弃耕，村庄搬迁，历版总规划都划定采煤波及线，曾经成为城市空间向南拓展的屏障，阻碍着城市的发展。

由于距市区较近，积水塌陷区成为煤矿矸石、电厂排灰、城市生活垃圾、建筑垃圾的排放地，加之部分工矿企业生产、生活污水的排放，煤矸石自燃释放出二氧化硫、一氧化碳，致使塌陷区生态环境和自然景观遭到严重破坏，逐渐成了人迹罕至的废弃地。

1996年唐山市对南部采沉区进行了大规模整治，清淤绿化，将这一地带建成具有粗放型森林风貌和水乡风光，集游憩观赏和水上活动为一体的综合性公园。生态环境得到基本改善。1997年，修简易路6.5公里，清墟10万方，填坑造田23.5亩，植树2.1万株。1998年，南湖二期工程全面铺开，完成了外围环形路，修建了游船码头，在1997年基础上又植树3万株，植草坪2万平方米，使这一废弃地环境质量明显改善。2003年新一轮总体规划修编，将这一区域与东部的采煤塌陷区一并整合成四个绿色郊野公园，形成绿色生态网络的重要组成部分。2004年由主持德国鲁尔工业区改造设计的德国拉茨景观建筑事务所完成南湖地区城市设计的最终成果，提出南部采煤塌陷区进行综合生态治理的全方位的规划发展策略：2004年南湖公园一举摘得"迪拜国际改善居住环境最佳范例奖"桂冠。这里碧波荡漾，绿树成荫，已成为唐山城市环境的一个典范。2008年开始大规模地开展南湖生态城建设，引起社会广泛关注。

（二）南湖的棕地改造和绿色生态安全网络建设

欧美在工业城市转型中由于各种原因被废弃、污染的空地被称为"棕地"，棕地改造利用是近年来发达国家在经历城市经济转型后，城市复兴过程中关注的问题之一，同时"棕地"也有另一种解释：按照城市规划政策或城市复兴目标有再开发可能和利用价值的土地。

唐山的大量"棕地"制约城市空间利用的同时，也为城市空间结构调整提供了可能。利用棕地的文化、社会、生态价值，积极探索将棕地再利用与构筑面向区域的可持续发展的城市空间结构相结合的方法，利用现有资源，激活、更新已衰退的城市空间，将已经是社会负担的废弃土地

图7-16 鸟类迁徙栖息地　　　　　　　图7-17 水鸟乐园—摄于2009年　　　　　　图7-18 地震遗址公园

转化成城市的资产，生态重建转化成推动城市发展的积极要素。棕地利用的一般方式是重新开发、再利用为其他城市建设用地。以唐山的南部采煤塌陷区的棕地改造利用为例：由于唐山南部采煤塌陷区地质条件复杂，受采煤塌陷的限制还不具备做建设用地的条件，它又反映出了复杂的社会、经济和环境问题。在中心城区"生态规划研究"的基础上，构建以棕地再利用为基础的绿色廊道—斑块体系，成为城市绿色空间网络的主要骨架；以南部采煤塌陷区为基础，与城市公共开敞空间体系相结合，与城市安全避难空间相结合，提出城市生态安全网络的构想。新的公共行为的引入，将使城市开放空间的内容和形态更加丰富，城市更具活力。

（三）南湖的生态重建

南部采煤塌陷区进行了综合生态治理，如有针对性的水环境治理、清淤，治理垃圾山、粉煤灰场。通过对采沉区的整治，对整个湿地区域及其周边用地综合治理，营造自然生态的湿地系统，促进湿地的生态系统发育，提高其生物多样性水平，实现湿地景观的自然化。

通过改善湿地环境中土壤与水体的质量，协调水与植物的关系，减少城市发展的污染源对环境的干扰和破坏，提高湿地及其周围环境的自然生产力，通过建设湿地，恢复原有地段的自然能力，使其具备自我更新能力，改善周围用地的土壤状况，为植被的恢复创造条件，从而恢复湿地的生态系统，形成开敞的自然空间和湿地特征区，接纳大量的动植物种类，形成新的群落生境。寻求建立更好的新型共存方式，在城市的各种用地需求之间建立一种新的平衡，实现城市湿地环境的可持续发展，在此基础上营造新的城市空间，极大地满足了市民日益增长的接近自然的需求。

（四）南湖地方文化的叠加

南湖区域内有许多历史遗存和工业遗迹见证着唐山资源型重工业城市的发展历程。如开滦煤矿、唐山机车车辆厂、中国第一条标准轨距的铁路也从此穿过，以及被誉为"东方康奈尔"的唐山交通大学铁道学院。

建设中应挖掘原有的具有文化价值的历史遗存。建设有识别性的典型文化景观；南湖保留并改造了区域内的铁路、矿井、烟囱、机械、堆料场等地区的典型工业遗迹，作为工业时代的纪念物。保护地震遗址，建设地震遗址公园。

南湖的建设应让历史得以真实安静地保存；利用大面积场地、空间的规划，建设雕塑艺术公园，通过公共艺术活动，展示唐山的旧工业文化、地域文化等内容建设历史文化中心。

塌陷地是开矿历史的见证，大规模的塌陷区生态恢复工作是唐山市生态建设的一个亮点，南湖的生态建设使唐山探索出了一条采沉区生态恢复的道路，南湖塌陷区的改造不仅体现了生态重建工程的环境价值，还具有相当高的文化价值和经济价值。

随着南湖采煤塌陷区及周边地区大规模更新建设，城市中四大郊野公园的规划实施，城市绿色的空间网络将从根本上改变原有城市面貌。唐山的"南湖"会像杭州"西湖"一样成为城市中不可或缺的自然要素，南湖的城市棕地利用将会影响城市未来的结构与形态，推动资源城市实现城市持续发展与生态环境的和谐共生。

第六节 国内生态城市实践的反思与认识

应该认识到，相当一些生态过程一旦超过"临界值"，生态系统就无法恢复，受到人类破坏的大自然将报复人类，或者不给人类机会，让后来者没有纠正错误、重新选择的余地，或者要付出十倍、百倍于当初预防、及时治理的代价。恩格斯早在100多年前就告诫我们，"不要过分陶醉于我们对自然界的胜利。对于每一次这样的胜利，自然界都报复了我们。" 目前生态的理念已得到社会的共识，但实际操作环节存在许多误区。

一是名不副实的生态城。生态城有六条基本标准和条件："紧凑的用地模式，大于20%的可再生能源应用，绿色建筑大于或等于80%的比例，生物多样性和生态自然斑痕的保护利用，大于65%的绿色公共交通出行，低污染低排放的产业类型。"目前国内在建的生态城口号大于实质内容，很少能达到这一标准，一些房地产冠以生态城是出于商业炒作目的。

二是生态城的目标定得脱离实际，制定的标准与技术目标设得很高，甚至超越了目前的发展阶段，成为可望不可即的空中楼阁。对生态城的发展编制了很多模型，比如循环模型、共轭模型等，希望通过这些模型可以把生态的发展目标、概念、内涵、运行机制都研究得比较透彻。但是，所谓模型就是对实际问题和影响因子的高度简化，正是理想化的模型成就了理论构建，但忽视了许多实际的影响因子，其结果是这些模型往往存在缺乏可实施性和针对性的通病。

在唐山的生态城市建设实践过程中也存在诸多难以回避的问题。如曹妃甸生态城的指标体系过于繁杂而导致适时管理无所适从，而部分指标标准提得过高更给城市政府前期实施带来较为沉重的财政负担。南湖郊野公园由于决策和设计者过于强调观赏性和对人类活动的限制不足，而导致水环境改善和动植物生境的修复计划长期未能实施，其作为中心城区南部重要的生态安全缓冲区的功能基本未能实现。

反思这些现实问题将给唐山市自身以及其他城市的生态城市建设提供良好的借鉴。首先应认清生态城市的建设是一个渐进的过程，其目标应根据城市现实条件因地制宜地选择，并在过程中定期检讨持续提高。实践中既要避免理想的"蓝图主义"，也要避免机械的"指标主义"，不能将国外或其他城市的经典模式直接拿来套用，在确定技术指标方

图7-19 唐山南湖生态城

图7-20 如诗如画的南湖

案的时候也要有所取舍，突出本地特征并反映城市的经济实力和政府的行政能力。

再者，生态城市的建设应秉持务实的态度，以实事求是的精神做好生态功能修复和保护的基础工作。实践中应谨慎处理好保护与利用、居民游憩与生境修复、实质目标与形象宣传的关系。此外，实际上也是最重要的一条，生态城市的建设需要配合广泛的公众教育。硬件环境的建设固然重要，绿色健康的城市居民行为和生活方式才是实现城市可持续发展的关键。

1．资料来源：《1994—2010总体规划》，引自唐山市中心区工程地质编图及工程地质数据系统相关研究。

2．苏幼坡、陈静、刘廷："基于GIS的唐山市综合防灾与生态规划"，《安全与环境工程》，2003（10），1。

第八章
资源型城市的公共
空间优先策略

第一节 城市公共开放空间的概念

城市公共开放空间的概念

公共开放空间优先策略是唐山城市空间优化策略体系中的核心内容之一。因为公共开放空间本身是汇聚城市的文化特质、包容多样的社会生活和体现着市民自由精神的场所；其作为公共资源的配置和使用，必将体现出一个城市社会的公正和宽容。然而，关于城市公共开放空间的概念，理论界至今没有形成统一明确的定义。尽管理论的分歧不应该成为规划实践的阻障，但是仍有必要在行动之初，作出适应当地实际情况的进一步界定。

（一）规划界关于城市公共空间的讨论

对于公共空间的研究，规划界普遍存在着狭义或广义、包含建筑实体空间或纯粹虚体空间、人工因素主导或人工与自然兼容的分歧；即使在大家一致强调的公共性方面，也存在面向不特定人群还是特定人群、全时还是限时、不收费还是低收费开放的讨论。对于城市公共空间，没有明确定义。"城市公共空间是人工因素占主导地位的城市开放空间"（赵民）；"城市公共空间是属于公共价值领域的城市空间，主要是城市人工开放空间，或者说人工因素占主导地位的城市开放空间"（周进）；"城市公共空间是城市或城市群中，在建筑实体之间存在着的开放空间体，是城市居民进行公共交往活动的开放性场所。"（王鹏）公共空间作为公有财产，平等地对所有人开放——无论他们是贫是富、是主人还是过客，都体现了社会的公正与宽容。这种具有包容性的"公共空间"，是汇聚着城市的文化特质、包容着多样的社会生活和体现着自由精神的场所。比如同济大学李德华教授在《城市规划原

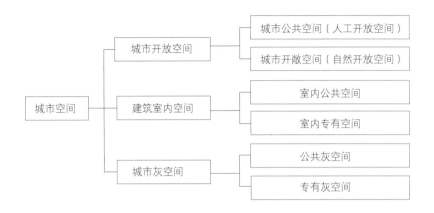

図8-1 城市空间系统结构（按空间的遮蔽及开敞程度）

城市空间
- 城市开放空间
  - 城市公共空间（人工开放空间）
  - 城市开敞空间（自然开放空间）
- 建筑室内空间
  - 室内公共空间
  - 室内专有空间
- 城市灰空间
  - 公共灰空间
  - 专有灰空间

理》(第四版)中提出："城市公共空间狭义的概念是指那些提供城市居民日常生活和社会生活使用的室外空间。广义概念可扩大到公共设施用地空间。"（李德华）这是将建筑实体空间纳入了广义的公共空间范畴。周进教授则认为"城市公共空间是属于公共价值领域的城市空间，主要是城市人工开放空间，或者说人工因素占主导地位的城市开放空间。"（周进）该观点的核心在于人工因素主导和开放性，排除了自然要素主导的生态开敞空间；另有学者提出"城市公共空间是城市或城市群中，在建筑实体之间存在着的开放空间体，是城市居民进行公共交往活动的开放性场所"（王鹏），该观点侧重于虚实空间的划分，忽略了虚体空间也存在专属或私有化的现象。

（二）本研究关于公共开放空间的界定

为了实现规划实践的可操作性，我们有必要辨析城市公共空间的本质属性。按照空间的权属和管理模式可将城市空间划分为公共空间和专有空间，凡是城市中可供不特定人群自由使用的空间，即为城市公共空间。按照空间的遮蔽度划分，城市空间可分为建筑室内空间、城市灰空间和城市开放空间，此三类空间中均有公共空间和专有空间之分。（1）建筑室内空间指建筑实体遮蔽和围合的部分；（2）城市灰空间指建筑内部和外部的过渡部分，是半室内半室外的空间；（3）城市开放空间是基本不为建筑所遮蔽的城市空间。其中人工要素主导的部分为人工开放空间；自然要素主导的部分为自然开放空间，也叫城市开敞空间。

我们将城市开放空间中可提供不特定人群自由使用的空间，称为城市公共开放空间。由于建筑室内空间和城市灰空间基本上以特定业主进行专有管理为主，其公共部分多是带有预设条件的；而城市公共开放空间则往往以政府管理为主导，具有更为彻底的公共性，既是城市政府进行规划引导和控制的核心内容之一，也是政府进行公共资源配置的重点，将作为本章讨论的空间范畴。

由此，可将城市公共开放空间定义为城市中可提供不特定人群自由使用的开放空间。公共开放空间具有两方面的本质属性：开放性和公共性。开放性即基本不为实体建筑所遮蔽，又称户外性。在城市规划的平台上规划公共开放空间，可以通过用地性质和建设控制来界定其开放性；公共性指可供不特定人群自由使用。由于公共性涉及空间的管理和使用，较难用城市规划的手段来界定。

公共开放空间的构成要素应包括：（1）开放的场地；（2）活动的人；（3）公共活动。按照

图8-2　富有活力开放的城市公共空间

前述分析，公共开放空间也可分为公共人工开放空间和公共自然开放空间，前者具有较强的人工因素和公共活动的参与性，后者以自然要素为主，在城市中更强调其自然和生态保护功能，因此需要限制人类活动的干扰，其参与性应大大降低。公共开放空间的品质特征应包括：系统性、均衡性、可达性、多样化和愉悦性等。

（三）公共开放空间特征

综合学术界的各类观点，公共开放空间主要具有以下构成要素和内涵：公共开放空间的本质属性应包括：（1）开放性；（2）人工性；（3）公共性。户外性——室外，不包括建筑室内空间和灰空间，可包括局部半室外空间。

公共性——（1）面向所有市民。不包括仅供业主活动的小区或楼盘的内部空间和仅供工作人员使用的单位大院的内部空间，这些应属于私密或半私密空间；但是包括了大型居住区内的Rn4[1]类用地。（2）免费。不包括主题公园、高尔夫球场和体育场馆等收费场所。

人工性——人工开发并提供活动设施，不包括未经人工开发的E类用地和没有提供活动设施、起观赏或防护作用的G12类用地。公共开放空间的构成要素应包括：（1）城市的公共环境及场地；（2）活动的人；（3）公共活动。公共开放空间的核心内涵应包括：（1）指认性；（2）认同感；（3）群聚性；（4）归属感；（5）交流；

（6）满足感。

目前的城市规划手段对公共开放空间的物理环境（用地、环境、设施等）具有较强的控制能力——开放性和人工性可控；至于公共性，仅对用地权属属于市政、由市政投资建设的空间的管理和使用具有约束能力。同时对于与上述核心内涵相关的公共活动的发生，只能通过引导的手段。

第二节　公共开放空间在城市中的作用及意义

城市公共空间作为一种社会活动场所，是城市环境中最具公共性和活力的空间。城市公共空间总与特定的人及人的社会行为相互关联，最终功能是满足人们各种活动的需要，即使用功能，这是与人类活动有密切关系的空间功能之一。因此，优秀的公共空间设计应该是可以表达对人性的适应、关注和解读，从而体现与人的共生、共存和共乐的人性空间。公共开放空间在城市中往往通过提供交流场所，满足群聚需求，起到提供指认性、加强认同感和满足感的作用。对于生活于都市的现代人来说，构筑一定的具有舒适性、愉悦性、文化性、生态性、可达性的公共空间是必要的，也是必需的。

一、公共开放空间有助于保护和改善生态环境

首先，公共开放空间是维护生态安全的重要保障。如河流廊道、绿化廊道等带状公共开放空间可以形成通风廊道和生态廊道，不但可以使城市保持良好通风，帮助污染物扩散，还可以给其它生物留出活动、交流和栖息的空间，有利于生态平衡；城市公园、湖泊、社区绿地等块状公共开放空间则像城市的"绿肺"，不但可以净化空气、提供氧源，还可以保持一定比例的可渗透空间，有利于水资源涵养，是保持城市健康的基本条件。实际上，公共开放空间是城市生态向自然生态的过渡地带，城市内部的公共开放空间为人们提供了就近接触自然的空间，使城市和自然有机融合在一起。

其次，公共开放空间也是抵御地震等自然灾害的防灾空间。从防灾角度来看，以公共绿地为主体的各类防灾空间在灾后不同的避难时序发挥不同作用。灾害发生后，住宅中的居民或正在上班的职员可在"紧急防灾公园"（社区级公共开放空间）躲避灾害以及建筑物、住宅倒塌及其落物造成的危害，进行紧急避难；随后，以家庭、单位为单元的集体通过避难道路转移到避难的集合地和避难中转地——"固定防灾公园"（地区级公共开放空间），最后到达中心防灾公园。等级化布局的城市公共开放空间，恰恰为防灾空间的有序组织提供了良好的依托。

二、公共开放空间有机组织城市空间和人的行为

城市公共空间作为公有财产平等地对所有人开放——无论他们是贫是富、是主人还是过客，体现了社会的公正与宽容。它是汇聚城市的文化特质、包容多样的社会生活和体现自由精神的场所，是城市内在的空间，体现的是市民普遍的精神面貌，为人们提供了一个自由开放的展示平台和交往空间，对城市公共开放空间的关注本质是对市民赖以生存的土壤和营生空间的关注。随着社会的发展，生活模式不断发生变化，居住空间的变异、网络的普及等因素都对城市公共空间的使用产生了一定影响。然而毋庸置疑的是，公共空间作为城市生活的物质载体，作为激发城市活力的重要实体，越来越受到人们重视。整体生活水平提高、人们闲暇时间日益增多以及人口老龄化趋势的到来都要求城市为公众提供更多高品质的适合人们活动的公共开放空间。

三、作为培育市民精神的空间载体

城市的公共空间建构是空间与人通过社会生活等方式进行的"互构过程"，它的形象和实质影响市民大众的心理和行为。由于历史和社会的原因，

中国从来没有出现过类似欧洲的自由民的聚居模式，因此也未能形成欧洲那种体现市民社会精神的公共空间。与欧洲城市空间的外向发展、追求外部环境不同，中国传统城市的空间都是内向发展的。中国城市的广场、花园在整个封建时期都被统治阶级占据，代表着皇权、宗族权，是封闭型的空间。今天中国的城市空间仍然延续着这样的传统——广场、公园代表着城市政府意志。因此，我国的公共空间体现出市级政治性集会型空间占主导，以楼盘为单位的私密性、半私密性空间大量存在的特征，真正有助于形成市民意识和社区凝聚力的地区级或社区级的公共空间则很少。而这类公共空间的重要意义就在于能以物理的空间为触媒，激发活跃的城市活动，形成居民对城市和地区的认同感，进而促进社区建设，培育普通居民的市民精神。

公共开放空间还是市民精神的空间载体。公民社会强调基层社区管理和自治，而社区管理和自治的实现有赖于市民社会精神的培育。当普通市民不仅仅关注于一己小我之利，而有了社区互助包容的观念，公共开放空间成为市民精神的空间载体，社区管理和安全自治的理想才有可能真正实现。

四、公共开放空间构成城市的景观特征、展现城市魅力

首先，城市开放空间往往与城市的山水自然环境相结合，体现了一个城市不同于其他城市的自然禀赋，由于其广泛的公共性，使得这一自然禀赋得以向所有市民和访客展现，因此，城市公共开放空间成为构成城市自然景观特征和展现城市自然环境魅力的主要载体。例如济南的"齐烟九点"和"一城山色半城湖"便是以公共开放空间概括城市景观特征的典型写照。此外，一个城市的文化与气质往往是通过其市民的社会生活反映的，而"城市公共空间"正是社会生活的"容器"，社会生活又是它的内容。W.格罗皮乌斯把城市空间中的公共交往部分称为"核"（Core），他说："这些核代表

了一定社会文化含义，它使得个体能够在这个社会中找到自身的位置。"所以，"城市公共空间"理应成为城市社会、经济、历史和文化等诸多信息的物质载体，能不时地传达所蕴含的城市信息。阅读城市、体验城市的本地居民和外来观光者都会首选公共空间来欣赏城市美景、体验城市文化、享受人生幸福。城市公共空间是城市文化和城市精神的载体，也是市民精神生活的寄托，城市的历史文脉、地域文化无形地蕴于景观意象和空间功能当中。因此，充满活力的城市公共空间正是体现城市品质、展现城市魅力的绝佳场所。也正因如此，城市的公共开放空间才被认为是城市的名片。在公共空间建设中，利用文化设施、文化活动及建筑艺术、环境艺术来表现城市文化主题特色，对提升环境文化品味和社会教养水平会起到潜移默化作用。

五、公共开放空间可带来经济效益

公共开放空间的附近景观资源丰富，环境优美舒适，属于城市的稀缺资源，正是这种稀缺性，使得人们愿意为之付出比其他地方贵许多倍的价格，这就是环境效益带来经济效益。典型的例子是纽约中央公园。纽约中央公园坐落在纽约第五大道与第八大道之间，从59街跨至110街，长约4000米，宽约800米，面积达3.4平方公里。在中央公园建成后的15年里，曼哈顿地价增长了1倍，中央公园周边的3个行政区的地价却增长了9倍，并且在中央公园东部聚集了大批豪宅，成为纽约上层阶级的聚居区。中央公园实行免费游览，每年游览人数达到2500多万，刺激了中央公园附近的餐饮业，还间接影响甚至辐射到纽约市所有旅馆、餐馆和文化娱乐机构。中央公园还可以在不同的季节举办不同的商品展、艺术展和文艺表演等，也向社会组织和学校出租场地，经济效益十分可观。这个例子足以证明，对城市来说，公共开放空间的投入是回报率最高的项目之一。

六、公共开放空间作为政府表达公共政策的重要渠道途径

（一）提供公共服务

城市公共空间体现的是大多数人的利益，真正意义上的公共空间，不在于其规模之大小，而在于其是否以人为本，服务于公众生活。社会的全面进步促使政府的职能发生转变，开始由管制向服务、由面面俱到向关注公共利益和公共领域、由注重经济增长向关心民众生活转变。政府作为公共开放空间的供给者，同时与市场共同承担生产者的角色，但为了避免市场失灵导致供给不足，政府对公共开放空间这一公共物品的供给，必须要有有效的公共政策的调控。政府是通过制定和实施公共政策来履行自己的公共职能，因此能否制订出一个合理的公共政策并准确而有效地执行就成为政府有效运作的关键。公共开放空间系统的建设与完善，无疑是服务型政府积极承担社会职能的最佳诠释之一。

另外，随着生活水平提高，人们对公共空间需求量日益增大，政府也可以将未利用地或者城市备用土地临时开辟为公共空间，以缓解公共空间的需求压力。

（二）诱导城市有序发展

城市公共开发空间的保留是引导城市有序发展的有效途径，通过对公共开放空间的保护和设计，可以界定城市发展边界，形成绿环、绿带、绿色走廊和开阔的缓冲地带，也可增强城市的可识别性。在城市发展过程中，从城市的整体和长远利益出发，合理利用城市公共开放空间，可以有序地配置城市空间资源，提高城市的运作效率，促进经济和社会的发展。如发展商在其所属土地上向政府无偿提供一定量的城市公共活动空间，可以换取该地块的超额容积率等规划建设指标，在一定程度上促进紧凑开发，从而达到节约土地的目的。此类城市公共空间项目将有助于将城市建设带入良性循环轨道，有助于实现城市的可持续发展。

综上看出，城市公共开放空间在展现城市内涵、改善市民生活品质、培育市民精神、实现城市可持续发展等方面意义重大，作为城市公共设施的一部分，理应受到足够重视，在城市建设和土地使用方面处于优先地位。一方面可通过高品质的公共空间以提高城市品位，另一方面则可从市民实际需求出发，保证市民能享有充足的活动、交往空间，丰富市民生活。尤其是唐山这样

图8-3 纽约中央公园

图8-4 纽约中央公园

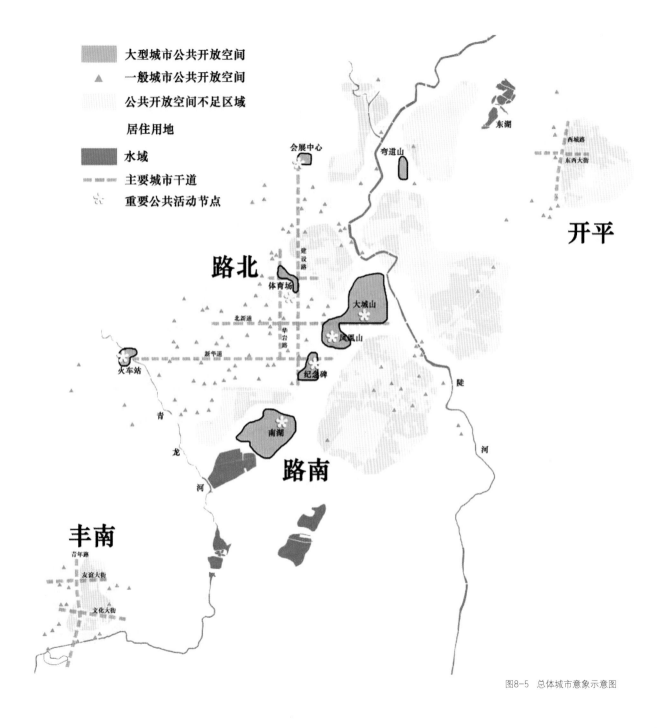

图8-5 总体城市意象示意图

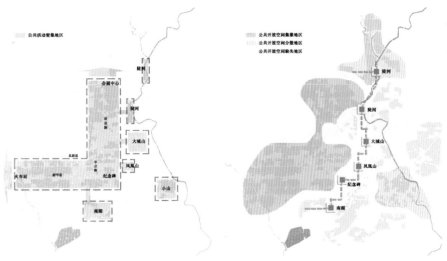

图8-6　公共活动与公共开放空间分布意象图[1]

图8-7　现状线性空间5分钟步行可达范围覆盖情况[2]

图8-8 公共开放空间分布意象图[3]

1

2   3

　　　　　　　　　　　　　　　　　　　　　　城市转型发展的规划策略

图8-10 公共活动分布意象图

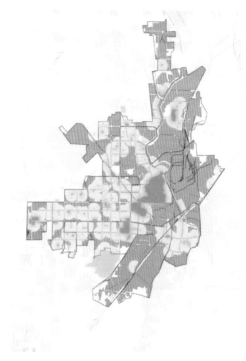

图8-9 现状公共开放空间步行可达覆盖范围分布图

的老工业城市在城市发展转型之际，更应该坚持公共空间优先的原则。

第三节　唐山市城市公共空间的现状特征

一、中心城区公共开放空间意象

唐山的城市的公共活动（居民的公共活动）密集区域与中心城区的主要发展方向一致，主要沿东西向的新华道、北新道和南北向的建设路，呈倒L型分布；并与东侧和南侧的市级公共开放空间相连。另外，小山地区（包括建国路、荷花坑等）受地质条件的影响，其灾后复建缓慢，地区建成环境较差；但作为唐山文化的发源地，依然具有较高的

居民活动频率和人气。

公共开放空间——公共开放空间集聚地区主要位于倒L型格局中的大多数居住地区；公共开放空间分散地区主要在陡河上游（河北路和缸窑街道等地区）和下游地区（包括小山地区），以低层旧居住区和厂舍居多。公共开放空间缺失地区位于陡河中段地区和南新道以南地区，以厂区、厂舍、塌陷区和旧村居多。

两条重要"线索"——一条是以陡河北公园为起点，途经大城山、凤凰山、纪念碑，止于南湖公园的虚拟空间线索，该线索与地质构造方向大体一致，线索东西两侧城区的公共开放空间水平差异明显。另一条是陡河，沿陡河的工业用地较多，基本

上串连起了主要工业片区和旧城（包括上游的震后第一村），陡河的景观价值和公共活动没有得到充分体现。

二、现状公共开放空间总体分布

数量构成上，唐山绝大部分公共开放空间集中于路北和路南两区，占全市的76%，其中路北区所占的数量比例最高（52.3%）。面积构成上，路北和路南两区所占比例更大，占全市的92.9%，其中路北区所占的面积比例最高（53.8%）。作为城市中心区所在地，路北区的公共开放空间无论数量还是面积都占全市的一半多。

从公共开放空间的选址来看，基本上所有的市区级公共开放空间都与城市等级道路相临，甚至占据整个街坊和街道（如街道），具有较好的可达性。而社区级的公共开放空间大多位于街坊或物业单元范围的内部，是灾后作为新建居住区的内部公共绿地，虽然平时免费开放，但往往缺乏城市支路系统，外部居民前往并不方便，因此具有一定内部服务特征。

三、唐山市公共开放空间系统存在的问题

（一）总体布局呈现点状分布的不均衡态势

唐山的城市公共空间整体布局围绕两条重要"线索"展开——一条是以陡河北公园为起点，途经大城山、凤凰山、纪念碑，止于南湖公园的虚拟空间线索，该线索与地质构造方向大体一致，线索东西两侧城区的公共开放空间水平差异明显。另一条是陡河，沿陡河的工业用地较多，基本上串连起了主要工业片区和旧城（包括上游的震后第一村），陡河的生态价值和公共空间组织作用未能得到充分体现。公共开放空间分布与居民公共活动的吻合度较高。（见图8-8、图8-10）

在分布上表现为以主城核心区的居住区较为密集；边缘低层旧居住区和厂舍集中区相对分散；厂区、厂舍、塌陷区和旧村居多的地段相对缺失；空间以点块状为主，大型公共开放空间过于集中；缺乏系统性的廊道空间联系各个点块状空间，也使城区内人工公共开放空间与外围自然公共开放空间缺乏联系。

（二）总量不足、人均指标有待提高

根据《唐山市中心城区公共开放空间系统规划》的调查，唐山中心城区共登录现状公共开放空间183个[2]，总面积476.95公顷。公共开放空间的平均规模为2.6公顷，其中最大规模为139.6公顷，最小规模为138平方米。重点研究范围——路北和路南两区，人均公共开放空间仅3.8平方米，5分钟步行可达范围（半径300米）覆盖率为45.4%。（图8-9）与深圳比较，人均面积略低但步行可达范围覆盖率要高，但两者均远低于国外城市如伦

图8-11　在缺乏座椅的小区绿地，老人们围站着聊天

城市转型发展的规划策略

敦、温哥华等的水平。

由于震后重建居住区内的公共开放空间按照相应的标准配建，主要沿新华道两侧地区均匀分布，规模一般不大；另外，由于城市中心城区内交通屏障并不多，且大多数街坊内居住区都不是封闭式物业管理，对步行穿越不造成障碍，使得中心城区的5分钟步行可达范围覆盖率较高。而外围的几个街道由于受到产业用地或地质条件的限制，公共开放空间相对缺乏，5分钟步行可达范围覆盖率也较低。唐山中心城区较高的步行可达覆盖率，很大程度上受益于唐山市比较丰富的"线"型公共开放空间——包括商业街道、商业步行街和机场铁路沿线空间等。这类空间边长较长，100米至500米不等，与周边城市地块联系方便，受众人口较多。重点研究范围内的线性空间，所形成的5分钟步行可达范围覆盖率就达到25%，约占所有公共开放空间步行覆盖率45%的一半，充分体现了线性空间极高的服务效率。

（三）新建居住区封闭化管理降低了开放空间的公共性

由于历史原因和产业结构影响，唐山市在灾后重建早期，一般是由政府建设无门禁的大社区，以尽快恢复工业生产和提供人民基本居住条件为目标。这一时期的公共开放空间都是依附于社区，分布均匀，这也是唐山现在的公共空间非独立占地空间比例较高，社区级公共开放空间比例高达7成的原因。进入2000年以来，由于开发商的进驻，唐山市开始建设门禁社区，且一般以小社区小组团的模式开发（主要集中于中心城区西、北部分），使得低层级的公共活动场地逐渐被私有化、商业化、贵族化，平等的、公共的社会活动面临着被挤压、排斥、蚕食的窘境，原来社区级的公共开放空间也逐渐走向封闭。尤其值得政府部门注意的是，这种趋势的不断强化将极大地削弱社区级开放空间的公共性。

（四）公共开放空间品质与水平较低、设计针对性不强

由于受到经济发展水平以及对开放空间的功能认识不足的限制，唐山市的公共开放空间品质水平相对较低。主要表现在缺少适合各类人群的体育活动场地、活动设施不足或种类单一（图8-11）；人工公共开放空间景观设计重观赏轻实用，而自然公共开放空间设计又过于人工化等。如南湖郊野公园，本意是以加快南部采矿沉陷区的生态恢复，形成开敞的自然空间和湿地公园，但因为设计实施方案中将机动车道引入公园内部而导致动植物生境修复难以实现，重视觉而轻实质的建设投入致使水环境质量改善工程严重滞后。

（五）公共开放空间的平灾结合考虑不够

唐山大地震后，各类建筑几近全部倒塌，余震不断发生。据粗略统计，仅凤凰山公园、人民公园、大城山公园部分地区(总面积约50余公顷)，就疏散了灾民一万人以上。但由于震前公园分布不均匀，服务半径小，实际疏散的灾民只是到三个公园附近的小广场、学校操场、街头小空地避震。由于这次地震的突然发生，人们没有任何准备，更没有形成有组织、有系统的疏散，公园中疏散的人口远没有达到饱和状态，因此，疏散人口作用并没有得到充分发挥。从防灾方面来看，唐山市的公共开放空间在宏观层面缺乏系统性，各防灾层级之间缺乏关联考虑，防灾覆盖率不高；在微观层面，防灾空间的维护和建设缺乏足够重视，并没有考虑避难时的需求，设计环节存在明显隐患。

从类型来看，唐山的公共开放空间类型结构相对均匀，呈现多元化特征。商业性街道空间和线形空间较多，分布广泛而均匀。但公共开放空间内的设施配备和维护情况并不理想，尤其是低等级空间活动设施不够丰富。运动空间以单一的健身活动为主，缺乏球场和其他活动场地。

从人均指标和可达性指标看，唐山市的现状人均公共开放空间面积为3.8平方米，5分钟步行可达范围覆盖率为46%，远低于规划水平，开放空间总量和人均指标均不足。另外，大型市区级公共开放空间过于集中，目前公共开放空间总面积的五成位于乔屯和广场两个街道，沿地址断裂带分布。

公园绿地存在的问题：中心城区范围内公园绿地总量较少，人均指标偏低，空间分布不均，服务半径（500米）未能覆盖全部居住用地。公园绿地体系建设不够均衡，没有实现分级配套。主要表现为中心城区内缺乏大型公园绿地；散布于居住区各处的社区公园、街旁绿地等形式的绿地虽然数量较多，但表现为小而碎，缺乏联系，不成系统。现状部分公园绿地内缺乏游憩设施，造成人们无法在其中停留，很大程度上降低了绿地的使用率。公园绿地设计、建设中对当地的自然及人文优势利用不足，城市特色、文化特性没有得到很好的保护和彰显。

从防灾方面来看，唐山市的公共开放空间在宏观层面缺乏系统性，各防灾层级之间缺乏关联考虑，防灾覆盖率不高；在微观层面，防灾空间的维护和建设缺乏足够重视，并没有考虑避难时的紧急疏散和应急设施需求，设计环节存在明显隐患。

第四节　建立有鲜明唐山特色的公共开放空间体系

一、公共开放空间体系构建原则

所谓体系或称系统，就是由一定要素组成的具有一定层次和结构，并与环境发生关系的整体。城市公共开放空间系统是一种由相互作用和相互依赖的空间要素组成的具有一定层次结构和功能的、处在一定社会环境中复杂的人工系统。良好的公共开放空间系统，应该是均衡合理、容量充足并且具有鲜明地方特色的适宜整体。针对现实条件，唐山市的公共开放空间系统的建立应遵循"体系均衡、充足合理，凸显特色、平灾结合"的原则。

（一）体系均衡、充足合理

体系均衡含系统化和均衡化两方面的含义：系统化要求在区域范围内通过自然公共开放空间和人工公共开放空间的合理布局，实现城市人工环境与外部自然生态环境的有机过渡，从而促进城市整体生态环境的协调发展；在城市中心地区通过公共开放空间的等级化布局，满足城市居民不同层面的公共活动需求，从而激发城市人文环境的活力。均衡化强调公共开放空间服务的均衡性，其核心衡量指标是适宜的步行可达范围覆盖率，以满足居民就近活动的需要。

适宜的人均面积标准是实现高品质公共开放空间系统的基础。为此，首先要保障足够的公共空间面积和个体数量；其次应形成以低等级小尺度空间为主体的合理的构成；此外，空间布局是否能够平等地为所有个体(不同阶层、不同身份、不同职业、不同地段)提供参与户外公共活动的条件与机会，也是衡量公共开放空间系统合理性的重要因素。

（二）凸显特色、平灾结合

充分利用唐山自然景观资源和文化要素，体现城市和地方特色。作为向综合服务型城市转型过程中的资源型工业城市，唐山市面临着矿产采空区修复、传统工业区转型、震后遗址整理以及长期地震灾害防御等个性化任务，结合城市的自然山水特征和丰厚的人文底蕴，将成为塑造唐山市公共开放空间系统的基础。在公共开放空间系统建构中，唐山市应突出生态修复与生态保护相结合、工业更新与工业遗产保护相结合、遗址整理与遇难者祭奠活动相结合，以及平时满足日常活动与灾时满足避难需求相结合的地方特色，坚持走多元化复合发展的道路。

二、以核心指标奠定基础水平

城市公共开放空间的总体水平反映在城市公共开放空间的数量、分布状态上。由于国内的城市规划规范中没有明确公共开放空间的定义和配置规范，以往对公共空间的评价只能借鉴一些相关数据指标，如绿地率、人均建设用地面积、人均广场面积甚至道路网密度等，虽然指标很多，但大都只能反映城市公共开放空间的某个方面或局部的、间接的特征，无法全面反映公共开放空间的真实水平。本研究借鉴国际相关城市和深圳杭州的经验，沿用人均公共开放空间面积和5分钟步行可达范围覆盖率作为评价系统服务基础水平的核心指标。

唐山全市人均公共开放空间面积应达到8.0平方米/人，并力争达到10平方米/人。全市5分钟步行可达范围覆盖率应达到80%。其中，居住用地应达到95%。

非独立占地公共开放空间是提高步行可达范围覆盖率的有效途径。当独立占地公共开放空间无法满足步行可达范围覆盖率要求时，应运用城市设计调控手段合理增设非独立占地公共开放空间。

三、以城市更新为契机拓展空间规模

唐山市的产业升级和结构转型为公共开放空间系统的优化带来了良好的契机。废弃的采矿沉陷区提供了面域的自然公共开放空间，旧工业区改造、机场搬迁和铁路专用线废弃增加了小型块状和线性空间的拓展机会。

近年来，唐山市针对重大更新项目进行了公共开放空间的优化研究。如《唐山机场铁路线性空间再利用研究》提出，机场铁路沿线改造应努力形塑层层渐进的中国传统院落空间，掌握震灾地景特色及防灾安居举措，运用机场用地辟建城市中央公园，沿地区边际设置生态化的密林绿廊，以及转化干沟成为社区化的花园走廊，为废弃铁路线转化为积极的线性公共开放空间提供了富有创见的设想。另如2008年编制完成的《唐山城市水系与滨水空间开发城市设计》，尽管其建构环城水系的大胆设想难以实施，但规划提出的拓展河流廊道空间、低冲击的雨洪利用系统等生态化设计方案，为重新激活这条蓝色文化纽带提供了有益的借鉴。

在新旧建筑部分之间，形成具有多样选择的步行街系统，提供更多可供商业和人的活动依附的界面。这种空间形式有利于人与界面所附带的具体功能产生关系，促进丰富多样的活动。

相似小尺度步行商业街区意象

图8-13 公共空间的步行系统

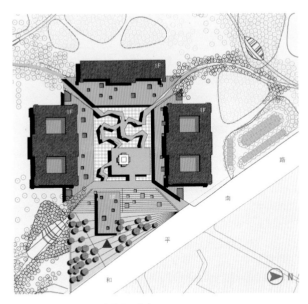

图8-12 公园与公共建筑的空间整合

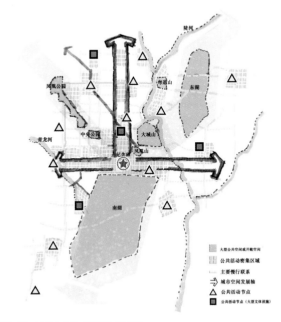

图例：
- 大型公共空间或开敞空间
- 公共活动密集区域
- 主要慢行联系
- 城市空间发展轴
- 公共活动节点
- 公共活动节点（大型文体设施）

图8-14 凤凰山公园"穿行"概念图

四、以"复合空间"为范式满足多元需求

针对唐山市的自然环境特征和城市转型特征，在公共空间的建设中需要充分挖掘城市土地的价值潜能，增强空间使用的适应性，打破传统意义上功能单一的城市绿地空间，未来应着力打造"复合空间"范式，以满足城市不同人群和不同地段的多元需求。

所谓"复合空间"范式包含两方面的意思：（1）通过空间本身多元化的场地设计和设施设置，增加功能的复合性。如在城市级公共开放空间中除设置高品质的休闲和游憩设施之外，应增加应急供水、能源和食品储存设施，使空间兼具日常游憩公园和固定防灾公园的功能。（2）通过在空间外部结合布置多样化的公共配套设施，或者在空间内部增设适宜的公共服务设施，以延展公共开放空间的使用功能，提高空间的吸引力和使用效率。

"复合空间"范式尤其适用于高密度开发的城市核心区，其成功案例当属凤凰山公园改造项目。由于种种原因，本来具有良好完整的自然环境，并且位于同一城市街块的凤凰山公园和工人文化宫长期处于相互隔绝的状态。通过方案的设计，将凤凰山公园与文化宫地块的设计紧密结合，形成了山体相连的自然环境，并且通过有效的结合，使凤凰山公园受到良性的影响，从而激发了整个街块的活力与能量，实现了凤凰山公园与工人文化宫的空间和功能整合。同时，设计方案通过景观设计，还将地块中即将改建的市级博物馆和周边的文化资源结合起来，形成唐山市一个具有艺术文化氛围的城市活力节点，同时为城市的艺术文化活动和休闲生活提供了高品质的复合空间。

此外在2005年《唐山市城市中心区空间整治研究》中，通过新旧建筑的协调，空间尺度的把握，结合局部室内街道、绿化、休息设施的综合配置，营造了宜人而富有活力的商业街区。与唐山的其他主要商业街区比较，经过改造后的百货大楼商业综合体将精品店、小型的专营店、百货店等与贯穿其中的商业步行街有机复合的形式，体现出其特有的优势和吸引力。

五、以"开放"取代"封闭"加强公共性

面对商业开发项目封闭式管理带来的公共空间私有化倾向，未来的公共开放空间系统需要更加强化政府资源空间的公共性，同时通过诸如容积率奖励等规划调控手段，鼓励私人开发商提供面向城市的公共空间。

凤凰山公园改造方案同时是加强公共性的一个成功案例。设计以"穿行"这种人们日常行为作为公园的设计概念，将居民去上班、去上学、去医院、去买菜、去访友、回家、运动、看展览等活动路径组织在景观设计中，旨在将地块周边环境因素与公园建立一种积极的联系，方便周边居民的使用，使市民每日的生活快乐而丰富。这种开放的设

图8-15 唐山空间结构规划图

计，大大增强了公园的使用效率和活力。

六、在变与不变的博弈中提升公共开放空间管理水平

城市的发展面临着诸多难以预测的变数，但是在任何时期，城市政府均应坚持公共开放空间优先的基本策略，以一贯如一的核心理念应对千变万化的城市拓展和更新，并在积极有效的应变机制下不断提升管理水平。这其中包括建立定期检讨的专项规划制度，建立预警系统和反馈机制等行政工具的实行。

建议将公共开放空间系统规划作为一项专项规划，制定有限目标并且持续改进，定期检讨并更新（规划时效为三至五年），为控制性详细规划提供反馈建议，从而指导修建性详细规划以及局部城市设计。

为了持续有效地落实公共开放空间系统规划，将公共开放空间的现状和规划信息，纳入到城市规划管理部门的图形管理系统中，并建立公共开放空间的服务覆盖预警系统。以城市道路围合而成的街坊为单位，用红黄绿区标示现状公共开放空间的服务盲区、欠服务区和合格区。

该预警系统主要用于指导规划管理部门对控制性详细规划、修建性详细规划、局部城市设计的审查环节中。管理部门可根据预警系统判断被审查地区的公共开放空间需求情况，以此作为一项核准要点检查公共开放空间的落实情况。

同时，管理过程中实现的新的公共开放空间信息也应当实时反馈到预警系统中，以保证信息的随时更新。

七、唐山城市公共开放空间结构及规划构想

（一）以"绿色"主调建立基本格局

《唐山市公共开放空间系统规划》提出了以

"绿色"为基调的五色格局。绿色生态架构 + 蓝色文化纽带；红色公共中心 + 橙色公共区域 + 灰色沟通网络，形成唐山的开放空间结构——拓展的空间形态、紧凑的空间结构。

1. 绿色生态架构

大型城市公园和外围郊野公园共同构成了唐山市的公共开放空间系统的生态架构，地壳断裂带方向和机场铁路线方向构成了"⊥"型空间架构，总体格局基本延续《唐山市绿地系统规划》的"两环两片，多廊多点"结构，以"绿环绕城，两片相

楔，绿廊穿插，绿点均布"为特色。

2. 蓝色文化纽带

唐山市的大型工业大多依河而建，尤其作为全市最主要的河流之一的陡河，流经了不同时期和不同地域，见证了唐山繁荣的工业文明和巨大的城市变迁，是城市公共开放空间系统的文化纽带。

3. 红色城市中心

纪念碑广场和百货大楼新建成的全市公共活动中心，位于新华道和建设路两大城市发展轴的交汇处，同时也位于生态架构的交汇处，成为全市的公

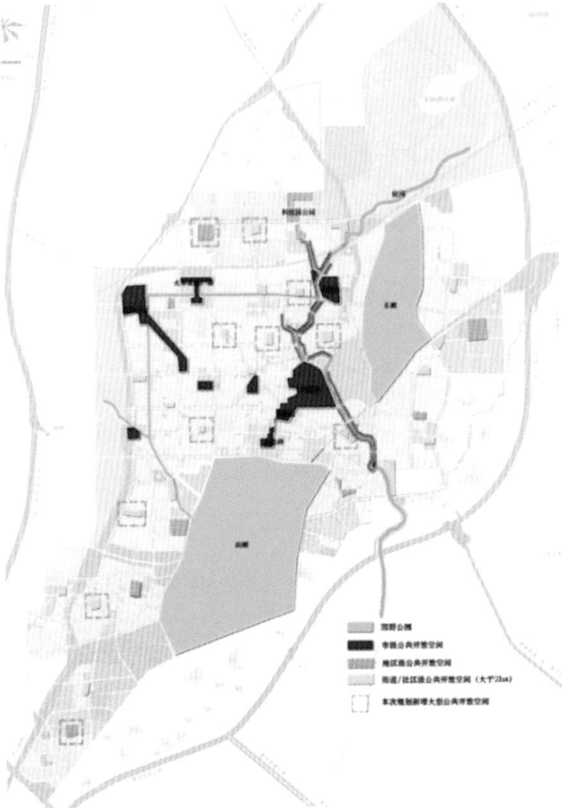

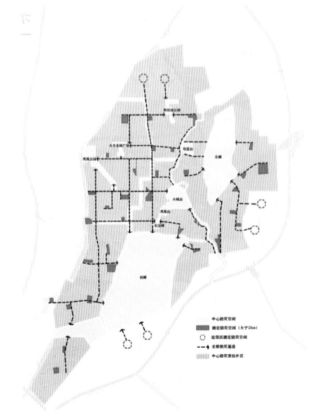

图8-16　5公顷以上各级公共开放空间规划图

图8-17　5公顷以上各级公共开放空间规划图

城市转型发展的规划策略

共活动中心和重要防灾枢纽。

4. 橙色公共区域

结合城市发展轴或自然风景元素（绿色空间或河流）形成分片而设的公共活动密集区域，彰显各自的地域特点，配置侧重点不同的公共开放空间组群。

5. 灰色沟通网络

在全市道路系统的基础上构建便捷通达的沟通网络，面向步行和自行车等慢行交通方式，满足大众公共活动需要和公共安全标准；并在公共活动密集地区加大网络密度。

结合未来的城市空间结构特征，有选择地规划全市的市/区级公共开放空间和5公顷以上的街道级公共开放空间。

按照一定的空间设置标准和防灾体系建设要求，5公顷以上的大型公共开放空间和郊野公园应承担全市中心—固定防灾体系，并根据中心防灾空间布局设立相应的防灾责任片区和主要救灾联系通道。

中心防灾空间包括公共开放空间中的大城山—凤凰山—纪念碑广场—大钊公园一带（线状）、弯道山公园（扩建）、凤凰公园（规划）、火车北站广场（规划）、科技园公园（规划）和两处郊野公园（东湖和南湖）。大型固定防灾空间主要包括33个5公顷以上公共开放空间（沿河宽度大于50米），总面积180公顷。

（二）城市小型公共开放空间构想

按照总体规划，至2020年，中心城区人口规模为156万人。按照固定防灾空间最小规模2公顷和人均2平方米、紧急防灾空间最小规模0.4公顷和人均1平方米的实际避难要求，扣除大型固定防灾空间（大于5公顷）的10公顷面积，全市远期将需要总数约66个2公顷的固定防灾空间和156个0.4公

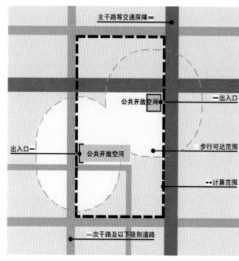

步行可达范围覆盖率 ＝ S／S

S为计算范围内，公共开放空间和其步行可达范围共同覆盖的建设用地面积（不包括城市道路面积）。

S为计算范围内，总建设用地面积。

图8-18 居住空间步行可达范围

顷的紧急防灾空间。为更好地落实小型公共开放空间建设，应从街道和社区（居委会）入手加强公共开放空间建设，更有利于工作的落实。

1. 街道级的"三个一"

每个街道应至少建设一处街道公园、一处街道文体广场和一处综合体育活动场地。对于用地条件受限的街道，可考虑将街道公园、广场和运动场地合并设置，合并规模应满足人均0.7平方米。社区公园要求有亭廊、乔木、座椅；文体广场可结合文体公园设置，要有不小于500平方米的集中硬质铺装场地；综合体育活动场地可结合公园或广场设置，占地面积30%应为免费活动场地，应包括田径场、足球场、篮球场，有条件可提供乒乓球场、网球场等。

		分类			
		绿化空间	广场空间	运动空间	合计
分级	市/区级	5.0	0.1	0.05	5.15
	街道/社区级	2.5	0.15	0.2	2.85
	合计	7.5	0.25	0.25	8.0

表8-1　公共空间分类分级人均指标表

空间形式	项目名称	用地面积（m²/处）	配置规定		配置级别		备注
			数量	人均用地面积	街道	社区	
绿化空间	社区公园	4000-10000	每社区至少1个	不应低于0.5m²		●	宜配置健身小径、宠物活动专用场地。
	街道文体公园	10000-50000	每街道至少1个	不应低于1.5m²	●		宜配置健身小径、宠物活动专用场地、自行车专用道。
运动空间	社区免费体育活动场地	4000其中至少提供50%面积为免费场地	每社区至少1个	免费场地不应低于0.15m²		●	免费场地应包括篮球场、门球场、健身苑和活动游戏场地
	综合免费体育活动场地	12000-18000其中至少提供20%为免费场地	每街道1-2个	免费场地不应低于0.05m²	●		免费场地应包括小型足球场等。
绿化空间	社区广场	400-2000	每社区至少1个	不应低于0.05m²		●	宜设置大家乐舞台等。
	街道广场	2000-4000	每街道至少1个	不应低于0.1m²	●		宜设置大家乐舞台等。

表8-2　公共开放空间配置要求汇总表

城市转型发展的规划策略

2. 社区级的"四个一"

每个社区应建设一处社区公园、一处社区广场、一处社区运动场地，以及分时段免费开放的一所学校的体育场地。对于用地条件受限的社区，可考虑将社区公园、广场和运动场地合并成一处设置，规模应满足人均0.7平方米。

社区公园，要求有亭廊、乔木、座椅；社区广场，可结合社区公园设置，但要有不小于200平方米的集中硬质铺装场地；社区体育活动场地，可结合社区公园设置；学校的体育场地应包括小型田径场、足球场、篮球场，有条件可提供露天乒乓球场、羽毛球场等，可每天定时开放。

（三）指标体系——一套空间，双项达标

城市公共开放空间的总体水平反映在城市公共开放空间的数量、分布状态上。由于国内的城市规划技术规范中没有明确公共开放空间的定义和配置原则规范，对公共空间的评价只能借鉴一些相关数据指标，如绿地率、人均建设用地面积、人均广场面积甚至道路网密度等，虽然指标很多，但大都只

能反映城市公共开放空间的某个方面或局部的、间接的特征，无法全面反映公共开放空间的真实水平。提出相应可评估的具体指标。

唐山市的公共开放空间指标体系主要有人均面积和步行可达范围覆盖率，通过2个基准指标和1个参照指标来控制：人均公共开放空间面积、5分钟步行可达范围覆盖率；步行可达范围——以公共开放空间的出入口为圆心，以公共开放空间的步行可达距离为半径做圆，圆的范围未越过城市交通屏障[3]的部分（见图8-18）。

步行可达范围覆盖率——公共开放空间和其步行可达范围共同覆盖的建设用地面积（不包括城市道路面积）与总建设用地面积（不包括城市道路面积）的比值（见图8-18）。

1. 全市总体配置标准

唐山全市人均公共开放空间面积应至少达到8.0平方米/人，并力争达到10平方米/人。非独立占地公共开放空间作为提高步行可达范围覆盖率的有效途径——当独立占地公共开放空间无法满足步

图8-19 城市的滨水空间

行可达范围覆盖率要求时，应合理增设非独立占地公共开放空间。

全市5分钟步行可达范围覆盖率应达到80％。其中，居住用地应达到95％。

2. 分类分级人均标准（见表8-1，表8-2）

3. 防震抗灾要求

从抗震防灾的角度来看，必须保证中心防灾空间人均标准达到3平方米、固定防灾空间人均标准达到2平方米、紧急防灾空间人均标准达到1平方米。

根据平灾结合的原则，各等级的防灾空间主要由城市居民日常使用的各等级公共开放空间和城市开敞空间（如南湖公园等郊野公园）组成；大部分公共开放空间都将成为防灾空间，构成防灾空间主体。中心防灾空间全部由市级公共开放空间和城市开敞空间构成；固定防灾空间全部由规模在2-50公顷的各级别公共开放空间构成；紧急防灾空间主要包括规模在0.4-2.0公顷的公共开放空间、中小学操场、大于1公顷的企事业单位内开敞空间以及部分城市干路。

第五节 塑造唐山市公共开放空间特色

以"绿色"为城市公共空间主旋律空间形式

（一）绿地系统规划

大结构组团结构的城市（三块废弃地重建的绿地）

唐山市绿地系统的总体规划结构为：两环两片，多廊多点。此结构以绿环绕城、两片相楔、绿

图8-20 凤凰山公园周围的总体环境

图8-22 唐山特征分区规划

城市转型发展的规划策略

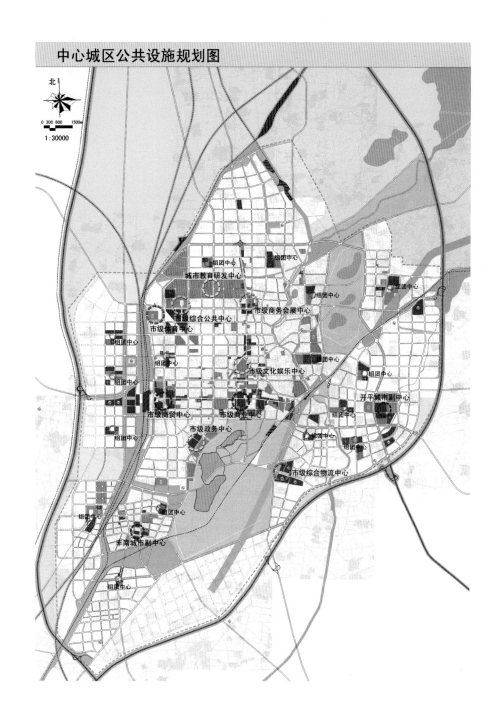

中心城区公共设施规划图

北

0 300 800 1500m
1:30000

城市教育研发中心

组团中心
组团中心
组团中心
组团中心

市级商务会展中心

市级综合公共中心
市级体育中心

组团中心

组团中心

组团中心

组团中心

市级文化娱乐中心

组团中心

开平城市副中心

市级商贸中心

市级商业中心

组团中心

市级政务中心

组团中心

组团中心

市级综合物流中心

组团中心

组团中心

丰南城市副中心

组团中心

图8-21 公共设施规划图

图8-23 公共空间的活力——改造后的凤凰山公园

廊穿插、绿点均布为特色。

两环两片。"两环"指中心城区外围的生态森林构成的"绿环",以及环城水系构成的"水环";"两片"指南湖郊野公园和东湖郊野公园。"两环"、"两片"构成了唐山中心城区生态环境的背景,也是中心城区基础自然面貌的最好描述。二者一方面起着绿化隔离、生态涵养的功能,一方面也是城市的绿色背景。"两环两片"依托中心城区周边的水系、林带、防护绿地、农田等生态要素构建唐山"园在城中、城在园中"的美好城市图景。

多廊。"多廊"指分布于中心城区内各处的带状公园和街旁绿地。主要包括:时空穿梭轴和历史文化轴;中心城区内的三条主要河流——陡河、青龙河、石榴河,以及沿河流构成的滨河带状公园;分布于主要道路沿线的街旁绿地。"多廊"是城市绿地系统中重要的线状要素,这数条"绿廊"形成绿色的网络,丰富了唐山绿地的形式和内容。应该认识到唐山市作为一个工业城市,其绿地总量和公园绿地总量在一段时间内难以得到质的飞跃,因此同市民日常生活接合最紧密的街旁绿地、带状公园将是展现唐山绿地质量和城市风貌的重要方式,同时作为景观轴线,带状公园和街旁绿地能够将各个绿心、综合公园以及各个城市组团的生态绿化资源联系起来,发挥绿地的整体生态效应。

多点。"多点"指包括五个市级综合公园——大城山公园、凤凰山公园、两河公园、凤凰公园、弯道山公园——在内的多处综合公园和专类公园等。各处公园是唐山市民进行日常游憩活动的主要场所,同时也是构成中心城区大生态系统的重要组成部分。此外,中心城区内众多块状的街旁绿地和专类公园、社区公园构成的绿地节点构成了唐山绿地系统的血肉,是绿地这一"有生命的基础设施"分级配套的基础支持。

绿系——形成有机的"网络系统"利用城市公

园和外围绿地在规模、类型、特色的差异形成优势互补的公园绿地格局。

考虑到唐山市绿地建设的现状，城市公园的类型不宜追求大而全，而是应注重公园品质的提高，要从服务于居民日常休憩活动这一点出发确定各个绿地的功能定位和设施配置。

利用唐山市内存在的水系、废弃铁路等，规划建设带状公园，充分利用线性空间，拉近人与自然、人与历史之间的距离。

（二）南湖新区行政中心城市设计重点构想：都突出以"绿"为重点

绿廊区政广场——绿茵草原延伸至区行政中心前，形成区政广场。广场东西侧由连廊界定，为广场提供遮阳避雨的功能。

广场环路——沿广场及区政中心用地设置林荫环路，为区政中心及外围的机构及单位提供环境优美的主要入口进出道路。

绿色区政中心——区政中心的主体建筑可以运用机棚顶部型态的屋顶公园，延伸南侧区政广场衔接北侧社区干沟花园，形成一个完整的开放空间序列。

（三）多尺度、多类型、复合功能、重点地段的开放空间建设

根据公共空间发展架构的设想，将规划区划分为六类公共活动主题区（不包括非建成区）——综合活动区、文体活动区、滨水活动区、既有生活区、规划生活区和主要城市公园与郊野公园。

综合活动区——城市中心区、片区中心地区和主要商业地区。人流量大，公共活动密集，以硬质环境为主的城市广场、商业街和建筑退让空间为主。

文体活动区——依托现有或规划的市/区大型体育设施，营造丰富的体育运动空间，突出文化运动主题。

图8-24 城市穿行概念

滨水文化区——作为城市环境的重要串联元素，充分将河流融入城市生活。通过水岸活动区、水渠活动带等水环境的营造，进一步丰富唐山公共开放空间的表现形式和活动类型。（见图8-19）

既有生活区——震后重建的主要生活区和厂区，也是目前全市居民最集中的居住地区。注重适当保留具有代表性和地方特色的商业街道空间，并对其他街道空间进行改造。同时，加强防灾空间的完善。

规划生活区——遵循既有规划空间布局、严格按照公共开放空间设置标准进行建设。

主要城市公园与郊野公园——提供多元的空间活动内容，尽可能减少进入障碍。

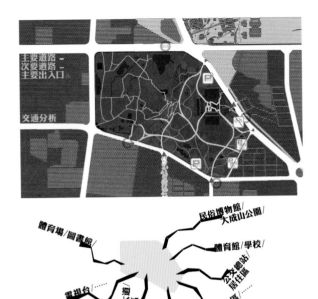

图8-25 穿行概念

（四）"复合空间"公共开放空间+公共建筑及公共设施（各层级的）

"复合空间"是唐山公共开放空间的一大特点。

在公共空间的建设中，规划应充分挖掘城市土地价值的潜能，扩大环境容量，打破传统意义上功能单一的城市绿地空间，提出绿色背景下的城市设计，即在公共绿地中植入新的功能：开放的大型公共建筑、娱乐综合体与步行街并存。通过空间的巧妙划分，既保证开放的公共建筑空间欢悦、热闹、延展的有机性，又维护了居住的宁静、安全、亲切的生活空间网络；既能迎合人们对公共活动的不同需求，又能缩短交通距离，节省时间，节约土地，同时还达到了城市空间布局的整体和谐，为市民创造便利的生活条件和多样性的活动空间，提高城市

空间的吸引力。多彩的生活自然地赋予了多元的功能空间丰富的内涵。人的各种行为活动从居住空间向外延伸到组团中心等小规模的公共空间，再延伸到社区会所、园林，直到公园、湿地等大规模的城市公共空间，于是从居住空间到城市大的公共空间就形成多样的空间层次。

第六节 唐山城市开放公共空间实践——以凤凰山公园改造为例（公共开放的空间"复合空间"）

唐山市凤凰山公园位于市中心，占地37公顷，是唐山市民的重要社会活动场所，由于年长日久及时代变迁，逐渐失去活力。2006年对公园进行整体改造，将新改造的凤凰山公园及坐落在公园内的唐山市博物馆、分布在公园周边的民俗博物馆、大城山公园、体育馆、学校、老干部活动中心、居住区、景观大道、图书馆、医院等城市资源和社会生活结合起来，使之成为城市的有机体，使开放型的公园成为市民的"城市客厅"，激发城市的活力。

凤凰山公园与工人文化宫地块由于种种原因，山体相连的两块同属于市民的公共绿地并没有多少联系，方案将凤凰山公园与文化宫地块紧密结合，形成了山体相连的自然环境。通过结合，使凤凰山公园受到良性的影响，激发了整个地块的活力与能量，实现了凤凰山公园与工人文化宫所在的整个地块成为一个整体。首先，对边界进行缝补——连通穿行的路径，修补不协调的环境，从大致的视觉环境出发做到基本一致与联系的畅通；其次，通过事件的影响力，与场地的吸引力，影响与作用于凤凰山公园；最后，由于自然选择与人为的作用，逐步对凤凰山公园内保留下来的人们喜爱与怀念的场地与设施进行改造，致使两个地块，重新成为一个拥有活力与能量的整体。同时，将地块中即将改建的市级博物馆和周边的文化资源结合起来，通过景观设计，使之成为具有文化艺术氛围的开放性空间，为城市的艺术文化活动提供场地，提高市民艺术文

图8-26 凤凰山公园

化和休闲生活的品质，激发了城市的活力。

穿行概念：公园以"穿行"作为设计概念，旨在将地块周边环境因素与公园建立一种积极的联系。方便了周边居民的使用，使市民每日的生活快乐而丰富；创造了一种更为美好的生活方式。穿行让公园不再是"园"而是一个美丽体验过程；公园是穿行的载体；公园边界彻底向城市打开，穿越公园的路径将公园编织进市民的生活。公园与城市和社会生活紧密联系起来。"穿行"将公园的活力带给城市，鼓励市民步行穿越公园到达城市的各个角落，公园生活成为市民日常生活的一部分，快乐、健康、环保的生活方式为这里的人们带来幸福。

道路是体现设计理念的重要元素，注重空间和感官体验，将地形、植物和铺装材料相互结合，形成特色鲜明的道路景观，让人们享受穿行所带来的乐趣。拆除原有围墙，公园通过边界向城市打开，成为城市一道绿色风景线。

公园承载了大量的历史文化信息，因此我们保留了有价值的活动场所并进行改造，这种改造并不是简单的修复，而是根据原有活动的需要增加场地的舒适度，人们愿意驻足观赏和停留，使传统文化得以延续和发展。而富有现代气息的设计则为人们带来新鲜感，引发艺术、文化等新的活动发生。

第七节　城市公共空间的实施保障

一、建立定期检讨的专项规划制度

建议将公共开放空间系统规划作为一项专项规划，制定有限目标并且持续改进，定期检讨并更新（规划时效为三至五年），为控制性详细规划提供反馈建议，从而指导修建性详细规划以及局部城市设计。

二、建立预警系统和反馈机制

为了持续有效地落实公共开放空间系统规划，将公共开放空间的现状和规划信息，纳入到城市规划管理部门的图形管理系统中，并建立公共开放空间的服务覆盖预警系统。以城市道路围合而成的街坊为单位，用红黄绿区标示现状公共开放空间的服务盲区、欠服务区和合格区。

该预警系统主要用于指导规划管理部门对控制

性详细规划、修建性详细规划、局部城市设计的审查。管理部门可根据预警系统判断被审查地区的公共开放空间需求情况，以此作为一项审查要点检查

公共开放空间的落实情况。同时，管理过程中实现的新的公共开放空间信息也应当实时反馈到预警系统中，以保证信息的随时更新。

1．Rn4指R14、R24、R34和R44类用地。

2．为便于比较，统计数据包括相对独立的公共开放空间，不含一般城市道路空间.

3．城市交通屏障：高速公路、快速路、主干路、铁路、河流。这些设施打断了步行的连续性，降低了步行的舒适性，即使设有人行天桥和地下通道，也很难改善。城市交通屏障无疑会降低自发性步行的发生频率，而本规划侧重于研究居民的日常户外活动，因此将未越过城市交通屏障的圆的范围作为步行可达范围。

第一节 唐山产业类历史建筑及地段的总体情况

唐山是我国近代工业发源地之一，因市区中部的大城山（原名唐山）而得名。其历史悠久，早在4万年前就有人类劳作生息。商代属孤竹国，战国为燕地，汉代属幽州，清代分属直隶省永平府和遵化直隶州。这里在唐朝时原为一片村落，从明朝起有一定程度的开发，主要为农业、采石业和制陶业。随着清代晚期"洋务运动"的兴起，清光绪三年（1877年）李鸿章奏准清廷派唐廷枢勘察开平煤炭情形，次年拟订了几条招股章程，集资80万两白银，确定官督商办，采用西方的先进方法采煤，到1881年建成唐山煤矿并开始出煤，这是我国第一座现代化的煤矿，也是唐山由一个村落发展成为一座城市的开始。1881年开平矿务局为解决煤炭外运，修建了我国第一条标准轨距铁路——唐胥铁路(东起唐山矿煤厂、西至胥各庄)，1907年京奉铁路全线通车，为唐山的繁荣发展创造了条件。1910年启新洋灰股份有限公司建立唐山第一座发电厂——华记发电厂，1919年兴建华新纺织厂，多种工业的兴起使唐山成为中国近代工业发祥地之一。中国第一座近代煤井、第一条标准轨距铁路、第一台蒸汽机车、第一袋水泥、第一件卫生陶瓷均诞生在这里，被誉为"中国近代工业的摇篮"和"北方瓷都"。

从建国开始至20世纪80年代初是唐山工业完成原始积累的时期，在这一时期，唐山依托其丰富的金属矿产、非金属矿产以及能源矿产，使得其黑色金属冶炼及压延加工业（其中尤以钢铁冶炼业发展最为突出）、非金属制品制造业（特别是陶瓷制品业和水泥制造业）以及煤炭、石油和天然气的开采及洗选业得以迅速发展，为唐山完成工业化初期的积累，步入工业化中期发展起到决定性作用。目前唐山工业生产中举足轻重的支柱企业，唐山钢铁厂、冀东水泥厂、机车车辆厂和矿山冶金机械厂都

序号	用地代号 大类	用地代号 中类		面积（公顷） 现状	面积（公顷） 规划
1	R		居住用地	4.14	321.28
		R1	一类居住用地	—	—
		R2	二类居住用地	3.29	321.28
		R3	三类居住用地	0.85	—
		R4	四类居住用地	—	—
2	C		公共设施用地	46.41	72.52
		C1	行政办公用地	2.92	2.00
		C2	商业金融业用地	2.97	33.88
		C3	文化娱乐用地	—	3.16
		C4	体育用地	—	—
		C5	医疗卫生用地	—	0.35
		C6	教育科研设计用地	40.52	32.83
		C9	其他公共设施用地	—	0.30
3	M		工业用地	638.51	95.42
		M1	一类工业用地	20.82	30.41
		M2	二类工业用地	212.08	23.43
		M3	三类工业用地	405.61	41.58
4	W		仓储用地	32.39	—
		W1	普通仓库用地	32.39	—
		W2	危险品仓库用地	—	—
		W3	堆场用地	—	—
5	T		对外交通用地	—	—
		T1	铁路用地	—	—
		T2	公路用地	—	—
6	S		道路广场用地	—	19.02
		S1	道路用地	—	19.02
		S2	广场用地	—	—
		S3	社会停车库用地	—	—
7	U		市政公用设施用地	22.79	25.08
		U1	供应设施用地	4.92	—
		U2	交通设施用地	15.95	—
		U3	邮电设施用地	—	—
		U4	环境卫生设施用地	—	—
		U5	施工与维修设施用地	1.92	—
		U6	殡葬设施用地	—	—
		U9	其他市政公用设施用地	—	—
8	G		绿地	—	191.26
		G1	公共绿地	—	175.26
		G2	生产防护绿地	—	16.16
9	D		特殊用地	—	—
		D3	保安用地	—	—
合计			城市建设用地	744.24	724.74
E	E		水域和其他用地	—	19.50

表9-1 需盘整用地汇总表[2]

是这一时期的产物，正是这些企业的入驻形成了重工业产业基础，决定了唐山产业发展的方向。

从20世纪80年代开始，在鼓励政策创新的体制改革下，一部分国有企业中的技术骨干和产业工人从原有企业中脱离，自主创业形成新的中小企业；依托原有企业的技术、资金和市场网络迅速成长，构成实力雄厚的民营企业集群，其中包括资产过亿的达到190家，18家企业纳入省百强，5家跻身全国五百强。这一时期形成的企业集群，使唐山形成了不依赖外来投资的内生发展动力，带领唐山跨越了发展的规模门槛，形成了钢铁行业的全国影响力。

进入新世纪以来，唐山以第二产业为主导的产业格局得到进一步的发展，目前已成为全国重要的能源、原材料工业基地，并形成了以煤炭、钢铁、建材、机械等为主的十大支柱产业，并有开滦、唐钢、冀东水泥、三友等一批大型骨干企业。2007年唐山国民生产总值为2779.14亿元，位于河北省前列，其中资源开采及工业生产所占比重为54%[1]，成为城市经济发展的支柱。

从以上的论述不难发现，在近百年的历史中，唐山这座城市的产生、发展都与自然资源的开采及加工业紧密地联系在一起，这座城市因资源而生，因资源而发展，具有典型的资源型重工业城市特征。

与国内很多资源型城市一样，虽然唐山的工业生产及经济发展取得了上述的成就，但其过分依赖资源及其加工的产业格局也给唐山带来了严重的问题。尤其是唐山市煤炭开采已度过鼎盛期，资源后期的替代产业发展问题是关系到城市能否再创辉煌，实现可持续发展的重大问题。同时，唐山"先矿后城"的发展模式也给城市空间结构带来严重的影响，其具体体现为城市用地布局松散无序，功能上重生产而轻生活，这些特点无法适应现代城市的发展要求，阻碍了唐山的进一步发展。

在此背景下，唐山提出要将"绿色生态宜居城市"建设作为唐山市大规模城市建设的强劲推进

器，强力整合历史积存的因短视规划和无序建设所导致的零碎、低效的城市资源，使之成为达成资源最优化配置的高效能城市体系。唐山市的"生态宜居城市"建设，不可避免地需要调整城市的空间布局，完善城市的功能结构，需要下决心动大手术将一些重污染、低效能的工厂、企业迁出人口密集的城市中心区。唐山规划局2007年数据显示，唐山市中心区需要进行土地盘整的企业共有220家，面积为744.24公顷，约占市区面积的10%左右。

唐山工业企业的搬迁及土地的盘整不可避免地产生大量废弃的工业用地、建筑物及构筑物——即产业类历史建筑及地段，它是指"工业革命后出现的专用于工业、仓储、交通运输行业的建构筑物及其所在地区。由于种种原因它们中有些已失去了原有用途，有些甚至已沦为废墟。其中工业建筑指用于工业生产加工维修的厂房以及为之服务的仓库、服务建筑构筑物、工业设施及其基础设施；仓储建筑指服务于城市的工业商业性仓库及设施等；交通运输建筑指服务于运输的码头车站的站房、仓库、船坞、货柜装卸设施及其一些辅助建构筑物等。"[3]

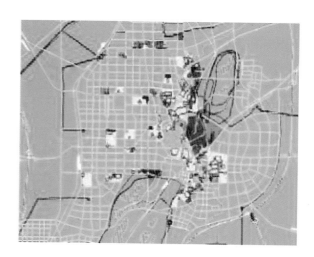

图9-1 唐山需要盘整的土地分布

图9-2 由于塌陷而破坏的住宅

唐山产业类历史建筑及地段的衰败的现实状况折射出了严重的社会、经济和环境问题,如何对这些产业类历史建筑及地段进行更新和再利用是政府和有关企业无法回避的问题。从另一方面来看,既然产业类历史建筑及地段的土地整理和功能置换势在必行,那么就力求将它转化成唐山产业和经济结构转型的机遇和载体。从国内外已有的经验来看,通过恰当的手段对产业类历史建筑及地段进行全面整治和优化更新,可以为城市摆脱目前所处的困境、寻求发展注入生机提供新的支撑点和经济增长极。因此,唐山产业类历史建筑及地段的保护与更新,是唐山实现城市经济结构转型和可持续发展的一个重要机遇,而由于唐山所具有的典型资源型重工业城市的特征,唐山城市发展的模式也对我国资源型重工业城市的复兴具有重要的意义。

第二节 唐山产业类历史建筑及地段的特点分析

唐山产业类历史建筑及地段的产生是其资源开采以及工业化发展进程中的伴生物,目前已演化为城市问题的显化表征和承载对象,其主要特点表现为以下几方面。

一、制约经济发展

产业类历史建筑及地段是一种特殊的土地资源,由于处于废置状态,土地的资产特性没有通过市场机制得以显化,未能实现土地资源的优化配置,在承载空间上制约了城市新产业的发展。据统计,在唐山规划局进行工业用地盘整规划中所涉及的220家单位中,处于停产半停产状态的单位就有115家,总用地面积为370.38公顷,分别占据了单位总数的52.3%和总面积的49.7%,这些用地大部分位于城市中心区,具有良好区位条件,土地的不充分利用严重地限制了唐山经济的发展。

二、破坏自然环境

唐山所特有的产业结构使得很大一部分土地存在不同程度的污染,其主要体现为土壤的酸碱污染、有机物质污染和重金属污染。土壤污染在生物地球化学循环作用下还会发生迁移,向外界输送污染物质,降低附近区域的环境质量,威胁居民生活的健康和安全,必须经过污染治理后才能加以利用。另一方面,唐山多年的煤矿开采在中心城区形成采煤沉陷区并引起了地面坍塌,破坏了地面上的建筑设施。例如南新道平房区就处于采煤波及区之内,其占地1.2平方公里,总建筑面积170196平方米,房屋占地面积486117平方米,居民3536户。根据唐山市上报的《河北省开滦矿区采煤沉陷区受损情况报告》,该区域受损程度达到3级以上的有1084户(属于危房),占总户数的31%,而事实上随着不均匀沉降的继续发生,危房的比例还在不断地上升,严重影响了当地居民的生活。

三、破坏城市形象

唐山独特的发展历史造成了城市与煤矿相伴而生的城市格局。时至今日,位于唐山中心城区的部分煤矿仍在生产之中,部分采矿场、工业废弃物堆场等构成了明显区别于周围环境的地貌形态,并与一般意义上的现代文明的城市形象相去甚远,形成了嵌入城市整体中的"丑陋的斑块"。而同时,城区内产业类历史建筑及地段上闲置的大量的建构筑物设施、废弃的巨大设备、堆置的工业废料和排放的工业废弃物等构成了灰暗污秽、杂草丛生、斑驳锈蚀、破残衰败的消极城市景观，严重地破坏了城市的物质环境。例如处于半停产状态的滨河水泥厂，厂房简陋，破败，烟尘飞扬，是唐山"丑陋斑块"的代表。

四、见证工业文化

唐山产业类历史建筑及地段是唐山工业化进程的伴生物和历史佐证。唐山作为资源生产基地，在我国近现代的工业文明形成和发展中曾发挥了极其重要的作用。工业文化是其发展历史中所形成的特色文化，深深地影响着这座城市，深入每一个市民的生活之中。产业类历史建筑及地段即是这种工业文化的物质体现，默默地见证了这种文化的缘起、辉煌、衰落和变迁，特别是能体现唐山工业发展史的"五个一"的实物具有一定的文物价值，值得保护与传承。此外，大量的工业厂房仍在使用寿命之内并体现了工业美学特征，对其进行保护与再利用有利于传承唐山的工业文脉。例如唐山卫生陶瓷厂内的部分建筑，简洁朴素，体现了工业生产的秩序性，具有保护价值。

五、负载社会问题

唐山产业类历史建筑及地段还负载了一定的社会问题，其多年的工业生产造就了大量的产业工人，他们文化程度普遍不高，收入较低，随着产业

图9-3 滨河水泥厂

图9-4 唐山钢铁公司—摄于1990年

转型离开了工作多年的土地，丧失了收入来源，成为不稳定因素，在一定程度上影响了社会的和谐。因此，为失业职工解决就业和再就业问题是唐山产业类历史建筑及地段所肩负的使命。此外，多年的劳动使得产业工人与其工作生活的土地建立了身后的情感，在满足其基本的生活问题后，如何解决其情感问题是产业类历史建筑及地段的另一使命。如果上述两个问题得不到有效的解决，那么唐山社会问题积聚并爆发的潜在威胁就不会彻底消弭。

第三节　国内外相关的理论及实践

国际上对工业遗产保护的研究始于20世纪50年代英国的民间研究团体，他们基于"工业考古学"对工业革命以后的工业遗迹、遗存做了一定的调查和研究工作。

1996年国际建协第19届大会重点讨论了"模糊地段"问题。"模糊地段"系指包含了城市中诸如工业、铁路、码头、滨水地带等被废弃地段，大会讨论了此类地区的保护、管理和再生问题。认为"模糊地段是提供认同性的场址，是过去与现在的交点"，"是作为记忆的经验，作为一种对缺席的过去的浪漫主义留恋，作为对庸俗的、生产主义的现在相对立的一种批判性的保障。""只有对记忆和缺席的价值与创新的价值给予了同等的注意，才能使我们对复杂而多元的城市生活维持信心。"

国内由于经济发展阶段的原因，旧工业建筑改造的相关研究和实践均晚于国外。但是近年来，由于国内城市经济社会条件的不断发展，旧工业建筑与城市更新之间的矛盾越来越突出，旧工业建筑引起的相关经济、社会问题也越来越引起人们的重视。

纵观国内外产业类历史建筑及地段相关理论及实践的发展不难发现，该领域的发展和工业社会的没落与信息社会的兴起紧密相关，相关的理论产生于实践，并且在一定程度上为后续的建筑

设计实践指明了方向，避免了从理论到理论的空洞，因而具有较强的创新性。产业类历史建筑及地段更新实践的蓬勃开展也必将为理论的发展提供新的广阔空间。

第四节　唐山产业类历史建筑及地段更新的目标、影响因素、原则及策略

一、产业类历史建筑及地段更新的目标

（一）挖掘产业类历史建筑及地段的经济价值

经济活动是城市生活的主体。唐山经过多年的经济建设形成了自己独特的产业构成，其具体表现为过分地依赖资源的生产以及在此基础上的低附加值的初级加工产业，这种经济构成在取得阶段性成绩的同时却带来一系列的问题，例如环境污染严重、贫富差距加大等等，并最终造成了经济的不可延续，如何促进城市的转型是当前唐山面临的主要问题之一。

产业类历史建筑及地段的更新是唐山城市整体更新的一部分，也肩负着促进唐山产业转型的艰巨任务。《唐山市总体规划2008——2020》中明确阐述：唐山中心城区未来十几年中以发展第三产业为主，实行"退二进三、退二还绿、让山于民、让水于民"的战略部署。规划期内有计划地搬迁对城市生活居住有污染有干扰的工业企业，调整完善生产职能和管理职能，强化服务职能和融通职能。壮大商贸流通传统服务业，强化科技教育、金融保险、房地产、信息服务和文化娱乐等现代服务业，成为第二产业和第三产业协调发展的中心城市。到2020年，国民经济工业化、现代化水平迈上新台阶，预测全市非农产业比重提高到90%以上，三产结构为5：55：40[4]，从而完成产业结构的序次演化。在此要求下，唐山产业类历史建筑及地段的更新应结合其自身的特点，充分发挥其在土地、技术、劳动力等方面的优势，多角度地挖掘其潜力，

全面促进城市的产业转型，也只有城市经济得到良性的发展，产业类历史建筑及地段更新的活动才能在唐山全面展开。

（二）发扬产业建筑遗存的文化特色

城市蕴涵着丰富多样的人类文化，区域特色正是体现人类文化丰富性和多样性的所在。在一定程度上来讲，唐山城市文化深深打着工业文化的烙印，正是近代工业文化的发展，才催生了唐山这座城市。从产业建筑遗存中发掘其文化特色是产业建筑遗存改造中不可忽视的重要方面。美国品牌专家凯文·莱恩·凯勒在《战略品牌管理》一书中指出，要想使城市焕发独特的魅力和萌生鲜活的生命，要想在未来的城市商业化竞争中取胜，一个城市首先必须提炼出与众不同的核心价值，必须给予人们一种独特体验，否则城市之间将缺乏本质上的差异性，将失去吸引力。

从这个角度说，对产业类历史建筑及地段的更新必须对其独具特色的城市文化进行保护，塑造城市的名片，形成唐山独特的城市形象。凯文·林奇曾经提出"意象地图"的方法，就是要证明城市中具有特色的场所和标志物在人们日常生活中的重要地位。他提到的城市设计原则可以归结为：历史延续性、方向感、审美效果、鼓舞性、认同感。[5]如果对这些内容加以考察和验证可以发现，唐山很多独具特色的产业建筑遗存区域都存在着这些空间和文化特征，对这些空间和文化特色的挖掘也正是我们进行产业类历史建筑及地段更新的创作源泉。

（三）维护产业建筑遗存所在地段的生态环境

除了经济以及文化上的振兴外，改善城市人造环境，维持良好的自然环境生态系统也是唐山产业类历史建筑及地段更新的重要内容之一。在自然环境方面，多年的资源开采以及重工业生产给唐山市的空气资源，水资源甚至土地资源带来了严重的污

染。以空气污染为例，据 2000—2005 年环境监测资料统计，唐山市城区环境空气中二氧化硫质量浓度为 0.063—0.133mg/m³,年均值0.078 mg/ m³,超过国家二级标准值（0.06 mg/ m³）的1.3倍,其中采暖期为0.118mg/ m³,为国家二级标准值的 2倍，NOX质量浓度为 0.059—0.064 mg/ m³, 年均值0.061mg/ m³,约为二级标准值(0.05 mg/ m³)的 1.2 倍[6]，这些污染的存在给唐山市民的生活带来了不良影响，是产业类历史建筑及地段在更新中所必须要解决的问题。

从人造环境的角度来看，唐山产业类历史建筑及地段上的建筑大部分都经历了几十年的时间，简陋破败，不加装饰，体现了工业建筑特性的同时却又与时代落伍。少部分小规模的厂房属于私搭乱建的性质，低矮简陋，严重的影响了城市景观，并在一定程度上阻碍了城市形象的提升。如何在产业类历史建筑及地段的更新过程中很好地解决这些问题，切实提高产业类历史建筑及地段所在区域的景观质量以及城市整体景观品质，形成城市特色，是我们改造中的一大重点和难点。

（四）激发产业类历史建筑及地段的区域活力

要使唐山产业类历史建筑及地段更新活动健康、持续地发展，仅从一个个独立的产业类历史建筑及地段思考还远远不够，还必须激发产业类历史建筑及地段所在区域的活力，使之能真正融入城市，并最终带动城市发展。相对于一般公共建筑及住宅来说，工业建筑的功能更容易随技术发展而变更，这种变更是城市转型和发展的一种活跃因素，甚至可以作为一种催化剂来促进城市空间结构的调整。国外的许多城市设计中，在很大程度上，产业建筑遗存的改造提升、环境更新都担负着地段的复兴任务，如德国鲁尔和瑞士苏黎世厄利孔工业区等产业类历史建筑及地段的改造都以城市整体或一个区域的发展为目标，由政府直接干预，将其作为城市复兴和开发的催化剂，成规模地利用和改造产业类历史建筑及地段，体现了整体性和系统性的特点。

激发唐山产业类历史建筑及地段的区域活力，首先应把握好城市的需求，根据对需求的分析，从行为、社会、文化、心理等方面，对该地段的社会经济等发挥积极的影响，并形成自己的辐射范围。当若干个更新的产业类历史建筑及地段的辐射范围相互重合时，城市的更新以及结构调整也随之发展、完善，并最终获得强大的生命力。因此，唐山产业类历史建筑及地段的更新不能单单着眼于其自身，也必须把激发区域乃至城市的活力作为其追求的目标，并最终带动城市空间结构及功能布局调整的展开。

二、产业类历史建筑及地段更新的影响因素

目前唐山产业类历史建筑及地段更新存在着观念、制度、经济、社会等一系列制约因素。

（一）观念因素

从总体上看，中国传统的建筑观念强调"轮回"而非"原物长存"，这种深层观念导致修葺原物之风远不及重建之风。历代的增修拆建，向来不重视原物的保存，只重视旧址和创建年代。在城市发展经过长时间的停滞后，近二三十年国内城市普遍显示出一种冒进的倾向：城市领导者普遍热衷于进行大规模的城市更新，并使之呈现"现代化"的面貌。很多人缺乏信心和耐心去等待需要长期付出精雕细琢之功的保护与更新。[7]正是这种普遍的浮躁心理和观念倾向，导致了包含唐山产业类历史建筑及地段在内的许多历史地段的大拆大建。

另一方面，产业类历史建筑及地段属于相对弱势和边缘的一类，倒闭的厂房和废弃用地常被视作经济衰退的标志，成为城市更新中首先被拆除的对象；同时由于产业类历史建筑及地段之上的工业建筑的舒适性标准及配套设施一般较低，存在着不同程度的损坏甚至环境污染；且由于其数量多、占地面积大、产权复杂、地处市中心区往往牵涉相关经济利益众多，对其保留利用价值的判断也一直存在争议。因此，从传统观念来看，产业类历史建筑及地段很难成为城市更新的活力点。也正是这些观念的存在，在一定程度上阻碍了产业类历史建筑及地段更新的展开。

（二）制度因素

由于我国的城市历史保护起步较晚，目前关于产业类历史建筑及地段更新的法律法规较少，仅有少数法律性文件，如《中华人民共和国文物法》，《中华人民共和国城市规划法》，《中华人民共和国环境保护法》等，但由于不是专门性的法律法规，规定不具备针对性且较为空洞，可操作性不强，且保护运行过程中具体的管理操作问题的法律规划，如：具体保护的范围确定方式、机构设置与运行程序、监督、反馈以及保护资金的来源及违章处罚等相关具体内容也十分缺乏。

基于上述原因，唐山产业类历史建筑及地段的更新体现为过多依赖"人治"而不是"法治"，在操作与执行的过程中存在相当程度的弹性，产业类历史建筑及地段更新的成与败呈现出一定的偶然性的特点。对于唐山近代工业建筑而言，由于其近代工业发展的特殊性，能够体现"在我国产业发展史上具有代表性的厂房、商铺、作坊和仓库"而被列入保护名单的数目并不多，主要是启新水泥厂、开滦煤矿等能体现唐山工业历史上的"五个一"的项目，对这类项目的保护目前基本已得到从上至下的共识，而大量、一般性的近代工业建筑、群落、集聚区的保护与更新则没有任何的依据可言，相关保护规划的制定迫在眉睫。

（三）经济因素

在当今社会，产业类历史建筑及地段的更新不可回避的一个问题即是资金来源问题。产业类历史建筑及地段更新的资金筹集主要有四条渠道：第一，市级和区、县级财政预算安排的资金；第二，境内外单位、个人和其他组织的捐赠；第三，产业类历史建筑及地段上建筑转让、出租的收益；第四，产业类历史建筑及地段开发的资金。[8]在实际操作中，唐山产业类历史建筑及地段的更新基本完全依靠政府财政，要么完全依靠产业类历史建筑及地段的开发，资金来源单一，项目周期长，进展缓慢。在此背景下，充分调动居民和企业参与产业类历史建筑及地段更新的积极性，弥补国家保护资金的不足，利用企业和民间资本进行开发有其合理和必要性，实践证明也是可行的模式。

而另一方面，由于唐山中心城区土地的价值较高，用地稀缺，一些具有较好的区位优势、历史价值并不突出的产业类历史建筑及地段往往吸引了开发商的眼球。特别是在近十年大规模城市更新运动中，这种盲目追求经济利益，通过拆迁原有建筑来增加开发容量的方式是许多产业类历史建筑及地段被摧毁和夷平的重要因素之一。例如唐山焦化厂项目，尽管规划部门已经着手进行有意义的尝试，但为了追求经济效益的最大化，厂区还是被夷为一片平地。因此，虽然强调资金来源的多样性，还应加强政府的主导作用，这样才能保证更新效果的最终实现。

（四）社会因素

唐山产业类历史建筑及地段与普通市民具有天然的联系，尽管目前人们对产业类历史建筑衰败的前景、糟糕现状环境牢骚满腹，但大部分居民对于本街区的工业建筑还是有着特殊情感。工业建筑常能勾起他们作为建设者对于时代发展的感怀，而且工业建筑已经成为他们生活环境的有机组成部分，深深地融入了他们的生活。例如在唐山规划局官方网站上的在线调研显示，在所有8个选项中，有超过47%的调查对象选择工业性格作为唐山城市主要特点[9]，可以看出产业类历史建筑及地段的更新已经与唐山普通市民息息相关，具有深厚的平民情节。

我们需要什么样的城市，取决于城市的绝大多数市民。因此，没有占人口绝大多数的普通市民的支持，唐山产业类历史建筑及地段的更新绝不可能获得成功。而实际的情况是，产业类历史建筑及地段的更新使很多的普通市民失去了可依赖维持生计的经济方式、传统的邻里关系、生活方式，人际无形资产也会随之淡化，体现为严重的社会问题。如何解决产业类历史建筑及地段上的产业工人的就业问题、生活问题，并使他们真正享有产业类历史建筑及地段更新的成果，将成为影响唐山产业类历史建筑及地段更新的一个重要因素。

三、产业类历史建筑及地段更新的实施策略

（一）经济更新

经济活动是城市生活的主体，唐山产业类历史建筑及地段所包含的土地及其上的建筑物、构筑物具有显而易见的经济价值而经常成为更新中的焦点。而事实上，唐山多年积累起来的在某些领域的技术优势及其丰富的劳动力也是产业类历史建筑及地段的经济价值表现的重要方面。唐山产业类历史建筑及地段的经济更新，不仅体现为简单的将土地及建筑物的经济价值开发，获得短期的效益，更重要的是通过对包含技术、劳动力在内的所有因素的创造性的再利用，引导或促进唐山的经济转型，从而走上一条可持续发展的道路。唐山中心城区的220处产业类历史建筑及地段占据了唐山中心城区近十分之一的面积，这些地段是唐山中心城区最后的发展空间，充分挖掘这些产业类历史建筑及地段的价值，选择合适的利用方式，对唐山城市的经济转型具有重要的意义。

从产业形成、发展的规律来看，唐山的经济结构在短时间内不可能有剧烈的变化，但其可发展与主导产业链条具有联系的产业类型，例如发展污染少、附加值高的与主导产业具有前向联系[10]的资源产品深加工工业，与资源开采矿业主导产业具有后向联系的机械制造、机械维修、机具加工、零部件

生产等类型工业，以及对矿业产业生产过程中产生的废弃物、伴生矿物进行资源化综合利用的工业等等。这些新的工业类型可以在一定程度上利用原有的技术优势，消化大量的下岗人口，以及在很大程度上避免传统产业对资源环境的破坏并能够取得较好的经济价值。在新兴产业方面，结合唐山现有的经济水平，可以发展以服装服饰、电子信息产品加工制造业、食品加工制造业、软件开发与制造业为代表的都市工业类型。这些产业类型交通运量小、轻加工、低能耗、低物耗、低污染，并且对市场应变迅速，管理体制灵活，适应能力强。对于由于资源开采造成的暂时不适合建设的地段，发展具有都市特征的农业也是一个很好的选择，吸纳一部分就业的同时也能取得一定的经济效益。此外，发展文化产业、房地产业、旅游业特别是工业旅游业也都能有效地促进唐山整体的经济转型。

虽然上述的产业类型都能在一定程度上适应唐山经济的发展，但在实际的操作中还存在一个"度"的问题。以文化产业为例，虽然其以旧工业建筑为依托的发展模式已在上海、北京等城市取得了一定的成功，并得到了较好的发展，但北京、上海的城市规模、人口数量、经济水平要远远超过唐山，因此相同的文化产业能不能适应唐山的经济还有待市场的考验。在产业类历史建筑及地段经济更新的过程中，对于这种类似文化产业的产业类型不宜盲目地扩张，应先进行小规模的试验，并结合唐山的原有产业结构，选择陶瓷等具有一定技术基础的文化产业类型，最后根据市场的反应再决定发展的强度。另一方面，类似于房地产业的以土地价值开发为主的产业类型虽然短时间效益可观，但由于土地的出让期较长而很难取得持久的收益，并将最终破坏唐山经济的持久发展，所以并不适宜大规模的展开。因此，在产业类历史建筑及地段更新的过程中应对不同的产业类型进行综合的评价比较，以避免不适合的产

业的盲目发展对城市经济造成二次破坏。

（二）环境更新

唐山产业类历史建筑及地段的环境更新包含自然环境更新与人造环境更新两部分。自然环境方面，目前唐山的空气质量以及产业类历史建筑及地段的水体、土壤等都存在一定程度的污染，对这些污染进行整治是自然环境更新的主要组成部分。其中空气污染主要通过使中心城区的污染企业逐渐搬迁以及技术升级解决；对于存在土壤污染的产业类历史建筑及地段，主要通过种植特殊植物来逐步吸收和化解场地上的污染成分的生物方法，利用化学物质或者微生物来进行吸收和中和的化学方法，以及通过土壤置换和表层覆盖来清除和隔绝污染物理方法[11]进行处理。对于污染的水体，重金属的去除主要采用生物、沉淀、吸附及氧化还原等方法，而有机污染物及氮、磷等营养物去除，则主要用生物法进行。上述的处理方法并不复杂，需要一定的投资，并且周期长，效果不直观，但关系唐山的生态安全，必须在实践中引起足够的重视。

另一方面，产业类历史建筑及地段中大量存在的工业建筑是唐山工业历史的见证者，是城市视觉环境的有机组成部分，如何在更新中既改变这些工业建筑破败的形象而有效地延续唐山城市文脉并形成城市特色，是唐山产业类历史建筑及地段环境更新的另一任务。对于具体的保持工业建筑特色的再利用手法，相关的研究已经论述得十分详尽了，主要包括新旧并置、新旧对比等等。然而对于一座城市来说，跳跃性地更新几个工业建筑或地段，不管其改造后的效果多突出，也很难形成城市特色。因此，唐山产业类历史建筑及地段的人造环境更新应具备一定的系统性。

目前，唐山市中心城区生态研究规划已经完成，其绿色廊道——斑块体系的构建，已经成为城市绿色空间的主要网络。在绿色斑块的基础上，提出了"工业景观斑块"的概念。它与绿色斑块的概念近似，是指广泛分布于城市之中的体现唐山工业历史的一个个小的地段。从位置上说，工业景观斑块与绿色斑块可以相邻布置、分离布置或者成为一体。从构成上说，工业景观斑块可以是工业建筑本身，可以是有标志性的构筑物，或者是工业建筑的一个片段，甚至是工业片段的异地复原。从斑块的规模来看，根据实际的操作情况可大可小，小的斑块是大的斑块的补充，两者有机结合，并通过廊道连接，构建一个多层次的工业景观结构体系。各个工业景观斑块相互联系，构成一个严密的工业景观网络，这个网络与唐山的绿色斑块网络一起，共同控制城市的景观，二者互为补充，共同打造一个既有丰富的绿地系统又能体现唐山百余年工业城市历史的复合城市景观体系。

（三）文化更新

城市文化对一个国家或者城市经济社会发展的推动作用是不言自明的。在一定程度上来讲，唐山城市文化深深打着工业文化的烙印，正是近代工业文化的发展，才催生了唐山这座城市。工业文化有两层意思，一层意思是各类工业物质遗存，通过它们我们可以观察和了解唐山的工业记忆，唐山许多产业类历史建筑及地段上的工业建筑即是典型代表；工业文化的另一层意思是作为一种精神表现，近似于城市的性格，深深地植入每个普通的唐山市民的生活学习工作之中，例如强调精密的分工，以效率为中心，以个人正当利益追求为目标等等。

吴良镛先生曾说："文化是历史的沉淀，存留于建筑间，融汇在生活里。"[12]

这样看似不经意的一句话实际上道出了城市文化物质遗存的两个重要的表现方面。以唐山产业类历史建筑及地段为例，首先它是唐山发展中的重要组成部分，在空间尺度、建筑风格、材料色彩、构造技术等方面记载了工业社会历史的发展演变，反映了工业时代的政治、经济、文化及科学技术的情况，是"城市博物馆"关于工业化时代的"实物展品"，也是后代人认识历史的重要线索。我们强调对产业类历史建筑及地段进行保护，在形成城市特色的同时也传承了唐山的工业文化。其次唐山的工业文化也融汇在生活之中，普通产业工人的居住状态、生活状态、工作状态作为社会多样性的表现也在一定程度上体现了唐山的工业文化，从某种程度讲，这种动态的反映生活状态的文化要比凝固的建筑文化更加鲜活具有旺盛的生命力。所以，唐山产业类历史建筑及地段文化更新在保护唐山工业建筑的同时，还应对原有场地的生活状态进行保护。

工业文化对城市的作用一方面表现为影响、教育以及感化市民，使之在长时间潜移默化的感染中具有与祖辈相同的精神品质，并逐渐形成城市的性格特征；而另一方面，在当前的市场经济体制下，城市文化会逐渐向城市资本转化，在经过一段时间的涵养后通过项目化、节庆化的美好运作方式最终体现为对经济以及城市整体的促进，这也是产业类历史建筑及地段文化更新的重要价值所在。

（四）经济、生态、文化的协调发展

回顾唐山城市发展的历史我们不难发现，唐山产业类历史建筑及地段问题出现的根本原因即在于对传统的自然资源的不当利用，过分的强调自然资源的经济价值而对环境、文化乃至社会造成了严重的破坏，引起了一系列的严重问题，虽然在一定阶段取得了一定的经济效益，但最终却造成经济发展的不可延续，真可谓"成也资源，败也资源"。产业类历史建筑及地段更新是当前唐山城市建设的重要任务，仅从土地面积来看，产业类历史建筑及地段已占据了唐山中心城区近十分之一的土地，无疑成为唐山发展的又一个重要的历史机遇。通过国内外相关的理论及案例研究不难发现，在唐山产业类历史建筑及地段的更新中采取适当的策略及方法，完全可以修复原有发展模式所带来的恶果，取得积极的结果，使之成为唐山城市发展的新的"资源"。

吸取唐山对自然资源利用的经验教训，对产业类历史建筑及地段这种新资源的再利用不应过分强调经济、环境或者文化之中的任意一项，应从整体考虑以取得上述三者的共同发展，从而最大化地发掘产业类历史建筑及地段资源的价值。在事实上，对转型中的唐山来说，经济、环境以及文化三者是互相依存，互相促进的，只有取得经济的可持续发展才能有能力改善唐山的城市环境和文化，从而获得发展的城市环境和文化，又能创造良好的投资氛围，从而在一定程度上促进城市的经济发展。因此，经济、环境、文化三者缺一不可，只有将三者协调发展，唐山产业类历史建筑及地段更新活动才能获得持续的动力，并最终推动城市的发展。

第五节　产业类历史建筑及地段更新的实施路径

一、调研

唐山产业类历史建筑及地段的保护首先在于发现。唐山多年的工业开采及重工业生产造就了丰富的工业资源，在这些资源中，究竟哪些值得保护和再利用是研究唐山产业类历史建筑及地段所面临的首要问题。一方面，我们不可能降低产业类历史建筑及地段的标准，将所有的工业资源都保护起来，这样优秀工业建筑的价值将得不到应有的体现和释放；另一方面，我们更不能无视唐山工业资源中有价值的组成部分，将所有工业资源全部推倒重来，片面追求工业用地再开发的经济利益，这样会阻断唐山城市发展的历史与文脉。因此，如何在数量众多的工业资源中发现有价值的工业遗产，衡量和判断工业遗产的价值，建立唐山工业遗产的评价办法，并在此基础上对工业遗产进行分级保护，成为唐山产业类历史建筑及地段保护与再利用的重中之重。2009年对唐山中心城区近200处工业资源进行了相关的调研。

二、评价

刘伯英、李匡在其文章《北京工业遗产评价办法初探》中针对北京的工业遗产提出了相对完整的工业遗产评价程序：首先对各行业的工业企业进行整体评价，选出有遗产价值的企业；其次对工业企业所属的建筑、设施和设备进行综合遗产价值评价；最后根据上述量化的价值评价，由各领域专家组成的专家委员会进行综合比较和科学评价，提出工业遗产的名录，经过报送政府相关主管部门、社会公示、市政府批准等程序，向社会公布。

一般说来，产业类历史建筑及地段具有两部分价值，第一部分是历史赋予它的价值，即在工业遗产产生、发展过程中形成的价值，主要包括产业类历史建筑及地段历史价值、科学技术价值、社会文化价值、艺术审美价值和经济利用价值；第二部分是与工业遗产现状及保护、再利用相关的价值，主要包括区域位置、建筑质量、利用价值、改造及再利用的技术可能性等等。

对产业类历史建筑及地段进行具体价值评价的过程中，首先应根据其第一部分的评价来判断其遗产价值，这一部分的评价结果是工业遗产本身具有的绝对价值。在第一部分评价确定工业遗产的基础上，在讨论工业遗产保护与再利用方案或制定工业遗产保护规划时，应根据第二部分的评价办法进行追加评价。追加评价的结果不影响第一部分评价对工业遗产价值作出的判断，只作为保护与再利用方案的选择和决策参考使用。[13]

结合上述对产业类历史建筑及地段价值的评述，联系唐山的实际情况及现实工作经验，初步可以认为符合下列可确定为工业遗产：

(1)在相应时期内具有稀有性、唯一性和全国影响性等特点。(2)同一时期内，企业在全国同行业内排名居于前列，质量高，开办早，品牌影响大，工艺先进，商标、商号全国著名。(3)企业布局或建筑结构完整，并具有时代和地域特色，或能够反映企业不同时期建筑风格的建筑群。(4)展示某时间段或某文化区域内人文价值的交流，例如建筑或技术的发展、纪念性艺术创作、市镇规划和景观设计。(5)相关的建筑物及构筑物具有较好的结构安全性，具有进一步改造的可能性，建筑空间具有良好的适应度。

三、分类

对产业类历史建筑及地段进行评价后，根据各工业资源的不同得分情况，可以将产业类历史建筑及地段分为三类，即优秀近现代建筑、工业遗产以及普通的工业资源。

（1）符合优秀近现代建筑评审标准的工业遗产资源，可申报列入优秀近现代建筑保护名录，并参照优秀近现代建筑的管理办法实施管理，这种类型的产业类历史建筑及地段在唐山为数不多，例如启新水泥厂，开滦集团的某些建筑物和构筑物等，他们是唐山工业资源的优秀代表，并具备一定的申报各级文物单位的可能性。对符合文物保护单位评审标准的产业类历史建筑及地段，可申报各级文物保护单位，并参照《中华人民共和国文物保护法》、《中华人民共和国城乡规划法》规定的文物保护单位和历史街区的管理办法实施管理。

（2）对于遗产价值突出的工业遗存，应作为工业遗产进行保护。不得拆除，整体保留建筑原状，包括结构和式样，对于不可移动的建、构筑物和地点具有特殊意义的设施设备还应原址保留。在合理保护的前提下可以进行修缮，也可以置换建筑功能。但新用途应尊重其中重要建筑结构，并维持原始流程和活动，并且应当尽可能与最初的功能相协调。建议保留一个记录和解释原始功能的区域。

（3）对于遗产价值不高但再利用价值突出的工业遗存，应作为工业资源进行再利用。可以对建、构筑物进行加层和立面改造，置换适当的功能，满足时代的需求。但应尽可能保留建筑结构和式样的主要特征，使得古老的工业遗迹与现代生活交相辉映，形成地区特色风貌和趣味性。

根据上述的产业类历史建筑及地段的分类方法，在调研与资料分析基础上，提出唐山优秀产业类历史建筑及地段的基本名录。

需要强调的是，上述表格所列的优秀近现代建筑及工业遗产，最终名单的确定应经过严格有效的组织和科学严谨的评价过程才能确定。此外，目前对产业类历史建筑及地段的研究多集中于物质的遗产，对非物质文化遗产关注较少，而事实上，非物质文化是产业类历史建筑及地段价值的重要组成部分。鉴于唐山中心城区存在大量的工业建筑，是否属于工业资源类的建筑物及构筑物很难确定，在实际工作中应加以灵活掌握。

四、产业历史建筑及地段的规划原则

1. 利益平衡原则

所谓利益平衡原则，就是认识到在产业类历史

编号	名称	位置	占地面积M²
	优秀近现代建筑		
1	唐山启新水泥有限公司	东至东编街，南至新华东道，西至道路，北至北新道	283640
2	唐山陶瓷厂	北新东道以南，大城山对面	216515
	工业遗产		
3	刘庄煤矿	建设南路东，国防道南，苑南路北	24651
4	开唐山矿金属加工厂	建设南路东，增盛路西，国防道南，南新东道北	41949
5	唐山市油质储炼公司	东为华岩路，西为陵园路，南为路南区法院	30790
6	唐山市专用汽车制造公司	东为卫国路，西为二五五医院，南为南新道	36799
7	哈尔滨啤酒（唐山）有限公司（原唐山啤酒厂）	北新西道南，卫国路以西，两路交叉口处	47945
8	唐山冶金锯片有限公司	东临河西路，西临建华道	30904
9	唐山市橡胶厂	学警路西，花园街南	115161
10	唐山新城酿造有限公司	吉祥路西，南新东道南	45808
11	原唐山市齿轮厂	文化南北街东，吉祥路西，胜利路南	75850
12	唐山陶瓷股份有限公司卫生陶瓷分公司	东侧为新庄民房，南侧为岳各庄民房，西侧为大里路，北侧为南新道	107222
13	燃气总公司储备公司	东侧为大里路，西为冀东医药商场，南为路南区委党校，北为南新道	38047
14	唐山市轧钢厂	钢厂道南，新华东道北，滨河路东	52975
15	唐山华新纺织集团有限公司二分公司	钢厂道南，新华东道北，滨河路东	223673
16	唐山市建筑陶瓷厂	滨河路东侧	89253
17	唐山市冶金矿山机械厂	建华道北侧，缸窑路西侧	357711
18	唐山工业职业技术学院（唐山陶瓷机械厂）	缸窑路东，74号小区西，十瓷厂南，美术瓷厂北	27579
19	唐山市高压电瓷厂	缸窑路西侧，长宁道南侧	77021

表9-2 唐山优秀产业类历史建筑及地段推荐名单

建筑及地段更新中不同的利益群体会以不同的方式看待问题，要想使其顺利进行，就必须保证各个不同的阶层都能从中受益。[14]从政府的角度出发，其主要关注于产业类历史建筑及地段的更新是否有助于促进城市经济、就业、环境等方面问题的解决。同样，从普通市民特别是产业工人的角度出发也有若干衡量标准：普通市民是否有机会享受它的成果？这个项目是否为市容增色？自己的生活会不会受影响？而从开发商的角度出发，经济上能否足够盈利肯定是其开发一个项目考虑的首要问题。上述三个不同的群体由于出发点不同，其在产业类历史建筑及地段更新过程中所关注的核心问题也有所差异。应该看到，政府、市民及开发商是产业类历史建筑及地段更新中涉及的三个主要阶层，一个成功的更新项目应是上述三方利益的综合体现，忽视任何一个阶层的利益都无法保障产业类历史建筑及地段更新活动的顺利开展。

相对而言，唐山的大部分市民阶层处于社会中下阶层，本身承受改造的经济和心理能力有限，对公共设施和网络依赖较强，而适应新生活环境的生存能力较弱，因此产业类历史建筑及地段更新活动对这个阶层的影响也最大。因此尽管本着利益平衡的原则，但还是应该适当地对市民阶层采取倾斜政策，尽量避免使其处于被动、劣势地位。如果产业类历史建筑及地段的更新不能保证占人口绝大多数的市民的利益，无论其创造了多么炫目的经济数字，都难言成功。

2. 结合城市整体的原则

国内外成功案例的经验表明，产业类历史建筑及地段的更新与再利用，一定要落实到城市大的环境和背景层面上，例如结合河流整治、道路改造乃至经济结构调整等，才能取得真正的成功。产业类历史建筑及地段更新与现代城市建设的关系不是被动的相互适应，而是互相影响，相辅相成。产业类历史建筑及地段更新策略的制定必然会受到城市发展目标的制约，而其更新的结果也将对城市的发展产生重要影响。

对唐山产业类历史建筑及地段而言，具有突出、典型历史文化意义而需要进行"文物式"保护的案例并不多，大量现存价值不算很高的产业类历史建筑及地段在更新的过程中具有更大的灵活性。随着唐山产业结构调整工作的展开，以产业类历史建筑及地段的更新来推动唐山城市功能结构调整，加速城市建设和经济发展有着巨大潜力。另一方面，唐山经济结构的调整也应充分考虑城市的整体条件，例如原有的经济结构、人才条件等等，避免忽略自身特点盲目调整用地性质的状况发生。在唐山现有的条件下，短时期内不宜将城市中心城区内所有的工业用地转换，应在一定程度上有所保留，以避免由于工人上下班距离的增加而引起城市交通量剧增。国外很多城市在此方面积累了丰富的经验。例如，为了防止传统工业用地被转化成其他用地，美国芝加哥规划局建立了土地储备银行，由政府出面收购传统工业用地周围的私人土地，以便供未来大型工业项目使用，并且在区划法规中规定，不经特别批准，禁止把传统工业用地转换成其他用地，特别是注意保护位于工人集中居住区附近的工业用地。这种做法一方面促进了城市经济的有序转型，同时又避免了交通量的无意义增加，是结合城市整体的做法，值得唐山加以借鉴。

3. 适当变更原则

唐山产业类历史建筑及地段的更新不可避免要涉及工业建筑的保护与再利用的问题。与其他历史建筑保护一样，工业建筑的保护与再利用也应该采取适当改造原则。不求其变化"翻天覆地"，只求"物尽其用"，这样有利于保护建筑各方面的价值和降低费用，最大限度地维护其功能和景观的完整性与真实性。特别是对于有重要历史意义的工业建筑，例如启新水泥厂的部分厂房建筑，应该优先考虑保护原状，最好能做到"有若无，实若虚，大智若愚"，那就是我们最恰当的表现了。[15]

此外，适当变更的原则还意味着在产业类历史建筑及地段更新中应采用恰当的顺序。根据唐山工业用地盘整规划的相关数据，在所有的220块工业用地中，占地面积1公顷以下的为86家，占地面积在1至3公顷的有64家，二者之和占据了总用地数量的68.2%，成为了绝对的主体。相对而言，面积较小的地段容易控制，可以以不同的方式进行试验，即使失败了对城市的影响力也有限，但较小规模的用地可供开发的模式有限，并很难引起开发商的兴趣，因此，建议唐山产业类历史建筑及地段的更新以"从小到大"的顺序进行。

4. 循序渐进原则

从城市发展的角度来说，唐山现有的城市格局是在近百年的发展中逐步形成的，这种独特的城市性格深深地影响了占城市人口大多数的产业工人，并渗透在他们的生活之中。产业类历史建筑及地段的更新不可避免地将使这些产业工人离开他们曾经工作生活的土地，使他们失去生活的来源。尽管唐山进行产业转型已是大势所趋，但现阶段新的产业类型并未形成，且要使原有的就业人口适应新的工作岗位所进行的培训也不是短时内可以完成的，太过剧烈的变化会使其极度不适应，并可能在此基础上出现一定的社会问题，影响社会的和谐。

另一方面，唐山产业类历史建筑及地段的更新目前还处于摸索的阶段，涉及层面多、影响范围广而又没有成熟可靠的经验可供借鉴，放缓更新的脚步既有利于对已有实践的经验教训进行深刻的总结，从而可以在今后的工作中少走弯路，又可以给普通的唐山市民以时间使其适应产业类历史建筑及地段更新这一城市建设中的新鲜事物，减少今后工作的阻力，在宽松的条件下，产业类历史建筑及地段更新才能健康有序地发展。

五、产业类历史建筑的改造原则

1. 建筑空间

对于单一的建筑空间来说，由于工业建筑通常具有高大的空间，在实际的再利用过程中通常根据功能的要求对其进行一定的分隔以满足实际的使用要求，具体的手法主要包括垂直分隔和水平分隔两种。在保持原有建筑的主体结构基本不做改动的前提下，通过水平的或者是垂直的分隔构件的引入使得空间得到重新划分，得到适宜新功能的空间尺度，同时使旧建筑得到合理充分的使用，在改造中应注重原建筑结构与新增结构构件之间的相互协调问题，新增的部件不对原建筑的基础和上部受力构件造成损害性的影响。

对于若干相对独立的建筑群来说，通常根据使用功能的要求采用打通、加连廊搭接以及建筑间封顶联结等方式联结为更大的相互可流通的连续空间。其中连接打通的方式适用于两幢紧靠在一起的建筑物之间的联系，加连廊搭接的方式适用于相邻的两个或多个建筑物之间的相互贯通。还可将相邻的建筑物邻接处加封闭顶，用连廊、楼梯等部件对各幢建筑加以连接，使原来相互分离的若干单体建筑联结成为完整的一个整体。

无论是单体建筑还是建筑群都根据建筑的实际情况与功能要求进行局部的增建与拆减。增建部分主要有电梯，楼梯，围合于建筑中央的露天庭院、天井加顶改造为中庭，紧贴建筑外侧增加走廊等。主要包括：拆减墙体、楼板以及体块等，从而获得满足使用功能的较大空间乃至新的建筑轮廓，拆减的过程中应对结构进行必要加固，对建筑物局部拆减，不应影响到其整体结构的牢固性。

2. 形式

对于工业建筑再利用中的形式问题，主要采取维持恢复原建筑外貌、新老元素形式协调、新老元

旧启新水泥厂改造成中国水泥工业　中国水泥工业博物馆鸟瞰图
博物馆鸟瞰图

图9-6　中国水泥工业博物馆1

旧启新水泥厂改造成中国水泥工业　中国水泥工业博物馆效果图
博物馆

图9-7　中国水泥工业博物馆2

中国水泥工业博物馆效果图　　　　旧启新水泥厂改造成中国水泥工业
　　　　　　　　　　　　　　　　博物馆夜景

图9-8　中国水泥工业博物馆3

素形式对比以及形式彻底更新四种处理手法。其中维持恢复原建筑外貌的方法以保护建筑原有的形式为原则，建筑的外部形态受到严格的保护，在其内部根据使用功能的要求进行适当的调整与更新。新老元素形式协调的方法从保护原有建筑的主要风格特点的角度出发，更新后的形式从整体上呼应原有

建筑的历史风格，虽不求精确的复原，但也不做突兀的对比，尤其注重从材料以及形式上与原有建筑的协调统一。新老元素形式对比的方法在欧美等发达国家的改造案例中，得到广泛的应用，通常通过新材料与新形式的应用取得明显区别于原有建筑的形象，将历史与现代自然地穿插融合产生出一种新旧交织的风格，使建筑更具历史时空感。彻底更新以创造新的形式和环境形象为目的，改造后以新建筑崭新的建筑形象出现。

对于工业建筑的扩建工程，依据新老部分不同的主从关系，主要采取按照历史建筑形式协调与新老形式对比两种手法，以营造出原建筑的浓厚历史氛围或创造符合时代特征的新的空间特点。

3. 环境

对工业类历史建筑及地段的改造不仅仅局限于建筑本身，而是从城市角度使建筑所处的整体环境质量得到提高。生态环境的更新是首要的，应力图通过具有适应性的恰当的规划使产业类历史建筑及地段的所在区域消除环境原有的污染。维护产业类历史建筑及地段的场所特征是其环境景观更新的另一方面，应加以充分的利用，并根据新的功能定位对其进行新的塑造。对产业类历史建筑及地段的交通规划是其在景观环境更新中容易忽视的方面，一个好的道路系统会给外部公共空间划分与使用带来很大的方便，此外还应注意尽量保存原有的道路走向，这样做有助于唤起人们对该地段往昔历史意象的记忆，又能充分利用原有基础设施节省投资。

六、措施

产业类历史建筑及地段的更新工作在唐山刚刚展开，但目前规划管理体系的空白在一定程度上束缚了该领域的发展，构建完整规范的管理体系，使产业类历史建筑及地段更新工作制度化、法制化，是当前唐山迫在眉睫的工作。目前国内已有北京、上海、杭州等城市制定了完善的工业遗产保护规

划，取得了良好的效果，促进了产业类历史建筑及地段更新工作的进一步发展。吸取其他城市的工作经验，尽快制定唐山产业类历史建筑及地段的保护规划，构建工业遗产的规划管理政策框架，已经成为唐山在今后一段时间内必须要解决的问题。此外，吸取其他城市的规划管理工作方法也将在一定程度上促进唐山产业类历史建筑及地段更新事业的发展，例如杭州针对工业遗产保护工作中存在的问题提出了产业类历史建筑及地段规划管理五大措施，即：规范保护名录认定程序，破解"对象确定难"；创新土地使用性质分类，破解"规划编制难"；引导工业遗产开发模式，破解"用地审批难"；突破现行规划管理规定，破解"建筑审批难"；简化建筑批后管理手续，破解"利用验收难"。在相关保护规划的指导下，加之以有效的管理方法，相信唐山产业类历史建筑及地段更新工作一定会取得更大的发展。

第六节 唐山产业类历史建筑及地段更新的实践——工业遗产及优秀近现代建筑

一、启新水泥厂的改造研究

启新水泥厂是中国第一家水泥企业，始建于1889年，素有"中国水泥工业的摇篮"之称。中国第一台旋窑在这里点火，中国第一桶水泥在这里诞生。启新搬迁后，如何利用其原址上的大量的工业建筑及构筑物对唐山大量的产业类历史建筑及地段具有重要的借鉴意义。

本研究以启新水泥厂及其周边2公里区域为研究范围，周边集中了大城山、陡河、唐陶等重要城市文化、景观和空间要素。其中，大城山是唐山城市的发源地，陡河是唐山的母亲河，也是未来城市景观系统中的重要联系，唐陶为中国第一间卫生陶瓷诞生地。如何结合众多城市要素进行总体构想和整合，是启新改造更新规划的关键所在。启新水泥厂的改造规划突出大城山、陡河在城市景观中的核心地位，与

大城山唐人文化园景区相协调；打通东西向陡河至博物馆的近代工业文化步行道，由东向西依次联结陡河、启新、大城山、唐陶、博物馆和凤凰山；保证规划地块内中心区域与外部城市空间的连通。

研究范围总用地8.43公顷，其中原启新水泥厂的部分用地作为中国近代工业博物馆暨启新文化创意产业园用地（含近代工业文化步行道部分），占地面积为6.03公顷；其他商业设施及公共绿地为2.40公顷；用地性质包括文化、商业综合用地、公共绿地和道路用地。博物馆区域城市景观要求为：对于具有重要历史价值和景观潜力的建筑物、构筑物予以完整保护、统一设计；新建部分不高于该地段保留建筑，并应在建筑体量、尺度、色彩等方面与保留建筑达到协调；室外景观、小品、夜景照明等结合保留建筑物、构筑物进行统一设计。

以启新水泥厂120年悠久历史为依托，将大量水泥盒子作为设计母题，融合保留水泥工业厂房、

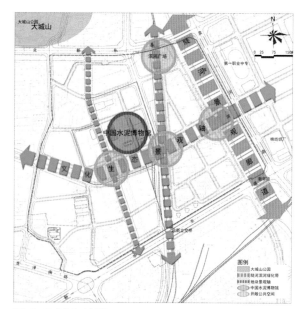

图9-5 工业文化步行道

构筑物和新建部分的整体风貌，同时适应不同的新型城市功能的需求。完整保留启新厂区原有具有重要历史价值、审美价值的建筑物、构筑物，并基本完整保留原有水泥工业生产流程，整体工业风貌十分完整，极具城市特色、区域特色和地标价值，博物馆整体形象将立足于原貌呈现。打造双层空间，一方面连通地面全部公共空间，形成整体开放式城市活力中心，另一方面，二层通廊连接各个建筑物、构筑物，形成完整的参观、休闲、游历流线。引入插件播种理念，将新型公共空间和城市功能的需求植入保留建筑物、构筑物，达到新旧部分在形象、功能等多方面的融合、统一。

启新水泥厂更新的相关研究工作正逐步深入，该研究的最终实施对探索城市中心区工业遗存改造模式，创造新型与城市功能相结合的开放式博物馆空间具有重要的意义，必将成为唐山乃至全国的典范，并将带动唐山文化创意产业的发展，提高城市吸引力，打造具有城市鲜明特色的创意基地。

二、开滦国家矿山公园

始建于1878年的开滦煤矿，堪称中国煤炭工业的活化石，在其跨越3个世纪的发展历程中，留下了许多极具典型性、稀有性的历史文化和矿业

图9-9 开滦国家矿山公园—摄于2009年

遗存。"中国第一佳矿"、"中国第一条准轨铁路"、"中国第一台蒸汽机车"、"中国最早的铁路公路立交桥"、"中国最早的股份制股票"均诞生在这里。开平矿务局的创办开启了近代唐山工业化的进程。

2005年8月，开滦国家矿山公园建设项目获国土资源部批准，2007年10月开工建设。开滦国家矿山公园规划占地面积近115公顷，由坐落于中国第一佳矿唐山矿A区的"中国北方近代工业博览园"和位于大南湖中央生态公园的"老唐山风情小镇"两大景区组成，两地之间相距约2.5公里，中间由矿用自备铁路连接，形成一个"哑铃型"完整的旅游园区。园区由"中国北方近代工业博览园"、"矿业文化博览区"和"矿业遗迹展示区"三部分组成，其中包括博物馆、主碑、副碑、三大工业遗迹等景观。

"近代工业博览园"已建成开园，其占地面积12.8公顷，在现唐山矿工业广场范围内规划建设，对能够反映开滦文化的工业遗迹加以保护、修复、强调、凸显，博物馆是其主要建筑元素。除新建部分外，其余由园区内有保留价值的旧厂房改造而成，建筑面积共计7000多平方米。

开滦矿山公园的一期建设取得了一定的成效。从博物馆的建设到整个园区的规划都体现了对开滦矿山的一种传承。景观及环境的建设也都体现了对工业元素的尊重。相反，作为整体项目的另一个重要组成部分，二期的老唐山风情小镇从项目的定位即已偏离了矿山公园的整体立意，二期以房地产为主，建设的西洋风韵、南国熏风等与一期的建设格格不入，很难能形成整体的效果。

三、唐山市城市展馆——西北井粮库改造的研究[16]

唐山城市展览馆东临大城山公园，西南与凤凰山公园相望。展览馆的前身是西北井的4栋20世纪30年代日伪政府统治时期的弹药库，还有两栋是

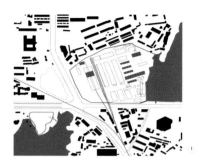
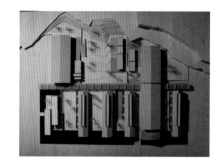

图9-10 唐山城市展览馆

20世纪80年代修建的粮库。总用地面积29636.58平方米，建筑面积5650.17平方米。

唐山市城市展览馆的前身是大城山脚下要被拆除的面粉厂。没有人怀疑拆除这个厂区的决定的正确性，这个封闭的厂区使位于城市核心的大城山游离到城市生活之外。将之彻底拆除，固然增加了城市公共空间的容量，假如空洞无物，反而在浪费空间资源和维护成本。城市公共空间是我们长期的关注点，先期开展的"城市公共空间体系的研究"，确立了"公共空间＋公共建筑"的城市公共空间体系的建设模式，博物馆公园的设想，把工业遗址资源和新的城市开放空间资源有机地结合起来，使公共空间体系有了内在的厚度，从文化配套的提升角度来丰富公共空间体系的内涵，以适应城市生活高层次的需要。这是当城市从一个时代步入一个时代时，改头换面所最需要做的基础工作。

项目保留下4座日伪时期建的弹药库以及两栋20世纪80年代建的粮仓，构成了一种有意味的韵律。这6栋平行的建筑恰巧又垂直于山体，使山有节奏地从建筑间的空隙溢到城市，并形成了大城山—山脚后花园—厂房间小院—大公园—城市主干道一系列有层次和有序的城市开放空间体系，这个体系可以一直蔓延到凤凰山和铁路遗址公园，是一个公众可以漫游的连续整体。漫游过程中不仅仅在享受物质性的绿地和园林，也在享受城市的历史和文化。市民通过宜人的公共空间，体会和品味熟视无睹的建筑，是重塑建筑价值观的绝好途径。保留这些建筑为核心，塑造成为城市展览馆，使之成为积极的、能够容纳城市活动的公共空间，将山体和市区结合起来，是使大城山回归城市的更有效手段。

加建部分的设计导则也在精心地呵护和放大保留厂房和山体间构图上的天作之美：（1）平行原则：加建的实体平行于原建筑，体量窄长，同构于原建筑。（2）通透原则：加建部分不构成对山体的遮挡。（3）联系原则：通过连廊和水池等形式将离散的建筑统一成一个整体。（4）放大原则：通过对日伪时期建的仓库的屋顶、门廊的重建来夸张它们的固有形象。（5）对比原则：通过彻底保留原建筑墙体的原貌，以及选择木材和钢格栅作为新建建筑和硬质景观的唯一外装材料，来形成新旧对比。（6）和谐原则：通过加建部分揭示原有部分内在的美。

这些导则的根本点在于让毫无美学价值的原有建筑群能够在新的环境下彰显出内在美，并能够让一般人感知和认可。新建部分着墨不多，原有建筑依然是主体；通过戏剧化的庭院处理、原型化的屋面和门廊的改建、极少化的材料选择，使原建筑群在一种陌生化的环境中产生了灰姑娘式的童话，变成非常有魅力和个性的审美对象。

唐山城市展览馆和这座城市有着内在的契合，它们都有凤凰涅槃的意味。比在灾后的平地上重建的后者幸运些的是，前者保留了历史的残片。这个已被社会各界广泛认可的改造建筑，提醒着城市建设的决策者：城市化不是地震。

四、唐山焦化厂改造[17]

唐山焦化厂位于唐山市路北区。该厂始建于1968年，其焦炉在地震时被震坏。唐山复建时该厂被列为迁出单位，但由于种种原因，焦化厂最终决定在原址继续生产。2005年，工厂正式停产。

焦化厂的各种构筑物和设备远未达到使用寿命极限，尚有很大的利用价值。同时，其生产厂房、综合仓库等大空间建筑在改造上具有很大的灵活性，提供了多种利用的可能。而且该厂部分设备和厂房体量巨大，结构复杂，其拆除反而要付出比改造利用更大的成本。而对于保留建筑，则可彰显其在冀东独一无二的工业遗产价值和地标意义。因此，研究指出新开发建筑目标为：曾受工业污染的土地上站立起来的康居示范社区，重组路北区城市空间结构，促进路北区未来的紧凑发展。主要改造为4种用途：（1）具有国内景观独特性和唯一性的唐山市工业科普博物园。（2）凸显工业景观特质的拓展训练营与体育公园。（3）品位独特的陶瓷艺术创作、展示和交易中心。（4）特色居住小区和路北公共服务设施配套职能。

在方案的实施层面，研究探讨了地段的污染治理，操作原则，开发的模式、原则以及资金运作等方面的问题，强调应以合理的策略和时序逐步推进该地段的改造建设：前期在政府主导下启动，杜绝纯粹的商业开发行为，明确公共利益的底线。而后各投资方再逐步介入，完善项目的定位，提升整体的形象和公共空间环境品质。

从城市发展的角度看，产业用地的整治和改造再生为城市空间重构和功能重组提供了一个千载难逢的绝好机遇。城市发展战略和城市空间结构的调整、城市功能布局和用地重组都可以借此为载体而获得实施的机会，环境污染的整治也有望从污染源头上得以展开。在讨论其保护和再利用的出路时，需要一种基于城市整体的睿智见解和前瞻思考。

五、古冶区工业废弃地活化与再生策略研究[18]

古冶区位于唐山市主城区东部，主要由林西、唐家庄、赵各庄、吕家坨、范各庄等五个矿区组成，距唐山市中心城区约为25公里。研究主要针对古冶区由于资源枯竭已经闭坑破产的唐家庄矿和正面临闭坑破产的林西矿的用地及用地上的各种设施。涉及的用地包括：厂区(工业广场)用地、采煤沉陷区用地、工业废料堆积区(例如煤矸石山)用地、工业交通用地、工业排土场用地、工业仓储用地等。

通过对厂区(工业广场)用地、采煤沉陷区用地和矸石山用地作深入的分析，研究提出了古冶区工业废弃地活化与再生的目标，将唐山市古冶区工业废弃地活化与再生的总目标确定为城市自然、经济、社会的协同进化。总目标又分解为自然、经济、社会各层面的各级分目标，由总目标和各级分目标共同构成目标体系。

在实施策略的层面上，通过对实施模型的建构，研究提出应依据"产业生态学"原理建立第二产业集群，作为城区经济发展的主导方向；优化城市空间环境，发掘和培育城市文化，营造城市品牌，进而为催生第三产业系统的逐渐成熟积累条件；恢复并适当发展以农业经济为主体的第一产业。三个产业的发展相互关联、相互影响、相互作用，形成相融共生的城市整体产业系统的总体策略。

在工业废弃地空间布局的整合上，研究提出了采用"集中三片、外围两点"的"片区式"整体空间结构布局，依托原有的区级城市中心，形成次中心以及建构完善的交通网络等。

从某种角度来说，该研究将古冶工业废弃地视为资源型城市产业和经济结构转型的机遇和载体。通过对工业废弃地进行全面整治和优化更新，为城市摆脱目前所处的困境、寻求发展注入生机，提供新的支撑点和经济增长极。

六、南新道区域更新改造方案

唐山市南新道地区位于城市中心区南部边缘，规划范围北至南新道，西至学院路，东至风井路，北至南湖公园现状自然边界，占地面积约2.07平方公里，研究区域跨越平改区范围，涵盖了东面的大白井储煤场以及小南湖公园的公共空间。其中约有1.55平方公里土地处于唐山市南部采煤塌陷区和波及地的范围内，唐山市震后兴建的第一批半永久性平房位于其中，用地约1.2平方公里，虽历经二十余年风雨变迁，仍保持着稳定的社区结构网络和生动的市井生活形态。

通过对该区域建筑、环境、交通等条件的实地调研，结合国内外相关的案例研究，确定了规划主要原则。"整体性"原则即结合唐山长远发展城市空间结构的调整，转换土地使用性质和功能布局，增加公共空间，提高环境质量，营造文化氛围，引导人口聚合趋势，创造区域价值未来

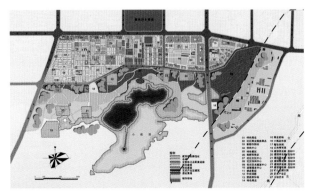

图9-13 近期总平面图

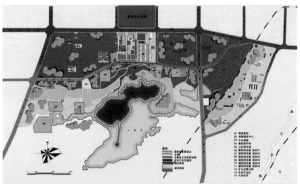

图9-14 远期总平面图

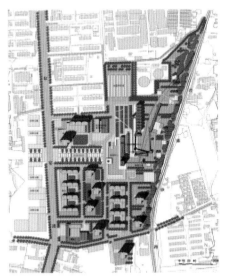

图9-11 总平面图

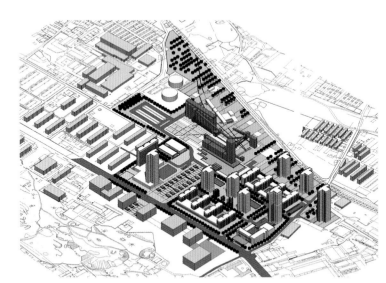

图9-12 鸟瞰图

城市转型发展的规划策略

时。"延续性"原则即以保护本地居民现有的城市生活形态为基本出发点，从建筑人类学的视野来分析"有价值"的建筑及其再利用方式，包括对旧建筑妥善保存与再利用，对传统街区景观的继承和发展，并创造积极的城市新景观。"人本主义"原则即明确"保护"是"文化的保护"，是社区人文结构特征的保护。更新改造首先应理清城市物质环境的主要问题及其与社会、经济、城市管理等方面的关系，体察居民的生活习俗和行为心理需求，从而利用历史上有形的、无形的各类资源，延续并发展城市文化。

在以上原则下，规划方案首先考虑核心吸引物(小南湖)的生态保护，主要功能区域对内与小南湖联系便利，但在其外围地带，不侵犯其生态环境，对外交通要通达便于吸引客流和疏散；其次是改善人居环境，结合地质条件有选择地利用质量低下、不适宜居住的建筑来提供社会服务及商业服务；同时考虑分期建设，主要景观沿线先启动，并预留一定量的弹性用地给未来开发。

该研究将南新道地区的更新视为一种"反发展"式的城市生态转型：研究的重点从短期的"一个问题——一个解答"或是"打法上的短平快"转到对大问题、长期性解决的策划，在宏观上表现为追求动态平衡的秩序，即要建设有利于人的身心，有利于自然生态，有利于社会、经济、文化可持续发展的人工环境，使人与自然、城市、建筑和谐共生。

七、地震遗址公园保护规划

1976年7月28日凌晨发生在唐山的里氏7.8级地震，带来的灾害几乎摧毁了震前的全部建筑（本次设计范围内建筑为保存较为完整的地震遗址）。基于对地震遗址的保护和对市民人文层面的关怀，政府作为主导推动力量，唐山市规划局于2007年组织了此次国际竞赛活动，以推动地震遗址纪念公园的建设。

图9-16 获奖方案

图9-15 原机车车辆厂铸钢车间地震遗址　　图9-17 建设中的地震遗址纪念公园　　图9-18 纪念墙悼念地震遇难同胞—摄于2009年

地震遗址纪念公园选址原为唐山机车车辆厂地块，竞赛内容对约40公顷范围用地进行概念设计。该地块已具有规模最大的地震遗址，有足够的纪念、科普空间，引入人的活动并带来城市活力，形成良好的公共空间。设计指导原则是体现对自然的敬畏，对生命的关爱，对科学的探寻，对历史的追忆。地震遗址为国家级文物，在保护原貌的原则下，对地震遗址环境进行概念设计，并考虑如何处理人的游览、感知以及安全问题。针对遗址周边场所进行规划设计，合理布置凭吊纪念园，提出对罹难纪念设施概念设计方案。利用现状遗址范围外的东侧车间改造成地震科技馆，并提出地震科技馆的设计意向。对以上三要素之间的场所、景观关系及路径联系做出分析，提出总平面设计。

竞赛最终共收到276套方案，经评选后，第86号方案获得第一名，并被选为实施方案。该方案侧重表达"缅怀—悼念亡灵"，对整个地块处理得比较完整。从尺度方面来说很有震撼力，并考虑了基地与整个大南湖地区之间的联系，与现有铁路线性尺度平衡。在纵轴的基础上，增加一个横轴。纪念墙的设计体现出多而丰富的可能性，周边展览的空间扩展的可能性很大。遗址和作为静默哀悼的树林之间形成对位关系，水池和树林之间以纪念墙和纪念甬道为轴线，两侧一动一静的处理关系很好，力量感很强。水面的设计独到，从喧嚣的道路通过水面可以使人情绪得到平稳过渡；通过水面可以给人一种可望而不可即的感觉，表达逝者与现实人之间的距离。树林的设计，用树表达生命和一种纪念意义，由此可让人想到"树葬"和"纪念林地"。运用一片巨大的水池表现出与天空的关系，具有很强的反射面；中间强烈的人造空间表现出人的能力，体现出一个很自然的主题，表现出大地、人和自然之间的关系。

2008年5月，地震遗址纪念公园开工建设。2008年7月28日即唐山抗震32周年之日投入使用。公园的建设引起各届关注，获得社会各界广泛好评。

实践中存在的问题分析

1.作为一个传统的资源型重工业城市，如何促进城市的经济转型，实现可持续发展是唐山现阶段面临的主要问题，因此，产业类历史建筑及地段的更新也必然肩负着促进唐山转变发展模式的使命。从唐山产业类历史建筑及地段已有的更新来看，在业态的选择上以展览类居多，功能单一，虽然在一定程度上完善了城市的空间结构，却对经济促进有限，这样的案例在任何城市都很难得到大范围的推广。事实上，从国际乃至国内其他城市的经验来看，产业类历史建筑及地段在退二进三的过程中可以有丰富的业态选择，例如商业、餐饮、特色酒店等等，并都有成功的案例，既促进了经济发展，创造了就业岗位，又有效地利用了工业遗产，保护了城市的文脉，这种充满活力的动态保护方式才是唐山产业类历史建筑及地段的出路所在。

城市转型发展的规划策略

另一方面，从表面上看唐山产业类历史建筑及地段的更新属于规划学科或者建筑学科的范畴，但事实上仅从上述两个学科出发解决不了唐山产业类历史建筑及地段更新的全部问题。作为城市更新的一部分，产业类历史建筑及地段的更新必然会涉及到城市的方方面面，例如税收、财政、就业、法治乃至个别决策者的意志等等都会对产业类历史建筑及地段的更新产生重要影响，这也正是上述焦化厂等项目即使有了相关的规划也无法真正实施的主要原因。因此，强调产业类历史建筑及地段的更新应着眼于城市大局，同时城市的相关部门也应该集合一切有利的资源，为产业类历史建筑及地段的更新创造便利的条件，工业推动唐山产业类历史建筑及地段更新的发展，也只有这样，产业类历史建筑及地段更新活动才能在唐山顺利进行。

2.唐山在产业类历史建筑及地段更新实践中过于强调土地价值的开发，更新的方式简单粗暴，只关注短时期的经济效益而忽略了产业类历史建筑及

图9-20　唐山博物馆接建

图9-19　唐山博物馆接建

地段在城市历史、文化乃至环境方面的价值。盲目地学习北京、天津的建设经验，忽略了自己的特点，城市也变得越来越没有个性。

从上述产业类历史建筑及地段更新的实践来看，焦化厂项目、开滦矿山公园项目、启新水泥厂项目等较大的地段都或多或少地涉及了房地产的开发。从短期来看，这样的开发方式的确能够产生巨大的经济效益，但从长期来看，土地一旦被开发，将经过一个漫长的周期才能得到循环，这必然造成经济的不可持续。再者，过分地追求土地的价值造成了对产业类历史建筑及地段的环境价值、文化价值视而不见，严重浪费了城市的资源。最后，追求土地价值必然会使大量城市中心区的既有工业迁至郊区，城市的用地平衡遭到严重的破坏。大量的产业工人生活在城市中心区，每天跨越整个城市的奔波必然会造成资源的严重浪费，并在一定程度上成为影响社会和谐的不安定因素。综上，唐山产业类历史建筑及地段的更新不是一次简单的土地价值再开发，应在对其价值的综合判断之上选择合理的更新方式。

3.产业类历史建筑及地段更新是在现状的基础上进行的更新，对现状深入充分的了解是一个必要条件，其中包括产业类历史建筑及地段的地质情况，场地的污染情况，建筑物及构筑物的结构安全情况等，并根据现实的情况采取恰当的技术措施。以唐山的实际情况为例，由于煤矿的开采使得一些矿井、塌陷区存在不同程度的土壤及水体的污染，从长远来看，如果不对这些污染进行适当的处理会带来严重的隐患，这也是产业类历史建筑及地段能够得到更新及再利用的先决条件。再次，唐山多年的煤矿开采在城市南部形成了较大面积的塌陷区，并且不规则的沉降还在进行之中。在此背景下，应采取科学严谨的方法确定建设的安全边界，这关乎该地段的更新策略及建设的安全性，对不适宜进行建设的地段切不可为了追求短时期的经济效益而大兴土木，从目前的经验来看，塌陷区在经过若干年

的沉降之后会逐渐趋于稳定，从某种角度来看，为城市未来的发展留下一定的空间也未尝不是一件好事。最后，对于一般地段中可以利用的工业建筑及构筑物，在更新及再利用中应充分了解其结构及构造的安全情况，并结合转型的方式，做出可行的技术方案。

4.尽管唐山产业类历史建筑及地段的更新与再利用已有上述的实践，但由于缺少相关的法律的约束，表现为一定的随机性和偶然性，优秀的产业类历史建筑及地段的命运往往掌握在少数的决策者手中，体现为"人治"而非"法治"。事实上，虽然唐山无法解决相关法律空白的问题，但其可以通过制定地方性的法规或者制定相关的产业类历史建筑及地段保护规划解决这一问题。国外先进国家在解决类似问题方面积累了丰富的经验。例如英国政府早在1944年就根据英格兰遗产委员会的经验建立了登录建筑的资格标准，其根据建筑的艺术特征、历史特征、群体价值、年代及稀有程度等将登录建筑分为三级，并对建筑的修缮、拆毁、改建、扩建等做出明确的规定。[19]结合唐山的实际情况，我们认为类似的保护规划对唐山也具有重要的意义。根据唐山不同的工业建筑的现状、历史价值、区位等因素确定每个产业类历史建筑及地段的保护级别，对每个级别的保护方法、经费来源等等都要有明确的界定，不仅要解决保护什么的问题，更重要的是要解决如何保护问题。只有在相关保护规划的指导下，唐山产业类历史建筑及地段的更新才有可能摆脱"人治"的不确定性，走向系统的更新。

1．来源于唐山统计信息网。

2．相关数据源自唐山市城乡规划局。

3．王建国、戎俊强："城市产业类历史建筑及地段的改造再利用"，《世界建筑》，2001（06）。

4．数据引自《唐山市总体规划2008—2020》。

5．Lynch, Kevin.Good City Form. Cambridge, Massachusetts: MIT Press,1984.

6．曹凯成等："唐山市环境空气功能区达标实施方案的研究"，《河北工业科技》，2007（07）。

7．王建国等：《后工业时代产业建筑遗产保护更新》，北京：中国建筑工业出版社，2008。

8．黄琪：《上海近代工业建筑保护和再利用》，同济大学博士论文，2007。

9．源自网站http://www.tsghj.gov.cn/dc/jg.htm，随时间变化调研继续进行结果可能略有不同。

10．关联产业是与主导产业关系密切、为主导产业提供服务以利于主导产业顺利、健康发展的非主导产业，包括前向关联产业、后向关联产业和旁侧关联产业。其中，前向关联产业是为主导产业提供产后服务的产业，例如对主导产业的中间产品进行深加工的产业；后向关联产业是为主导产业提供产前服务的产业，例如为主导产业提供原材料、能源、机器设备以及维修服务的产业；旁侧关联产业是指为主导产业提供产中服务的产业。

11．王建国、张愚、沈瑾："唐山焦化厂产业地段及建筑的改造再利用"，《城市规划》，2008，第32卷第2期。

12．吴良镛：《世纪之交的凝思——建筑学的未来》，北京：清华大学出版社，1999。

13．刘伯英、李匡："北京工业遗产评价办法初探"，《建筑学报》，2008（12）。

14．同注8。

15．梁思成："闲话文物建筑的重修与维护"，《梁思成全集》第五卷，北京：中国建筑工业出版社，2001，第446页。

16．王辉："唐山市城市展览馆"，《建筑学报》，2008（12）。

17．同注11。

18．刘抚英、栗德祥："唐山市古冶区工业废弃地活化与再生策略研究"，《建筑学报》，2006（08）。

19．同注7。

第十章 资源型城市转型的文化策略

第一节 城市文化的基本理论支撑

一、城市文化资本的概念与观点

城市形象是指一个城市的内部公众和外部公众对该城市的内在综合实力、外显活力和未来发展前景的总体看法、具体感知和综合评价。它是一个城市在其经济、社会、文化、生态综合发展过程中，逐步形成并不断发展起来的。而从一定意义上说，城市是一种文化形态。城市文化通常是人类群体在城市社会实践活动中所创造的物质财富和精神财富的总和。

城市文化资本运作的意义就在于使城市的文化资本能够得到效益最大化，使每个"城市物质文化符号"都能成为城市形象的表现体，成为城市形象的"合理构成部分"，使城市通过这些文化符号，从一般的生活体系中升华出来，从文化与艺术层面展现城市的形象魅力。

城市文化是城市人类在城市发展过程中所创造的以及从外界吸收的思想、准则、艺术等思想价值观念及其表现形式，它是城市在自身的形成、发展过程中，形成的一种有别于其他文化的独特文化，是城市生活的灵魂和核心，也是城市赖以存在的基础。

"一个没有文化的城市不是一个完整的城市，也可以说，根本就不是一个城市"。[1]从地域上来说，城市文化只包括城市这一特定地域上所具有的文化色彩，但来源却远超越地域。城市化过程中大量的外来人口带来丰富的文化和知识，是城市文化的重要组成部分。同时，城市与城市、城市与区域的相互交流使得城市不断地吸收和创造新文化，也丰富了自己的内涵。可以说，城市文化是一种综合性很强的文化，它保存、流传和发展了整个人类社会的文化。

城市文化有广义和狭义之分。

广义的城市文化几乎涵盖了整个城市人类的所

有生产、生活方式，它不仅包括教育、文学、艺术、科技、体育、服务业的服务质量、居民素质、企业管理及政府形象等非物质实体，而且还包括建筑的艺术风格、城市街景、公共设施、雕塑装饰、环境卫生状况等物质实体。广义的城市文化是城市各个要素相互作用的总和。

狭义的城市文化是城市人类生产和生活的精神意识形态，主要包括教育科技、文学艺术等精神理念和精神产品。这里我们谈的"城市文化"是广义的城市文化，是指人创造的城市作为一种精神与物质文化的存在与积累，这种存在与积累在某种意义上说，是人类社会财富与资本的存在形式。

文化资本理论是法国社会学大师布尔迪厄（Bourdieu）提出来的，"所谓文化资本，是指借助不同的教育行动传递的文化物品。在一定条件下，这些文化资本可以转化为经济资本，并可以通过教育证书的形式予以制度化。……而且文化资本比经济资本更顽固，这一点特别体现在文化资本的积累上。一个人拥有的文化资本越多，他就会更容易更快地积累新的文化资本。"[2]布尔迪厄"文化资本"的概念扩展了马克思经济资本的概念，认为拥有文化资本的人能对其他群体行使一定的权力，而这种形式资本可以获得想要的职业、地位，并且可以获得更大的经济资本，并使这种经济资本获得合法化的社会意义。

城市是人类文化的集中体现，也是文化在地域生产力构成中的集中表现，人类文化历史发展的事实告诉我们，最新的文化创造往往产生在城市里，城市是新文化的摇篮，是人类文化资本的"容器"。"城市文化资本"旨在强调文化资本与城市形象作为一种文化因素的意义价值。城市本身是一个文化积累的过程，城市的主体是人，城市自身的文化遗存，千古流芳的人物和精神价值，以及城市自身创造的一系列文化象征与文化符号等，都具有资本属性和资本意义。马克思主义也曾强调城市作为一个财富中心的价值与意义。从城市社会学、城市文化、城市人类学的意义上来看，城市本身具有人格化的意义，既存在着具体的精神，也存在着客观状态的物质文化、制度文化和财富的"资本性"意义。

几乎所有的城市都有自己特定的文化资源，而资源可转化为"城市文化资本"。"城市文化资本"与经济资本的一个属性差异是，"城市文化资本"是人类的精神与物质文化的一种新意涵，是人类发展的精神支柱，是人类社会进程的一个中心，正如列宁所说："城市是人类精神文化活动的中心。"城市文化资本，在更重要的意义上体现着人类文明物质进化的进程，集中体现着人类精神积累的价值本质。任何城市都存在着传统，包括一般意义上的文化传统、习俗等，还包括政治传统与优秀的历史文化，特别是与人类社会发展相一致的精神文化，这是城市人格化赖以生存的精神支柱，是城市真正意义上的文化资本之一。在纯粹的文化资本意义上，城市本身就是人类文化资本的集中地，并有着对人类文化资本的吸纳和保存能力。

纵观人类文化历史，城市是人类文化精华的载体。每一座城市都有个性化的自然空间、人文景观和历史遗存，这些本来就可以直接转化为城市的经济、社会与文化资本，如有特殊文化意义的旅游景观、有特定历史与美学意义的建筑等，都具有"城市文化资本"的属性。"城市文化资本"，在一定意义上强调的是城市业已存在的精神文化、物质文化、制度文化和财富的"资本性"意义，如城市自身的文化遗存，流芳千古的人物和精神价值，以及城市自身创造的一系列文化象征与文化符号等，都具有鲜明的资本属性和资本意义。

二、城市文化生态学的理论与基本观点

文化生态学理论的产生主要是由于20世纪中叶以来人类学家开始关注生物与环境之间的相互关系，以及对从生态学角度研究文化和社会的关系而逐步发展起来的。随着全球生态环境恶化而威胁到

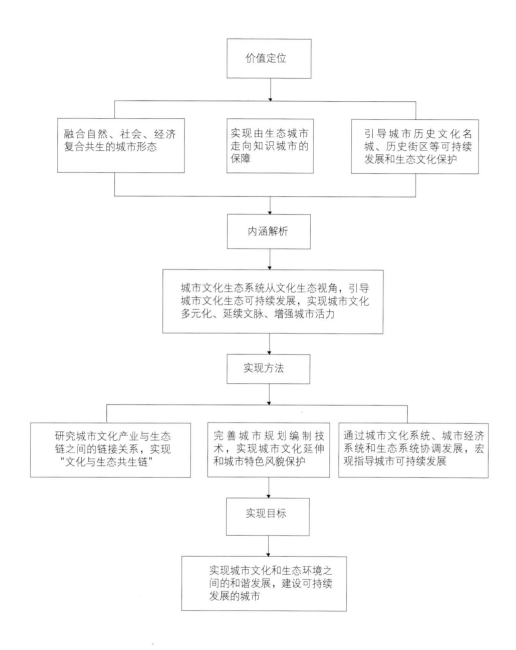

图10-1　城市文化生态系统理论体系构建

人类生存问题的日益突出，很多人类学者认为生态学必须从多学科综合的角度进行研究。

人类学的生态研究又分为两类：一方面为决定论，另一方面为互动论。决定论存在两种极端的观点，一是文化决定论，另一个是环境决定论。

文化生态学是一门交叉学科，其理论的产生主要是在生态学、文化人类学、文化地理学等学科基础上发展起来的。文化生态学是以人类在创造文化的过程中与天然环境及人造环境的相互关系为对象的一门科学，其使命是把握文化生成与文化环境的内在联系。而城市文化生态学则主要侧重于研究城市文化环境中各种文化的相互关系，以及城市文化对环境的适应性，以促进城市文化多元共存，健康发展。

文化生态学已进入多学科交叉研究的视野之中，探讨文化生态学的概念、实践应用、文化资本、城市信息环境与文化生态、文化的全球化和文化变迁、人类生活和文化如何对环境变迁作出适应、环境对人类社会和文化的影响、多媒体与社会改造、后现代思想与新媒体的关系等等。另外在城市规划领域，关于城市空间与文化生态等关系的研究领域中，它也逐渐受到规划师和建筑师的重视。

从城市可持续发展角度研究文化生态，对城市文化、生态环境、城市历史地理等方面都有重要直接作用。目前在城市规划和建筑界也积极引入文化生态学理论，并试图在城市规划和城市设计等领域加以运用，但相关方面研究成果较少，且主要集中在引入文化生态学研究方法而进行的对策性研究。将城市文化生态学引入城市建设中，以指导城市建设避免社会文化物种多样性的破坏，帮助城市规划建设在文化内涵上的延续、积累和更加丰富多彩是未来发展的趋势。

城市文化是城市可持续发展的内在动力，而城市生态环境又是城市健康和谐发展的关键要素。因此，在城市总体规划和城市设计中，运用城市文化生态系统论的分析方法，研究城市空间布局、城市老城区历史文脉的延续、城市绿地系统等都具有现实的指导作用。尤其在城市历史文化保护建设中，对城市文化景观、文化生态系统的空间载体等方面的研究具有现实的指导意义。因此，21世纪城市发展的关键是城市具有独特的创新能力、良好的生态环境，将文化生态学引入城市建设中，有利于城市经济、文化、环境和谐发展，避免城市特色文化消失，指导城市再生实践，塑造城市文化生态特色。

城市可持续发展不仅仅是生态平衡、环境保护和资源可持续利用的问题，随着城市化进程的加快，城市的文化和生态问题也是影响城市可持续发展的重要因素，为此，文化生态学理论为城市可持续发展提供了一个全新的研究途径。从西方国家的城市发展历程来看，文化与城市发展的关系主要经历了"以高雅文化为主的疏离时期，到走向学者广泛开始参与，与大众文化相融合开发商业文化，并最终成为城市可持续发展的核心动力"四个发展时期。由此可以看出文化在城市发展历程中的核心作用逐渐凸显。我国的城市发展应从城市可持续整体观角度，研究城市文化和城市生态两个关键要素，避免城市文化特色消失和城市环境遭受破坏，实现城市在经济文化和资源环境方面的"双赢"。目前，我国城市建设中城市文脉消失、环境恶化现象趋于加剧，因此，快速城市化进程中城市急需用系统的城市文化生态学理论加以引导和修正。因此，构建城市文化生态系统理论体系成为指导当前城市建设的关键，我们要研究借鉴文化生态学思想，从城市发展的价值定位、城市文化生态系统的内涵解析以及城市文化生态系统理论的实现方法、途径和目标等方面，初步构建城市文化生态学理论体系，作为协调城市发展以及产生的矛盾问题，成为我国城市可持续发展的指导理论。（图10-1）。

基于文化生态学理论研究的基础上，城市文化生态系统理论体系应重点体现以下几个方面：

首先，确定城市的价值定位，从自然、社会、经济复合共生的城市形态，挖掘城市文化生态要素，引导城市文化与生态的"双向"发展，实现城市文化复兴与延续，促进城市历史文化保护，避免因城市快速发展而对城市文化和生态环境的破坏，从而实现城市"品质化"、"生态化"。其次，实现城市物质空间和城市文化生态的有机结合。城市物质空间的发展应有利于自然空间的可持续性，同时作为"文化载体"的空间应有利于实现城市文化多元发展、生态系统复合与延续发展态势，形成"城市—文化—生态"一体化发展。第三，实现城市文化和生态环境之间的和谐发展，建设可持续发展的城市。当下很多城市提出的"山水城市"、"园林城市"等冠以美誉的城市代名词，从某种程度上说仅限于从生态的角度，提出了城市未来发展的构想，而缺乏从城市文化和生态的"双刃剑"发展模式去探索城市可持续发展的途径。因此，城市应从城市文化建设、城市景观环境与文化建设、城市文化生态复合型产业、生态城市等方面相互协调，共同发展，促进城市可持续发展。

城市未来能否可持续发展是当代城市研究的一大课题和出发点，与之相比，城市文化生态学是这一研究领域范围内的一种新的研究路径。城市是一个纷繁复杂的系统，采取跨学科和多角度的研究方法，构建适合城市可持续发展的城市文化生态系统研究理论体系，是指导城市文化和生态环境协调发展，避免城市走向"城市文化生态危机"重要方法。城市的文化生态具有不可再生性，历史文化遗产一旦毁损，传统风格一旦变异，人居环境一旦破坏，都将是人类文明的巨大损失。通过近年来的旧城改造和历史文化名城保护等实践反馈来看，也都遇到城市生态和文化等方面的困境，因此，基于城市文化生态系统框架下的城市规划，能从更全新的视角来研究城市文化生态环境，提高城市文化对环境的适应能力，增强历史文化与现代文化的竞争力，引导城市文化向生态文明的新高地发展，推动城市文化创意产业发展，从真正意义上实现城市可持续发展。

三、城市空间的文化构成

城市空间是人类文化的结晶，其产生发展的过程是与作为外部环境和内在动力的人类文化分不开的，城市空间与人类文化的这种密切联系集中反映在城市文化之中，城市文化是人类文化在城市空间中的集中反映。城市文化有其特定的文化系统或体系，它由众多的子系统组成。美国社会学家怀特认为人类文化体系中含有技术的系统、社会学的系统以及意识形态的系统等亚系统。技术系统是由物质的、机械的、物理的和化学的仪器以及使用这些仪器的技术构成的。人类作为一种动物，依靠这一技术系统使自己同自然的生息之地紧密联系。社会学的系统由人际关系构成，这种人际关系是以个人与集体的行为方式来表现的，在该系统内有社会关系、亲缘关系、经济关系、伦理关系、政治关系、军事关系、教会关系、职业关系、娱乐关系等。意识形态系统由思想、信仰、知识构成，它们是以清晰的言语或其他符号形式表现的，其中包括神话与神学、传说、文学、哲学、科学、民间智慧及普通常识。[3]三个子系统相互作用，共同构成人类文化体系。参照怀特的这一理论，城市空间的文化构成分为物质层面、制度层面和精神层面三个层次。[4](图10-2)

（一）物质层面

城市的物质文化是城市生态文化体系的表层。它由城市的可感知的、有形的各类构成要素与设施构成，包括城市布局、城市形态、城市肌理、城市色彩特征、城市天际线，以及人工自然环境等城市物质文化的外壳。这些物质现象之所以也被纳入城市文化的范围，不仅是由于它们典型地体现了"人化自然"（广义文化概念）的特征，而且也因为它们都是一个城市文化风貌的最生动、最直观、最形象的呈现。

物质是城市空间构成的基本元素，因而物质

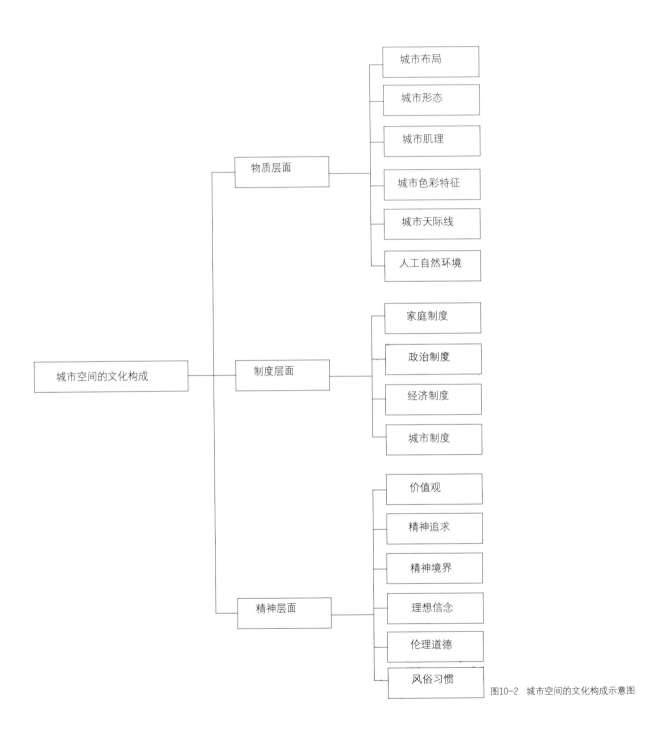

图10-2 城市空间的文化构成示意图

城市转型发展的规划策略

层面对城市空间的影响最为直接和明显。例如，交通方式的发展促进了城市半径的扩大，工业时代交通方式是现代化大城市建立的基础。工业技术的进步产生了先进的建造方式，现代派建筑正是在先进建造方式的推动下产生的。中国城市空间与西方相比，由于建筑材料采用木材为主，与材料相适应，建筑的造型表现出轻盈的美感，门窗的比例较方正，建筑层数以一两层为多。西方建筑多以石材为主，由于石材力学特性的限制，使得建筑跨度较小，门窗比例往往较细长，建筑也较易修建成多层，这使西方古代城市的容积率远高于我国古代城市。这种建造方式反映在空间组织上，中西方城市也表现出截然不同的空间肌理。另外，物质条件的状况在一定条件下成为城市文化产生的基础，直接决定了城市文化的某些方面。美国文化人类学家斯图尔德就认为人类在适应不同的生态环境时，文化也将显现出不同的生态现象。中国的一些学者也从对自然环境的分析中提出了中华文化产生与发展的内在因素。此外，城市空间所处的气候环境与地理状况也成为城市空间特征的重要决定因素。例如，位于较低纬度的城市空间往往较开敞，建筑物的外部空间特征较轻灵，重视通风与遮阳；而较高纬度的城市空间外观较厚重，建筑物强调冬季的保温与采暖。气候环境一定程度上决定了城市空间的性格。此外，临水的城市空间总是注意处理水与城市的空间关系，或临水自由布置城市空间，或把水作为重要的城市交通方式在城市结构中起到重要作用，这样的城市都强调了水的性格，如意大利的威尼斯、中国的苏州等。而临山的城市或者沿山坡布置城市空间，体现出山城的空间特质，如重庆；或者把山的地理景观引入城市空间，形成"十里青山半入城"的秀丽景观，如常熟。再如陕北的延安，其窑洞民居更是因借地理因素形成独特城市空间文化的佳例了。

（二）制度层面

城市的制度文化是城市生态文化体系的中层结构。城市制度是城市文化制度化、规范化以后的一种结果，是城市文化的一种实体化的表现形式。因此，城市文化的变迁必然通过城市的各种制度的变迁表现出来。城市的制度文化以城市的物质文化为基础，但主要满足于城市居民的更深层次的需求，即由于人的交往需求而产生的合理地处理个人之间、个人与群体之间关系的需求。在城市的制度文化中，包括家庭制度、经济制度和政治制度等，它们都对城市空间产生了直接的影响。

古代中国长期属于传统的宗法制封建社会，宗法制度对上到国家政治制度、下到家庭制度都留下了深深的烙印。宗法制社会是一个同居同财的血缘共同体，它不仅是基本的生产、生活单位，而且也是一个以血缘为纽带的政治、军事共同体。不同于地缘共同体的杂居，聚落普遍实行宗族聚居，这就为国家与社会按照血缘关系安排社会等级划分创造了条件。由于宗族社会中家庭个体经济不独立，只能依附宗族而存在，所以社会等级划分不是按照财富而是按照在国家和宗族中的权力来划分，这就形成了规模等级严格的制度。从城镇布局到家庭住所都表现为金字塔形的结构体系，形成了"家国同构"的现象。

与中国不同，欧洲的古代社会组织表现出地缘共同体的特征，城市阶层不是按照血缘来划分，而是以财富和地位划分为贵族、农民、手工业者。这些特征产生了欧洲社会制度的深层特征：国家由个体的家庭组成，家庭作为个体的经济单位具有相对独立性；经济与权力分离，以及城市的经济、宗教等中心作用促进了商业城市的发展。中世纪的欧洲城市，由于教权的统一与强大，城市的中心常常为教堂所占据；城市也并不是像中国城市那样有着绝对的中心，通常是由许多小城市组成的一个团块，各个小城市有自主权和自给自足的能力。

经济制度对城市空间的影响最直接的体现就

是规划与建设法规对城市建设的约束。中国历史上城市空间的营造总有一定的法规制度，所谓"周法"、"秦制"、"营造法式"、"工程作法"等都是我国传统的营造法规。近代城市规划学的发展，使建设的法规体系成为规划学的重要组成部分，进一步发挥了法规在城市空间规划与设计中的作用。1916年纽约实行了第一个分区法，其中沿街建筑高度控制法规规定建筑在达到一定高度后，上部建筑就必须后退。实施的结果是相当多的高层建筑上出现了阶梯式的后退空间，由于其空间造型呆滞，受到了广泛批评。1961年对此法规进行了改进，产生了两个更科学的新概念，即"容积率"和"分区奖励法"，促使了以后沿街许多新型空间的产生。西方社会较完善的城市历史保护法规，为城市历史空间的保护与城市文脉的延续奠定了良好的制度基础。[5]

（三）精神层面

城市的精神文化是城市生态文化体系的内核或深层结构。在某种意义上，城市的精神文化是与前面所说的狭义的文化概念内涵相一致的，即相对于城市物质文化、制度文化的城市精神文明的总和，它包括一个城市的知识、信仰、艺术、道德、法律、习俗及作为一个城市成员的人所习得的其他一切能力和习惯。

在城市的精神文化中，一部分是通过一定的物质载体如印刷媒体、电子媒体以及其他有形物质媒体得以记录、表现、保存、传递的文化；另一部分则以思想观念、心理状态等形式存在于城市市民的大脑中。以思想观念形式存在于市民大脑中的城市精神文化，如城市居民的价值观、精神追求、精神境界、理想信念、伦理道德、传统、风俗习惯等，则是城市居民的行为方式以及指导、影响、支配城市居民行为的规范、准则和城市居民价值观念及行为心理的总和。它往往通过一个城市的民俗民风以及居民的精神风貌和道德水平表现出来，是人们判断城市文化水平高低的重要依据或标准之一。[6]

精神文化是城市空间的深层结构，它通过影响人的思维方式、价值评判和伦理道德等基本的行为准则而在城市空间建设与发展的过程中发挥其作用。如果说传统的中华文化是中国传统城市的精神支撑与深层结构的话，那么，近代中国城市中出现的西洋建筑与欧式街区现象就反映出中华传统精神文化被削弱、侵入的深层文化殖民过程。现代规划方法与现代派建筑风格的引入，也映衬出民众对传统文化中缺乏科学性与民主精神的自卑心理。这种心理反映在审美方式上，就是对西洋建筑风格的艳羡；反映在生活方式上，就是对西方生活方式的模仿。这种文化心理是导致我国近代城市对西方城市风格的大规模模仿的重要原因之一，在本土文化较弱的殖民地城市中该现象最为突出。

城市空间的文化构成还可以从生态学的角度认识城市结构。从生态学的角度认识城市，可以认为城市空间是由社会生态、经济生态、自然生态三个亚系统复合而成的高度人工化的生态系统。社会生态亚系统以人口为中心，以满足城市居民的就业、居住、交通、供应、文娱、医疗、教育及生活环境等需求为目标，为经济系统提供劳力和智力，它以高密度的人口和高强度的生活消费为特征。经济生态亚系统以资源流动为核心，由工业、农业、建筑、交通、贸易、金融、信息、科教等下一级子系统所组成，物资从分散向集中的高密度运转，能量从低质向高质的高强度集聚，以信息从低序向高序的连续积累为特征。自然生态亚系统以生物结构和物理结构为主线，包括植物、动物、微生物、人工设施和自然环境等，以生物与环境的协同共生及环境对城市活动的支持、容纳、缓冲及净化为特征。[7]

上述城市空间文化结构的两个层面，并不是孤立地存在，而是相互影响，相互作用，相互联系的，它们共同形成了一个浑然有机的整体，在此我们称之为城市空间生成的文化生态体系。地域性的城市空间文化的产生与发展，是紧密植根于当地独特的物质、制度与精神条件的；脱离了这一文化生态体系来研究一种城市空间文化，就会陷入无源之水、无本之木的困境。

第二节　唐山的文化认知与特色分析

唐山文化的基本特征——物质遗存与非物质的精神

文化是一定社会的经济、政治在观念形态上的反映，是人类社会、历史发展的积淀和产物。文化是指一个群体或社会所共有的价值观和意义体系，包括使这些价值观和意义体系具体化的物质实体。文化包含着丰富的内容、多变的形态和多样的子系统，有极其复杂的社会现象，每一个文化子系统，又都有与其他文化相区别的特征，这就构成了每一个城市在特色塑造上厚实的文化背景和依据。

城市文化特色是指城市外在形象与精神内质的有机统一，是历史文化与现代文化的有机统一，并且是长期以来由城市的物质生活、民俗风情、文化传统、地理环境、社会风气、气候条件诸因素综合作用的产物。城市文化特色是由当地自然地理环境和社会经济相互作用并长期积淀和现实创造的结果，它不是与其他城市共有的，而是一个城市与另一个城市相区别的标志，是一个城市所独有的。

（一）唐山文化的表现

唐山文化底蕴丰厚，人杰地灵。"不食周粟"、"老马识途"、戚继光"改斗"等典故都发生在这里。唐山是中国评剧的发源地，评剧、皮影、乐亭大鼓被誉为"冀东三枝花"，在国内外有着广泛的影响。

清东陵是我国现存规模最大、建筑体系最完整的皇家陵寝，被列为世界文化遗产；还有长城关隘、景忠山、菩提岛、金银滩、李大钊纪念馆及其故居等众多人文自然景观，现在都已成为旅游的好去处。这里人才辈出，享誉世界的文学巨匠、《红楼梦》的作者曹雪芹祖籍是唐山丰润人；中国评剧主要创始人成兆才出生在唐山的滦南县；中国共产主义运动先驱、中国共产党主要创始人之一李大钊的家乡在唐山乐亭县。唐山人民勤劳智慧，坚忍不拔，富于创造精神，在长期革命和建设中，铸成了铁肩担道义的"大钊精神"、开滦矿工"特别能战斗"精神、西铺"穷棒子"精神、沙石峪"当代愚公精神"，还有在抗震救灾中凝成的抗震精神以及新时期形成的"曹妃甸精神"和以"感恩、博爱、开放、超越"为核心的"新唐山人文精神"，这些都是唐山宝贵的精神财富。

（二）唐山文化的特征

（1）城市自然优势明显，地理区位优越，城市资源丰富。

图10-4　清东陵

图10-5　水下长城

图10-6　金银滩

图10-7 唐山瓷都   图10-3 唐山皮影

（2）历史文化源远流长，底蕴深厚，人杰地灵。名胜古迹众多，人才辈出，自然旅游景观星罗棋布。

（3）燕赵文化特色鲜明，豪爽朴实，包容性强。

（4）京畿文化影响深远，深厚的历史积淀塑造出唐山城市的历史厚重感。

（5）地方特色浓郁，民间文化资源丰富、有独特的方言、独特的地方曲艺。

（6）独特的陶瓷文化，务实的工业文化，中国近代工业的摇篮，形成了富于创造、开拓务实的工业文化。

（7）革命文化浓厚，大量革命先进人物与事迹体现了唐山人爱国、爱城、爱人的崇高品格。

（8）地震文化塑造了新唐山坚强不屈、勤奋踏实的城市个性。

（9）高丽人生活遗址以及四大商镇等描绘出唐山的商业理性与开放意识。

（三）唐山的物质遗存

1. 唐山文物资源存量基本情况。

文物资源分为不可移动文物、可移动文物及非物质文化遗产的物化遗存部分。不可移动文物分为各类文物遗址、古建筑、古墓葬、石刻等。可移动文物主要指中国境内出土的文物、国有文物收藏单位以及其他国家机关、部队和国有企事业单位等收藏、保管的文物和国家征集、购买的文物等等。非物质文化遗产的物化遗存实质上也应归类于不可移动和可移动的文物之中，比如戏曲表演的舞台，或者道具、唱盘、剧本等。

2. 唐山文物资源具备的优势

第一，时间跨度大，内容丰富，囊括了从史前到现代所有历史阶段，涵盖了政治、经济、军事、宗教、民俗等诸多方面，并且物质文化与非物质文化资源相匹配。

第二，体现了文化交融。古代历史中唐山地区表现为中原文化与北方少数民族文化的交融，近代历史中表现为东方文化与西方文化的交融。这样的文化特点构筑了唐山包容进取、通达广远的人文精神。

第三，唐山文物资源开发起步较晚，但从某种角度讲具有后发优势，能够充分的汲取其他地区的经验教训，少走弯路。

3. 唐山文物资源的劣势

第一，大多数文物资源地位不突出。旧石器时代有爪村遗址、孟家泉遗址，而且这两处遗址分别由国内著名考古学家裴文中、贾兰坡先生发掘，孟家泉还出土了人骨化石，但多年来一直没有后续发掘，出土不够丰富，研究不够深入，影响力不够深远。近年来对孤竹国的研究与考证较多，但至今没有发现城址，使其研究成果缺乏考古资料的佐证。

第二，垄断性文物资源有限。唐山从来没有成为过都城，一直属于中原统治中心的北部边缘，同时又是北方少数民族统治中心的南部边缘，历史积淀与遗存物的数量和品级都无法与数朝古都媲美，也无法与内蒙古、东北等少数民族统治中心的浓郁的民族特色媲美。

唐山市古代考古遗址文化分布

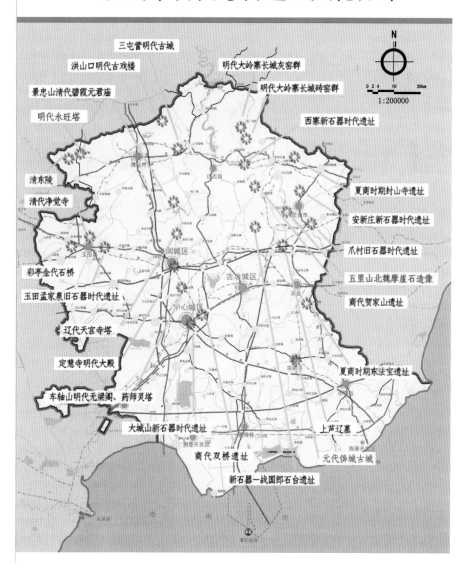

三屯营明代古城

洪山口明代古戏楼

明代大岭寨长城灰窑群

景忠山清代碧霞元君庙

明代大岭寨长城砖窑群

明代永旺塔

西寨新石器时代遗址

清东陵

夏商时期封山寺遗址

清代净觉寺

安新庄新石器时代遗址

爪村旧石器时代遗址

彩亭金代石桥

五里山北魏摩崖石造像

玉田孟家泉旧石器时代遗址

商代贺家山遗址

辽代天宫寺塔

定慧寺明代大殿

夏商时期东法宝遗址

车轴山明代无梁阁、药师灵塔

大城山新石器时代遗址

上芦辽墓

商代双桥遗址

元代俈城古城

新石器—战国郎石台遗址

图10-8 唐山市古代考古遗址文化分布图

图10-9　滦州矿地有限公司—摄于1908年（右）

图10-10　唐山发电厂因地震，电路遭到破坏，大楼上挂的钟表记录了地震时间-3点42分56秒—摄于1976年（左）

（四）唐山非物质的精神

　　唐山从来就是一个不缺乏人文情怀的城市。唐山的历史文化悠久，文化底蕴深厚，是世界文明史上具有特殊意义的城市。这里是历史悠久的古地，人类活动可以追溯到4万年前，自商周以来，历朝历代在这里留下了众多人文遗迹。这里是文化灿烂的名城，唐山文化接薪续脉，代代相传。历史上农耕文化、中原文化、草原文化在唐山融合交汇。中国革命和建设时期产生的大钊精神、开滦工人特别能战斗精神、穷棒子精神、当代愚公精神、唐山抗震精神和曹妃甸建设精神，都凝结着唐山文化特有的品格和魅力，它们就像一面面旗帜，激励着不同时代的人奋勇前进。

　　20世纪20年代，中国革命步履维艰，革命形势非常严峻。伟大的革命先驱者李大钊，是唐山市乐亭县人，中国最早的马克思主义者，中国共产党主要创始人之一。他以笔作刀枪，用激扬文字，挥斥方遒，在极端危险和困难的情况下，与敌人作着顽强、殊死的斗争。面对敌人的绞刑架，他坚贞不屈，大义凛然，视死如归，从容就义，表现出革命者的铮铮铁骨和英雄气概。他用自己的38年人生谱写了革命者的赞歌，用鲜血浇灌了中国革命之花，用生命换来今天共产主义的辉煌，用一生铸就了"铁肩担道义，妙手著文章"的大钊精神，激励着一代又一代青年要肩负振兴中华和报效国家之重任，为伟大的共产主义事业而奋斗，为中华民族的解放而斗争。

　　中国人民是勇敢的，哪里有压迫，哪里就有反抗。李大钊领导党的北方组织深入开滦矿区，领导工人阶级的革命斗争，展示了开滦工人阶级最勇敢、最坚决、最彻底的革命精神。这次的工人反帝大罢工，是中国共产党领导的、中国第一次工人运动高潮中北方最著名的罢工，在工人运动史上留下了光辉的一页。毛泽东同志在《中国社会各阶级的分析》一文深入地分析和评价了开滦矿工，并赞扬"他们特别能战斗"。1973年12月18日，新华社以《"他们特别能战斗"——记开滦煤矿的革命矿风》为题，首次将开滦矿工在社会主义建设时期所表现的革命精神用"特别能战斗"来表述，之后便成为唐山煤炭战线的口号和精神。

　　20世纪50-70年代，中国农村贫穷落后，勤劳、朴实、坚韧、顽强的唐山农民，创造了社会主

唐山市近代工业发源地分布

图10-13 唐山市近代工业发源地分布

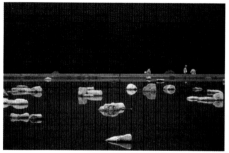

图10-11 地震纪念墙（左）

图10-12 曹妃甸建设（右）

图10-14 唐山评剧神韵

义建设时期的农民神话。1952年，遵化西铺村村干部王国藩把荒山秃岭改造成旱涝保收的农田。毛泽东高兴地称赞他们是"我们整个国家的形象"。穷棒子精神创造了中国农民的神话。

遵化沙石峪村，"土如珍珠水如油、满山遍野大石头"、"有女不嫁沙石峪，光有石头没有地"是建国初期沙石峪的真实写照。当地人把原来贫瘠落后的穷山沟改造成了处处花果山、道道米粮川。1966年4月29日和1967年2月5日，周恩来总理两次陪外宾来到沙石峪，把沙石峪人民改天换地精神赞誉为"当代愚公"。当代愚公精神创造出"万里千担一亩田，青石板上创高产"的神话般传奇。

1976年7月28日凌晨3点42分53秒，一场震惊世界的大地震将唐山夷为一片废墟，24万同胞沦为亡魂，其灾情之重，损失之巨，举世罕见。

面对灾难，唐山人没有被吓倒，更没有被摧垮，来自全国人民的无私援助，让唐山人感受到了祖国的强大和祖国大家庭的温暖，唐山人选择了勇敢面对，选择了重整旗鼓。"泰山压顶腰不弯"，唐山人挺起了钢铁般的脊梁，"奋挣扎之力，移伤残之躯，匍匐互救，以沫相濡"，"风雨同舟、生死与共、先人后己、公而忘私"，化悲痛为力量，化平庸为神奇，生产自救，重建家园，迅速生产

出"抗震煤"、"抗震钢"、"抗震电"、"抗震车"……1996年在纪念唐山抗震救灾20周年之际，江泽民同志为唐山人民亲笔题词："弘扬公而忘私、患难与共、百折不挠、勇往直前的抗震精神，把新唐山建设得更繁荣更美好。"抗震精神不仅是唐山人民跨越历史的强大动力，也是中华民族的一笔重要精神财富，是一座永远昭示后人的时代丰碑。32年弹指一挥间，历经十年重建、十年振兴、十年快速发展，新唐山从废墟拔地而起，一座功能完备、环境优美、充满生机与活力的新城重新屹立在冀东大地，成为北方重要的工业基地。震后的唐山人更懂得了感恩，更懂得了奉献，"爱人者，人恒爱之"、"人人为我，我为人人"化作每个唐山人的爱心行动，唐山成为了一座名副其实的爱心城市，唐山的今天更因为有了全国人民携手奋进而更加辉煌。

在渤海湾中，有一个叫曹妃甸的小岛，已经沉睡了5000年。这里面向大海有深槽，背靠陆地有浅滩，寄托着孙中山先生的强国之梦——北方大港。这里是历史留给唐山人的黄金宝地，是新唐山实现跨越式发展的千载难逢的机遇。曹妃甸2003年被列为河北省一号建设工程，全国首个科学发展示范区。

唐山人文精神丰富，血脉相传的人文精神，已经成为唐山人巨大的精神财富，新唐山人文精神是唐山文化演进和流变的必经阶段和必然产物，近百年沉淀下来的人文精髓和精神气质，正是历史赋予新唐山这座年轻城市最重要的一笔财富，新唐山人文精神在新的历史时期被发扬、光大、升华，为唐山的发展提供积极向上的人文滋养和精神动力。建设科学发展示范区、建成人民群众幸福之都，毫无疑义更需要全市人民共同培育和锻造这种精神品质。

第三节 唐山市城市文化资本与城市文脉体系开发战略研究

一、唐山城市文脉体系

历史文脉是一个城市形成、变化和演进的轨迹和印痕，是一个城市历史悠久、文化底蕴和生生不息的象征。唐山的历史文脉不仅是其城市悠久历史和灿烂文化最好的见证，也是城市文化个性和传统价值的具体体现。文脉是城市的个性，就像人有遗传基因一样，城市的遗传基因则是自己的文化脉络，延续历史文脉、保护城市个性，应是城市现代化建设的题中应有之义。要想体现唐山城市的独特个性，唯有充分挖掘和分析城市的文脉，唯有地方差异才是绝对和无限的。特别是对于平淡无奇的城市，一些能够反映地方特性的东西可以出奇制胜，回味无穷。千篇一律、千城一面的城市决不会被人们所称道，而那些充分反映城市历史文化和自然风景的城市将充满希望和活力。同时，文脉也总是在"新"与"旧"的张力中生存发展的，没有"旧"的，无所谓文脉；缺乏"新"的，文脉则不能延续。尊重历史，让历史的痕迹唤醒尘封的记忆，让城市的文脉对接现代文明；尊重城市，让城市的个性焕发青春活力。了解自己的文脉，自己的"根"，才是唐山城市发展的重要内容。在唐山城市文脉中我们归纳出四支文脉，必须予以关注和发展，要以这四个文脉发展为契机，综合整个唐山城市文化，将唐山建设成中国北方的文化大市，形成真正的京津唐"三足鼎立"局面。

第一支文脉是唐山的工业文化，有一定的历史基础和现实基础，是唐山成为中国近代工业摇篮的起点，但是要提升、发展。工业是现代社会的基础和保障，没有工业就没有现代社会的形成，但是现代工业造成的环境问题也确实需要解决，因此建议用"绿色工业文化"来进行涵盖和提升。

第二支文脉是唐山的地方文艺文化，它同样具有很大价值。评剧是中国除了京剧以外影响最大的

图10-15 唐山乐亭菩提岛

图10-16 东陵仙境

图10-17 水下长城（喜峰口）

地方剧目，形成于130多年前的唐山。近年来唐山人民政府和国家文化部已经联合开展了7次评剧艺术节活动，并且已经形成了一定的经济效益和社会效益。

第一文脉的核心主题是"生产"。

第二文脉的核心主题是"生活"，这两个主题都提供人类社会发展的不竭动力，可以说是永恒的主题。

第三支文脉是旅游文化。要利用自然资源、历史资源、文化资源、社会资源广泛开展旅游，发展旅游文化。

第四支文脉是"人居文化"。唐山是中国第一个获得联合国"人居荣誉奖"的城市。当前中国很多城市都已经提出要建成"适合居住的城市"的目标，如烟台就提出要建设"最适合人居的城市"；再发生大地震，唐山的住房优势就会完全显现——其他城市因为没有经历过地震难以真正重视住房的质量问题，其实这是千年大计，抗震文化留给人们一项优势遗产。

唐山发展沿海，建立新的城市核，建设生态城市、休闲城市、旅游城市、绿色工业城市等已经为唐山成为"适合人居的城市"奠定了基础。以"人居城市"发展人居文化——居住文化，这是一个新的文化增长点。

二、唐山城市文脉的核心要素及分布

要理解并挖掘唐山城市的历史文化与文脉，用经营的、创意的、资本运作的理念去把握与认知唐山城市的文化资源与文脉发源。唐山的城市历史文化资源可以分为不同的层面，如：自然原生态文化、地震文化、古代考古遗址文化、城市水景观文化、城市古树古木文化、城市名人名居文化、城市园林文化、宗教文化、城市"历史地段"文化、城市文化景观、"城市文化记忆"文化、地名文化、城市节点文化、城市建筑文化、城市市民精神

文化、城市符号文化、城市品牌文化、城市传统商业文化、政治革命文化、城市节庆文化、城市旅游文化、城市工业技术文化、城市农业技术文化、城市教育文化、城市民俗民风文化、城市语言文化、城市制度性文化等，以挖掘唐山城市的综合文化品格与定位。我们根据各种不同文化资源的侧重点，将唐山城市市区与市域范围内的文化资源作了一个全面而详尽的类型化考察，并在市区范围内作了生态娱乐区、产业文化区、教育文化区、商业文化区、科技文化区、行政文化区、革命文化区、南湖生态文化区等各种清晰的文化类型化功能规划分区，从城市绿脉、蓝脉、红脉等新理念上对唐山的城市文化资源进行了各种有效的区划，从而为整合唐山的文化资源，构建新型城市文化理念进行了创意。

三、唐山历史文脉的科学整合与定位

通过这些文化资源的挖掘与理解，可以认为唐山是具有远古性、发源性历史的地区，是具有创造性、开拓性的近代工业城市，是具有灵活性、务实性的现代新型城市，是具有人文情怀、开放性的市民化城市，是具有拼搏性、乐观性的人性化城市。

唐山作为一个工业化比较先进与发达的北方城市，在同时拥有深厚历史文化资源的背景下，通过对于城市文化与文脉的厘清与挖掘，再形成科学的、可经营的规划保护政策与具体措施，使得唐山真正成为一个具有集"历史文化繁荣、文脉延续清晰、城市文化彰显、市民精神浓厚"的新型文化经济与工业经济并举的现代城市。

四、唐山城市文化存在的问题与不足

结合唐山城市的文化资源，吸收世界历史文化名城保护的有益经验，唐山城市规划中文化脉络的保护应重视以下几个方面：

（1）对原有的不可再生的历史文化资源进行

开发性保护，通过开发获得保护资金，通过开发宣传使人们认识和了解历史文化资源的重要性和垄断性。但是开发不可过度，否则会造成历史文化资源出现不可逆转的破坏。

（2）恢复和提倡地方文艺（文化）资源，获得当地老百姓的理解、支持和参与，最终使地方文化获得新的生命力。

（3）办好陶瓷博览会和评剧艺术节等大型博览会，发展会展经济，吸引外地企业和资本前来唐山求发展。

（4）弘扬抗震精神和新唐山人文精神，继承唐山人民团结友爱合作互助的"市民精神"文化，这是我们取之不尽用之不竭的力量源泉。

（5）发展现代休闲文化，实现"休闲唐山"、"旅游唐山"的新理念。

（6）打造绿色唐山，实现"绿色工业之都"的理想目标。以工业经济、会展经济、旅游经济为依托，改造城市原有布局。

五、唐山文化资源的区域竞争优劣势

（一）优势

（1）唐山文化的特色鲜明，许多文化具有唯一性。唐山文化在京津地区，在整体数量和质量上都无法与北京、天津相比，但他独有的艺术文化、工艺文化与地震文化使其具有鲜明的文化特色。

（2）唐山的原生态文化保存完好，民俗纯正，而京、津地区高度的城市化使大量的文化遗存被破坏，原住民文化失去了保存发扬的土壤。

（3）唐山的自然生态景观与文化遗址众多，与北京、天津相比，一个最大的特点是未开发饱和，许多自然文化景观具有巨大的开发潜力。

（二）劣势

（1）由于临近北京、天津，从定位上唐山缺乏底气。北京是首都，天津与北京一样是直辖市。而唐山则从城市政治地位上明显逊色，这从根本上导致了唐山各种产业上缺乏像京津唐三角中的京津那样的规模与步伐。

（2）从旅游文化资源分布上看，唐山虽不如

图10-18　唐山高速动车

北京那样得天独厚，但比天津有过之而无不及。但唐山的旅游文化产业化运作明显落后京津两地。

（3）唐山作为河北经济第一市，京津唐环渤海湾的重要一员，其城市经济水平与市民收入都不低，城市中的高档汽车大量上路。这说明唐山城市开始进入了一个工业化比较成熟的阶段，因此下一步开发旅游资源有了一个好的经济发展阶段基础。但从目前的旅游文化产业化开发与运作来看，唐山还存在一定差距。

（4）地震使大量的原有文化旧址不复存在，新城市规划也没有做好文化遗址的复原工作，许多文化资源存在着事实上的断裂。而京津地区虽然也曾经历经战火，城市化过程破坏文化现象严重，但不具有毁灭性。

（5）唐山现有的文化遗存比较分散，没有发挥整体功能，文化保护投入大，文化产业综合开发欠缺，缺乏区域竞争优势。而京津作为高度发达的城市，在文化第三产业的开发上已经相当成熟，有可能使唐山文化市场进一步沦陷。

六、城市的文化策略与作为

（一）城市规划与城市文脉

在新一轮城市规划（2008-2020年）中，唐山城市文化的价值与功能定位最为重要，它是实现城市战略转移，支撑城市经济发展的"软环境"和"硬指标"。软环境是因为城市文化向来被看作是为经济搭台的"环境"（所谓文化搭台，经济唱戏）。说其是"硬指标"是因为城市发展到今天，城市之间的竞争已经不再仅仅是经济竞争了，城市之间的文化竞争已经是城市能否胜利发展的关键因素。未来城市是"以文化论输赢的"，忽视了城市的文化资本和城市形象就可能会"输在起跑线上"。因此过去的软环境实际上已经变相地成为"新的硬指标"。城市新一轮总体规划出台之前首先应当摸清楚城市的文化底子、资本厚薄、优劣

势、发展的方向和目标、发展的理念和主导等，也就是说要对唐山城市文化进行一次明确的功能定位。

唐山城市文化历史悠久，范围广泛，内容丰富，在国内大城市中也是不多见的。唐山城市这些独特文化就构成了唐山城市的文化资本，是唐山城市经济、社会发展的软环境和硬指标，是城市进一步发展的动力源。主要表现在：抗震文化提供了城市文化的精神品质；农业文化提供了城市文化的基础和底蕴；工业文化提供了城市文化的主导方向；历史文化提供了城市的旅游资源；现代休闲文化虽然不十分发达，但是也提供了城市文化的实用价值；地方文艺、文化提供了当地居民参与城市文化发展的不竭动力；会展文化提供了城市文化发展的产业化方向。在这些城市文化中，工业文化、抗震文化、地方文化具有更大代表性和发展潜力。

（二）城市文脉保护、继承、发展模式

一个好的城市规划不但要能够立足本城市的历史和资源，而且要有一定的超前性，要用发展的眼光看问题，在城市规划中必须进行一定的创新。

要创新就必须突破原有的基础和理论框架，实行新的整合，要对资源进行认真摸底，要有新思路、新方法，要能够借鉴中外城市规划的有益经验，探索适合本地的发展途径。

1. 确立"绿色工业之都"的新理念、新形象

要重视生态建设，打绿色旗帜，在引进工业企业的同时抓生态建设，防止污染面积的扩大和发展，尤其是在引进新的大型项目中更要重视这个问题，比如曹妃甸钢铁基地的建设就要防止把污染带到渤海中。唐山的大型重工企业较多，历史上长期忽视对环境的整治和生态环境的保持，如果在新一轮规划中不能够重视这个问题，将会给唐山带来无穷的灾难。要坚决避免先污染后治理的老路，应当在建设的同时就将污染问题同时解决。要保持唐山

的工业城市传统，同时又要改变唐山的传统工业城市的形象，重视生态建设。

2. 努力成为京津唐都市圈的三个发展极之一

确立城市特有的文化形象，争取在京津唐都市圈中能够持三足鼎立的局面。北京已经确立政治中心、文化中心的城市定位，天津确立中国北方经济中心和商业中心的城市定位，唐山应当确立中国北方"绿色工业之都"。唐山应增加旅游的比重，将唐山城市北部的山区中部平原与南部沿海的旅游资源整合起来成为京津的互补。保护好历史文化和地方特色是发展城市文化旅游业的关键。许多地方城市为满足人们对旅游消费的需求，积极挖掘和整合历史文化资源，利用历史文化作为发展和兴旺旅游业的重要载体，把保护地方特色文化、传统文化作为发展文化旅游业的重要支撑，形成城市经济的新增长热点。

要展开对休闲、旅游资源的开发和利用，大力发展第三产业，促进城市形象的提升，整合并优化旅游资源，寻找旅游、文化、经济的结合点，提高唐山城市文化品位，提高唐山作为优秀旅游城市的亮点，并以此带动消费、带动经济、打造品牌。只有建设多层次、多品位的以关注生存方式、提高生活质量、享受身心愉悦和追求精神自由等为目标的休闲文化，并使之日渐完整、成熟，一个城市才能真正拥有现代化的全面小康的社会生活。因此，打造高质量的休闲文化有着不可忽略的文化立市效应，要挖掘文化资源，打造少而精的艺术作品。

要开展对唐山近代工业遗址的发掘和保护，"近代中国工业摇篮"要有一定的实物基础，虽然这些遗址在唐山地震中可能已经不存在了，但是我们今天可以将其恢复、复原，展现中国近代工业摇篮的雄姿，开展工业旅游。把工业遗址、现存大型工矿企业、各种工业博览会结合在一起，就能够形成新的旅游产业——工业旅游，可以考虑将近代中国工人斗争文化、革命先烈文化、抗震文化等整合在一起。

3. 创造城市绿色生态文化，建设宜居的生态城市目标

唐山绿色生态文化建设存在的问题：

第一，生态文化知识的普及不够，生态文明意识有待加强。

生态文明和生态文化建设需要社会的全体成员共同参与，而社会全体成员的参与也要求他们能掌握基本的生态文化知识。通过多渠道、多形式、多途径、多方法开展生态文化知识的普及宣传教育活动，使全体社会成员的生态文化知识进一步得到普及，生态文明意识进一步得到加强与提升。

第二，生态文化建设的投入不足，基础设施有待完善。

唐山是"经济大市"，但不是"生态大市"，其中一个表现就是生态文化建设的投入不足，基础设施有待完善。尽管在过去的几年中，唐山用于生态建设的资金投入较高，但是真正用于生态文化建设的投入却还比较薄弱。一是宣传生态文化知识的硬件设施如博物馆、生态教育基地、自然科学馆等尚不能满足社会成员求知的需要；二是宣传生态文化知识的图书资料，如生态文化知识的专业性资料、普及性读物等尚不丰富，种类少、数量少。因此，在加强生态文化建设中，需要增加投入数额，稳定投入机制，明确投入渠道，规定投入领域，完善生态文化的基础设施建设。

第三，生态文化产业的发展不快，发展理念有待明确。

唐山的文化产业正呈现蓬勃发展之势，文化名城的建设步伐不断加快。但是文化产业发展中，如何来明确生态文化产业的发展理念、发展定位和发展思路还需要进一步来探讨。生态文化产业的定位应以精神产品为载体，视生态环保为最高境界，向

图10-19　城市公园中的动植物（右）

图10-20　宜居的生态城市（左）

消费者传递或传播生态的、环保的、健康的、文明的信息与意识。随着生态省建设的推进，我省生态文化产业的发展必将具有广阔的市场前景。

第四，生态文化理论的研究不深，理论观点有待突破。

唐山生态文化建设的一个薄弱之处在于生态文化理论研究不深，这主要表现在：一是生态文化理论的研究队伍比较零散，力量比较薄弱，研究队伍还呈自发状态，没有整合为一个整体；二是生态文化研究的深度比较浅，理论创新不足，对唐山传统文化和区域文化中的生态文化理论与思想发掘不足，对马克思主义理论中有关生态文明、生态文化的论述阐释不足，对现实中遇到的问题理论解答不足。唐山生态文化建设中需要加强理论研究，形成理论创新，以期指导生态城市的建设。

21世纪是生态文明的世纪，建设生态文明的基本途径是加强绿色生态文化建设。生态文化是基于生态系统，尊重生态规律，以实现生态系统的多重价值来满足人的多方面需求为目的，最终体现人与自然和谐相处的生态价值观的文化。只有把文化内涵与生态建设有机融合，实现建设"宜居生态城市"的目标，才是完美意义的富有生机的生态文化建设。

一是加强绿色生态文化建设，是顺应社会发展潮流的必然趋势。社会文明发展在经历了原始文明、农业文明和工业文明三个阶段后，正在逐步走向生态文明阶段。工业文明改造自然、征服自然所造成的负面影响，迫使人们对工业文明进行深刻的文化反思和新的文明抉择，走生态文明发展之路成为世界文明发展的必然选择。生态文化是生态文明的时代产物，是生态文明的基础，走生态良好的文明发展道路必须繁荣生态文化。

二是加强绿色生态文化建设，是践行科学发展观的内在要求。创造适宜人们生产生活和全面发展的生态文化环境，体现了以人为本的发展理念。走资源节约型、环境友好型的发展道路，符合全面协调可持续的生态文化发展要求。加强生态文化建设，并从基本理论、思想观念、发展理念等方面为生态建设和生态产业发展提供理论指导、精神动力，有利于促进人们自觉地热爱自然、珍惜自然，与自然和谐相处。

三是加强绿色生态文化建设，是改善民生的客观需求。随着生活水平的提高，人们对生活环境、生活质量提出了更高的要求，对生态条件和良好生态文化环境的需求越来越迫切。只有把维护最广大人民的根本利益作为生态文化建设的出发点和落脚点，才能让人民群众在良好的生态环境下生活得更舒适、更幸福。

就唐山而言，建设绿色生态文化城市具有良好的绿色生态优势和人文资源。我们要顺应绿色生态文化建设的发展潮流，以构建生态文化体系为保障，以保护自然生态体系为基础，以建设生态文化重点工程为着眼点，充分发挥生态文化对生态体系和产业体系建设的引领、服务和保证作用，全面协调文化与社会、经济与环境之间的关系，创造一个适合于广大市民生活和工作的良好生态环境，不断提升城市品味，全面提高城市的综合竞争力。

第四节　城市发展规划中的文化策略

城市规划与城市文化之间存在着同步发展的规律，当代城市的发展既是一种经济现象，又是一种文化现象。随着我国经济发展水平的不断提高，城市建设过程中"文化力"的地位和作用正在强烈地表现出来。因此，内涵的城市发展过程，必然是不断塑造城市文化现象的过程。

文化要素在城市发展中的战略布局

人都不会否认文化在城市中的重要地位，也不否认文化在推动城市发展中所起的重要作用。城市规划师需要了解文化对城市发生作用的过程和方式，特别是关于文化设施和历史建筑遗产对城市发展的价值。

在文化设施规划中，文化设施的数量、规模和类型固然重要，但文化设施布局对城市发展的作用更不应该忽视。我们往往把城市的一些重要的文化设施集中在一起，形成文化中心、科技中心、教育园区和大学城，如果我们从城市和谐发展的角度去研究这一现象，会发现缺乏文化层面的考虑。首先，文化设施最为重要的功能是向公众传播新的事物，这其中当然包括新的思想、科技和文化，但同时文化设施所吸引的人群，不论是来消费文化产品的，还是来接受文化思想的，甚至是来体验文化氛围的，以及服务于文化设施本身和为文化产业服务的人们，他们为文化设施所在的地区所带来的发展活力和机遇是与其他城市公共设施完全不同的。其次，文化设施的集中，在一定程度上会产生一定的集聚效益，特别是在资源共享方面，但是由此产生的另一方面的问题却是这种相对的独立性变成了自我的封闭，文化设施对社会和城市的效应变得小了。

以文化设施、教育设施为例，如"大学城"，许多城市把原来分散在城市中的大学校园搬到新区集中起来，目的是为了使学校有更好的发展条件，使各类学校之间的资源让学生共享，同时也为了带动新区的开发。这会带来两个方面的问题：这里的发展活力会渐渐消失。第二是新校区的集中模式使原来许多分散的文化活力辐射点变成为一个或几个点，总体的情况是，这样的点少了，规模大了。学校特别是大学的资源在一个城市中是有限的，其他文化设施也一样，比如博物馆的布局，充分地发挥文化设施对城市发展的作用是城市规划需要反思的问题。

历史文化遗产保护的意义不言而喻，在对历史建筑进行再利用时，对其实用功能的定位研究十分重要，这不仅仅是一个经济效益的问题，更是一个城市发展的战略问题。历史建筑本身就是一个文化的标志，我们往往把它的价值和经济效益联系起来，不论是作为博物馆，还是作为参观景点，都不自觉地把历史建筑本身作为商业的标签，却忽视了它对整个城市和地区发展推动的意义。所以，经常会有"集中成片保护"的观点，而对那些分散的历史建筑，即使也很有价值但往往缺乏重视。城市中的历史建筑位置是既定的，而且常常散布在城市的各个角落。不能对这些资源随意移位，这既是一种限制，但同时却促使我们去思考如何发挥它们的价值，而且正是他们位置的固定特性，使它们在城市发展中更有战略价值。

应该看到，历史建筑在这个过程中所起的作用不仅仅是它再利用的经济价值，同时它可能会改变一个地区的品质甚至城市发展的布局结构。把历史文化遗产作为旅游资源并不是问题所在，关键是我们必须认识到文化首先是为城市自身服务，只有这样，城市和文化才会共同生根、延续和发展。

文化性质的要素在城市中不应该是集中的，不论是现代的文化设施，还是历史的文化遗产。当然，文化要素要在城市中发挥作用需要一定的规模和影响力，特别是在初期。但是它和商业、服务业、娱乐业不同的是它有更大的辐射力，它在一个地区集聚一个相对稳定的社会阶层，它传播的是思想和观念。

1. 周一星：《城市地理学》，北京：商务印书馆，1995。

2. 彭靖里、马敏象、安华轩："中国城市形象建设的发展现状及其展望"，《中国软科学》，1999(2)。

3. [美]怀特：《文化科学——人和文明的研究》，曹锦清译，杭州：浙江人民出版社，1988。

4. 陈立旭：《都市文化与都市精神——中外城市文化比较》，南京：东南大学出版社，2002。

5. 段进：《城市空间发展论》，南京：江苏科学技术出版社，1999，第63—64页。

6. 同注4。

7. 陈友华、赵民：《城市规划概论》，上海：上海科学技术文献出版社，2000，第411—422页。

第一节 安全城市的概念及理念

当前我国城市化进程呈现出高速发展的态势，相对滞后、脆弱的城市支撑体系不能有效改善各类灾害频发的局面，这就要求从规划源头开始就必须高瞻远瞩、深谋远虑，切实重视城市灾害多发与复杂化的趋势。用现代科学技术建设起来的城市，更需要用科学的思维和视野来防范各种自然灾害与人为灾害，用新思维、新理念来引导城市可持续、安全、健康地发展。构建安全城市是指使城市灾害可防可控，通过努力基本消除隐患，控制危险，对城市灾害由被动接受转到主动预防，从源头上控制各种城市灾害的发生。安全城市强调"重在预防，重在建设"的理念，使城市中的人和物始终处在安全可控状态。

一、安全城市的概念

城市安全与广义上的安全概念相比，具有专业性和技术性的特点和要求。城市规划领域对城市安全的研究，主要是针对确保城市安全为目标、以城市系统和多灾种为研究对象制定综合防灾规划，城市综合防灾规划涉及城市公共安全布局、用地安排、制定防灾标准等内容，主要针对危害城市公共安全的各种因素，提出城市总体防护目标、原则，制定综合的安全战略和规划方案，并落实在城市的空间布局上，体现于综合防灾规划，在空间规划上分层落实城市安全要素。作为具有公共政策属性的城市规划，城市安全是城市总体规划的重要组成部分。

二、安全城市的核心理念

（一）全面综合的安全城市

城市应该以安全城市为目标统领各项防灾规划建设，同时实施规划、管理、立法的安全建设策略。安全城市目标覆盖城市的地上、地下、中心城、郊区农村，体现在防灾减灾、社会治安、生态安全、信息保障等各方面。规划要从城市发展方向到土地规模控

受影响圈层	人类活动	自然灾害
大气圈	工业、交通 工业、交通、喷雾剂 核电厂泄露、核废料	二氧化碳温室效应、烟雾污染、雾霾笼罩 臭氧层空洞、紫外光过滤降低 辐射超过危险量，导致疾病、死亡、食物污染
水文圈	河流及水库不合理使用 各种废水、工厂废水、漏油	泛滥、干涸、洪水 水源污染、水产食物毒素超标
岩石圈	掏挖坡基、破坏植被 破坏森林与植被、过度开垦 核爆、地下工程、大型水库 毒性农药过度使用	山洪、泥石流、滑坡 水土流失引起洪水泛滥、农业失收、土地荒漠化 地震、地陷、地裂缝 通过能量流而形成有毒食物
生物圈	引入新物种、改变生态群落 全球居民移动、人类迁徙 排放与堆积有害废物、废水	物种侵袭、过量繁殖破坏生态平衡 细菌被带到新环境、疾病流行 瘟疫、疾病、蓝藻

表11-1 人类活动可能引起的自然灾害

制，从轨道交通、电力设施、城际铁路、高速公路等重大工程建设项目规划到新城、产业园区等规划的各个层面来认知影响城市的安全要素。

（二）有应急能力的城市

应提高城市规划应对突发事件的能力，超前规划城市基础设施；应以数字化技术为手段依托信息网络，综合运用各部门的应急资源，统一指挥、综合调度、联合行动，为城市公共安全提供强有力的保障。按生命线保障标准配置水、电、通讯等基础设施；充分考虑在突发事故状态下城市重要设施的备用问题；为交通系统、大型公共场所、空间管理系统制订多重应急疏散预案。

（三）安全资源共享的城市

城市安全资源共享要落实于监测、报警、防御、抢险、救护、修复等各项功能配置和设施建设中，融于城市一体化的管理模式，建立健全综合防灾的法规体系。完善由市政府牵头，公安、水务、抗震、民防、建设、交通、规划、环境、市政、医疗等系统共同组成的城市安全综合指挥中心。规划应统筹防灾资源，合理布置安全防护设施，改变分灾种、分部门、分区域的单一防灾模式，在规划信息、防灾资源、设施配套等方面实施共享。

（四）防灾能力强大的城市

引导城市防灾建设逐步向产业化发展，使城市防灾从政府单向控制走向全社会参与和市场运作相结合的道路。发展减灾紧急救援系统，确保系统高效运行。建设高标准的城市防灾设施，特别注意防范潜在灾害源，在城市规划、项目审批阶段排除安全隐患。重视防灾综合效益的提升，为开发减灾产业提供空间，有效提高城市安全综合实力。

（五）灵活适应灾害的有机城市

对城市来说，与其建造坚固的抗灾硬件，不如创建能灵活适应灾害、建立具有一定承灾能力的生存环境。根据综合环境容量，合理确定城市空间结构和规模，形成有机发展的城市。规划应把产业结构调整和空间布局优化密切结合，节约集约土地，管控生态空间。同时考虑现状建设条件、安全防灾背景及环境生态等，注意用地结构的"柔性"处理，形成良好的城市形态、合理的道路网络、畅通的广场空间、系统的绿网水系、适度的开发强度、适宜的建材结构等，减轻灾害损坏程度。

第二节 基于安全城市目标的规划策略

一、安全城市的规划理念

城市是一个复杂系统。随着社会经济要素的进一步集聚，城市系统运行更为复杂，单一灾害影响后果也呈多元化趋势，理清复杂灾害的作用机理变得更为困难。我国地理环境条件的差异性与复杂性，也决定了城市发生各种自然灾害会是一种常态。现有"头痛医头、脚痛医脚"的方式不利于提高城市的防灾减灾能力，相反会使防灾减灾陷于一种"发生甲种灾害—减灾投入—衍生乙种灾害"的恶性循环之中。从城市规划的角度分析、审视传统的防灾规划建设存在的薄弱环节问题表现在以下方面：

(1)缺乏安全战略研究：城市公共安全能力建设处于被动状态，对城市安全尚未开展综合性战略研究。

(2)忽视非传统安全因素：对灾害的必然性认识不足，对非传统安全因素和特大城市的新灾种重视不够。

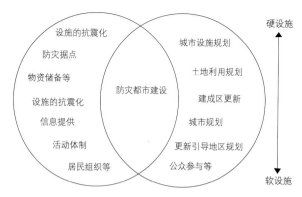

图11-1 防灾规划与城市规划的关系

(3)防灾标准较低：城市的防灾设施水平与国外先进城市相比有一定差距。

(4)侧重单体，忽视整体性：防灾规划侧重单体工程或专项系统，与城市总体规划不衔接，对城市的整体性和综合性防灾要求考虑不足。

(5)防灾管理各自为政：防灾综合管理较弱，规范或技术标准不完善，应急管理各自为政。

(6)防灾缺乏动力机制：防灾事业尚未实现社会化，实施防灾规划缺乏动力机制。

总之，传统防灾规划建设存在重灾种、轻综合，重临时突发性灾害、轻长远潜在次生灾害，重救灾、轻预防。

传统的防灾规划对城市的潜在致灾因素分析有局限性，使城市防灾在区域综合、战略指导、资源整合、规划落地、标准衔接等方面存在明显不足，与城市的安全需求不适应。因此，防灾规划建设不仅在于抗震、消防、防汛等单灾种规划建设规模的扩大，更在于防灾规划思路的突破。

二、基于安全城市目标的规划准则

（一）一贯性原则

建立安全城市作为目标应贯彻于城市规划的全过程。在决定城市用地发展方向，评估总体布局结构时，安全是需要考虑的最重要因素。无论是在总体规划、分区规划阶段，还是在详细规划、项目审批阶段，无论是城镇规划、开发区规划，还是各类专项规划，城市安全都应该作为一种规划要求，贯彻于规划工作的始终。

同时，安全城市的建设是一个动态的过程，必须随着城市发展和灾情变化进行动态调整，对涉及城市灾害的各项因素进行适应性分析。因此，应将安全要素渗透到城市规划的指导思想、规划目标、编制内容、编制过程中，并整合到现状分析、指标确定、规划方案和近期实施等工作中。

（二）区域性原则

城市安全必须要有整体区域的防灾视角，要从区域规划出发，着眼于城市群的资源配置、交通布局和产业分工，分析城市灾害的关联性，研究跨地域、跨流域的同类和异种灾害的规律。从规划部署、防御工程协调，到重大设施选址、交通疏散、空间区划等都要考虑城市与周围区域的关系，尤其在人口分布、城镇体系、水系保护、生态建设等方面加强跨界安全战略合作。

（三）重点性原则

安全城市的防灾规划应该突出重点，合理配置各类安全资源，优先安排对城市发展具有重要意义的防灾工程项目，重点抗御对城市安全威胁最大的灾害。城市在规划策略上尤其要重视人为灾害的预

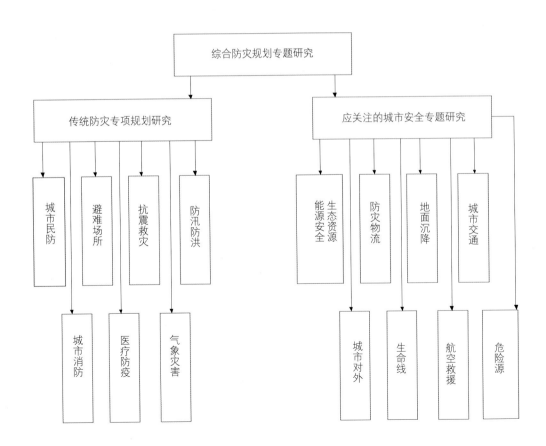

图11-2 综合防灾规划主要专题框架

防。大型化工园区、综合交通枢纽、城市信息枢纽、供水供电设施等是全局性、关键性的生命线工程，应作为综合防灾规划的重点。规划应合理把握城市危险源信息、防灾规划量化指标、防灾技术标准、设施等级规模和防灾区划方案等，实行分级、分区、分层控制。

（四）兼容性原则

安全城市的防灾规划应做到平灾结合。城市综合防灾规划在空间安排和设施标准制定方面以防灾为主，应考虑平时的综合利用，做到空间兼容、设施结合，如防汛墙与滨水绿带、步行道结合，灾时疏散场地与公园、学校操场和城市广场结合，将地下空间的商业、交通、仓储等功能与防灾功能相结合。安全资源配置是防灾规划的核心。防灾规划应节约、集约使用防灾资源，体现统筹资源的思想；正确把握平灾结合的时空关系，将实现防灾功能与建设舒适宜人的环境融为一体。

（五）科学性原则

安全城市应体现"科技减灾"思路，加强基础研究。利用信息技术、遥感技术、航天技术为城市综合防灾规划提供动态分析；推动相关安全技术和减灾设施的更新；在重大工程设施安全保障中采用智能化技术、建筑结构新体系和新型建材；建设并维护好城市安全管理数据库等。应针对长期威胁城市安全的潜在灾害源，加强城市安全承载力研究，包括安全环境容量、防灾减灾设施集约使用、安全要素量化指标等内容；推进重大危险源评估、中长期水源能源规划等基础研究，为制定城市综合防灾规划提供依据。

（六）合理性原则

安全城市建设必须建立在公平合理的基础上。城市综合防灾规划要反映不同人群的防灾需求，体现安全城市的宗旨。无论是防灾设施的布置安排，还是城市避难空间的规划设计，都要从关怀不同人群的实际需要出发，研究老人、妇女、儿童、农民工的避灾需求；关注城市综合体、公共租赁房等避难疏散问题，方便市民使用；住房规划应充分利用自然气候条件，合理组织自然通风，增加对楼体、楼群气流通畅设计的考虑；中心区避难场所布局要结合历史文化保护，防灾空间尺度要体现人性化要求。另外，安全城市应体现城乡安全一体化。因此，城市综合防灾规划要全覆盖，资源配置既要重点确保中心城区的安全防灾，又要重视研究集中建设区外农村居民点的防灾安排，合理规划农村地区的防灾设施。

三、基于安全城市理念的防灾规划准则

城市综合防灾规划是责任最重大的规划，理论上要求多灾种、全覆盖、全过程地将安全要素落实于规划布局和技术标准上。基于安全城市目标的综合防灾规划总体要求包括四个方面。

（一）明确规划内容

包括防灾专题研究、安全战略研究、公共安全规划、防灾专项规划、近期建设方案五个部分；总体上要求目标一致、范围全覆盖、功能互补、分项把关、注意衔接、协调实施。

（二）加强基础研究

（1）基础资料分析，包括城市自然灾害调查、人为灾害调查、防灾设施调查、与城市安全密切关联的其他资料收集等。

（2）灾害危险性评价，包括城市灾害的危险综合防灾规划专题研究，传统防灾专项规划研究，应关注的城市安全专题研究，城市民防、城市消防避难场所医疗防疫抗震救灾预气防象灾害，防汛防洪综合防灾规划。主要专题有：框架性综合评价和

区划、城市交通系统和公共交通枢纽安全评价、重要公共活动中心和超大型公共场所的安全评价、危险化学品的安全评价、生命线系统与备灾功能的安全评价等。

（3）城市安全战略基础研究，包括防灾规划技术理论及实践案例、城市安全战略规划重点、重大工程规划安全影响评估方法、城市防灾规划体系框架等。

（三）协调各规划之间的关系

综合防灾规划是城市总体规划的重要组成部分，是地质灾害防治、防洪、消防、抗震和民防等防灾专项规划的指导依据；城市安全评估是城市用地评价的主要内容；城市总体规划应包含安全城市战略目标和防灾强制性要求。

（四）发挥指导的作用

为应急系统计划编制提供参考，落实近期防灾建设方案；配合建立健全应对自然灾害、事故灾难、公共卫生和社会安全等方面的社会预警体系；落实统一指挥、功能齐全、反应灵敏、运转高效的应急规划机制；参与建设保障公共安全和处置突发事件的安全管理平台。

四、基于安全城市理念的防灾规划技术框架

根据以上分析，提出基于安全城市理念的综合防灾规划的要求和主要专题框架，重点研究的专题框架，城市综合防灾规划不仅应完善传统专项规划内容，而且应考虑非传统安全因素对城市安全的影响，重点研究城市关注的相关安全专题。以下是不同规划阶段主要防灾要求。

（一）城市总体规划阶段

（1）考虑安全因素对城市规模布局的制约，判断城市中长期安全环境变化趋势和潜在灾害源，提出防治思路。

（2）对规划区内备用地的稳定性和工程建设适宜性进行评估，为确定城市性质、发展规模、用地选择、功能布局，以及编制各专项规划提供防灾依据。

（3）在对新城及交通枢纽、机场、港口等重大工程项目进行选址时，必须根据翔实的水文地质、地震、气象、环境与其他灾害等资料，论证灾害及隐患的影响范围、程度，确保用地的安全性。

（4）用地结构、产业布局、对外交通、城市交通、住房与旧区改造、历史建筑保护、河网水系、园林绿化及市政设施等的规划必须满足城市安全要求，将安全要素以指标体系的形式体现出来。

（5）针对下一层次规划、城市各专项系统规划，统筹综合防灾的规划要求，协调各防灾专项规划的设施布局，体现区域共享、设施共建、系统共管的特大城市安全战略的规划导向。

（二）详细规划阶段

（1）对规划区内各地块工程建设适宜性进行评价，为确定住房建设、公共设施、市政工程、道路交通、工业园区等的近期建设规划，以及重大工程规划等提供防灾依据。

（2）具体落实城市安全目标和要求，研究有利于安全防灾的建筑群空间布局形态，针对中心城区和郊区新城、新市镇、中心村及各类开发园区的近期开发地块，提出灾害评估及安全控制方案。

（3）对重要行政管理机关、广播电视通讯设施、大型公共建筑、主要交通枢纽、生命线系统设施、重要道路进出口等，必须考虑防护范围和制订防灾应急方案，在重大工程项目规划设计文件中以图文形式标注。规划行政主管部门则应在批文中以文字进行说明。

（4）落实各防灾专项规划对规划地块的强制，深化防灾区划，落实区内综合防灾指标与防灾设施布局；综合协调主要防灾设施的共享范围；提出近期开发地块实施综合防灾规划的具体措施。

第三节 影响唐山城市安全的因素分析

一、城市的潜在致灾因素分析

由人、建筑(广义上指地上地下所有建筑物和构筑物)和城市环境构成城市的三大实体要素。这三者既可能是各种灾害的致灾因素，也可能是灾害的承灾体。城市安全要求这三个因素的致灾风险和抵御灾害的能力都在可防可控范围内。从致灾风险来说，通过评估这三个因素的不安全状态，减少造成灾害的可能性及破坏性；从御灾能力来说，评估这三个因素应对灾害的水平，提高它们的应急救灾能力，提高建(构)筑物御灾能力，强化城市环境的容灾能力。

城市的潜在致灾因素分析、判断和防范城市发展中的潜在灾害源是规划工作的重要内容。城市具有一些普遍性的潜在致灾因素。

（一）潜在致灾因素

城市能源和资源紧缺、生态环境质量下降、城市防洪排涝能力削弱、城市人口结构失衡、城市建设质量事故、高层建筑防灾难题、工程结构与管线老化、危险品事故、通信信息事故、恐怖袭击与战争等。

（二）主要问题

能源消耗总量居高不下，能源安全存在隐患；水源水质下降，区域发展与水资源协调失衡；土地资源稀缺、环境污染随郊区城镇化转移，地下水、土壤和大气污染严重；污水处理水平低、河网水系遭填埋，区域泄洪排涝能力削弱；防洪防汛设施标准未达标，人口增长压力增大；居住分布呈阶层分离；人口老龄化、超高强度开发易造成灾害；城市热岛效应显著、超高层建筑存在消防、环境变异问题；高楼幕墙老化、引发地面沉降、环境污染导致建筑结构老化加快；水电气生命线工程老化严重危险源分布不合理；危险品生产规模增大、城市对信息技术的依赖日益加深，灾害或电子袭击造成信息系统瘫痪，危险递增，城市易成为恐怖活动与空袭的目标。

二、城市存在安全隐患的原因

城市是人口、产业、财富高度聚集的地区，是现代经济社会活动最集中、最活跃的核心地域。同时城市在灾害面前也相当脆弱。一方面，唐山处于地震断裂带地区、沿海地区，属于生态环境脆弱区，自然灾种多，影响大；另一方面，唐山的发展正处于快速工业化时期，高层建筑、重化工区、交通、大型工程设施、重大危险源等不断增多，使得火灾、爆炸、工程事故、环境公害等更容易发生。由于城市人口流动频繁，就业结构、聚居区域、生活方式都具有多样化的特征，导致公共安全问题的诱发因素也较为复杂。

三、城市灾害的综合特性

由于城市人口密集、空间被高度开发，其灾害形态产生了质的变化，具有一些新的特征。

(1)放大效应：城市规模越大、现代化程度越高、灾害的效应就越大，并越容易扩散至更大的区域，引起连锁反应。

(2)综合性：自然灾害与人为灾害界线日益模糊，任何自然灾害和袭击破坏都可能引发经济社会危机。城市资源的超强度开发、布局不合理、管理不善等易产生混合性灾害。

(3)隐蔽性：对常规灾害的防御依赖固定模式，加上防灾设施老化，使灾害潜伏期难以确定；地面沉降等灾害系人为引发，但却表现出自然灾害的形态。

(4)多发性：现代灾害的起源、发生和发展由自然、环境、社会、经济、建设等多因素造成，如地面塌陷与工程施工、建筑密度、地下开发密切相关。

(5)系统性：城市的任何一个子系统被破坏都

潜在致灾因素	主要问题
城市资源与资源紧缺	能源消耗总量居高不下，能源安全存在隐患；水源水质下降，区域发展与水资源协调失衡；土地资源稀缺
生态环境质量下降	环境污染随郊区城镇化转移，地下水、土壤和大气污染严重；污水处理水平低
城市防洪排涝能力削弱	河网水系遭填埋，区域泄洪排涝能力削弱；防洪防汛设施标准未达标
城市人口结构失衡	人口增长压力增大；居住分布呈阶层分离；人口老龄化
城市建设质量事故	超高强度开发易造成人为灾害；城市热岛效应显著
高层建筑防灾难题	超高层建筑存在消防、环境变异问题；高楼幕墙老化；引发地面沉降
工程结构与管线老化	环境污染导致建筑结构老化加快；水电气生命线工程老化严重
危险化学品事故	危险源分布不合理；危险化学品生产规模增大
通信信息事故	城市对信息技术的依赖日益加深，灾害或电子袭击造成信息系统瘫痪，危险递增
恐怖袭击与战争	特大城市易成为恐怖活动与空袭的目标

表11-2 城市潜在致灾因素分析

会殃及整个城市的运行。如地震后供电系统被破坏，将会影响交通、供水、能源等系统的恢复，波及城市中心区和郊区城镇的消防和居民生活系统，导致次生灾害发生。

四、影响唐山城市安全因素概况描述

（一）地形地貌与地质概况

唐山市位于华北平原东北部，北依燕山，南临渤海，东与秦皇岛市相接，西与天津市毗邻。市区地处燕山山前冲积平原的滦河中早期冲洪积扇的中部，其间零星散布一些剥蚀残丘。市区北部为低山丘陵区，南部为滨海平原区。

中心城区的地势总体看是北高南低，一般高程为14~32米，高差约20米。但中部大城山、贾家山一带较高，最高点在大城山，标高125.1米，由中部向四周逐渐降低。陡河由东北部流入市区，形成

城市转型发展的规划策略

蜿蜒曲折的河床，构成现代河谷低地，河床深5－6米。市区地形高低的变化，是由古地貌的形态、地质构造变化和陡河的侵蚀造成的。除陡河从中心市区穿过外，还有沙河从古冶区穿过，河流两岸部分地段发育着I、II级阶地，在古冶区和中心区南部，有大面积煤矿塌陷区。市区大地构造属于华北地台燕山沉降带南缘，昌黎台凸和蓟县台凹的过渡地带。中心区处于碑子院背斜东翼，开平向斜北西翼的南西段，从丰南侉子庄到开平区的开平镇；古冶区包括了整个开平向斜的北东段。

开平盆地，由两个同级向斜与一个背斜组成。东侧是开平向斜，西侧是车轴山向斜，中间夹有碑子院背斜。总体走向为北东—南西，向斜向南西方向倾伏，北西翼陡，南东翼缓，背斜反之。

由于燕山运动的强大作用，使古生代及其以前地层受强烈的挤压破坏，形成总体走向为NNE向的新华夏系构造体系，由一系列的复式背向斜和平行断层组成，褶皱强烈，断层发育。影响本区的褶皱构造主要有碑子院背斜和开平向斜。开平向斜的北西翼的南西段，断层发育共5条。I、II、III号断层以III号为主，压扭性断层，倾角10－15度；III号断层为正断层，II号为逆断层，落差500－600米。III、II号断层倾向北西，倾角50－60度，走向北东25－30度，II号断层向北东方向尖灭（到棉纺厂），向南西落差增大，到丰南稻地近1000米，断层延伸到丰南宣庄。这些断层长度的展布范围从丰南的侉子庄到开平区的开平镇。

（二）唐山的主要地质灾害

唐山市地质灾害复杂，形式多种多样。其中，最主要灾害的是地震和采煤塌陷，以及岩溶塌陷等其他地质灾害。

1.地震灾害

（1）区域主要地震构造带

唐山位于华北地区，该区域可划分为华北平原活动构造带、郯庐活动构造带和叠加在NE向构造带上的张家口—蓬莱活动构造带。

华北平原活动地震构造带，北起滦县，向西南经过唐山、宁河、天津西、河间、深县、束鹿、任县、邢台、邯郸、汤阴至新乡。唐山地处该构造带的北段，它表现为强震连延带，带内记录到7级以上地震4次，6－6.9级地震10次。华北平原带是1815年以来华北地区第四地震活跃期强震活动的主体。华北平原带在地质构造上是由一系列NE－NNE向活动断裂和活动断裂控制的第三纪—第四纪活动断陷盆地组成。此外还有一系列NW－NWW

图11-3 唐山中心城区地震断裂带走向

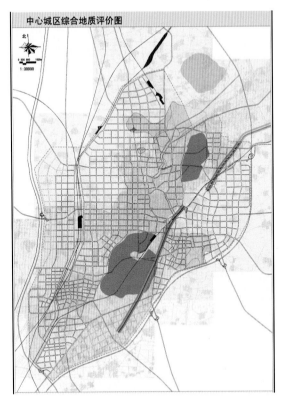

图11-4 唐山中心城区综合地质评价图

向活动断裂与NE—NNE向活动断裂交叉。郯庐地区活动构造带，呈NNE走向，是一条规模巨大的断裂带，从东北向南延伸至少可达湖北广济，全长超过2000公里，它是胶辽断隆与华北断陷的分界带，是控制断裂带中生代地堑地垒发育的边界断裂。断裂带由多条断裂组成，并具明显的活动分段性，唐山仅涉及到该断裂带中之渤海段，而且该带第四纪时期活动相当强烈。

张家口—蓬莱活动构造带，又称燕山—渤海活动构造带。西起张家口地区，向东南经过怀来、昌平、北京、三河、宝坻、宁河，再向东南延入渤海后到山东半岛北端的蓬莱地区，全长700公里。

西北自宁河附近穿过唐山地区的西南部。该带具有NW—NWW向和NE—NNE向活动构造交织的特点，也是一条强震连延带。唐山地区地处华北平原构造带和张蓬构造带的交汇处。

（2）唐山地区的活动断裂分布

唐山地区主要发育有三组浅层活动性断裂，即北东向的宁河—昌黎断裂、丰台—野鸡坨断裂和唐山断裂、北西向的滦县—乐亭断裂、蓟运河断裂和东西向的丰台断裂。这些断裂有的是前古生代形成的，有的是古生代形成的，但中新生代普遍强烈活动。

宁河—昌黎断裂，西起宁河，经昌黎后延入渤海。走向N60°E，为正断层，全长约100公里。断裂产生于前震旦纪，中生代又有强烈活动，其东南盘下降，堆积了很厚的中生代碎屑岩系；西北盘上升，缺失中生代地层。第四系地层在南北两盘也有明显差异。

丰台—野鸡坨断裂，为蓟县块隆和唐山块陷的分界线，它控制了古生代地层的发育。断裂以北为巨厚的震旦纪地层，以南主要为古生代地层。西段断面倾向北西，东段倾向南东，在榛子镇附近为断面转折的枢纽部位，断裂带新构造活动明显，东段是山区与平原的分界线，西段断裂两侧第四系厚度之差达500米，北盘为第四纪的凹陷区（即鸦鸿桥凹陷），南盘为隆起区，沿断裂为第四系厚度等值线陡变带。

滦县—乐亭断裂，控制了山海关块隆和唐山块陷的活动，长期以来前者上升，后者下降，走向N45°W，为高角度逆冲断层，全长约60公里。在马城与野鸡坨之间由4条平行断层组成。形成于前古生代，新生代强烈活动。

蓟运河断裂，是唐山块陷和沧县块隆分界线，断裂为正断层，走向N50°W，全长约40公里。形成于前古生代，但在新生代仍有活动。第四纪时断裂东北盘抬升，西南盘下降，该断裂控制了蓟运河水系的流向，以断裂为界，西侧流向东南，东侧流向西南。

唐山断裂，是一条由多支相互平行的断裂与褶皱相伴生的复杂断裂带，发育在开平向斜陡倾以致倒转的西北翼上。该断裂带由陡河断裂、巍山—长山南坡断裂、唐山—古冶断裂、碑子院—丰南断裂、唐山—丰南断裂、唐山断裂、王兰庄断裂东支、王兰庄断裂西支和王兰庄南—汉沽断裂组成。其中最为主要的是：① 唐山—古冶断裂，也有学者认为该断裂可分为唐山—古冶断裂和唐山断裂，西南段走向北东30°，东北段走向为50°，断裂南端被一条近东西向的丰南断裂所切，全长约40公里。到唐山市区南部一段由两条平行的断层组成，被开滦煤矿命名为4号断层和5号断层，两断层间距约500米—1000米左右，断面倾向北西，倾角70—80°，西边一条为正断层，东边一条为逆断层。② 陡河断裂，也有学者认为该断裂可分为陡河断裂和碑子院—丰南断裂，为北北东走向，东经段为倾向北西的正断层；西南段由两条平行的小断层组成，断面都倾向北西，西边一条为正断层，东边一条为逆断层，全长约50公里。③ 唐山—巍山—长山南坡断裂，由一些断续出露的断层组成，也有学者认为该断裂可分为巍山—长山南坡断裂和唐山—丰南断裂，走向北东，倾向北西，倾角很陡，近于80°，以挤压逆冲性质为主，断面多沿地层层面分布，断层长约20公里。上述三条断裂向西向南延伸后，延伸到唐坊桥附近消失，通称为唐山断裂带。与唐山断裂带伴生的还有一系列的褶皱。由西向东有车轴山向斜、碑子院向斜、开平向斜。其中开平向斜规模最大，变形最为强烈。在断裂挟持的中部巍山—长山一带，形成北东向的狭长型地垒，地貌表现为隆起的条形山脊。

丰台—丰南断裂：断裂从西往东呈不连续延伸。西部为平行的两条断层，规模较大，丰南及其东部断裂继续分布，隐伏于第四系之下，为北西向

左旋平移断层，成为丰南平移断层。唐山南部的这条东西向的断裂穿过，使唐山断裂形成菱形块体，这种复杂的地震地质构造对唐山地震的作用应予高度重视。

（3）中心城区地震地质构造

中心区地震地质构造如前述相关地震地质概况及其中唐山断裂所述，其活动断裂主要是：陡河断裂、唐山—巍山—长山南坡断裂、唐山—古冶断裂。

根据《唐山市城市活断层探测与地震危险性评价》浅层地震勘探结果，唐山市地震局《关于在城市总体规划中与活动断裂相关问题的复函》中明确提出：

陡河断裂可确定为中更新世活动断裂，可不考虑对城市建设的影响。巍山—长山南坡断裂，可确定为晚更新世早、中期活动断裂，且上断点埋藏较深，即使产生同震位错，一般不会达到地表。在凤凰山、大城山以南部分，可以不予考虑对城市建设的影响，凤凰山、大城山以北部分的断裂性质，及对城市影响的评估，需要依据《唐山市城市活断层探测与地震危险性评价》的最终成果进行确定。唐山—古冶断裂，为全新世活动断裂，在城市规划中应予以避让，避让距离参照《建筑抗震设计规范》（GB50011—20011）中4.1.7条款的有关规定执行。中心城区的丰南片区范围内没有活动断裂通过。

地震地质构造带是城市建设用地选择上应尽量避开的地段，否则是很难采取补救措施弥补的。陡河断裂从后屯到脊各庄，穿过中心城区的西北部，是中心城区城市建设的潜在危险。

2. 采煤塌陷

唐山是个矿业城市，矿业的兴起促进了城市的发展。但是随着城市建设用地的扩大，采煤波及区与城市建设之间产生矛盾。中心城区周边地区的地

下采空区较多，而采煤引起的地面塌陷是常见的地质现象。对城市发展影响最大的煤矿，包括南部的唐山矿、东部的马家沟、东北部的荆各庄矿、古冶的五大矿区以及多个地方煤矿。

在历版总体规划中，都曾根据城市发展情况对采煤波及线进行了核定。1985年唐山市城市总体规划于1988年经国务院批准，对采煤波及线确定为：中心区南侧采煤波及线的界限划定为南新道以南50米，南新东道（永红桥以东原永红路）以南以四点坐标（转为北京坐标系）为准；确定南湖公园西北侧至学院路延伸线，东侧至复兴路西侧50米；确定古冶区采煤波及线为古赵路以西50米。1994年唐山市城市总体规划，对于采煤波及线的界定以1988年国务院批准为准，未作调整。城市规划建设应该坚持国务院批准的采煤波及线。

3. 岩溶塌陷

岩溶塌陷是灰岩发育地区常见的地质现象，浅层隐伏岩溶不管是自然岩溶，还是由于地震和其他动力条件下诱发造成的塌陷，都会对城市建筑物、交通和环境造成直接的破坏。中心位于第四系覆盖层之下的基岩，分布有对城市建设非常不利的岩溶区。岩溶塌陷对城市建设构成潜在的威胁。

（1）岩溶的形成期

中心城区地下岩溶可分为三个形成期：第一期生成于古生代，主要分布在中奥陶与中石炭统之间，发育在二者的不整合接触面上，因其埋藏较深，对城市建设影响不大。第二期形成于燕山运动和喜山运动之间，主要发育在第四系覆盖层之下的基岩之中，本期岩溶在中心城区分布范围较大，成为城市建设的潜在危险。第三期为第四系岩溶期，对城市建设有一定的影响。中心城区地下岩溶的形成原因，首先是本区自中元古界以来所形成的大量可溶性碳酸岩构成了本区的基岩地基，这种可溶性碳酸岩为岩溶的形成提供了物质基础；其次是多期构造运动使基岩支离破碎，为地下水的流动、渗透创造了条件；第三是伴随着地质历史的变迁，本区多次出现的炎热潮湿的古气候和古水文条件，再加之外力的作用，使本区成为岩溶多发育地区。由于采煤、超量开采地下水、重力和地震力等多种因素的综合作用，使岩溶内所充填的泥土和水减少或流失，因而造成地面塌陷。

（2）岩溶塌陷影响区域

根据有关部门实地勘察，中心城区受岩溶塌陷威胁的范围可分为四个区域，各区的分界大致如下：A区，岩溶塌陷群发区，分布在凤凰山公园一带及热力总公司一带；B区，塌陷威胁中等区，分布在陵园往北到建华西道—衬衣厂—二冷—龙王庙；C区，塌陷威胁较弱区，分布在从大里路—碑子院—大官庄—许郓子—马家屯；D区，塌陷无影响区，为C区以西及以北地段。

对于规划区内的岩溶必须采取相应的工程措施或者进行合理的规划避让，对已经出现岩溶塌陷的区域进行避让。若要在岩溶及塌陷威胁区域内进行工程建设，在规划阶段不易布置密度大、荷载大的建（构）物，并进行详细的岩土工程勘察及岩溶专项地质调查。

4. 其他地质灾害

（1）构造性地裂缝

在唐山7.28地震的极震区，从胜利路西端向南经唐山市第十中学、吉祥路、岳各庄至安机寨一带，出现了一条长约10公里的构造性裂群，该地裂群呈雁行式排列。地裂缝单条水平延伸长度一般不超过100米，垂直向下2-3米。

由于活动断裂的历史上有多次的重复现象，构造性地裂缝是活动断裂发生过程中的一个伴生构造，且在空间上具有原地重合及在时间上的反复继承的特点，这些地带为抗震不利的地段，在规划和建设时应避开这些地段。建议按照相关规范要求，唐山断裂带的东西两侧均应预留发震断裂的最小避让距离，作为城市安全防护带绿化用地。

（2）陡河岸边地裂及岸边滑移

流经唐山市区的陡河，在7.28地震时其两岸产生了严重的地裂及岸边滑移，使岸边建（构）筑物遭到严重破坏。由于岸边土体向河心移动，使岸边呈阶梯状，阶梯之间是滑坡陡坎和滑坡陡缝，裂缝多平行河床，一般距岸边30-60米范围内裂缝发育，最远可达100米，缝宽0.5-1.0米，错距1.0米左右。因此，陡河岸边地裂及岸边滑移地带是破坏严重的抗震不利地带。在规划和建设时应避开这一地带，建议在陡河东西两岸分别预留70米宽的安全防护带为宜，对靠近安全防护带边缘的建筑场地，应对地基进行处理，提高地基的承载能力。

（3）饱和砂土地震液化

7.28地震时，位于宏观烈度十度区的李各庄、贾庵子、九瓷厂一带，龙王庙北部及张各庄东部的陡河湾，普遍发生了喷水冒砂等土液化现象。液化区在地貌上属陡河河漫滩及一级阶地，其地层为第四系全新统的粉细砂和少量粉土。

第四节 城市规划的城市安全策略

一、主要规划对策

（一）用地综合地质评价

根据对中心城区地质条件综合分析，对中心城区用地进行综合地质评价，划分为以下四类用地：适宜建设用地、基本适宜建设用地、基本不适宜建设用地和不适宜建设用地。

（1）不适宜建设用地包括：核定采煤波及区及其塌陷区；地面塌陷点；地震地质构造带。依

据《建筑抗震设计规范》（GB50011-2001）的相关规定，划定应避让主断裂的控制带，作为防护绿带。

（2）基本不适宜建设用地包括：岩溶塌陷群发区、塌陷威胁中等区；软土地基区；地震烈度7度以上液化区；塌陷点集中区（塌陷点外）；其他地质条件基本不适宜建设区。

（3）基本适宜建设用地包括：塌陷威胁较弱区；其他地质条件基本适宜修建的用地。

（4）适宜建设用地包括：除上述三类用地外的适宜于修建的用地。中心区的北部和西北部以及中部的大部分地区为适宜建设的有利地区。

若要在规划区内地质灾害危险性大、危险性中等区域进行建设，在工程建设前，必须严格进行该范围内的建设用地地质灾害危险性评估。

依据《地质灾害防治条例》第二十一条：在地质灾害易发区内进行工程建设应当在可行性研究阶段进行地质灾害危险性评估，并将评估结果作为可行性研究报告的组成部分；可行性研究报告未包含地质灾害危险性评估结果的，不得批准其可行性研究报告。

依据《地质灾害防治条例》第二十四条：对经评估认为可能引发地质灾害或者可能遭受地质灾害危害的建设工程，应当配套建设地质灾害治理工程。地质灾害治理工程的设计、施工和验收应当与主体工程的设计、施工、验收同时进行。配套的地质灾害治理工程未经验收或者经验收不合格的，主体工程不得投入生产或者使用。

2011年版唐山总体规划中《中心城区地质条件分析图》断裂带及地裂缝的位置，依据《唐山市城市活断层探测与地震危险性评价》初勘的中间成果。由于《唐山市城市活断层探测与地震危险性评价》最终成果的完成时间晚于2011年版唐山总规划，因此包括断裂带的精确位置及巍山—长山南坡断裂凤凰山、大城山以北段的活动性质等，需要依据《唐山市城市活断层探测与地震危险性评价》的

最终成果进行相应的修正。

用地适宜性评价的结论，是中心城区空间拓展的基础依据。首先是对空间拓展底线的界定。不适宜建设用地为禁建区，是保障城市安全的重要区域，原则上禁止任何建设活动，严格遵守国家、省、市有关法律、法规和规章，如三大煤矿采空区的范围。其次是对开发强度的控制。基本不适宜建设用地为限建区，在满足相关法律、法规和规章的条件下，可适度开发，但必须科学确定开发模式、项目性质和规模及强度。

二、采煤波及线核定与管理

（一）采煤波及线的界定

2011年版唐山总规划中，参考开滦矿务局提供的采煤波及区资料（包括各矿的2001年、2020年和最终采煤波及区范围），以历版规划中核定的采煤波及线为基础，分析城市发展与煤矿资源开发的关系，在既保护好国家的煤炭资源，同时又满足城市发展的合理需求的条件下，本着城市建设尽量不压煤或少压煤，而对于严重影响城市布局的煤田应遵循给城市让地的原则，提出新核定的采煤波及线，包括唐山矿、马家沟矿、荆各庄矿、赵各庄

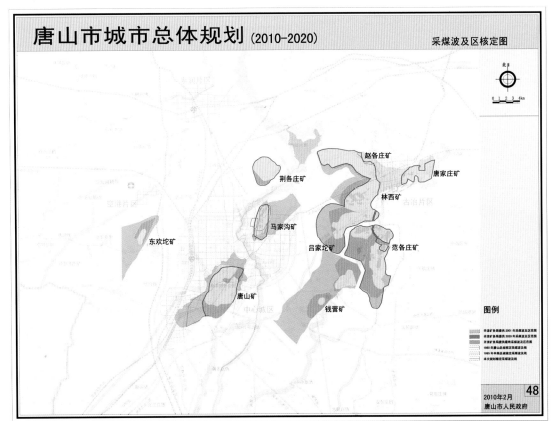

图11-5 采煤波及线核定图

矿、吕家坨矿、林西矿、范各庄矿、唐家庄矿共八个矿山，具体包括：

唐山矿：根据与开滦矿务局的协议，以现状实际采煤波及线为准，不再扩大。马家沟矿：应保护工业区东侧的环路不受采煤波及；保护开平新、老城及开平区西外环路（规划为城市的快速环路）不受采煤波及；保护唐马路南侧的新工村住宅区、屈庄一带不受采煤波及。荆各庄矿：以开滦提供的2020年采煤波及线作为规划核定波及线。赵各庄矿、吕家坨矿、林西矿、范各庄矿：保护古赵路，在1988年国务院批准的总体规划的基础上（北寺公园一段）适当西移，要求古赵路红线西侧50米不受波及；保护古冶区西部西新村小区及以西；保护古范路，该路两侧东、西各50米不受波及。唐家庄矿：保护205国道和林西现状建成区不受波及。

（二）采煤波及线的控制要求

对位于核定采煤波及线内的现状已波及区域：城市建成区和村镇建成区，应抓紧搬迁安置工作，妥善安排好搬迁居民的生产生活，设立安全警示标志；需保护的重要设施（城市道路、公路和市政基础设施等），应积极采取相关措施，降低塌陷程度，设立安全警示标志，确保各类设施安全运营；其他区域，应设立安全警示标志，重点研究波及区的土地利用问题，包括复垦、绿化、养殖等。

对位于核定采煤波及区内的未开采区域：可依法进行煤矿开采，根据煤矿开采计划，提前做好各类搬迁安置工作。此类区域未经法定程序批准，不得再安排新的建设项目，已建项目不得扩大建设范围和规模。

对位于核定采煤波及区外区域：已开采区域，应积极采取相关措施，降低塌陷程度，设立安全警示标志，确保人民生产生活安全；有煤而未开采区，未经法定程序批准，不得进行煤矿开采工作；其他区域，做好相关宣传。

（三）核定采煤波及线的勘界与管理

根据2011年版唐山总规划确定的核定采煤波及线，唐山市人民政府应组织相关部门开展勘界工作，确定坐标，设立警示，便于管理；积极开展稳沉区的勘测鉴定工作，为下一步土地利用、建设管理提供依据；同时研究波及区的土地利用问题，包括复垦、绿化、养殖等；成立或委托相关机构对采煤波及区进行管理和监督；必须严格管理控制地方小煤矿，明确界限，设立警示；为了保障城市安全，必须关闭城市周边的地方小煤矿。

三、综合防灾规划

重视城市公共安全，加强城市综合防灾、减灾体系建设，建立统一协调的灾害监测、预报、预警、信息、指挥和救援综合网络体系，建立和完善处理各种突发事件应急体系建设，提高应对突发事件的综合指挥能力，保障社会稳定和发展。

（一）抗震工程规划

规划原则：坚持以"预防为主，防、抗、救相结合"的基本原则，以规划区为基础，建成区为重点，从唐山的实际出发，做好震前防灾工作，提高城市的综合抗震能力。

防御目标：在遭遇相当于设防烈度（8度）的地震灾害时，城市生命线系统和重要工程不遭较重破坏，确保重要企业能正常或很快恢复生产，人民生活不受较大影响，社会秩序很快趋于稳定。当遭受高于设防烈度的地震时，城市生命线系统和重要工程不遭严重破坏，不发生重大次生灾害，能较快恢复生产和生活。

抗震设防标准：根据《中国地震动参数区划图》（GB18306-2001），中心城区一般建设工程抗震设防要求是：地震动峰值加速度G为0.20g，地震动反应谱特征周期S（中硬场地）为0.35s；或按照经审定的地震小区划结果作为一般建设工程抗震设防要求；学校、医院等人员密集场所的建设工程峰值加速度G取0.30g。

完善防震减灾指挥中心：防震减灾指挥中心主要由应急指挥系统、前兆系统、分析预报系统、通信网络系统、紧急救援系统、快速评估与辅助决策系统、宣教系统七大系统组成，设在唐山市政府办公大楼内。

建设用地的抗震防灾要求：城区规划划定应避让主断裂的控制带和规划避开抗震不利区域。依据《建筑抗震设计规范》（GB50011-2001）的相关规定，划定应避让主断裂的控制带，对照相关规范规定，并参照市政府地震主管部门的具体要求执行。对重点工程、生命线工程、容易产生次生灾害工程的建设用地，应进行单独和专门的研究，采取必要的预防措施。对重点工程和生命线工程及容易产生次生灾害工程建设用地，应首先进行地震安全性评价工作，查清场地的地震地质和工程地质，探明岩溶状况，查清液化区范围等，从单体或规划上避开潜在危险。城区抗震有影响地段的规划建设应在详细规划阶段和设计阶段按有关标准要求加强重点地段和相关地段的补充地质勘测和分析研究基础上进行。城市新建开发区和未建规划区应进行地震小区划。

避震疏散场所：避震疏散场所建设应符合《地震应急避难场所场址及配套设施》（GB21734-2008），规划利用公园、绿地、广场、学校操场等空地以及大型人防工程为避震疏散场所，并建立显著避震标志，避震疏散场所附近应建设应急水源、取暖、照明等设施。规划疏散半径在1—1.5公里以内。按规范避震疏散用地应达到每人不少于3平方米，规划避震疏散用地：中心片区和开平片区内546公顷；丰南片区内114公顷。

避震疏散通道：以市区上述城区主干路和次干路为主要避震疏散通道。

工程抗震：城市新建开发区和未建规划区应进行地震小区划。新建工程必须按法律法规和国家颁布的《建筑物抗震设计规范》进行抗震设计和建筑

设计，并达到标准要求。对于城区抗震有影响地段，应在详细规划阶段和设计阶段按有关标准要求，加强重点地段和相关地段的补充地质勘测和分析研究，以此为基础进行规划建设。重大（重点）建设工程、生命线工程、可能发展严重次生灾害的建设工程、使用功能不能中断或需尽快恢复的建设工程、超限高层建筑工程、大型公共建筑工程，应进行地震安全性评价，并按照经审定的地震安全性评价报告所确定的抗震设防要求进行抗震设防。

防止次生灾害：城区主要可能发生的地震次生灾害有：由房屋倒塌、水库溃坝、工程设施破坏等诱发的火灾、水灾、爆炸；有毒有害物质的散溢；由于人畜尸体不能及时处理，引起污染和瘟疫流行；滑坡等其他地质灾害。对发生次生灾害的单位的要求：一方面进行合理的规划布局，另一方面逐步对已有工程进行抗震性能鉴定，并进行必要的抗震加固，新建、扩建、改建工程必须进行地震安全性评价，按照评价报告结果进行设计和施工。加强城市生命线工程的抗震设防，供水、供电、燃气、通讯、医疗等城市生命线工程设施按地震设防烈度9度进行抗震设防。

（二）防洪规划

防洪标准：中心城区的防洪标准为100年一遇。陡河：从陡河水库以下至草泊水库丁坨河段按100年一遇防洪标准设防，行洪能力达到600立方米/秒。青龙河：规划青龙河整段均按50年一遇的防洪标准设防。石榴河：规划石榴河整段均按20年一遇的防洪标准设防。

河道保护范围：陡河坡脚外50米；石榴河河中心线外50米；青龙河堤肩外20米。规划河道两侧绿化隔离带各20-50米。

抢险措施：根据唐山市水利部门2007年制定的陡河防洪预案，中心城区出现设计标准洪水时，开启河道各节制闸、塌下橡胶坝，陡河水库进行削峰，确保堤防不决口、中心城区不进水。中心城区

出现超标准洪水时，陡河中心城区段强迫通过，陡河水库进行削峰，视洪峰流量情况采取紧急抢险措施，确保洪水不出槽。同时，做好低洼地区的排水、封闭路桥等工作，确保中心城区不受淹。视洪水情况，启用曹庄子、草泊水库分洪区分洪。加强管理，建立完善的洪水预报系统，编制"防洪抗灾预案"，组成防洪抗灾指挥系统。发展防洪抗灾基金及防洪抗灾保险事业，保证防洪投资及灾后恢复重建的资金来源。

城市排涝规划：中心片区，主要排向陡河、青龙河（煤河）、石榴河。影响排涝的主要因素是陡河水位。部分地区地势较高，汛期可以自排入河，部分地势低洼地区，汛期会出现雨水倒灌现象，应在低洼地区雨水系统上设置管道出水口闸门，同时加设排涝泵站。开平片区，雨水主要是排入石榴河，开平片区的地势较高，因此基本没有受淹的问题。丰南片区，加强城市外围洪涝滞水的疏导、截留能力，城市公园内的人工湖应具备较大蓄水能力。

（三）消防规划

指导思想和总体目标：消防规划应全面贯彻科学发展观，坚持"预防为主、防消结合"的消防工作方针和"科学合理、技术先进、经济适用"的规划原则，优化处理城市规划建设发展与消防安全保障体系的相互关系，达到"优化城市消防安全布局，构建消防站布局合理、消防基础设施完善、消防技术装备精良、消防信息化先进、消防人文环境和谐、灭火救援组织健全的消防安全保障体系"的消防总体规划目标。消防站设置，以消防站从接警起5分钟内到达责任区最远点为原则，尽量设在责任区中心及附近位置，尽量设在交通便捷、距公共设施近的地点。

主要任务：根据《国务院关于进一步加强消防工作的意见》的要求，公安消防队在地方各级人民政府统一领导下，除完成火灾扑救任务外，还要积极参加以抢救人员生命为主的危险化学品泄漏、道路交通事故、地震及其次生灾害、建筑坍塌、重大安全生产事故、空难、爆炸及恐怖事件以及群众遇险事件的救援工作，并参与配合处置水旱灾害、气象灾害、地质灾害、森林草原火灾等自然灾害，矿山、水上事故、重大环境污染、核辐射事故和突发公共卫生事件等。

（四）人民防空规划

防护等级：唐山市距北京159公里，是首都的东大门，是华北与东北联系的交通咽喉地带，战略地位十分重要，被国家确定为二类重点人防城市，也是首都周围十个重点防护城市之一。

规划原则：贯彻"长期准备、重点建设、平战结合"的人防建设方针，全面提高城市整体防护能力，坚持统一规划、分片实施、远近结合、注重效益的原则，充分发挥人民防空的战备、社会、经济、环境效益。

人防工程设施：中心城区设市级人防总指挥所一座；人防工程规模，城市留城人员比例为：40%，人均掩蔽面积1.0平方米，按2020年城市规划人口220万人估算，需建设人员掩蔽人防工程88万平方米。

人防工程的实施：建立布局合理的防护工程体系。人防工程与城市地下空间开发利用相结合。新建民用建筑必须按规定修建防空地下室，城市地下空间开发必须兼顾战时防空要求。人防工程建设要考虑平时使用和灾时避难需要。建立灵敏可靠的通信警报系统。按照"多种手段、反应快速、抗毁力强、覆盖面大"的要求，基本建成覆盖城市建成区的防空警报体系，音响覆盖率达到95%以上。防空警报应按照附建与单建结合的原则进行建设。建立保障有力的人口疏散体系。主城人防疏散干道应结合主城干道交通网络和城市功能确定，人防疏散次干道应结合主城商贸中心、居住密集区进行设置，并连接各组团、单位人防工程，形成主城人防体系网络。

现状容积率	综合灾害分区	适宜性评价
0.01～0.2，0.2～0.8	0～0.3	适宜
0.8～1.4，1.4～2	0～0.3	较适宜
0.2～0.8	0.3～0.6	
0.8～1.4，1.4～2	0.3～0.6	不适宜
0.2～0.8	0.6～1	
1.4～2	0.6～1	禁止
2～4	0.3～0.6	

表11-3 震害预测评价指标

容积率	综合灾害分区	适宜性评价
0.01～0.2，0.2～0.8	0～0.3	适宜
0.2～0.8，0.8～1.4	0.3～0.6	较适宜
0.8～1.4	0～0.3	
0.2～0.8，0.8～1.4	0.6～1	不适宜
1.4～2	0～0.3	
1.4～2，2～4	0.3～0.6	禁止

表11-5 场地稳定性评价指标

容积率	综合灾害分区	适宜性评价
0.01～0.2	0～0.3	
0.2～0.8	0～0.3，0.3～0.6	适宜
0.8～1.4	0～0.3	
0.8～1.4	0.3～0.6	较适宜
1.4～2	0～0.3	
0.2～0.8，0.8～1.4	0.6～1	不适宜
1.4～2	0.3～0.6	
2～4	0～0.3	
1.4～2	0.3～0.6	禁止

表11-4 场地抗震性能评价指标

容积率	综合灾害分区	适宜性评价
0.01～0.2，0.2～0.8	0～0.3	适宜
0.2～0.8	0.3～0.6	较适宜
0.8～1.4	0～0.3	
0.2～0.8	0.6～1	
0.8～1.4	0.3～0.6	不适宜
	0.6～1	
1.4～2，2～4	0～0.3	
1.4～2	0.6～1	禁止

表11-6 地质灾害稳定性评价指标

容积率	综合灾害分区	适宜性评价
0.01~0.2	0~0.3	适宜
	0.3~0.6	
0.2~0.8，0.8~1.4	0~0.3	
0.2~0.8，0.8~1.4	0.3~0.6	较适宜
1.4~2	0~0.3，0.3~0.6	
2~4	0~0.3	
0.01~0.2，0.2~0.8	0.6~1	不适宜
0.8~1.4	0.6~1	
2~4	0.3~0.6	
1.4~2	0.6~1	禁止

表11-7　综合灾害危险性评价指标

（五）土地开发利用管理信息系统

《基于综合防灾的唐山市土地开发利用管理信息系统》，在系统分析唐山市地震、岩溶、采空区塌陷等灾害潜源及其影响，以建立的唐山市综合灾害数据库以及唐山市土地利用和建筑物空间数据库为基础，采用人工神经网络预测模型创建综合灾害危险性预测模型。运用人工神经网络模型等分析模型与地理信息系统先进技术相集成的方法，以MAPINFO为平台，将综合灾害危险性预测结果与土地开发强度适宜性评价相结合，寻求基于综合防灾的唐山市居住区最佳土地利用强度，建议适宜的开发利用方案。采用MAPBASIC和VISUAL BASIC等开发工具开发了唐山市土地开发利用管理信息系统，为城市的综合防灾和土地利用开发提供依据。

借助地理信息系统软件，通过计算唐山市各居住小区的建筑密度，建筑容积率，确定了土地开发强度评价指标；通过基于综合防灾的唐山市土地开发强度管理信息系统的开发，应用地理信息系统的空间分析能力，对唐山市土地开发强度现状的适宜性做出了评价，得到从单灾种考虑和综合灾害影响下的土地开发强度适宜性评价结果。依据评价结果，对唐山市的城市规划布局和土地利用方向提出建议。

1. 容积率等级划分

容积率等级的划分主要结合唐山市的具体情况，将容积率划分为：特低密度（0.01—0.2）、低密度（0.2—0.8）、中密度（0.8—1.4）、中高密度（1.4—2）和高密度（2—4）共五个等级；建筑密度划分为三个等级：0.01—0.25，0.25—0.30，0.30—0.95。

2. 容积率和综合灾害危险性评价的结合

根据综合灾害危险性预测模型得到震害预测的评价结果为：0—0.3为震害较轻，0.3—0.6为震害中等，0.6—1为震害严重；场地抗震性能评价结果为：0—0.3为抗震性能良好区，0.3—0.6为抗震性能一般区，0.6—1抗震性能较差区；场地稳定性评价结果为：0—0.3为基本稳定，0.3—0.6为较不稳定，0.6—1为不稳定；地质灾害稳定性评价结果为：0—0.3为基本稳定，0.3—0.6为较不稳定，0.6—1为不稳定；综合灾害危险性评价结果为：0—0.3为准无灾区，0.3—0.6为少灾区，0.6—1为多灾区，相应评价指标如表5至表9所示。基于震害预测下建筑适宜性分析见图11-6，基于场地抗震性能的建筑适宜性评价图见11-7，基于地质灾害的建筑适宜性评价见图11-8，基于综合灾害分区的适宜性评价见图11-9。

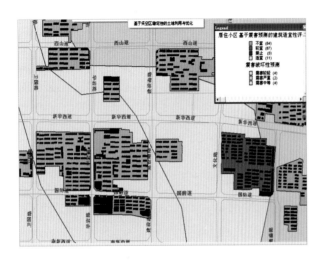

图11-6 基于震害预测下建筑适宜性分析

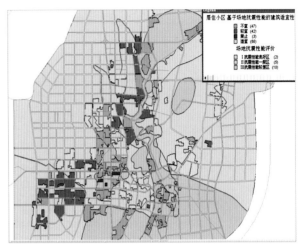

图11-7 基于场地抗震性能的建筑适宜性评价

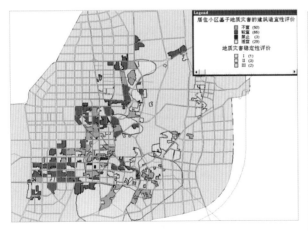

图11-8 基于地质灾害的建筑适宜性评价

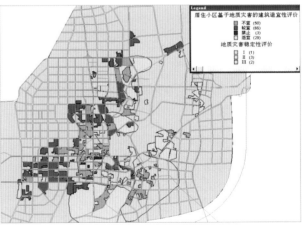

图11-9 基于综合灾害分区的适宜性评价

城市转型发展的规划策略

四、公共开放空间系统与城市防灾避难空间整合策略研究

（一）唐山市公共开放空间系统基本情况

唐山1976年经历了造成死亡24万人、重伤16万人、城市基本被夷为平地的惨痛灾难，重建后的唐山市的主体空间避开了地质条件不利的老城区，以现抗震纪念碑为政治经济生活的中心向西向北拓展，其中陡河沿岸为工业发展区，生活居住区位于工业区西面，形成反"L"型的城市格局，凤凰机场位于城市西北。随着机场迁出和凤凰新区的规划建设推进，唐山市的城市格局逐渐由原来向北向西的轴向发展，转化为整体向西北拓展的态势。在城市拓展的过程中，唐山市的公共开放空间系统也呈现其独特的一面。

唐山市的公共开放空间总体布局与城市中的两条重要地质"线索"密切相关：一条是以陡河北部公园为起点，途经大城山、凤凰山、纪念碑，止于南湖公园的虚拟空间线索，该线索与地质构造走向大体一致，线索东西两侧城区的公共开放空间水平差异明显。另一条是陡河，沿陡河的工业用地较多，陡河基本上串连起了主要工业片区和旧城，但河流的景观和公共活动价值并没有得到充分体现。（见图11-10）

首先，居民的公共活动密集区域与中心城区的主要发展方向一致，呈反L型分布。公共开放空间集聚地区主要位于居住地区，并与东侧和南侧的市级公共开放空间相连；而震前的城市中心小山地区受地质条件的影响，其灾后复建缓慢，地区建成环境较差，但作为唐山文化的发源地，依然具

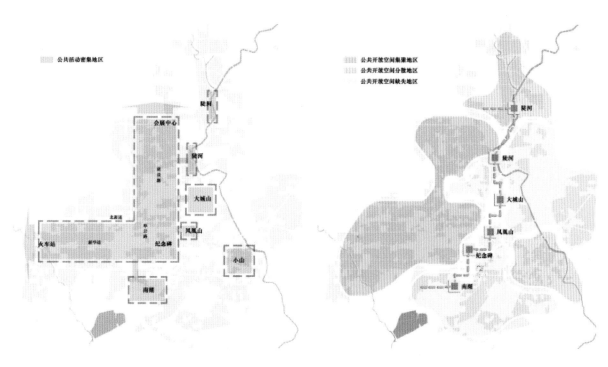

图11-10　现状公共开放空间布局意象

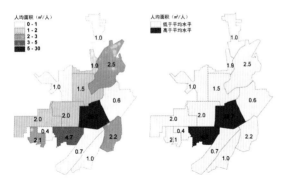

图11-11　以街道为单位的人均公共开放空间面积数据分布

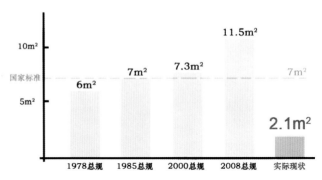

图11-13　历年唐山市总体规划规定的人均公共绿地面积和2002年现状比较

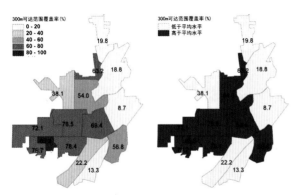

图11-12　以街道为单位的5分钟步行可达范围覆盖率数据分布

图11-14　人均固定防灾空间面积分布（右边为不计学校，仅包括公共开放空间）

有较高的居民活动频率和人气；公共开放空间分散地区主要在陡河上游（河北路和缸窑街道等地区）和下游地区（包括小山地区），以低层旧居住区和厂舍居多；公共开放空间缺失地区位于陡河中段地区和南新道以南地区，以厂区、厂舍、塌陷区和旧村居多。

唐山的公共开放空间现状具有以下特点：

（1）规模相对适中。其公共开放空间的平均规模为2.6公顷，远远低于深圳平均规模6.67公顷的水平，但大于杭州的1.17公顷。

（2）大型市区级公共开放空间布局过于集中。目前公共开放空间总面积的五成位于乔屯和广场两个街道，沿地质断裂带分布；对城市重要的滨水岸线利用不足。

（3）公共开放空间类型多元化，类型结构相对均匀；比较另外两个沿海城市，绿色空间、广场空间、运动空间和街道空间在居住生活密集区中均有相对均衡的配备和布局，但存在运动空间和绿色空间不足问题。

（4）服务水平存在明显的地区不平衡现象。唐山市现状人均公共开放空间面积为3.8平方米，5分钟步行可达范围覆盖率为46%（比较深圳的人均面积4.7平方米、5分钟可达范围覆盖率19.4%，说明唐山市的公共开放空间规模和总量不大但布局更

城市转型发展的规划策略

匀称，两者同为70年代末期开始大规模建设的新型城市）。但两个指标的空间分布呈现明显的地区差异，商业地区和工业区极度缺乏公共开放空间，大部分居民反映需步行10分钟以上才能到达最近的公共开放空间。（图11-11，11-12）

（二）作为避难活动载体的公共开放空间

唐山灾后重建过程中非常重视城市开放空间作为避难空间的配置，但也存在问题。据统计城市的绿化开放空间实际建设总量与历版规划所预期的差距较大，唐山市震后重建历次规划均对避难减灾问题给予了充分的重视，主要体现为增加了市级公园规划面积。1978年唐山市绿化总体规划中规定全市人均公共绿地6平方米，1985年总体规划确定人均公共绿地7平方米，2000年市中心区达到人均公共绿地7.28平方米，新区达到10.2平方米，2008年总体规划纲要提出人均公共绿地将达到11.5平方米。而截至2002年，市区现状城市人均绿地面积8.45平方米／人，其中人均公共绿地面积仅2.09平方米（来自2007年总体规划资料汇编），与历版规划预期相去甚远。（见图11-13）

2. 防灾避难空间在宏观层面系统性不足

从历版总体规划来看，城市主要防灾避难空间基本上依托以城市绿地为主体的公共开放空间。公共开放空间在唐山市防灾体系中扮演了重要角色，尤其是市级公共开放空间。在唐山中心城区，约50%的防灾空间由公共开放空间构成；91%面积比

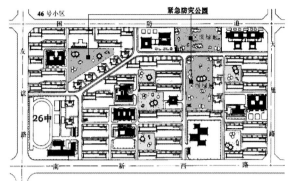

图11-15　1999年燕京里的公共绿地分布情况

图11-16　燕京里部分公共绿地被占用建设

例的公共开放空间成为各级防灾空间，其中约70%是市级公共开放空间，街道/社区级公共开放空间明显不足。（图11-14）

图11-17　围栏大大降低了公共开放空间的防灾功能，紧急时期大量人群难以进出

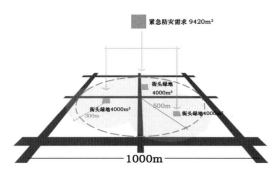

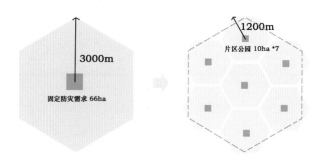

图11-18 紧急防灾空间与小区级公共开放空间的关系分析图　　　　　　　　图11-19 防灾空间服务半径

3. 防灾空间的微观布局和建设维护难以适应灾时要求

以燕京里小区为例，该小区占地22公顷，总人口1.09万人，属于震后恢复建设的居住小区，多为六层以下的多层条式住宅楼（洪金祥，1999）。

根据1999年数据，燕京里人均公共绿地面积2.52平方米，其中紧急防灾公园2.0公顷，人均紧急防灾公园面积1.8平方米，加上地区范围内的中学操场面积，人均紧急疏散面积可达2.2平方米，属于较高的人均标准。（图11-15）

根据我们实地调研情况来看，与1999年相比，部分情况已发生了改变。首先，临国防道的原紧急防灾公园已被市场建筑占用，社区内两处宅建绿地也被建设占用。再者，小学北边的紧急防灾公园已改造为河北省健身示范点——"燕京里健身公园"，作为公共活动场所，其内部运动功能齐全，使用效率很高，但是作为紧急防灾空间，其周围的围栏大大降低了防灾效果，阻碍了灾时大量避难者的流动。其人均降至1.2平方米，接近1平方米的人均底线值。（图11-16,11-17）

从以上防灾分析可以看出，唐山市的公共开放空间在宏观层面缺乏系统性，各防灾层级之间缺乏关联考虑，防灾覆盖率不高；在微观层面，防灾空间的维护和建设缺乏足够重视，并没有考虑避难时的使用要求，设计环节存在明显隐患。

（三）唐山市公共开放空间系统规划的思路

1. "趋利与避害"的规划目标

根据对唐山市公共开放空间系统的现状认识，规划提出了"趋利与避害"的总体规划目标。"趋利"指公共开放空间应能满足市民公共活动需要，实现规划区内人均8平方米公共开放空间面积，同时5分钟步行可达公共空间的范围覆盖率达80%以上；"避害"是指公共开放空间需要满足公众防灾避难需要，保证规划区内有80%（面积比例）公共开放空间能在受灾时顺利转变为各级城市防灾空间，符合防灾要求。

实现该规划目标，需要遵循以下基本原则：（1）充足合理：在规划范围内达到人均8平方米的面积标准，同时各类公共开放空间的配置比例适当，改善现状低等级公共开放空间不足的问题。（2）分布均匀：实现规划范围内步行可达范围覆盖标准。提高空间可达性，符合居民就近活动原则。（3）平灾结合：公共开放空间系统的布局和个体设计既能满足公共活动需求，也能起到很好的防灾避难作用。（4）凸显特色：充分利用唐山自然景观资源和文化要素，体现城市和地方性特色。

2. 一个空间、双项达标的规划指标体系

唐山市的公共开放空间主要通过两个基准指标和一个参照指标来控制：（1）人均公共开放空间面积应至少达到8.0平方米/人，并力争达到10平方米/人；（2）5分钟步行可达范围覆盖率应达到80%，其中，居住用地应达到95%；（3）未来应保证至少80%（面积比例）的公共开放空间能成为各级防灾空间。

要同时满足以上基准指标和参照指标的要求，在规划配置中应努力寻求防震抗灾与居住休闲要求的结合。

国家规范规定紧急防灾空间人均面积为1平方米，最小规模为0.1公顷，最大服务半径为500米，相应的覆盖范围为0.785平方公里。按照目前唐山

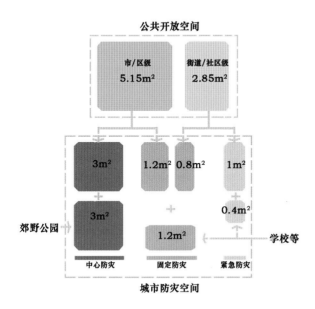

图11-20 城市公共开放空间和防灾空间指标分配

中心城区1.2万人/平方公里的平均人口密度，则覆盖范围内人口规模约0.942万人（相当于一个居住小区的人口规模），需提供9420平方米的紧急防灾空间。从平灾结合的角度，防灾空间应具有日常公共活动的特征，并与现有公共活动及居住规范相协调。因此，若参照《城市居住区规划设计规范GB 50180—93》中各级公共绿地的设置规定，该范围内紧急防灾空间大约需要一个居住区级绿地（大于1公顷）或2-3个居住小区级街头绿地（大于0.4公顷）。从人口规模看，应按照2-3个小区级街头绿地的方案，则每一处紧急防灾空间的实际服务半径可降为300米，因此，根据居住区规划规范的开放空间布局要求深化后，既可提高安全系数，又能满足居民日常使用的便捷程度和功能多样性。（图11-18）

同时，防灾标准也规定固定防灾空间的人均面积标准为2平方米，最小面积为1公顷，服务半径最大为3000米，相应的覆盖范围为28平方公里。按照目前唐山中心城区1.2万人/平方公里的平均人口密度，则覆盖范围内人口规模约33万人，需提供66公顷的固定防灾空间。《唐山市总体规划纲要2008》中提出"结合各片区中心，布置片区级公园，每处面积约10公顷左右；在各居住社区布置中小型绿地，分布于各社区中心和中心城区景观道路两侧，每处面积为2-5公顷"。考虑到固定防灾空间需要，如果按照每处10公顷的合理规模方案，则每一处固定防灾空间的实际服务半径可降为1200米，从而大大提高了安全系数和防灾效果。考虑到老城区用地条件比较紧张，同时为与总规划纲要中居住社区级绿地规模（2-5公顷）相一致，因此设定固定防灾空间最小规模为2公顷。（图11-19）

综合以上对相关规划标准和唐山市的分析，规划建议按照以下标准来配置唐山市的防灾避难空间：紧急防灾空间的最小规模为4000平方米，服务

		等级或类型	规模或宽度[注]	防灾等级	人均最低标准（平方米/人）	服务半径	
						公共活动	防灾避难
城市空间	公共开放空间	市/区级	≥50公顷	中心防灾	3	——	2500米
			10-50公顷	固定防灾	2	——	1200米
			沿河宽度<50米	紧急防灾	1	300米	300米
		街道/社区级	2-10公顷	固定防灾	2	——	1200米
			0.4-2	紧急防灾	1	300米	300米
			0.05-0.5	临时疏散	——	300米	300米
	非公共开放空间	郊野公园	≥50公顷	中心防灾	3		2500米
		建成区外围100米范围	——	紧急防灾	1	——	300米
		学校或企事业单位内部开敞空间	≥1公顷	紧急防灾	1	——	300米
		街坊内部通道	≥10米	避难通道			
		城市道路	≥50米	救灾通道			
			30-50米	紧急防灾、避难通道	1		300米
			<30米	避难通道			

注：各类空间规模亦可由数个相邻或相近的个体空间组合实现。

表11-8　城市空间与防灾规划

288

半径为300米；固定防灾空间的最小规模为2万平方米，并且合理规模为10万平方米以上，服务半径为1200米。

根据平灾结合的原则，各等级的防灾空间主要由城市居民日常使用的各等级公共开放空间和城市开敞空间（如南湖公园等郊野公园）组成；大部分公共开放空间都将成为防灾空间，构成防灾空间主体。中心防灾空间全部由市级公共开放空间和城市开敞空间构成；固定防灾空间全部由规模在2-50公顷的各级别公共开放空间构成；紧急防灾空间主要由规模在0.4-2.0公顷的公共开放空间、中小学操场、大于1公顷的企事业单位内开敞空间，以及部分城市干路组成。人均面积具体指标分配如图11-20。

根据指标分配设想，未来公共开放空间仍将作为防灾空间主体，并作为其中最稳定的防灾空间构成。因此，公共开放空间将能够基本满足防灾规范中三级防灾空间的最低人均标准（中心3、固定2、紧急1）；而郊野公园、学校等单位也将成为防灾系统的有力补充。

为保证公共开放空间80%的防灾空间转化率，我们梳理了城市空间（包括公共开放空间和非公共开放空间）与防灾空间（等级）的对应关系（表11-8），为下一步公共开放空间的空间规划和防灾空间规划提供依据。

3.大小空间结合均衡的规划布局

将以上指标体系落实到城市空间中，规划针对唐山市城市空间发展的趋势，提出了以"生态架构+文化纽带+公共中心+公共区域+沟通网络"为基本格局的公共开放空间体系，在此基本格局下，均衡布局大小公共空间。

（1）大型公共开放空间规划构想

在总体规划初步方案的基础上，我们结合未来的城市空间结构特征，有选择地规划全市的市/区

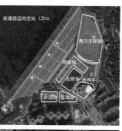

图11-23 深圳市梅林街道及梅林一村社区公共空间案例

级公共开放空间和5公顷以上的街道级公共开放空间。（图11-21）

按照一定的空间设置标准和防灾体系建设要求，5公顷以上的大型公共开放空间和郊野公园应承担全唐山市中心—固定防灾体系，并根据中心防灾空间布局设立相应的防灾责任片区和主要救灾联系通道（图11-22）。

中心防灾空间包括公共开放空间中的大城山-凤凰山—纪念碑广场—大钊公园一带（线状）、弯道山公园（扩建）、凤凰公园（规划）、火车北站广场（规划）、科技园公园（规划）和两处郊野公园（东湖和南湖）。大型固定防灾空间主要包括33个5公顷以上公共开放空间（沿河宽度大于50米），总面积180公顷。

（2）小型公共开放空间构想

按照总体规划，至2020年，中心城区人口规模156万人。按照固定防灾空间最小规模2公顷和人均2平方米、紧急防灾空间最小规模0.4公顷和人均1平方米的实际避难要求，扣除大型固定防灾空间（大于5公顷）的10公顷面积，全市远期将需要总数约66个2公顷的固定防灾空间和156个0.4公顷

图11-21　5公顷以上各级公共开放空间规划图　　　　　　　　　　　　　图11-22　中心-固定防灾体系规划图

　　　　　　　　　　　　　　　　　　　　　　　　　　　　城市转型发展的规划策略

的紧急防灾空间。

为更好地落实小型公共开放空间建设，应从街道和社区（居委会）入手加强公共开放空间建设，更有利于规划的落实。参考普遍受到居民和业界人士好评的深圳市梅林街道及梅林社区的做法（图11-23），规划建议通过两级配置标准来控制，即①街道级"三个一"：每个街道应至少建设一处街道公园、一处街道文体广场和一处综合体育活动场地。对于用地条件受限的街道，可考虑将街道公园、广场和运动场地合并设置，合并规模应满足人均0.7平方米。②社区级"四个一"：每个社区应建设一处社区公园、一处社区广场、一处社区运动场地，以及分时段免费开放的一所学校的体育场地。对于用地条件受限的社区，可考虑将社区公园、广场和运动场地合并成一处设置，规模应满足人均0.7平方米。

4. 平灾结合、角色互换的规划设计导则

平灾结合的思想在公共开放空间个体设计导则中进行了进一步的深化，除了对公共开放空间的常规要求如规划选址、设施配置、绿化与环境设计等提出设计指引外，针对应提供的基本防灾设施作出规定，内容包括保障照明系统、街道家具、运动游憩设施的组装拆卸利用、构造物作为应急指挥中心使用、应急指挥中心和应急物质储备用房、公厕和应急简易厕所、其他应急设施、活动空间在设计上的平灾结合等等规定。

规划同时对中小学校园作为平时定时开放的公共开放空间和地震时紧急防灾空间的可能性作了一定深度的研究。规划建议唐山市参考杭州市和美国一些大城市的做法，在老城区和人口密集的中心城区，有条件的、定时开放校园运动场地，此举可以有效地缓解中心城区公共开放空间不足的压力；此外，校园还应该作为义务性的防灾教育中心以及固定或紧急防灾空间，是城市的"第一避难所"。

根据唐山大地震、日本神户大地震、台湾地区"九·二一"大地震的经验，地震后灾民主要快速疏散到街道、学校操场、附近小广场和街头小空地避震。由于学校用地具有能够被当地社区的居民熟悉（这在灾害来临时非常重要）、临路状况好、校舍内的走廊和消防通道宽、建筑质量好、课室开间大、有容纳数量上的弹性、一般都有简易的医疗设备、拥有绿色空间和开放空间以及具备运动场地和场馆的优势条件，校园空间可以起到紧急避难场所、临时避难场所、临时收容场所以及指挥中心等作用。根据台湾地区学者研究，一个1—3公顷的校园，大约可以容纳两个居住组团的居民避难（约3000—8000）。[1]因此，规划设计中，应该充分重视校园的这种多元化的角色和职能，为校园用地、建筑和设施配备提供较高的标准，使之在确保平时教学活动的前提下，能够发挥在紧急情况下的避难和指挥中心作用。

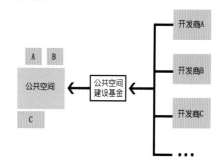

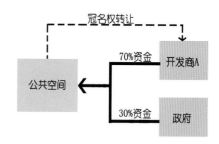

图11-24 社会融资方式图例

5. 定期检讨、灵活的实施管理保障措施

为了保证平灾结合规划思想的落实，规划对公共开放空间系统的实施管理，提出了一系列制度保障建议：

（1）建立三至五年定期检讨的专项规划制度。

（2）建立公共开放空间的现状和规划信息预警系统和实施变更信息反馈机制。预警系统和反馈机制必须同时建立同时运用才能真正有效跟踪监控城市公共开放空间的建设。将公共空间预警和变更信息内容加入城市规划管理信息系统中，使规划信息能真正有效地转化为规划管理技术工具。

（3）将规划纳入到控制性详细规划编制中。公共开放空间人均面积和5分钟步行可达范围覆盖率应成为控制性详细规划的两个重要控制性指标加以约束。

（4）建立非独立占地公共开放空间的控制机制。即在建成度高，产权关系复杂的老城区，可通过建筑退线控制来提供公共开放空间的有效面积。

（5）构建资金保障体系。如建立市区级财政定向资金和社会融资相接合的资金保障体系。在以政府资金为建设主体的同时，借助市场力量，调动社会各方参与建设融资。其中包括核心地区的公共开放空间建设基金（由政府、周边地块开发商共同承担并最终获益）、公共开放空间的冠名权转让等手段（图11-24）。

（6）提倡校园空间的分时段、多元化利用。校园空间所扮演的任务渐渐趋向多元化，不仅作为一个教育的环境，同时作为城市公共开放空间系统和防灾空间系统的最重要补充。校园的开放性和多元性在加强，所承担的社会责任也在增多。因此校园的规划设计因考虑到其在不同时期和环境下的利用要求，应胜任在教学、公共活动和防灾各个角色之间转换。

（7）加强对建成公共开放空间的使用监管。公共开放空间不直接产生经济效益的空间，很容易被个人或利益集团占用或挪作他用，非独立占地的公共空间更需要城市政府的有力监管才能保证空间使用的开放性。尤其是同时，从平灾结合的需要出发，公共开放空间也要避免不恰当的过度管理，如避免设置不必要的门禁和围墙等以免影响灾时发挥作用。因此，规划和城市管理部门需要强化公共开放空间的管理使用。

安全是现代化城市的第一要素。当今世界的科技进步，并没有减轻各类灾害对城市造成的损害。城市已成为灾害的巨大承载体。根据城市的资源整合要求，规划应按区域、城市、分区、社区四个层次，将城市安全系统要求具体落实到区域规划、城市总体规划、分区规划、新城总体规划、控制性编制单元规划、重点地区详细规划中，形成安全城市的规划保障体系。

城市安全事关重大，涉及面广。要确保城市安全，就要综合运用规划、管理和工程等措施。要提高城市安全水平，不仅有赖于城市管理者的主观努力和科学决策，也有赖于全体市民的安全意识和合作精神。要制定可持续的城市发展模式、公平和谐的社会制度安排、应对安全危机的健全机制与措施等，从而实现城市人口、经济社会和环境的协调发展，建设真正的安全城市。

1.《校园作为社区防灾避难场所之研究》，2003。

　　　　　　　　　　　　　　　　　　　　城市转型发展的规划策略

第一节 关于理想住区模式研究

人类的居住问题是大且重要的问题，它涉及影响到政治、经济、社会、文化等诸多方面。勒·柯布西耶在一战后世界性房荒背景下就呼吁："走向新建筑，当今的建筑应专注于住宅，为平常而普通人使用的普通而平常的住宅。他任凭宫殿倒塌，这是时代的标志。"为普通人、所有的人研究住宅，这就是恢复人道的基础。[1]

"理想住区"模式也可称作"适宜居住的社区"(the Livable Communities)是新都市主义(New Urbanism)运动反思和纠正以往的规划理念和规划方法,大力倡导的一种规划理念。美国学者凯瑟琳·鲍尔(*Catherine Bauer*)早在1934年出版的《近代住宅》(*Modern Housing*)一书中就指责当时住宅经营为奢侈的投机(the luxury of speculative),指出"不好的制度不能产生好的住房，但只有良好的制度也不一定能产生好的住房。""现代住房是用于居住的，而不是用于谋利的，房屋与社会设施应该一起作为综合性的邻里单元一部分按照现代方式来进行建造。"

城市的居住问题是关系民众生存的关键问题，也是当今的社会热点问题。当前快速城市化的过程中，理论上说每增加一个城市人口，社会建设就要责无旁贷地加多一份责任和义务。改革开放30年来中国坚持走社会主义的市场经济之路，经济社会都发生了巨大的变化，但要清醒地认识到自由资本主义的市场经济并不是万能的，完全靠住房的商品化不能解决城市的住宅问题。我们应该用我们的智慧来解决时代的问题，从经历这一阶段发达国家的住宅保障经验中博取众长，借鉴香港、新加坡等地建设"社会住宅"的成功经验。建立一个兼有社会公平同时又能发挥市场效率的一个住房保障体系来解决住房问题。

社会的居住问题具有复杂、综合和长期的特点。在战略上需要整合所涉及的多方面宏观政策问题。在战术上需要在城市规划、建筑设计、园林景观进行的物质空间规划建设的基础上，应融合社会学、经济学、公共管理等领域的科学理论和研究方法，综合探讨住宅设计、环境塑造、制度保障、社会组织等各方面问题。

关于城市住房问题目前各个学科领域做了许多工作，但往往有支离破碎之嫌，缺乏整体的思想。本研究是在社会转型的大背景下，从城市规划的视角和涉及的相关领域来研究城市的居住问题，解决住房问题和思考社区的发展，从而建立良好的居住环境秩序，促进人民安居。之所以称为"理想住区"首先是具体的操作层面的空间理想，这是走向和谐社会的必由之路。用规划和建筑等方法手段或许能解决解决技术问题，但技术的作用有限，要解决社会问题还需要进行多学科融贯综合的研究，将社区与住房建设置于城市化与城乡统筹发展的宏观背景下来认识，研究当今社会中各种深层次体制、机制的矛盾，分析深层次存在的问题，指出变革的路径。以实现良好住房、完整社区和和谐社会的共同营造，进而实现社会理想。

第二节　目前城市发展中存在的主要问题

中国的城市化率已经突破50%，这是历史性

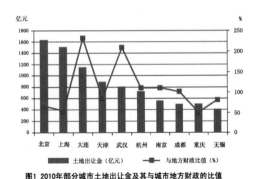

图1 2010年部分城市土地出让金及其与城市地方财政的比值

Fig.1 The ratio of land transfer fee to the local revenue in selected cities in 2010

图12-1 2010年部分城市土地出让金及其与城市地方财政的比值

的转折点，意味着我国将从此步入以城镇为主体的时代，进入城镇化加速发展的后半程；中国百万人口大城市的数量已高居全球之首，经过改革开放近30年城市的迅猛发展，城乡面貌日新月异，但取得巨大成就的同时，我们的城市建设也存在一系列的矛盾和问题。

一、城市的发展重经济增长轻公共服务

"吃饭靠税收，发展靠土地"。这是目前地方政府的普遍特征，上至大城市、下至小县城，对

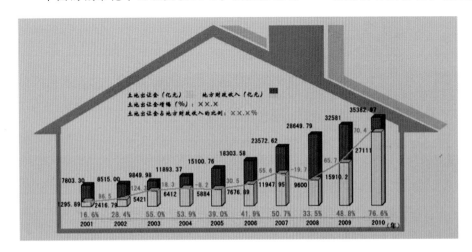

图12-2　土地占地方财政收入的比重

土地财政的依赖日益严重。城市化率每提高1个百分点，土地出让收入就增加1.2467亿元(韩本毅，2010)。土地财政成为经济的驱动力导致城市扩张。在资源稀缺的情况下，地方政府垄断城市土地一级市场的土地征用制度，政府成为农地变为建设用地的唯一决定者，促成了地方政府以土地启动经济增长和城市扩张的特殊激励机构：政府掌握的土地越多，招商引资越便利，城市税源越多，城市扩张成本越低，政府征地、卖地也就越积极，地方可支配收入就越多。城市土地有偿使用制度和经营性用地"招拍挂"政策，加速实现了土地从资源、资产到资本的转化，使地方政府的财政能获得土地资本化的最大收益，实现城市投资和招商引资补贴所需的巨额资金。地方政府为了完成经济增长的目标，还必须发展地方经济。为此，必须改善投资环境，进行城市基础设施的建设、环境改善等以利招商引资。这些巨大的资金投入从哪里来？主要靠出售土地中获得，这就是地方政府依赖土地财政的根本原因，地方政府的土地财政自然无法抑制地方政府出售土地的冲动，而购买土地最踊跃者就是房地产开发商。投资房地产资金投入回收快，又能获得巨额利润。

各城市的地方政府面临着土地财政的严峻挑战。据统计，2008年全国范围内土地出让收入占地方财政收入的比重达33.5%。2010年全国土地出让金已高达2.7万亿元，同比增加70.4%，约占全国财政收入的1/3，占地方财政收入的比重高达七成。所以城市土地卖得越多、房地产的发展越发达，政府的收益越大，导致城市房价飙升。土地财政的深层次原因与现行的税收政策有直接关系。自1994年国家实行"分税制"后，把与经济发展直接相关的主体税种，如增值税、企业所得税、个人所得税等都作为中央与地方的共享税。中央政府拿大头，如增值税75%归中央；而归地方政府的25%中，8%归省财政，市、县政府仅拿到17%。而与经济相关的税种，仅营业税属地方税。另外土地出让收益则界定为政府预算外收入。地方政府要承担大部分公共服务，包括城市维护和建设、地方文化、教育、卫生等支出。

从政府职能和长远改革目标来看，作为城市资产的运营者应追求综合效益和城市的长远效益，政府面对的是公众的普惠性立场。商人可以用最少的投入换取最大的效益追求利益的最大化，但提供公共服务的政府不能。未来政府的重心应该全心全意为公众提供公共产品和公共服务。由发展型、全能型政府向服务型、监管型政府的角色转变，其中包括建立完备的社会住房保障体系。

二、城市建设重形象轻品质

在城市"一年一大步、三年大变样"的发展口号指引下，地方政府受政绩冲动急于改变城市形象，而房地产发展商的目标是实现利益最大化，对形象和利益的追求一拍即合，在城市求大求高求洋、格外关注形象的同时并没有完善城市的功能，最突出的一个问题就是城市密度的提高带来的城市品质下降。

土地稀缺和急剧飙升的高房价是目前城市密度大幅度提高甚至失控的主要原因。另外一个重要原因是规划技术自身的问题：控制性详细规划的具体指标制定，由于缺乏弹性和刚性相结合并有针对性的确定方法，导致密度、高度、容积率等重要约束性指标在建设实施阶段不断突破，上一层次规划的编制已失去对下一层次缺乏约束，最后由商业利益主导城市的空间形态，政府丧失了对城市规划的控制，并带来一系列城市问题。

从表面上看，高容积率似乎真的提高了土地利用率，增加了经济效益。但是，同一地段的基础设施资源在一定时期内相对恒定。随着容积率增加，其边际效益递减而边际成本趋于下降。增加的建筑面积、多占的空间意味着强行增加了对各种基础设施的需求，从而人为造成了存量资源动态相对短缺，实质增加的只是局部开发商的经济效益。虽然在土地招、拍、挂时，交的土地出让金已经包含了"市政配套费"，对资源占用进行了补偿。但那只是补偿了部分基础设施的直接静态建设成本，并没有包含动态的需求增长预期。随着容积率提高，人口大量涌入，对基础设施的需求始终在增长。提高容积率，对于开发商而言，多占了空间资源增加了效益，但对总体来说，造成了空间超容超载，这就是"容积率错觉"——以平面概念偷换实质性的空间概念，看起来"节省地皮"实质却多占了"空间"。随着楼盘大量竣工，对资源的超额需求会逐渐释放显现。城市建设中我们常看到新楼盘带来的交通和水电气热等新增需求逼迫政府加宽道路修高立交桥、不断"开膛破肚"埋设备各种基础管线。在这个混乱的"空间规划"体系中，水多加面、面多加水。为此以后的各届城市政府要为此付出高额的治理完善成本。这实质上等于用公共财政向开发商和炒房者进行变相价格补贴和利益输送，并且会形成恶性循环：开发商攫取的空间(公共资源)越多，基础资源稀缺就更严重，要求政府的"隐形补贴"越多，随后开发的力度再加大，未来将逼迫政府拿出更多资金进行补偿性的重复建设投入。未来政府会承受巨大的负担，也会给城市带来巨大的隐患，最终城市问题变得不可逆转。

三、城市重硬件建设轻社会管理

现在片面追求城市形象、注重物质空间的建设却很少从未来社会管理的角度去思考问题，城市空间并没有与社会的管理方式相衔接。有形的城市问题还有各种潜在的社会矛盾，甚至还可能引爆社会冲突。大跃进掠夺式的城市开发不仅改变了城市的空间结构，这种城市空间结构又把各种社会矛盾变得尖锐深刻。

在城市表面繁华的同时并没有建立起真正的社会型组织，政府是直接面对老百姓，城市缺少非政

府组织NGO的中间"社会"，健康的社会结构没有建立起来。街道办是政府的派出机构，社区一般是居委会组织的。居委会并没有完全按照《居委会组织法》成为真正的社会自治组织，物业管理在城市中低标准的社区中基本不健全，社区的管理大部分是指令和管制性的。城市中这种不健康的社会组织形态，通过物质空间组织形态被固定下来。在现有的房地产开发模式下，公共空间大部分是中看不中用的商业营销景观，社区里基本没有公共参与的社区活动，高速推进的城市化，使我们的城市变成冷漠的陌生社会。不可能有自由思想的碰撞以及形成共同的利益追求，没有因为共同的个人爱好结成社会组织。城市物质交往空间丧失的同时造成虚拟网络的空前发达。

四、房地产导致利益格局的分化

1998年的"住房制度改革"改变了城市原有的住房分配制度，确实起到了积极作用，城市的居住条件在短期内得到大幅度改善，成绩显著、有目共睹。但同时也应看到，由于没有建立一个完备的社会住房保障制度，住房市场化的全面推进，从一个极端走向另一个极端，致使由过去完全靠政府分配住房到全面市场化完全由房地产开发模式主导。利益最大化的市场特性致使逐利的力量非常巨大，城市房地产开发中，各类高档住区争相攀比涌现，加之媒体把这些高档的、超高档的、超豪华的住区当作噱头来宣传，住宅商品化形成了住宅高档化的错误认识。

中国城市住房政策尚未对居住隔离引起足够的重视，城市住宅商品化的一个突出现象是房地产把城市中混居的人群按不同经济收入又重新划分成相互割裂的社区，用住宅的建设标准把人群分离。在制度设计方面缺乏混合式住区发展的理念，只考虑人们住区环境、质量基本居住需求的满足，没有考虑人们在社区层面上的社会参与、社会交往和社会支持的需要。

近年来政府又重新重视低收入人群的住房保障问题，正逐步建立新的住房保障制度，启动大规模建设保障性住房，计划在"十二五"期间要建设3600万套保障房，目前每年近千万套的保障房硬任务基本都集中在城市边缘区域大规模建设，不考虑助推了贫富居住的分离的因素；这会加速贫富分离化居住的趋势。客观上目前在城郊集体土地上蔓延的小产权房已带来了社会问题。

一个城市的魅力就是在于他的包容性，如果要缓解甚至消除贫富分离的现实问题，实现整个社会的包容增长，就必须解决不同阶层的混合居住问题，因为穷人在就业上没有空间选择权，其居住地必须紧靠其就业岗位，但富人可以相对自由地进行选择，所以居住空间混合与否，对于贫富阶层而言其意义完全不同。在这方面国外已有过深刻的教训。欧美在二战以后由政府出钱大量建设保障房，但在后期这些保障房缺乏有效的管理，居住其中的穷人越来越多，而富人都逐渐搬离，大规模建设的这些住宅最后蜕变为非常萧条的新贫民区，环境非常恶劣。当今中国的住房问题已经成为社会问题，甚至影响到社会的稳定，不同收入阶层的排斥与隔离加剧和高房价问题，加上市场运行极其不规范，有可能成为大量社会矛盾产生的根源。引发社会不满情绪成为矛盾冲突的引爆点。也许不会出现全面的大危机，但小危机会不断出现。要解决目前中国的住房问题，政府只有站在公平、公正的立场上，格外关注社会的弱势群体，运用科学、合理的技术手段，立场和方法两者缺一不可，是解决问题的根本途径。

五、大规模建设的门禁社区导致城市空间的封闭化

伴随着我国20世纪末城市扩张与城市更新的加速，目前我国有400亿平方米建筑，到2020年估计会增加300亿平方米，2000—2007年，我国竣工房屋总面积达180亿平方米，平均每年竣工22.5亿平方米，会形成上万个居住社区。目前的城市开发建设模式迅速兴起门禁系统主要用于新建的中高档社区，是社会转型期由政府、企业、组织和规划设计人员共同打造的一种居住空间模式。社区的封闭式管理模式得到政府支持，由开发商和物业公司负责建设实施和管理维护，以门禁式管理、现代化设施、优质景观和高绿化率等为特征。

从经济适用房到豪华别墅，封闭式社区在城市改造和新建社区中的比例约占80%。在大都市地区和经济发达省份，门禁社区发展尤其迅速。目前上海已有83%的居住小区被封闭，广东省门禁社区数量达54000个。2006年统计，武汉市大约有2000个门禁社区，其中1/3已安装电子监控设施，到2008年武汉市50%以上的居民区都实行了封闭式管理。门禁社区发展到今天，已经成为我国新建社区的标准形式和传统社区的改造模板。封闭居住模式对我国城市空间结构和社会关系都将产生不利的影响。公共空间封闭私有化导致城市没有公共生活与公共设施严重的不均衡。

目前的城市社区"铁门化"、"封闭化"的趋势极大地影响了现代城市的"公共性"。因为"封闭"行为不仅直接挪用城市公共资源，侵害了城市的公共形象，而且将城市的"公共空间"无形地转化为"社区空间"甚至是"私人空间"，重构了一种"私人化"的生活方式。当然，并不是所有封闭的社区都影响了城市的交通。在象征意义上，社区的封闭确实标示出城市公共性的退化。行人街道和城市广场是现代城市中最具传统的公共空间，历史上也曾包含着商业性因素，但现在的情形是，市场运作的逻辑贯穿于城市空间生产的过程之中，空间被看作是具有交换价值的商品，商业空间自然成为了改造传统公共空间的主导性力量：那就是广场变成主题公园，街道化为购物中心。

欧美的城市行人街道不仅用来通行，同时也可以有其他使用空间的方式，譬如街头聚会、交谈甚

至静坐。商业空间要求阻隔人与人之间的互动，因为这是逾越流通和消费规则的行为。城市的购物中心化直接导致了城市社区的封闭。封闭的社区似乎在内部重新构建出一个内向独立的社区购物中心，有财产的居民在层层安全警戒下享受着消费的欢愉，获得了一种"个性化"的生活，街道却失去了传统的公共性活力，沦为从一个消费空间到另一个消费空间的通道!城市的居住空间是"社会-空间"统一体。

城市空间的不平等越来越严重了，城市各利益群体把空间分成自己的领地，进入了分隔成缺少有机联系的城市片断时代，城市空间中出现了一些更安全的地带。另一方面，还有大片的空间无人照管，空间上的矛盾和冲突在不同社会阶层之间时有发生，难道这是我们理想中的美好城市吗？

城市应该给人带来更多的发展机会，人和人交往的密度更高，城市生活中最重要的是公共性。但城市的开发行为不仅造成了城市贫富差距和地区差异，贫富差距导致了社会断裂，城市空间又将这种断裂用城市的形态固化下来。目前的城市更多的是割据意识，城市越来越大，但能自由出入的地方却越来越少，人与人之间缺少基本的信任感，大部分空间资源都被各利益群体所瓜分。

六、城市公共空间的缺失

城市空间按使用的开放度来划分，应有开放的公共空间，半开放、半私密的空间，纯粹的私密空间之分。城市的住区一直没解决好开放的公共空间所营造的生活感与安静的私密空间的关系。城市没有街道空间与街道生活，丧失了城市街道生活，住区没有活力，城市到处是以商业营销为目的的"泛殖民地化名称"的商业地产，到处是中看不中用的地产景观。

公共开放空间规划的更深意义是市民精神的培育、公民社会的建立、强调基层社区管理和自治，而社区管理和自治的实现有赖于公民精神社会的培育。普通市民不仅仅关注于一己小我之利，而有了社区互助包容的观念，社区管理和安全自治的理想才有可能真正实现。公共开放空间应成为市民精神的空间载体，才能建立真正的公民社会。

七、城市功能的单一化

城市更新和不断扩张把城市物质空间分隔、贫富人群分隔的同时，受现代功能主义城市规划思想的影响，一味强调按照生产、居住等功能分区来用地布局。城市空间的居住与就业也存在分离的趋势。

一方面受城市中心区土地稀缺和土地拆迁成本的制约，城市周围聚集了许多功能单一的商业房地产的所谓"大盘"开发项目，这些项目大都缺少就业岗位和公共服务。另一方面大量建设了许多独立的工业开发区。这种生产和生活完全分离导致城市交通潮汐式的拥挤，据统计，北京上班平均耗时52分钟。造成了交通依赖机动车能源消耗过多、生态环境破坏、耕地减少过快、社会贫富悬殊、城市边界不断被突破等问题。这是世界范围内的美国式城市蔓延的错误趋势。

美国的这种郊区化生活方式不仅是空间的无序蔓延，还会带来其他的社会问题；例如美国式的郊区大型超市商业模式严重压缩了小商业的生存空间。城市中缺乏低起点就业，三产服务业缺失就业空间，降低了中小企业解决城市就业能力、居民生活的便捷性等问题，还影响到城市的秩序与活力，大型商业的连锁经营影响地方政府税收。城市的这种扩张方式背后是市场力量和错误的公共政策在推动。经济学在节约用地方面基本上是失效的，必须要靠城乡规划调控来弥补。

所以应反思一下城市规划中单纯城市功能分区原则所带来的各种问题。应该倡导在城市建设工业区、开发区过程中推行城镇用地的混合布局，将纯而又纯的工业区、开发区的开发模式转变为综合性的新城建设模式。推行两类用地的混合布局，混合布局是城镇用地的布局。这里将遇到的主要矛盾就是混合用地与更多专业开发区之间的矛盾。其他类型的企业用地都可以与文教、商务、居住用地混合安排。当然这种划分与城市规模大小有关，符合城市的功能，实现这种变革重要的在于对不同土地用途的评价技术。城市规划从本质上讲是一种从环境、经济、社会角度对建设项目的选择，自身就带有环评的特性。

要有效遏制城市功能单一的郊区化趋势，城市发展应大力提倡紧凑节约型的城市发展模式。欧洲荷兰通过数据模型分析，比较紧凑政策实施与否对土地使用、交通、社会和环境的影响，认为尽管这些政策并非实现所期望的效果，但却有效地推动了荷兰的城市以紧凑的方式持续地发展：促使中心城区城市人口的回归；遏制了城市蔓延，保护了绿心；降低了小汽车的需求，甚至提高了城市在全球化中的地位。实现紧凑城市并非仅仅是一个时间片段，相反它是一个连续的诱导城市以紧凑的方式生产与再生产的过程。在这个过程中，最终的结构和目标变得次要，更为重要的是捕捉在特定阶段驱动与影响紧凑的本质因素，不断修正所指向的问题和目标，从而推动城市可持续的紧凑。而政府在其中扮演了极其重要的角色——及时地通过各种政策调控城市发展的倾向：混合就业和服务的高密度的住房；通过对城市更新高强度的投资，改善居住环境；制定严格的政策保护绿心，并成立特定的管理结构；将交通管制与土地利用相结合，以降低私人汽车的出行需求。

八、治标不治本的城市交通问题

城市空间的居住与就业分离的趋势造成交通出行依赖机动车，城市交通由于城市私人汽车使用量的增多，造成交通拥挤、出行时间增加、污染增多等问题。目前汽车已进入私人消费领域而且不可阻挡，私人汽车的迅猛发展有其内在的原因。一方面小汽车能带来舒适和个人行动的自由：舒适的座位、运输商品和行李、点对点的交通等；而国内公共交通网络系统必须依靠大量的政府资金补贴来支撑。另一方面小汽车还是一种身份的象征。人们往往认为只有那些无力承担私人交通形式的费用的人才会去乘坐公共交通。汽车工业已经成为拉动经济的重要产业，现阶段政府仍通过一系列政策刺激小汽车销售拉动内需消费。

基于社会收益最大化原则与目标，应探讨城市的发展应"以人为本"而不是"以车为本"。要彻底解决城市交通问题需要从根源来综合治理，其中一个有效的方法是大力发展城市的公共交通，鼓励公交出行和税收公共政策的调整。紧凑科学的用地布局是城市规划最有效的途径。

高密度的紧凑城市在促进环境可持续发展方面的主要作用在于：通过城市紧凑化和公共交通来降低对小汽车的依赖性和燃油的消耗。澳大利亚学者Newman和Ken Worthy认为城市密度与人均能耗量之间存在某种关系——密度越高、人均能耗量越少。高密度的紧凑城市应该发展以公共交通为导向的交通出行模式，先行国家城市转型的历史过程已经证明，在城市交通上普及小汽车的模式是不可持续的，小汽车用地与步行、自行车、公共交通的用地之间存在尖锐的矛盾。在这方面由不得市场自由发挥，而是要通过严格的规划调控合理地分配空间资源，因为交通用地的资源在紧凑式的城市里是极其稀缺有限的。我国城市现在面临的最大挑战，一是交通能耗上升最快，我国交通能耗所占比例将从现在的10%上升到世界平均水平的30%，有着巨大的上涨空间，而且这种能耗结构一旦确立就将是刚性的。二是城市规划错误地适应小汽车的需要。这个恶果在我国许多城市正在呈现，决策者往往偏好建更庞大、更宽广的机动车道来适应小汽车的增加。

要通过提供更便捷的公共交通，给居民提供可选的交通方案，降低小汽车的使用需求，并减少拥堵和污染等一系列社会与环境问题。其次，指标要求通过提供充足安全的自行车存储设施，鼓励广泛使用自行车，降低对小汽车的需求。最后，通过鼓励开发商在住区附近建设一些服务设施以及推广家庭办公模式，促进非机动化交通和减少工作出行。

九、生态城市及生态社区的口号化

目前生态城市存在炒作现象：当前的"生态城市、生态社区"从概念到各类型社区城市实践，基本是一场社会运动的代名词。生态城市的概念诞生以来一直有多种解释和理解。理论和实践也都在探索过程中，对生态城市众说纷纭、不一而终。各地提出的"生态城市"概念范畴又过于宽泛，理论和实践之间有很大的距离。无论是出于商业目的房地产还是为凸显政绩的地方政府都是这场炒作中最大的受益方，这些都值得我们思考。

生态城市的理论认识差异：在摆脱理论"禁锢"的同时，某些偏隘的概念也难以避免地开始蔓延。对"硬技术"的依赖使人们更容易接受触手可及的"生态城市"概念，譬如将"生态城市"看作是绿色建筑的建设组合。这种简化的"生态城市"概念要比过去抽象全面的"生态城市"更易于理解和传播。生态城市与绿色建筑之间存在非常密切的联系。绿色建筑将是生态城市的构成"细胞"，但我们不能因此将生态城市概念视为绿色建筑的简单集合。尽管"零碳"技术在绿色建筑领域已经不是神话，但这些技术保证的项目可看作是城市未来可持续发展的方向。真正的绿色建筑技术引进和本地化还有待完善。生态城市的概念核心在于某种全面系统性的达成，以使城市在有限资源的供应下实现可持续发展，将涉及自然、经济和社会领域方面的问题。在积极应用生态城市和绿色建筑理念同时，必须持续关注的问题是狭隘概念与全面示范意义的平衡问题。我们应该保持对经济与社会可持续性方面的研究和分析，但技术上的不够成熟和加速建设

会增加技术风险，从而造成商业上的风险，但减缓速度又会增加投资回报的不确定性。

生态城市实践阶段的误区：当前人们开始将注意力转向操作层面，"生态城市"的发展呈现更加强调实践的总体趋势，"生态城市"的实践案例也如雨后春笋般涌现，即在一定程度上摆脱抽象的理论概念，更注重具体的技术方法和实施操作过程。

但是从实践的操作层面看，这些"生态城市实践"也都存在诸多缺陷乃至偏误。例如各地都追求大而全一步到位、面面俱到、高标准的"生态城市的指标体系"，这种脱离现实的经济水平和发展阶段，支付设计公司不菲的设计费制定的"生态城市标准"，除了作为宣传和炒作外，这些不具操作性的指标体系也只有所谓的"前沿性的学术探讨"意义。如果按用地、可再生能源应用、交通、建筑能耗、城市基础设施和产业类型六个最基本条件去基本界定，生态城市应该首先是紧凑的用地模式，建成区人口密度必须大于1万人／平方公里，以起到节约用地的示范效应；第二是可再生能源应用的比例大于等于20%；第三是绿色建筑占建筑总数大于等于80%，因为绿色建筑具有节地、节能、节材、节水、室内空气环保等特征，对外部环境干扰最小，应成为生态城市的基础工程；第四是生物多样性，应通过绿化园林的合理布局和精心设计来确保生物多样性和自然斑痕的保护利用；第五是绿色交通优先，市民出行中步行、自行车与公共交通的使用比例大于65%；第六是拒绝高耗能、高排放工业项目。如果用以上六个基本条件去限定目前的生态城市实践，至今没有哪个城市或项目能够交出令各界都满意的答卷。形成的范例匮乏现象使生态问题的讨论遭遇诸多困境。

十、违背以人为本的城市发展

现今的都市生活似乎是与"以人为本"相违背的。过度重视城市的硬件设施，过分夸大建筑对城市形象的塑造功能，城市大都热衷于表面的繁荣、

豪华的发展模式，而忽视城市中公共性开放性的人性空间的塑造，不少城市，教育、医疗、文化和体育等公共服务行业都出现了高端化、贵族化的倾向，却忽视对普通百姓的基本服务功能。城市变得漂亮了，可普通百姓却感到生活不便,深感城市生活不易。城市变大了、变高了,可自己的生活"空间"却小了。城市中人们每天要面对职场和生活压力、拥堵的交通、污染的环境、不人性的空间尺度。我们应该反思，"城市的意义"何在？

城市发展应该以人为本，以提升城市品质为主导，"品"重文化品位，"质"指向城市居民生活质量。关键就是学会用"品质"这把尺子来衡量和决断，这是城市现代化大势所趋。城市应该容纳不同收入、不同社会阶层的人群安居乐业、各得其所。体现在居住问题上，住区的建设并没有适应中国特殊时期的深刻的人口结构的变化，忽略了各种人群全寿命的不同阶段的差异性需求，因为青年租住、中年置业与老年安居的住房需求是不一样的。缺乏以人为本、缺乏包容性的城市并没有变得想象中那么美好。

从城郭渐渐成形起，城市脉络就保存在文化记忆中。一座城市内在的生命力，在很大程度上取决于历史文脉的延续和发展。文化是城市之魂，对于提升城市品位、彰显城市个性、提升城市核心竞争力，都有着不可替代的作用。城市在物质空间上应体现人性的关怀，事实上还承载着文化的情感和记忆，而现在在城市求新、求大、求洋的同时，到处充斥着毁灭式拆旧改造。老城区改造几乎成了"利润为王"，承载着城市记忆的旧传统建筑纷纷被拆，城市原有历史风貌街区被破坏了。多少历史文化街区就在"建设新城市"旗号下毁于一旦；即使保留只有标本意义的样本，但城市街区的整体特色没了。"开发过度，保护不足"，毁坏了城市历史文脉，影响百姓从中获得精神的愉悦。每个城市都在打造自己的"城市名片"，而每张"名片"都似曾相识，城市面貌呈现出单一化。事实上，城市因

文化而精彩，保护城市的历史文化，延续历史文脉，凸显城市个性和特色，才能满足人们物质和精神文化需求。这就需要构建一个民主科学的决策平台，让广大市民能广泛参与到城市发展的规划与实践中去，使城市由人民自己来建设，城市才能真正做到以人为本。

透过现象看本质，城市表象是一系列深层的社会矛盾的体现。除了行政官员滥用权力的专断和体制机制问题之外，也有城市规划自身的问题，规划思想僵化，规划方法不足。城市规划已成为调控各种资源(包括水资源、土地资源、能源等)、保护生态环境、维护社会公平、保障公共安全和公共利益的重要公共政策，不仅"直接关系城市总体功能能否有效发挥"，还关系到经济、社会、人口、资源、环境能否协调发展。

没有批评，就没有小心求证，更没有及时纠错纠偏的动力。批评的目的是发现问题，把批评变成一种建设性的力量，变成一种纠错性的力量，列举上述城市发展中存在的十个主要问题，主要目的是找到现实城市问题的根源和解决的基本路径。"理想住区的研究"适宜居住的社区(the Livable Communities)正是基于解决这些现实问题，从城市的街坊尺度及路网划分入手，从理论到实践多角度地探讨如何建立一种新的住区空间模式，解决当今城市住区建设中存在的各种问题。

第三节 住区空间模式的形态演变

一、 欧洲城市住区空间模式的发展演变

密集的路网以及由此形成的小街坊是欧洲传统城市空间模式。小街坊的边长多在100米以下，越是靠近城市中心区，街坊尺度越小。3-4层为主的建筑沿街布置，街道尺度很小。18世纪工业革命的出现使得欧洲城市人口迅速聚集[2]，城市环境和居住条件迅速恶化。街坊住宅这种传统居住空间模

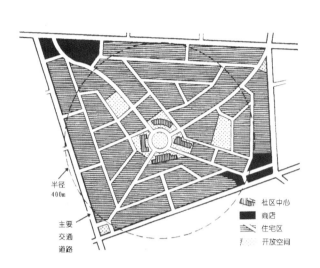

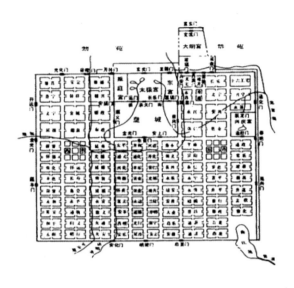

图12-3 邻里单位
资料来源：大卫·路德林等，2005

图12-5 唐长安城里坊式空间结构图
资料来源：中国建筑史（中国建筑工业出版社，1992）

城市中的建筑——历史上

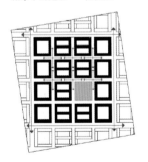

19世纪城市中的建筑
多样的合理性

- 同一网格内的变化
- 城市街景的良好界定
- 公共空间与私人空间界定清晰
- 城市品质如空间方向清晰、具有空间可读性
- 街区层次上的细分创造了一个多样的小尺度城市环境

公园中的建筑——历史上

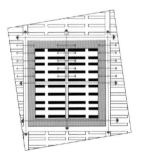

20世纪60年代公园中的建筑
结构性的单调

- 统一网格内的重复
- 城市街景模糊，并向外蔓延
- 公共空间及私人空间界定模糊
- 缺少城市品质，视觉单调而重复
- 缺乏空间方向，街景缺少可读性，这是由公共、半公共、半私人及私人空间划分不清晰而造成的
- 绿地的良好可达性

园林城市 - 现代和未来
曹妃甸国际生态城

公园城市
多样化的复杂性

- 多种网格内的变化
- 城市街景清晰而多样
- 公共、半公共、半私人及私人空间关系清晰，为市民的社交提供软空间
- 有趣而多样的城市空间
- 高品质的绿地和城市街景的良好可达性
- 创造出了多样化和整合式的城市

图12-4 城市空间历程

城市转型发展的规划策略

式也受到越来越多的批评。于是，现代功能主义城市规划理论提出了新的居住模式，如：邻里单位、公园里的建筑等。现代主义居住模式更注重居住环境内部的品质，强调良好的日照、通风及居住空间内较低的密度。

现代主义的居住空间模式的弊端在于忽略了对城市外部空间的关注，居住生活不再有利于创造有活力的城市街道。内向化发展的住区模式使得城市生活变得毫无生趣。这种住区模式从20世纪20年代开始出现，在二战后欧洲城市快速重建时期得到大力的发展。

从20世纪60年代开始，人们逐渐发现了这种住区模式的弊端，开始怀念起传统的小街坊住区带来的多样化的富有活力的城市生活氛围。1959年代，作为现代主义大本营的国际建协的解体标志着现代主义的城市规划和建筑设计理念已经无法成为唯一的范式标准。TEAM10指出现代主义建筑破坏了原有的城市社区，他们写道："贫民窟的狭窄的短街道成功了，而现代主义的大宽马路却大多失败了。"（杨德昭，2006）1961年，简·雅各布斯在《美国大城市的死与生》中提出充满活力和多样性城市需要具备四个先决条件：人口和城市活动的高密度；混合的土地使用；小尺度步行友善的街区；街道与新建筑混合。

1977年《马丘比丘宪章》的颁布标志着城市居住空间发展进入了新的阶段。宪章强调"规划、建筑和设计在今天不应当把城市看作一系列的组成部分拼在一起来考虑，而必须努力去创造一个综合的、多功能的环境。"并反对将私人汽车看作交通的决定因素，指出：将来城区交通的政策显然应当是使私人汽车从属于公共交通系统的发展。"（陈占祥，1980）

20世纪80年代发源于美国的新城市主义更是将传统的小街坊作为城市住区的标准范式在实践领域加以推广。新城市主义的TODs模式更是直接使可持续发展的城市总体规划模式得到广泛认可和发展，小街坊住区模式得到了进一步的发展和推广。图12-4通过对比说明了三种居住模式之间的特点。

二、我国住区空间模式的发展演变

我国传统城市住区也通常被称为街坊，但此"街坊"与彼"街坊"（西方的传统街坊）有很大的不同。一是尺度不同，我国的传统街坊尺度较西方街坊要大；二是性质不同，西方的传统具有开放性，而我国的传统街坊更为内向封闭。

我国唐（618-907）长安为了便于管理，城市都采用封闭式的里坊制，里坊边长在500-1000米，里坊四周被坊墙封闭。里坊外部的城市道路很宽，而道路两侧都是里坊的城墙，因此街道氛围并不好（张永禄，1987）。长安城这种大的城墙套着很多小城墙的城市格局非常有利于城市的管理，但给人们的生活带来了种种不便，也制约了社会经济的进步。里坊到了宋代逐渐消失。到了明清时期，城内的街坊外没有围墙了，街坊尺度也有所减小，典型街坊尺度是130米×1300米。但在这些种尺度的街坊内部，还有一些更细小的胡同将街坊进一步细分。但这些小胡同主要是作为进入住宅的半公共空间，不是构成城市公共道路的一部分。因此，我国的传统街坊空间与西方的传统街坊是不同的，西方的街坊尺度更小，街坊外部所有道路都是城市公共道路。

同济大学王昱的硕士论文《居住街区的内向性与外向性：上海—巴黎比较研究》将中法两国传统和现代的居住空间模式进行了对比。王昱认为法国和中国传统城市框架的差异在于：前者是均质的，以体现对平等的需要；后者是等级制的，以体现管理秩序。由于对城市的不同理解，中法两国的街区形态，在历史变化中一直呈现出不同的形态：法国的街区尺度小，是外向开放的；中国的街区尺度大，是内向封闭的，表12-1对巴黎和上海不同时期住区形态进行了对比分析。

		法国巴黎	中国上海	
传统城市街区		老城区 城市功能不分区，以教堂为标志性建筑组织城市公共空间秩序，房屋尽量面向大街，街区以岛式方式组织。	老城厢 房屋面向街巷小弄，其组织方式和其狭窄的尺度空间导致了其"内向化"的聚居性格	内向型的封闭住区
19世纪的城市		奥斯曼改造 街区仍以"岛式"为构成单位，建筑单体面向街道。其街区尺度和中世纪时期并无大异，居民和街道的关系更为直接。	里弄[3] 里弄内部为单一的居住功能，其内部的步行尺度的街巷不属于城市公共交通的组成部分	
近现代城市		郊区大居住区 在居住的单位尺度上已经达到或甚至是超过了中国的"居住区"的概念。但是它仍然是单体量和开放式的，住宅和街道仍然直接发生联系。居民出了家门直接到达城市公共空间，而不通过中国居住区意义上的"社区空间"。	工人新村 住宅以组群方式和街道发生关系，居住空间和城市空间之间存在着另一个尺度空间——居住区	
城市现代		重新走向街道的传统空间	将传统的"里坊制"变成了今天的大型封闭住区	

表12-1 巴黎和中国不同时期住区形态对比

在王昱之前，我国多数学者都认为我国传统的胡同或里弄的城市形态与西方的小街坊住区本质是相同的，王昱的论文提出了创新性的观点。

我国的传统街坊住区比西方的街坊尺度要大，更具有内向性特点，解放后出现的封闭的单位大院、封闭的商品房住区更是将这两种特点发挥到了极致。单位大院是计划经济的产物，既反映了特定时期我国的政治、经济特色，也受到当时西方"邻里单位"和苏联"居住小区"模式的影响。后来的封闭的商品房住区则延续了这种居住模式。

我国的大型封闭住区在国际上被冠以"Megablock"的称谓，近年来受到国外学界的诸多批判。2009年3月15日，在中央美术学院举办了一场由哥伦比亚大学中国实验室组织的题为"Megablock Urbanisms Symposium/超级街区城市学研讨会"的学术研讨会，会议发言者从不同角度对这种住区模式及其危害进行了探讨。与会学者认为，"Megablock"是其形成时期中国社会、政治、经济结构在空间上的反映，但这种空间模式已经不适于现在的社会经济结构，开放的住区，即住区规模小型化是必然的趋势。[4]

第四节　我国住区尺度相关因素分析

由于居住区占据了城市功能分区中最大的组成部分，因此，住区的空间模式对城市空间形态起到至关重要的决定作用。住区的规模是决定住区空间模式中最为重要的因素，也是本节重点探讨的内容。研究认为，住区规模和下列因素有关：

（1）住区规模应该有利于形成良好的城市道路系统；

（2）住区规模应有利于明晰产权；

（3）住区规模应有利于公共服务设施的高效、公平配置；

（4）住区规模应有与社会管理模式相匹配；

（5）住区规模应该有利于创造良好的城市外部空间；

（6）住区规模应有利于形成良好的住区内部空间。

下面从以上几个方面论述合理的住区规模尺度。

一、住区规模应有利于成良好的城市交通系统

欧洲国家的城市道路网格是由主路和支路共同形成的，不强调道路的等级关系。密集的道路网格和小尺度街坊共同构成欧美城市空间的主要特色。欧洲的传统城市多数是自然生长起来，道路呈不规则的网格形态，越靠近城市中心区路网越密集。密集的道路网格形成小尺度的街坊，在每一个街坊地块上，多层的建筑临街布局，围合成内部的中心庭院，建筑底层是商业，上部是住宅。这是西方传统街坊住区的典型模式。实际上，这种街坊住区就每一个地块上的围合式住宅而言，并不具有开放性，住宅一般是由门禁控制，只有住户才能出入。街坊住区的开放性体现在每个小街坊地块的外部被开放的城市道路围合，因此，其开放性是由于街坊的小尺度特点形成的，并非是指住宅的开放性。

管理上完全开放。

欧洲也有一些城市采用正交网格，体现了人工干预城市规划的特色，其中典型的例子就是西班牙的巴塞罗那市。巴塞罗那始建于恺撒大帝时期，老城的格局呈现不规则的网格结构，网格的尺度很小，地块边长多数小于100米。到19世纪，塞尔达主持完成了城市扩建规划，采用标准的方格网和若干对角线画出的城市总体布局，每个方形街坊的四边尺寸均为113米（戴林琳，2008）。

美国的城市形成是欧洲殖民者进行的有计划的城市规划的结果，在其城市发展中，最重要的是容积率和由此得到的资本回报率，方格网结构简单明了，有利于地块的划分和出售，是最有经济效率的规划模式。美国的城市网格多为矩形形态，道路网格和街坊尺度也比较小。纽约曼哈顿的小网格街坊是长方形的，短边长度是80米左右，长边长度在150~230米之间。[5]

日本东京和韩国首尔这两大城市都是历史悠久的东方城市，城市道路系统呈现出自由布局的特点。和欧美国家的道路网特点不同的是，东京和首尔的道路网的等级化特征更为明显，城市主干道和支路之间的宽度差距比西方城市要大。东京和首尔的城市道路网的形态特征是由主干道形成的，而不是像欧美国家那样，由主路和支路共同形成城市道路网格。但是，在主路网之下，东京和首尔的支路体系也非常发达，支路将城市划分为许多小地块，形成很多小街坊，街坊地块边长一般都在100米之下。

日本在20世纪60年代开始建设了很多新城，例如大阪的千里新城、京都的洛西新城、东京的幕张以及多摩新城等。这些新城建设的早期，住区的主流形式是与周边环境隔离的孤立的"住宅团地"（类似我国的封闭住区），甚至在城市内部也采用这种形式。这样的住区虽然内部环境安静舒适，但却破坏了城市的整体结构。处于对这种开发模式的反思，后来的新城大多采用开放的

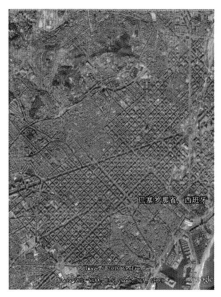

图12-6 西班牙巴塞罗那的城市网格（东西向5公里
范围内） 资料来源：Google Earth

图12-7 西班牙巴塞罗那的城市网格（东西向500米
范围内） 资料来源：Google Earth

图12-9 美国纽约曼哈顿的城市网格（东西向500米
范围内） 资料来源：Google Earth

图12-8 美国纽约曼哈顿的城市网格（东西向5公里
范围内） 资料来源：Google Earth

城市转型发展的规划策略

图12-10 韩国首尔的城市网格（东西向5公里范围内）　资料来源：Google Earth

图12-11　韩国首尔的城市网格（东西向500米范围内）　资料来源：Google Earth

图12-12　日本东京的城市网格（东西向5公里范围内）资料来源：Google Earth

图12-13　日本东京的城市网格（东西向500米范围内）资料来源：Google Earth

图12-16　北京的城市网格（东西向5公里范围内）
资料来源：Google Earth

图12-17　北京的城市网格（东西向500米范围内）
资料来源：Google Earth

　　　　　　　　　　　　　　　　　　　　　　　　　　城市转型发展的规划策略

小网格街区模式，其中幕张的"滨海住区"就是一例（吕斌，2001）。

　　幕张新城位于东京东部25公里，面临东京湾。幕张新城的滨海住区位于幕张东南角，人口约26000人，拥有国际化的城市职能和舒适的居住环境，是职、住一体的多功能型城市。滨海新城采用开放的街坊式住区模式，建筑物沿街布局，形成外部的城市街道空间和内部的庭院空间，沿街住宅底层布置商业和商务功能。1990年以后，日本封闭的住区开发模式逐渐消失，开放的小网格街坊式住区成为主导模式。

　　图12-16和12-17是现代北京两张不同比例的航拍图，和东京以及首尔的同比例航拍图比较，可以明显看出北京的道路系统最大的差异之处就是支路系统非常不完善，在500米的航拍图上，其他几个城市的支路网格非常清晰，但北京的支路网格很模糊，内部有些很窄的胡同，但互相不贯通，交通承载能力很小。

　　大型封闭居住区的存在加重了我国城市道路网格过大的弊病。根据我国现有的城市道路设计要求，干道道路间距可以达到700—1200米，即使小城市，干道网间距也要达到500米左右。由于支路不断被大型居住区封闭，或改变为住区内部道路，实际上单一的主干道系统构成了城市路网，这就形成了我国特有的大网格路网和大尺度街区的城市结构。道路间隔变大，必然导致道路宽度增加。而这种间隔大、宽度大的道路正是产生城市交通拥堵的重要原因之一。这样的道路系统的特点是车行速度快，一旦发生拥堵，在短时间内会聚集大量车辆，而由于道路交叉口少，车辆转向其他路段的选择性小，交通阻塞很难疏散。这正是"尽管北京的道路越修越宽、立交桥越修越多，但城市交通却每况愈下的症结之所在。与之相反，纽约的人口密度、机动车总量都远高于北京，但其交通状况却秩序井然。奥妙就在于纽约是以街坊为基本单元组织城市交通的"。（邓卫，2001）

图12-14　幕张"滨城住区"总平面图
资料来源：住区 2001(4),62页

图12-15　幕张滨城住区航拍图
资料来源：Google Earth

　　大型封闭住区导致的道路间距过大，同时必然形成道路宽度加大。这些具有大量车流量的宽马路往往成为城市的隔离带。同时，道路的尺度完全丧失了人的尺度，不利于步行和自行车这样的绿色交通模式的发展，不符合可持续城市发展模式。正如克利夫·芒福汀在《绿色尺度》一书指出的那样：

"而今是重新认识街道和街区价值的时候了，这是把绿色环保提到城市议事日程上来的新要求，也是减少因汽油燃烧所引起的空气污染的需要。城市绿色环保要求抛弃现代建筑运动的大师们过去对街道和街区的批判。要求再次从城市建筑的伟大传统中找寻灵感，用今天的新语汇去诠释传统，力求展现可持续发展城市文明进步的新景象。"

二、住区规模应有利于产权明晰和物权法的落实

2007年10月，《中华人民共和国物权法》颁布实施。《物权法》第六章"业主的建筑物区分所有权"中规定：建筑区划内的道路，属于业主共有，但属于城镇公共道路的除外。建筑区划内的绿地，属于业主共有，但属于城镇公共绿地或者明示属于个人的除外。建筑区划内的其他公共场所、公用设施和物业服务用房，属于业主共有。

2009年10月1日，最高人民法院颁布的《关于审理建筑物区分所有权纠纷案件具体应用法律若干问题的解释》开始施行。这是高法关于《物权法》做出的第一个司法解释。《司法解释》指出，除法律、行政法规规定的共有部分外，建筑区划内的以下部分，也应当认定为物权法第六章所称的共有部分：其他不属于业主专有部分，也不属于市政公用部分或者其他权利人所有的场所及设施等。建筑区划内的土地，依法由业主共同享有建设用地使用权，但属于业主专有的整栋建筑物的规划占地或者城镇公共道路、绿地占地除外。

《物权法》和《司法解释》都没有对建筑区划给出明确定义。研究认为，建筑区划具有产权地块属性，是限定共有权益的最小范围。同时，《物权法》和《司法解释》对于共有的设施和场所也进行了限定，其中包括满足居民生活最基本要求的设施和场所。《居住区规划设计规范》中列出的公共服务设施只有物业管理用房，以及一小部分市政设施属于这个范畴，绝大部分不在此共有范围之内。

建筑区划的划定在于清晰界定出业主的共有权益，业主成为建筑区划内公共设施或场所的利益相关人。根据物权法的要求，在对建筑区划内的公共设施或场所进行改建或重建时，应该由利益相关人也就是业主共同决定。[6]因此，如果要想对共有的公共设施或场所进行有效的管理，业主的数量宜少不宜多，建筑区划范围宜小不宜大。

和居住小区相比，《物权法》此次提出的建筑区划概念，更强调产权意义。但要想真正实现建筑区划的划分，在土地出让之后进行申报并不是一个最佳选择。在这一点上，美国的土地管理程序对我们有很大的启发意义。

美国的农业用地等大型地块转化为城市建设用地时，在土地出让之前，首先要进行土地的细分，将大地块划分为小地块，划分小地块的都是市政道路。每个小地块都进行独立的产权登记证明，同时该地块周边的市政设施条件也非常清晰明确，要一并加以说明。土地细分之后再通过区划的方法限定区分土地不同的使用性质，限定每块用地的容积率、高度、退线等要求。在进行了所有这些准备工作后，土地才能够出让。出让的土地都是净地和熟地，由政府负责承担的公共设施不会混在出让的土地上。

《物权法》颁布之后，成都市率先出台了《成都市建筑区划划分暂行办法》，办法规定了建筑区划的申报流程，建筑区划申报成为共有设施确权的必要环节，建筑区划申报后需要进行权属登记，明确共有的权益内容。但由于我国目前的土地管理和出让方式存在较大缺陷，在现有制度下进行建筑区划的划分困难重重。首先，我国出让的土地中有很多大型地块，往往只有一个土地使用权证，各种居住区配套设施的土地也都在这个土地使用权证上。如果申报的建筑区划不具备独立的土地使用权证，对于建筑区划的确权就是一个很大的漏洞。

其次，我国居住区的公共服务设施一直由开发商代建，部分设施会移交给政府，还有部分设

施产权一直不明晰，也没有明确的规定需要移交，幼儿园就属于这一类。这些设施的产权归属到底是开发商所有，还是政府所有，还是业主共有，以前是模糊不清的。根据《物权法》和《司法解释》的规定，幼儿园不应属于业主共有。福州市有关部门联合出台的"关于建设项目规划审批与产权登记有关问题"的通知中明确要求，小区公共配套设施归业主共有。但同时规定，小区会所及幼儿园的产权归属开发商，登记机关在房屋登记簿上，应予以记载并颁发产权证，但不得抵押。在不改变用途的情况下，允许其整体转让。如果开发商拥有幼儿园产权，就很难要求开发商保证不改变幼儿园的用途，因为开发商是否能成功运营一个好的幼儿园是不确定的事情。因此，研究认为，幼儿园应该和学校一样，属于政府负责建设和运营的公共设施。政府可以委托开发商代建，也可以委托第三方机构运营，但这部分成本应纳入公共财政范畴。由于已建成住区有大量类似的历史遗留的产权不清的设施，而且新建住区还在继续创造新的产权纠纷，在这种情况下，建筑区划划定并不具备现实基础。

如果要在这方面进行改善，要首先具备两个前提，一是明确各类配套设施产权，二是将大地块划分成小地块，并给每个小地块颁发单独的土地使用权证。建筑区划虽然是在《物权法》这样的大法层面对于共有权益予以承认，但我国现有的土地出让和公共服务设施供给制度等相关的制度并不支持这种共有权益的权属确定。

虽然说目前进行建筑区划划分是困难重重，但这会成为趋势不可逆转，因为业主不会轻易放弃自己拥有的权益。我们可以预见，建筑区划将成为最小的住区单元。如前文所述，为了便于日后对共有部分的有效管理，建筑区划的尺度宜小不宜大，因此，住区的最小规模也必将减小。而建筑区划所决定的住区规模和业主具有直接的利益相关性，因此，业主对于建筑区划所确定的住区规模的认同感必然会大大增强。我们可以预见，建筑区划将推动我国住区规模的小型化。

三、住区规模应有利于公共服务设施的公平、高效配置

在西方发达国家，社区的各类公共服务设施的供给是体现政府公共服务质量的重要标志，是政府管理的重要内容，也是长期以来规划理论和实践研究的重点领域。

1968年，米切尔·特兹（Michael Teitz）发表了《走向城市公共设施区位理论》一文，提出了公共设施区位理论，指出公共服务设施布局的基本原则是要达到效率和公平的平衡状态，并明确提出了公共设施区位选择从根本上与利润最大化的市场类设施不同。米切尔提出了一个公共服务设施区位研究的数学模型，从此引发了关于公共服务设施定量化研究的热潮，并最终创造了地理学中区位研究的新领域。到了20世纪70年代中后期，学者开始关注一些有害的公共服务设施配置的问题，发现这些设施往往是布置在一些低收入人群的聚居地附近，而这说明，公共服务设施布局只依靠数学模型进行定量研究体现的是"虚伪的公平"（Geoffrey，2000）。公共服务设施布局实际上可以折射出国家、阶级等更为复杂的政治因素。于是，从这一时期开始，学者们开始对公共服务设施布局进行了很多定性研究。到了80年代，公共服务设施布局理论出现了多元化发展的局面，定量化的数学模型仍在发展，力求涵盖更多的影响因素，同时，GIS的出现使得更为复杂的数学模型的研究成为可能。到了21世纪，关于公共服务设施布局的最新成果使人们总结出一个新的总体规划的布局范式，即将城市公共服务设施呈带状布局，和便捷的公共交通相结合。住区的某一类公共服务设施，例如社区中心在功能上是基本相似的，应该鼓励各个社区发展自己的特色，以吸引其他社区居民的使用，提高社区中心的使用效率。

在我国，《居住区规划设计规范》中要求布置

的居住区级、小区级、组团级配套设施是与居民日常生活关系最为密切的公共设施，为居民提供高效、公平的公共服务设施也应该成为我国政府重要的公共服务职能之一。但由于我国的住区模式和公共服务设施的供给制度存在缺陷，导致我国住区公共服务设施的发展长期滞后。

在我国，居住区内的公共服务设施一般是根据开发商开发的住区规模来配置的，通常是由规划管理部门在规划条件中提出需要配置的公共服务设施的内容和规模。目前，我国居住区内的各类公共服务设施一般是由开发商代建，代建完成后再移交给相关政府部门经营管理。

居住区公共服务设施的位置一般由开发单位确定，规划部门只考量规模，不对位置有硬性要求。公共服务设施的位置布局是否满足公平性和高效性的要求，主要取决于开发单位的运作水平。同时，开发单位也只能在自己的一亩三分地范围内考虑配套设施的布局问题，很难在更大尺度范围内考虑公共服务设施的公平、高效配置。同时，大型封闭住区意味着住区规模不确定，一些开发单位为了逃避配置较大规模的设施，在可能情况下会将住区规模控制在居住区级以下，导致我国居住区级的各类公共服务设施往往得不到有效配置。

在大型封闭住区和开发商代建这两种因素的限制下，我国居住区公共服务设施的发展一直滞后于居民物质生活要求增长的需要，其规划理论和建设实践的发展也成为我国住区规划和实践中的薄弱环节。

由此可见，要想促进公共服务设施的公平合理布局，需要从两个方面进行努力。首先，大型封闭住区应该被打散，变成小的封闭单元。住区可以用"建筑区划"作为最小的基本单元，建筑区划内仅布置《物权法》中规定的满足居民日常生活基本需要的公共设施和场所。其次，政府承担起其他的住区公共服务设施统一规划、统一建设的责任，只有这样才能够保证公共服务设施高效、公平地配置。

第五节　城市理想住区模式的问题探讨

一、住区的规模应有利于社区建设的管理方式

新中国成立之初就确定了将街道办事处和居委会作为城市基层的管理单元。[7]街道办事处属于最低一级的行政管理单元，居委会则是居民自治组织。但在计划经济时期，"单位制"[8]的管理模式一直占据主导，"单位"成为了我国社会的基层管理单元，街道办事处和居委会的职能一直没有得到大力发展。改革开放以后，单位制的解体导致我国基层管理出现了真空状态。在这种情况下，我国民政部门牵头，开始大力发展我国的基层社区建设，希望用"社区"[9]代替"单位"，重新形成社会基层管理网络。民政部将社区建设纳入到街道和居委会的职能中，使得街道办事处和居委会逐渐找到了自己在社会管理和服务中的位置，并逐步得到发展。

2000年12月中办、国办转发《民政部关于在全国推进城市社区建设的意见》，该文件是指导我国城市社区建设的纲领性文件，文件中对城市社区给出的定义是："城市社区是指聚居在城市中一定地域范围内的人们所组成的社会生活共同体，我国城市社区的范围一般指经过社区体制改革后做了规模调整的居民委员会辖区"。我国《城市规划资料集》（同济大学，2004）这样定义居住区："居住区特指一个城市住房集中，并设有一定数量及相应规模的公共服务设施和公用设施的地区，在一定地域范围内会形成为居民提供居住、游憩和日常生活服务的社区。它由若干个居住小区或若干个居住组团组成"。

社区[10]和居住区这两个概念比较起来，社区的内涵是可以覆盖居住区的，社区包含地域属性，但更强调人们的关系，而居住区只注重地域属性，只强调物质空间本身。我国目前将社区作为基层社会管理单元，政府很多公共服职能和行政管理职能都是通过社区来实现的，并且这一趋势在不断增强。

但是，至今为止，我国的《居住区规划设计规范》除了加入了一些街道办事处和居委会的管理用房等公共服务设施以外，并没有在规划管理体制和住区规划模式中针对社区管理的这种新趋势作出相应转变，这对后期的社区建设是极为不利的。

目前而言，我国的居住区规划在划定住区规模时很少考虑日后的社区管理问题，或是只单纯考虑物业管理的相关问题，对于政府主导的社区建设则缺乏有效的衔接。我国管理体制的条块分割是导致这一问题出现的根本原因。社区建设属于民政部门管辖，而居住区建设与国土、规划等部门相关。从土地出让开始，一直到后来的规划建设报批阶段，都没有设置必要的管理环节来考虑与街道办事处和居委会的管理相衔接的问题。

我国城市目前的状况通常是先建居住区，然后再配置街道办事处和居委会。封闭住区限定的空间领域具有不确定性，有大有小，但我国政府对街道办事处和居委会管辖的人口规模是有明确限定的，因此，封闭住区所限定的空间领域与街道办事处和居委会管辖的领域很难完全重合，街道办事处和居委会大力发展的社区服务常常被挡在封闭住区外部，不利于我国社区建设事业的发展。

由此可见，大型封闭住区对于推进我国的社区建设事业的发展是非常不利的。住区的物质空间模式必须有利于社区建设的发展。住区规模小型化是我国社区建设对于住区物质空间模式提出的必然要求。住区最小人口规模应该小于居委会管辖的人口规模，若干个封闭的小住区组成一个开放的居住会社区，小住区内仅有一些基本设施和场所，更丰富的服务功能全部布置在社区层面，使大家养成走出住区，走进社区的生活习惯。只有这样，我国的社区才能良性发展，更好地实现各项社区服务功能。

二、住区尺度应有利于形成良好的外部城市空间

间距大、宽度大的道路系统所形成的城市外部空间尺度大，不宜人。而且，宽度大、机动车流量大的道路也不利于发展临街商业，无法形成良好的街道氛围。

大型封闭住区关注的是住区内部使用功能的完整性，是完全内向化的品质。对于外部城市空间而言，其态度是消极的，把外部空间作为一种负面的、应该防御的环境来看待，由大型封闭住区形成的城市空间没有生机和活力。

简·雅各布斯在《美国大城市的死与生》一书中指出，当你想到一个城市时，你脑中出现的是什么？是街道。如果一个城市的街道看上去很有意思，那这个城市也会显得很有意思；如果一个城市的街道看上去很单调乏味，那么这个城市也会非常单调乏味。

大型封闭住区不但使得外部的街道尺度变得不够人性化，同时也将人们的活动全部局限在住区内部，而无论是东方还是西方，街道和生活之间都有着不可分割的紧密关系。当一个城市的街道完全变成了机动车行驶的空间，完全没有了人的活动，这个城市自然就会变得单调乏味，没有意思，而这种情况正在当代中国走向现代化的城市中上演。

雅各布斯指出，一个成功的城市街区必须具备三个条件：

首先，在公共空间与私人空间之间必须要界限分明，不能像郊区的住宅区那样混合在一起。

第二，必须要有一些人盯着街道，这些"街道眼"必须面向街面，是保证街道安全的重要措施。

第三，人行道上必须总有行人，既可以增添看着街道的眼睛的数量，也可以吸引更多的人从楼里往街上看。

实际上，这样的街区模式就是目前在欧洲很普遍的小街坊住区的模式。这样的小尺度住区内部有着半公共的庭院空间，这是一个只对居民开放的空间，有利于形成居民的归属感。住宅直接面向街道，街道边界被建筑围合。临街的底层通常是商店，商店增加了人们在街道上的活动，形成了很多

的"街道眼"

当住区的尺度变小之后，也有利于混和居住的局面。是否可以在一个住区中混合不同收入阶层的人共同居住，在我国一直是一个有争议的话题，至今也尚未形成定论。混合居住概念的提出是希望避免西方国家城市发展中形成的低收入人群集中的、充满社会问题的贫民窟住区。清华大学的孙立平教授提出"大混居、小聚居"的概念也是建立在小尺度的住区基础上的。每一个相对独立的小尺度的住区可以容纳收入水平相对接近的居民，但在一个相对较大的范围，政府可以通过调整土地出让价格，形成由不同阶层的居民组成的小住区混合在一起的大的居住片区。清华大学田野博士在《转型期中国城市混合居住研究》中论证了混合居住有利于加强人们之间的社会联系度。田野指出："'大混居、小聚居'的布局模式……在城市区域中协调高档住房和普通住房的分布，但在小环境中仍保证阶层聚居的模式。这样既可以促进阶层间的接触和交往，防止教育、商业和环境等公共资源的过分不合理分布，也可以使不同阶层之间保持一定的距离。"实现这一想法并必须"在城市内部发展'街坊'式设计，逐渐开放大部分封闭的居住区，这一方面能够促进相近阶层的流通，使中产阶层的生活方式成为社会的主流范式；另一方面也可以大大加强目前的城市支路网密度，通畅交通；同时也有助于城市商业街区的活跃，促进服务业的繁荣，并推动城市向功能混合、紧凑布局的可持续方向发展。"

三、住区规模应有利于人的交往和社会公共决策

在谈论住区的尺度问题时，最后总是会面临这样的疑问，到底什么样的住区尺度才是适宜的尺度？

根据生理学家的研究，人的视力能力在超过130-140米就无法分辨其他人的轮廓、衣服、年龄、性别等，因此在传统街区中通常将130-

图12-18　赵庄居民小区一摄于1992年

140米作为街与街之间的距离（聂兰生、邹颖，2004）；F.吉伯德指出文雅的城市空间范围不应大于137米（F.吉伯德，1987）；亚历山大(2001)也指出人的认知邻里范围直径不超过300码（274米，即面积在5公顷左右）。同济大学周俭等学者(1999)通过对居住空间的研究，提出我国的住宅区规模应该是不超过150米的空间范围或4公顷的用地规模，其结论与国外学者的研究成果相近。（聂兰生等，2004）

上述几种关于住区尺度的理论分别来自于人的认知能力、住区对外部空间的影响以及对于住区内部空间尺度的认知，而这三个方面则是构成住区尺度最重要的三个因素。

住区的尺度应有利于形成一个规模适宜的最小居住单元，便于这个单元内人们的彼此认知和交往。这不仅和住区的尺度有关，也和人口密度相关。亚历山大认为："人类学的各种证据证明，如果一个群体的人数大于1500人，就无法互相协调，还有许多人认为这个数值应低于500人"。因为这个基本居住单元的人群不仅要共同享有一些公共场所，同时也会共同执行一些相关的政策法规、共同参与社会事务。我国《物权法》中规定

按照以建筑区划作为划定业主共有的场所和设施的空间界限，那么，建筑区划内的人口规模就应该有利于人们进行对公共事务的商议和决策。如果建筑区划内人口规模过大，必然会给日后的公共决策带来困难。

如果我们按照500户来考虑一个住区的尺度，按照每户100平方米的居住面积计算，共计50000平方米，如果建造6层左右的住宅，容积率按照1.5考虑的话，住区占地33000平方米；如果建造高层住宅，容积率达到2的话，住区占地25000平方米；如果建造高层住宅，容积率达到2.5的话，住区占地20000平方米。目前，我国城市住宅区容积率平均在2-2.5之间，那么合理的住区尺度应该在150米左右，和前述的数据基本吻合。

四、住区模式应有利于开放的城市公共空间增加活力，改善城市品质

丹麦杨·盖尔在《交往与空间》一书中将城市公共空间中的活动分三种类型，即：必要性活动、自发性活动和社会性活动。当空间中包含必要性日常生活行为时，也自然延伸出自发性和社会性活动，三者之间密不可分，多彩的生活自然地赋予了多元的功能空间丰富的内涵。

人的各种行为活动从居住空间向外延伸到组团中心等社区公共空间，再延伸到大规模的城市公共空间，从居住空间到城市大的公共空间就形成多样的空间层次。长期以来，在许多城市中常见的街道两侧是长长的围墙，围墙闭合，条块分割，封闭的社区、公共空间被人为地割裂开来。而城市公共空间周围沿街一层皮的陈旧模式使建筑与城市空间的有机联系大大减弱，建筑物将人与自然割裂开，外部空间环境质量下降，导致城市中心区无法形成完整宜人、便捷的城市公共空间体系，造成人们自由自在地参与活动的机会减少，难以驻足的行人只能匆匆而过。

规划的"分级理论"影响到目前的住区规划，

它依据该理论被划分为小生活圈(组团)、中生活圈(小区)、大生活圈(居住区)。小学和邻里中心的服务半径为400-800米。地铁站与住区与城市空间的日常生活化奠定了基础。住区规划也遵循了邻里单位的基本原则，以一个小学为基本单位形成了一个小生活圈。城市总共由若干个邻里单位组成，每个邻里的基本单位是被城市主次干道和支路所划分的80米×120米的独立街区。每个居住邻里的中心是公园和学校，公园安排在步行绿道和线形设施轴的交汇处，初中与小学布置在其转角上。居民可以通过步行道路（学童步道）安全到达学校和所需要的公共服务设施；而且每个邻里街区通过线形设施轴和步行绿道与相邻的邻里连为一体。除此之外，步行绿道还与新城的绿地系统统筹考虑，成为联系中心公园和各大片绿地的纽带，为居民的健康和生态环境的提高起到了关键性作用。各个住区通过步行绿道系统连接起来。各级服务设施的一连串交叉布局所产生的集聚效应，给居民的生活带来了多样性和更多的选择权。

规划的"安静理论"主要将住区的公共设施安排在城市南北主干道的两侧，形成贯穿整区的线形城市轴。然后为了增加住区的开放性，把普通规模的街区细划为小街区。小街区为了实现"街区重叠"，在结合部布置了小卖店等组团级的服务设施和学校，并通过贯穿小街区的网状步行绿道系统与主要公共服务设施轴线相连，以达到缓解住区封闭性、增强住区开放性的目的。

在规划用地的中心设计了贯穿整区的线形城市轴，抑制大规模住区普遍存在的单一、封闭、死板的格局，摆脱封闭性的街区邻里，同时为各个街区之间的协调统一，即使同处一个街区也根据周边的地理环境制定了不同的"设计导则"，可以是一个街区也可以横跨多个街区，以便实现各自的场所特性。

唐山震后按照邻里单位原则规划的住区模式，这种500米×500米的阵列模式街区以小学和公共

设施形成住区中心，形成独立自主的居住社区。以街区邻里为基本单位排列组合的规划模式成为唐山住区建设的主流模式，这种街区为单位的开发模式，在震后恢复建设急需大量住宅时期发挥了不可磨灭的作用。(图12-18)

以邻里单位原则规划的住区的生活圈是以城市街道所划分街区为单位，每个街区的空间结构都具有强烈的内向性，结果导致了住区的封闭化、街道活力减弱。这种空间结构迫使城市街道公共空间走向衰退。反思以往规划带来的一系列问题，应该探讨住区规划中的"城市性"话题，研究城市空间日常生活化的途径。简·雅各布斯（Jane Jaobs）的研究主张城市的高密度可以使更多的人融入环境氛围中，可促使文化活动及相关设施的发展，同时也使城市的安全性得以提高。更高密度会带来丰富的城市生活，高密度同时还可以带来城市的多样性，也正是这种多样性造就了像样的多姿多彩的城市生活。但是在许多人看来，这不过是简·雅各布斯一种不合时宜的浪漫倾向。

持反对意见的观点认为，外来人口的涌入会增加人口密度：他们往往不和当地原有居民交往，更不会融入旧的社区生活；新的外来人口将导致人口激增，而同时服务设施的数量却无法扩展到与新增长的人口相匹配的规模。必然的结果是城市生活质量的降低。另一方面，现有居民之间也会产生许多激烈的冲突，过近的空间距离使得一些生活方式存在差异的居民产生了矛盾。紧凑城市所提倡的城市生活对于国人是陌生的。人们对这种生活往往保持一种消极的态度，一旦切实的利益受到损害，这种城市生活是极其次要的考虑要素。要实现紧凑城市就应当协调行为各方的可接受性，并提倡一种新式的城市生活。正如格迪丝(Geddes，1968)所说："人类真正的财富，是建立在充满活力的社区环境之上的"。城市生活要体现个人的意志与判断的价值，私密空间与公共交往空间的平衡关系，以及居住社区的服务要求。

五、住区模式应有利于居住与就业的平衡

以往城市规划按照功能主义的分区原则，居住与工作是相分离的。以唐山为例，震后规划将大部分工业安排在陡河东侧，居住区安排在城市西侧，形成东工西宿的城市分区，造成城市钟摆式、潮汐式的交通模式。美式的大型连锁商业布置在城市的边缘区域，不仅造成大量的机动出行交通负荷增大，同时也造成高耗能和环境污染。

所以应提倡混合居住以及利用服务设施和就业的方式解决这一问题。提倡适当改善居住环境的同时，增加城市密度，发展紧凑社区，将生活服务设施沿街布置，提高住区生活的便捷程度，沿住区生活道路布置小型商业街，提供就业的同时也给街区带来了活力。通过对城市更新高强度的投资，制定严格的政策保护城市绿心，并成立特定的管理结构；将交通管制与土地利用相结合，降低小汽车的机动出行需求。

但也有人对此做法持反对意见，认为紧凑城市是有其必然的产业发展的阶段的，西方主要的产业正向金融业以及生产性服务业转型。这些产业要求较高的专业化和协作性，以及在空间上的高度集聚；而不再依赖交通运输以及较高的附加值，又能在高密度的城市中生存下来。而我国尚未完成工业化，大部分城市的主导产业主要是以附加值低的劳动密集型制造业为主。这种产业除了需要大规模的厂房来安置流水线外，还需要大容量的基础设施，特别是对外交通来保证其快速货物流通。这就决定了这类产业往往不得不离开城市，在对外交通的出入口附近集聚。若强制性地将它们安置在高密度的城市环境中，还会给城市环境带来负面影响。不考虑这些产业如何在空间上布局，实现紧凑就将缺乏足够的经济支撑。

英国学者的研究也表明，围绕公交站点的集中开发会产生额外的出行。紧凑城市可能带来两方面的问题：这种发展可能鼓励在当地就业的人们选择更远的地方就业；在区域或区域内层面的平均出

行距离增加：站点通过可达性的优势产生新的经济机遇。新的零售和办公空间可能在站点附近集聚。如果这使得出行距离拉长并且汽车的使用增加，这显然与紧凑城市所期望的降低出行需求的企图相违背。而紧凑所导致的居住高密度化，可能带来一种糟糕的邻里关系以及公共领域的拥挤状况。

六、小街坊(BLOCK)的住区模式有利于城市混居与社会关系的融合

城市规划是一把双刃剑：它既可以为市民提供便捷的交通设施、宜人的绿色空间，也可以把城市中最好的土地划作富人专用的高尔夫球场，把城市中心区的低收入者赶离他们赖以生存的家园……城市需要多样化的住宅标准：商品房、经济适用房、廉租房，社会各阶层的融合以及混居物业的差别服务。本来是一个统一体的生活(它包含人们的工作、居住、休闲、娱乐、医疗、受教育等)被割裂开了。这一割裂，不仅直接影响着人们的当下的生活质量，还割断了不同层次的住宅进而是不同层次的收入群体之间联系的纽带，损毁了他们之间交流、融合以构建和谐的平台。所以，非常有必要把割裂的生活统一起来，构建复合式的社区：应该遵循多元化、多功能、生态、节能的新都市主义主张。

新加坡的国家住房体系值得我们借鉴，新加坡约84%的居民居住在政府组屋中，国家在直接提供住房的同时，注重保持居住混合。为保证公共住房中不同种族的混合居住，政府专门制定了种族定额政策(The Ethnic Quota Policy)，规定了邻里中华族、印度人、马来人和其他民族所占比例的上限，某一种族居民达到上限，就会限制住房交易，避免某一种族过分集中于某一社区。

香港在新市镇建设中倡导均衡的发展理念，将其延伸至社区和邻里层面，保证不同类型家庭、不同阶层人群在社区层面实现一定程度的混合居住。

(1)避免由于集中建设廉租房和经济适用房，人为地造成低收入阶层的聚集。(2)将政策性住房与商品住房有机结合，实现政策性住房一定程度的分散化；充分借鉴别国或地区在混合式住区发展方面的策略，比如通过一定的政策或条例要求开发商在发展过程中建设一定比例的政策性住房。(3)引导小区开发不同类型住房，以适应不同规模和不同收入家庭的需要。(4)加大公共投入，改善公共交通及公共设施，缩小社区外部环境的差异：对于中低收入阶层相对较多的区域，要特别保障公共交通和公共服务设施的健全，在规划选址方面避免孤立、偏远的区位。(5)从加强社区建设入手，鼓励居民自发组织，形成以社区为中心的社会服务和社会支持系统。

1990年美国国会通过"混合收入新社区策略"(MINS, Mixed-Income New Communities Strategy)，此计划旨在推动不同收入阶层混合居住，一方面使中等收入租户进入已有公共住房中居住，另一方面支持贫困家庭进入相对高收入的社区。新城市主义者提出精明增长不只为富裕家庭，而是为所有人共享。他们将不同收入家庭、不同住房类型和不同土地利用方式在社区层面混合，创造出紧凑、充满地方感、多样化、有吸引力、可步行的社区。在建设实践中，有的地区采用经济平衡政策，如纽约州使用"70-20-10"法则，即住户构成为70%一般收入，20%低收入和10%低收入老年人。

田野(2006)等人通过对重庆回龙社区的实地调查研究，得出混合居住模式具有一定的优点和可行性的结论。研究发现："混合住区的低收入阶层居民相比同质社区可以获得更多的社会资本，混合住区内的低收入阶层与其他收入阶层居民的社会距离相比更小，从而减少了社会排斥和自我隔离，而混合社区与同质社区相比，在整体社会距离方面并没有显著的差异"。市场化转型带来的社会阶层分化是不可避免的社会发展过程，有必要将这种分化控制在一种良性的、社会普遍可接受的范围内，包括

空间尺度上的相对平衡，应通过不同阶层的市民混合居住，享有同等的生活、学习和娱乐的条件，这一理想不可能由市场实现，只能依靠适度正确的制度干预。在住房建设中，倡导弹性发展不应仅停留在土地利用、城市功能的有机混合，还应该包含社会空间组织的弹性。

城市混居问题也引起国内各方面的关注。深圳市住房建设（2006—2010）规定提出公共租赁住房的创新建设模式，即政府除统一建设一定数量的公共租赁住房外，在部分商品住房用地出让时，可配套建设占住房总建筑面积10%—15%的公共租赁住房，建成后产权归政府。这一措施虽然是针对廉租住房的建设，但通过政府的直接介入，客观上将形成廉租房与商品住房的混合，促进不同收入阶层的混合居住。2007年唐山市以政府文件的形式推动出让土地中配建10%比例的经济适用房政策。

城市要树立阶层融合及不同居住类型混合的指导原则，保留，不同收入人群混合居住的状态及维系邻里氛围的居住空间，控制居住空间的分异化，合理控制区域内一定的高收入人群比例，同时应建设部分中低收入住宅来满足社区社会结构稳定，推动社会群体的融合，保证旧城内和谐社会的健康发展。和谐的规划可以将社会引向良性发展之路，而不和谐的规划则会激化社会矛盾，将城市抛向动荡与不安的边缘。社区是城市社会组成的基层细胞，社区和谐是社会和谐的基础。

中国城市住房改革特别是住房市场化程度的加深，使得原来以单位为基础相对均衡无差别的各阶层混合居住模式已经被彻底打破，住房选择大部分依赖于市场，家庭收入成为最重要的制约因素。

随着中国社会转型与经济转轨，以职业为基础，根据对组织、经济和文化资源占有情况来划分的新的社会阶层结构出现，替代了改革开放前的"两个阶级一个阶层"，各阶层在经济、社会、文化等各方面的差异日趋显著(陆学艺，

2002)。

同时以社会阶层为基础的居住空间结构正在形成：富裕阶层、中产阶层通过门禁社区将自己隔离起来。"富豪区"通过壁垒森严的管理和追求奢华的住宅及环境，极力为精英(富豪)阶层营造隔绝其余阶层的"富人乐园"气氛。同时低收入人群聚居在廉价住房的老旧城区、年代久远的单位社区、城郊结合带的解困小区以及环境恶劣的城中村，形成底层人群的隔离。社会阶层之间隔离倾向的扩大，影响了社会公平与稳定。受居住空间分异现象的影响，城市公共设施的配置也存在巨大差异，不同阶层的居民无法获得相同的城市公共服务，所享受的设施服务水平有明显差别。

当今的中国住房市场还远未达到西方城市住房市场的成熟度，但类似西方城市中的居住隔离现象却已经出现。当下西方社会有两种比较明显的排斥类型：一种是对于社会底层的排斥，一种是社会上层人士的自愿排斥。对于社会排斥的解决之路，吉登斯提出"包容性的平等"。"包容性"意味着公民资格，即社会的所有成员不仅在形式上，而且在其生活的现实中所拥有的民主权利、政治以及相应的义务、机会以及在公共空间中的参与和对公共空间资源的分享。

居住隔离意味着不同阶层对不同质量的环境和服务设施的占有，是不平等的直接外在表现。吉登斯指出为营造包容性社会，政府在考虑效率的同时，也应重视公平问题。要避免因为收入差异经由市场选择后产生居住隔离现象，又由于不恰当的制度设计推波助澜。实现混合居住和完善城市的公共空间是两个重要的手段。住区的规划布局应该采取低配置一级住宅标准的原则，避免存在差异过大的原则。混合式住区是使不同收入阶层、种族的居民在邻里层面上结合起来，形成相互补益的社区，对于低收入群体来说，使之不致被排除在城市主流社会生活之外。

空间居住类型对社会资本获得具有显著的决

　　　　　　　　　　城市转型发展的规划策略

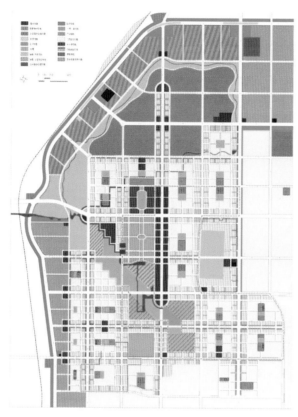

图12-19 唐山机场新区规划设计中标方案

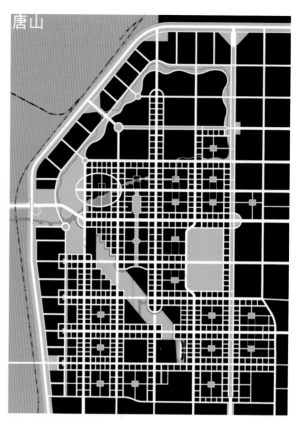

图12-21 不同层级的道路网

定性作用。在社会资本获得问题上通过控制住区类型这一因素，可以改善低收入阶层居民对社会资本获得的能力。同时混合住区低收入阶层居民在住区中获得工具性和情感性交往相对较多。许多研究表明，社会资本获得与低收入阶层居民所处住区其他阶层的社会经济地位存在正相关，这也说明混合居住模式对低收入阶层居民获得社会资本有帮助。这些因素有助于低收入阶层居民提高自身的社会经济水平，并提高对自身社会地位的主观评价。对于中高收入阶层而言，混合模式住区在整体社会距离水平方面与同质模式住区差异

不显著，这说明收入差距并没有使得混合模式与同质模式在住区总体社会距离方面出现显著差异。一般而言，在中高阶层居民与低收入阶层居民之间可以存在某种潜在的共生关系，例如，中高收入阶层可以为低收入居民提供诸如社区保安、小时工、照顾小孩或老年人的保姆等工作。这一方面可以为住区内低收入阶层居民提供工作机会，同时也有可能减少中高收入阶层居民在住区安全方面的顾虑。当然，本研究没有证明该构想的可能性，对于不同阶层居民如何从混合住区中获得各自利益的机制的发现还需要今后在实践中逐渐发

掘和检验。

通过综述以上研究的结论，对于城市居住空间发展问题，应考虑现实中国"金字塔"形的社会结构，政府、规划师、建筑师应重视城市内中低收入阶层居民(包括低收入阶层和中低收入阶层)的居住问题。住区规划中应尽可能避免大面积连片规划建设贫困住区，要控制贫困住区的适当规模，并大力发展多种混合居住模式。例如，利用小尺度的街坊的住区模式，可以实现马赛克状镶嵌布局的"大混居，小聚居"模式同时将保障房坐落与未来城市的发展方向一致起来，与工业区和其他园区布局，与商品房开发混合搭配，在可能的情况下与其他阶层混合居住(住区的规划布局应该采取低配置一级住宅标准的原则)。经济联系是混合居住发展的基础。在混合住区内建立中低收入阶层和其他阶层的经济链，即为中低收入阶层提供工作机会。在经济文化发达地区，如北京、上海等地，尝试发展"义工"等社区扶助体系，让其他阶层深入中低收入阶层住区，帮助城市弱势群体逐渐摆脱较差的经济地位和社会地位，从而建立不同阶层居民间的有机双向联系。以上研究的探讨，有助于和谐社会的建设，有助于社会的综合治理以及人民的安居乐业。

推行精明增长的美国的波特兰，新建设的一个主要为低收入阶层居住区就实现了不同阶层市民居住的混合化。

七、由大门禁变小门禁的住区模式有利于城市安全

社区是由各年龄段的不同人群组成的，是作为一个群体来相互融合生活。现实中门禁社区存在许多弊病。

社区恰当、适度的规模能形成好的人际关系，过多与过少都有问题，人口密度过密过多关系紧张，人口密度过少又没有人气。适当的城市人口密度，活力才有保障，应利用闲散人员对社区安全的作用。研究北京胡同的尺度与防卫的关系如下：

街-胡同-院落三个等级，胡同与四合院的层层递进的关系，符合人行为的公共、半公共、半私密、私密的层次关系。安全的社区与防卫空间，低社会管理成本居住，增进交往的公共空间与私密性空间的分级结构，都值得深入研究，传统居住形态对现实有借鉴意义。

美国著名人本主义城市学家简·雅各布斯(Jane Jacobs)在她1961年出版的《美国大城市的死与生》一书中指出传统居住区的街道充满了生活情趣，街道充满了公共空间，并且和私有领域进行了明确的划分，街道免于交通的干扰，人们乐于进行邻里交往，同时这种街道还派生出另外一种功能，那就是预防犯罪。传统街坊有一种"自我防卫"的机制，因为居民间彼此熟悉，邻里照应，等于不同的时段都在对有犯罪动机的人实施监控，使他们有所顾忌，这也就是简·雅各布斯所谓的"街道眼"的概念。她所主张的保持这种小尺度街区(block)和街道上的各种小店铺，重点就是增强这种公共空间的共享性，增加生活中人们相互见面的机会，从而既促进了人们的交往，又增强了街道空间的安全感。中国的居住模式如北京的四合院层层递进的空间也具有相同作用，所以要多用规划方法与手段，少用保安人员和设备的手段，发挥居民的相互关照，对社区安全的作用，使老人与闲散人员起到"街道眼"的作用，使住区摆脱封闭化的难题，城市空间向健康、安全有活力的日常生活化发展。

八、多样性统一的住区模式有利于建立城市秩序

多样统一的城市风格体现了管理者的民主理念。可控原则与业主个性和商业目的的自由发挥并不矛盾，两者关系要平衡。合理制定规划控制导则才能使投资主体的意志有序体现，个人专制是违背社会公平原则的。

可持续的规划控制导则秩序感前提下的多样性是一种基本观念。城市的建筑风格是由社会与市场

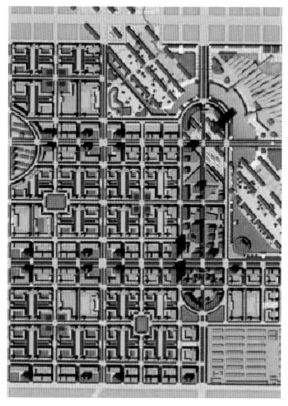

图12-20 唐山机场新区，以街区构成城市

刻板不具针对性；另一方面控规原则实施建设中出现不适应性，控规轻易改动，对实施缺少约束原则，根据不同的建设时期和开发环境的变化难免会出现一些调整。由于缺少对这种变化的反应机制，各街区之间容易脱节，以至最终无法达到起初的规划目标。所以控规的控制应该分成规定性指标和指导性指标和原则，切实增强控规的指导作用，规定性指标应该严格遵守，指导性指标和原则应该引入"总建筑师设计制度"（Master Architect Design，简称MA设计）。它是开发主体将促进过程的管理和管制设计及协调的权限委托给建筑师，由建筑师为增进城市环境的公共性和开发地区的环境管理制定总体规划，并行使包括从街道设计到建筑物色彩及材料等建筑设计控制权的设计方式。将规划管理中诸如各邻里住区规划之间的相调、美学等主观要素的内容交给"总建筑师"来执行，这种做法既可以强化控制性详细规划对住区建设的引导和监管作用，又可以增强控规的灵活性。

第六节　理想住区模式的实践——以唐山凤凰新城规划为例

唐山凤凰新城位于目前唐山市路北区范围内，基地原为军用机场，总面积23平方公里。2003年通过国际咨询竞赛的方式，完成了城市设计。唐山凤凰新城是由政府推动的城区规模的小街坊住区的规划实践，在实践中提出了具体措施来解决前文分析的诸多城市问题。凤凰新城实践共涉及到十个方面的课题：如住区人口规模确定、街坊尺度的确定、小门禁管理方式、街道公共空间的形成与定位、公共交通的通达性、住宅混居、住区安全、明晰产权、社会管理与单元规模的结合、公共设施的层级配置、建筑的风格多样统一、街道的商业界面等。

原则来选择和淘汰的，满足人们多样性的需求。城市应避免整齐划一，要形成多样性城市景观，在体现秩序感的前提下，允许住区的色彩、体型、建筑风格多样性。

在国内的大规模住区规划中，控制性详细规划（简称控规）起着非常重要的作用，但目前它对住区建设的引导和控制作用还有待提高。

虽然控规所制定的内容对规划的审批起到控制作用，但执行过程中控规走向两个极端，一是在没有投资主体的情况下编制的控规，控规僵化

一、唐山凤凰新城的规划主要特色

斜向的机场跑道区域成为城市公园，成为城市历史永久的暗示，带状公园斜插到正交的道路网格之中，给城市空间带来了变化和惊喜。

凤凰新城的规划采用了网格化的道路结构，交通干道网格延续了唐山市原有的城市道路网格，城市主干道间距500米左右，与现有城市主干道网络相连，凤凰新城的重要特色是利用城市支路形成小街区，通过密集的支路形成了完整的小网格道路结构，小街坊的边长在80—160米之间。

其中，区域一级的大型商业沿一条主要商业街布置。规划将原有机场的跑道空间保留下来，成为城市公园，通过这种方式将机场保留在城市的记忆中。一些市级或区级的体育场馆都布置在这个公园之中。另外，规划还体现了将土地利用与交通结合起来的特点。城市交通干道两侧布置高层住宅和公建，是区域中密度、高度和容积率都最高的地块，干道交叉的节点区域则拥有最高的容积率和建筑高度。

二、小街坊(BLOCK)的住区模式特点

街坊以围合式建筑形成小街坊单元，各小街坊单元形成连续的街道界面。东西向建筑可以降低层数，布置商业以及一些小规模的社区服务设施。由于东西向建筑都是位于南北向道路两侧，这种道路不会有大的阴影区，因此，东西向沿街建筑更适于创造活跃的街道氛围。而南北向道路沿建筑一面可以利用建筑阴影区做路边停车。

三、唐山：城市转型发展与社会发展的规划策略——以唐山凤凰新城住区公共服务管理模式的研究为例

鉴于唐山市住区公共服务设施的管理现状以及凤凰新城的小街坊住区模式，凤凰新城街道和居委会重新进行了行政区划。街道和居委会的范围划定考虑了人口规模、空间规划特点、现有村落的地域边界等因素。

（一）城区尺度的小街坊住区公共服务设施布局特色

唐山凤凰新城是由政府推动的城区规模的小街坊住区的规划实践。在凤凰新城的规划中，其交通干道网格延续了唐山市原有的城市道路网格，干道间距500米。凤凰新城的重要特色是利用城市支路形成了80—160米的小街区。

凤凰新城小街坊住区代替了大型封闭的居住区和小区，因此，以开放的街道社区、居委会社区、街坊社区代替居住区、居住小区和组团。规划中首先确定街道办事处管辖范围，将居住区级的公共服务设施尽量布置在街道社区的中心位置，并在控规时预留公共服务设施的地块。

（二）凤凰新城街道社区级公共服务设施的空间布局特点

（1）以服务半径500—700米内的7—8万左右居民为主要服务对象，保证实现居民在步行15—20分钟、自行车8分钟以内可达。

（2）鼓励同一级别、功能和服务方式类似的公共设施集中组合设置，节约用地。功能相对独立或有特殊布局要求的公共设施（如教育设施、医疗卫生设施）相邻设置或独立设置，尽量形成街道级公共服务中心。

（3）尽量设置在城市公共交通便利的主干道旁，但要有货运出入口临次干道。这样的布局方便不同街道的居民共享这些设施，同时各个街道的同一类公共服务设施可以发展各自的不同特色。

（4）公共服务设施的设置最好与绿地相结合。

居委级社区由城市支路以上道路或自然地理边界围合而成，人口规模为1600户、5000人左右，对应的行政管理机构为居委会。居委级社区公共服务设施设置原则如下：

（1）居委级社区公共服务设施服务半径为

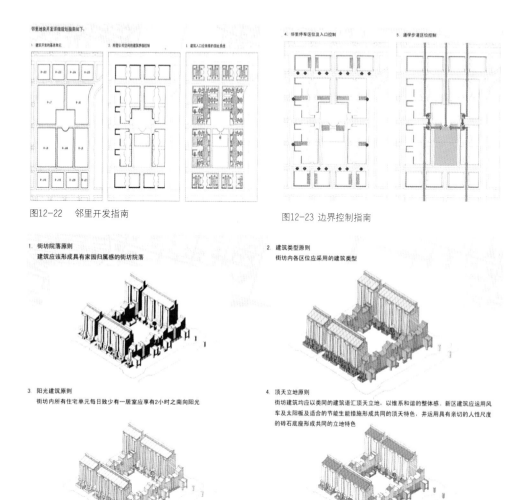

图12-22 邻里开发指南

图12-23 边界控制指南

图12-24 围合单元示意图

250—300米，保证实现居民在步行5分钟以内可达。

（2）在凤凰新城规划中存在着500×500米的基本地块单元，在该地块内，多个居委级设施可以合并建设。

（3）有些设施可以与社区绿地共同形成社区中心。一些小规模公共服务设施可以设置在东西向住宅底部，有利于形成内部的围合式院落空间和外部的连续临街面。

街坊级社区是凤凰新城最低一级社区，以最小的分割地块为用地单元。街坊级社区公共服务设施以服务半径50—100米内的500—1500人左右居民

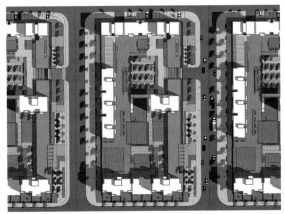

小街坊布局与周围的街道空间   小街坊的街道空间示意图

小街坊东西面向主干道   小街坊面东西向次干道   小街坊面东西向内街道1   小街坊面东西向内街道2

小街坊面南街道   小街坊南北面向内街道1   小街坊南北面向内街道2   小街坊南北面向内街道3

图12-25　住区边界街道情景空间示意图

城市转型发展的规划策略

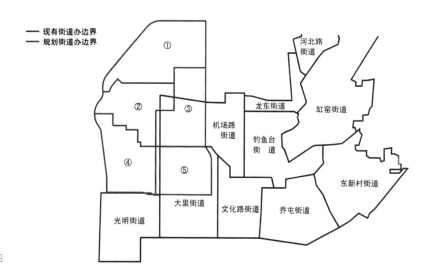

图12-26　唐山市路北区与凤凰新城街道区划图

图例：
—— 现有街道办边界
—— 规划街道办边界

为主要服务对象，为居民提供最基本的日常生活服务项目。街坊也是产权地块，街坊内的公共场所和公用设施由业主共有。

（三）唐山凤凰新城街道社区级公共服务设施指标体系

唐山凤凰新城街道级社区规模为7—8万人，凤凰新城公共服务设施指标的制定主要参照唐山市目前各类设施的现有水平、河北省以及唐山市关于社区建设的各项文件要求，以国家标准为基础，参考北京、上海、南京、无锡、厦门的地方标准，综合考虑制定。

1.教育设施→中学

根据唐山市2000年人口结构统计数据显示，0—5岁人口占总人口比例分别为1.01%、1.00%、1.01%、1.02%、1.01%、1.02%，合计6.07%，但路北区、路南区生育率较其他区县要低，2003—2006年路南区、路北区生育率为全市水平的70%左右，即路南区、路北区小学学龄人口比例应为43人/千人。凤凰新城人口结构最接近路南区、路

北区水平，再考虑10%的外来人口比例，凤凰新城每千人小学生数为48，初中每千人学生数为24。

根据唐山市教育局提供的路北区22所初中的资料显示，目前路北区初中人均占地面积为33.4平方米，人均校舍建筑面积17.8平方米，远远高于国家标准及本研究参照的各地方标准。

国家标准为了照顾全国的平均水平，对于初中的人均用地标准制定得较低，各地方标准中关于生均占地较国家标准都有不同程度提高。研究认为，凤凰新城中学标准应主要参照各地方标准制定，比国家标准应有较大幅度提高。

2.医疗卫生→社区卫生服务中心

正在研究进行的医疗卫生改革的目标是解决基本医疗服务公平问题，提出了一个目标、两层服务体系的概念。一个目标是建立惠及全体国民的卫生体系，保障每个人获得基本卫生服务，提高全国人民的健康水平。两层服务体系则包括以公共卫生和基本医疗服务为主的初级卫生保健体系，以及解决急危重症（大病治疗）为主的二三级医疗机构体系。社区卫生体系则是构成初级卫生医疗体系的主

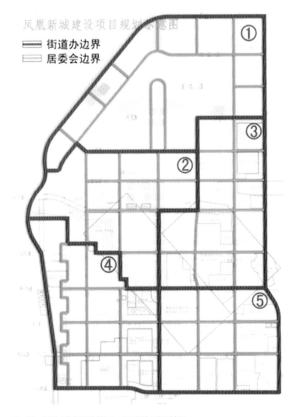

12-27 凤凰新城街道社区—居委社区区划图

要部分，主要由社区卫生服务站和社区卫生服务中心构成。关于社区卫生服务站和服务中心的设置要求，河北省和唐山市的相关规定如下：

2007年10月15日唐山市人民政府关于印发《唐山市城市社区卫生服务发展规划》的通知：

规划目标：为实现我市城市居民"人人享有卫生保健"的要求，按照城市社区卫生服务中心、站的基本标准，原则上每个街道办事处所辖范围规划设置一所公立社区卫生服务中心，服务人口2—5万人，业务用房面积1000—1500平方米，可根据需要设置社区卫生服务站作为补充，服务人口5000—8000人，业务用房面积150—300

平方米。

2006年5月11日《河北省人民政府关于发展城市卫生服务的实施意见》要求：

在大中型城市，政府原则上按照3—10万居民或按照街道办事处所辖范围规划设置一所社区卫生服务中心，根据需要可设置社区卫生服务站作为补充。

规划建设部门要将社区卫生服务机构建设纳入城市建设规划，在新建和改建居民区中，按照社区卫生服务机构设置要求与居民住宅同步规划、同步建设、同步投入使用。

2006年8月30日《唐山市加快发展城市卫生服务的实施意见》（试行）要求：

原则上按照2—5万居民或按街道办事处所辖范围规划设置一所公立社区卫生服务中心，并根据需要设置社区卫生服务站作为补充。

规划、建设部门应在改扩建小区和新建小区规划设计公共服务设施中，预留社区卫生服务机构用房，并无偿提供给公益性社区卫生服务机构使用。原则上每个街道办事处要设一个社区卫生服务中心，建筑面积不得少于400平方米，根据需要设置卫生服务站，建筑面积不少于100平方米。政府主办的社区卫生服务中心（站）的业务用房，原则上由所在区政府及街道办事处提供。

各地指标体系关于社区卫生中心的千人建筑面积指标在50—60平方米之间，研究认为，因为凤凰新城规定的社区卫生中心服务人口规模较相比照的其他城市要大，可适当降低千人指标标准，因此千人指标参照北京标准执行，但因为服务的人口规模比北京标准高，所以设施水平要高于北京标准。因凤凰新城用地紧张，提倡增加建筑高度，节约用地，因此社区卫生服务中心的用地指标定的标准要低于其他参照城市的标准。

3.社会福利与保障→养老院

凤凰新城养老院的建筑面积的千人指标略低于

参照城市标准，因为人口规模基数较大，设施标准可达到上海的标准水平。为节约用地，可以通过设备手段适当增加建筑层数，降低用地面积。

4.社会福利与保障→残疾人托养康复中心

北京的残疾人托养康复中心水平远远高于其他城市水平，因此主要以无锡、上海为参照制定凤凰新城指标，凤凰新城该项设施建筑面积千人指标略高于上海、无锡水平，但用地指标较低，因为可以采用设备手段增加建筑高度，可以在不降低使用舒适度的前提下实现节地目标。

5.行政管理与社区服务→街道办事处

北京、南京标准的街道办事处指标几乎是厦门、无锡标准的两倍，是上海的三倍。在调研中了解到，唐山目前的街道办事处办公面积在1500平方米左右，基本能够满足工作需要。因为唐山目前大多数街道办事处没有社区服务中心，只有机场路街道和龙东街道在近期的市民中心建设活动中设立了社区服务中心。多数街道办事处要在原有设施内部增加社区服务功能。目前唐山的街道办事处和居委会的工作管理存在着从重管理向重服务的转变趋势，因此，街道办事处的水平取各地中值即可满足要求。

6.行政管理与社区服务→社区服务中心

在路北区市民中心建设活动中，机场路街道和龙东街道建设了具有较高设施标准、满足当前社区服务需求的服务设施。机场路街道市民中心共三层，一楼是社区服务中心，以开放办公的形式布置，二楼和三楼是街道办事处办公用房，这是当前唐山市民中心建设中普遍采用的布局模式。

关于社区服务设施，各地方标准都采用了两级设置，即在街道级设置社区服务中心，在居委会级设置社区服务站，国家标准的设置有所不同，只有一级设置，在居住小区级设置了社区服务中心，实际上等同于地方标准的社区服务站。

凤凰新城标准主要参考上海和厦门标准设置，这两种标准的服务人口规模较大，和凤凰新城接近。无锡的各项设施标准普遍高于其他几个城市，与唐山市经济发展的现状水平以及凤凰新城的土地利用现状不相符合。南京和北京标准关于社区服务中心的规模与其他地方标准相近，但由于服务人口规模小，千人指标水平较高。研究认为，南京、北京标准中街道规模偏小，对于社区服务中心这类设施来讲，3—5万的人口规模和7—10万人口规模所要求的服务内容基本相同，设施规模也相似，因此，社区规模偏小会导致公共服务设施服务强度不够。

7. 行政管理与社区服务→派出所

各地指标关于派出所设施的最小规模要求基本上在1000—1500平方米之间，只有厦门指标因为服务的人口规模较大，对派出所的规模要求达到了2000平方米以上。上海标准中派出所的服务人口规模也是10万，但千人指标的弹性较大。由此可见，对于3—5万人的社区，派出所规模应在1000平方米以上，而服务的人口规模扩大，可适当降低千人指标标准。考虑到凤凰新城派出所的服务人口规模，千人指标取上海指标的中间值。

8. 文化设施→文化活动中心

目前，唐山市绝大多数街道级社区中没有公益型文化娱乐设施，该类设施都在居委级社区中设置。研究认为，居委级社区中的文体设施服务半径小，便于群众的日常使用，但规模也偏小，不能容纳一些具有较高规模要求的功能。可以在街道级社区中设置一些较大规模的文体设施，例如：青少年宫、老年人活动中心等，和地区级、居委级的文体设施一起形成较为全面的文体设施等级序列。

各地指标对于文化设施的最小规模要求很接近，但由于服务人口规模不同，千人指标差距较大。凤凰新城文化设施千人指标和厦门、无锡水平接近，低于上海、北京和南京，但设施规模基本相似，发挥了大社区的规模效益。

9. 体育设施→运动场

目前，唐山市绝大多数街道级社区中没有公益型体育设施，居委级社区中只有室外活动场地和一些健身器械。研究认为，在街道级社区设置一些大规模的、具有一定水准的体育设施是非常必要的，例如各类球类活动场馆、游泳池（馆）等。

在各地标准中，室内外的体育设施所占用地较大，从节约用地的角度考虑，将该类设施与中学合并设置是未来的发展趋势。[11]但从唐山市目前的管理现状来看，中小学校普遍不支持这种做

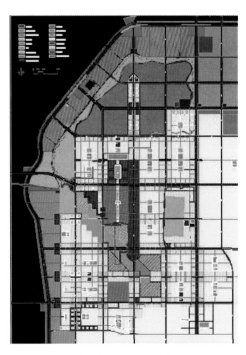

图12-28 凤凰新城街道级公共服务设施布置图

注：■ 街道级公共服务设施用地
　　■ 教育用地

法，主要原因一是居民和学校共用设施会对学生安全产生一定影响，二是在设施日常维护管理方面也会产生矛盾。

各地指标关于体育设施的要求相差较大，凤凰新城体育设施水平与国家标准、南京、上海水平相近，用地规模都在1—1.7公顷之间，厦门街道级体育设施因服务人口规模大，占地超过2公顷，无锡的人口规模大，同时千人指标标准不降低，用地达到3公顷左右。

10. 商业设施→菜市场

各地方指标关于菜市场的规模要求基本在1000—2000平方米之间，但千人指标差别较大。凤凰新城关于菜市场的规模要求高于国家标准，但千人指标略低于国家标准。由于菜市场占地较大，考虑到凤凰新城用地紧张的状况，研究认为应该充分发挥规模效益，可以适当增加层数，节约用地。

11. 商业设施→邮政支局

各地方指标关于邮政支局的面积要求由于服务人口规模不同而不同，基本上在1000—1500平方米之间，千人指标在15—30平方米之间，凤凰新城街道级社区规模介于无锡和北京之间，千人指标取中间值，设施规模水平偏高。

（四）唐山凤凰新城居委社区级公共服务设施指标体系

唐山凤凰新城居委社区规模为5000人，但根据地块要求可以将两个社区合并设置。凤凰新城居委社区级公共服务设施指标的制定主要参照唐山市目前各类设施的现有水平、河北省以及唐山市关于社区建设的各项文件要求，以国家标准为基础，参考北京、上海、南京、无锡、厦门的地方标准，综合考虑制定。

1. 教育设施→托幼

唐山市目前公立的托幼设施规模和设施水平较

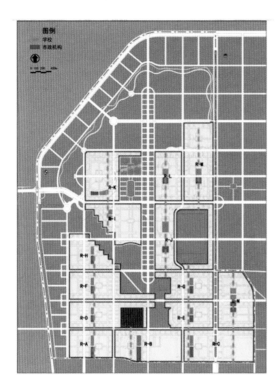

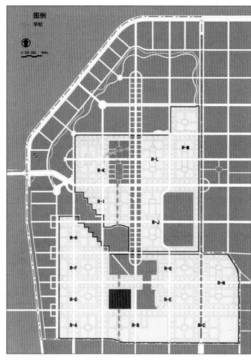

图12-29　小学为中心的邻里（左）

图12-30　中学为中心的社区（右）

好，但公立托幼不足以满足所有入托幼儿的需求，因此在新建居住区中往往会建有配套的托幼，但托幼的建设面积往往不能达到国家标准要求，由于后期的管理单位不能落实，有些托幼设施后期常常会改变功能。因此，凤凰新城的托幼设施的指标落实是一方面，如何保证后期的管理到位，引入公立或私立的托幼管理单位是非常重要的。

2. 教育设施→小学

根据唐山市2000年人口结构统计数据显示，6-12岁人口占总人口比例分别为1.01%、1.00%、1.01%、1.02%、1.01%、1.02%，合计6.07%，但路北区、路南区生育率较其他区县要低，2003—2006年路南区、路北区生育率为全市水平的70%

左右，即路南区、路北区学龄人口比例应为43人/千人。凤凰新城人口结构最接近路南区、路北区水平，再考虑10%的外来人口比例，凤凰新城每千人小学生数为48。

根据唐山市教育局提供的路北区69所小学的资料显示，目前路北区小学人均占地面积23.5平方米，人均建筑面积6.6平方米。根据《河北省小学办学水平等级评定细则》要求，69所学校中有33所的生均占地水平能够达到A级水准，13所达到B级水平。

凤凰新城小学标准应达到河北省小学办学水平等级（表12-2）评定的B级水平。即24班用地19116平方米，18班用地14418平方米，12班用地12636平方米。

3. 医疗卫生→社区卫生服务站

凤凰新城社区卫生站的面积标准与各地标准相近，仅低于厦门标准，满足下列相关政府文件要求：

2007年10月15日唐山市人民政府关于印发《唐山市城市社区卫生服务发展规划》的通知：

规划目标：为实现我市城市居民"人人享有卫生保健"的要求，按照城市社区卫生服务中心、站的基本标准，原则上每个街道办事处所下范围规划设置一所公立社区卫生服务中心，服务人口2—5万人，业务用房面积1000—1500平方米，可根据需要设置社区卫生服务站作为补充，服务人口5000—8000人，业务用房面积150—300平方米。

2006年5月11日《河北省人民政府关于发展城市卫生服务的实施意见》要求：

在大中型城市，政府原则上按照3—10万居民或按照街道办事处所辖范围规划设置一所社区卫生服务中心，根据需要可设置社区卫生服务站作为补充。

规划建设部门要将社区卫生服务机构建设纳入城市建设规划，在新建和改建居民区中，按照社区卫生服务机构设置要求与居民住宅同步规划、同步建设、同步投入使用。

2006年8月30日《唐山市加快发展城市卫生服务的实施意见》（试行）要求：

原则上按照2—5万居民或按街道办事处所辖范围规划设置一所公立社区卫生服务中心，并根据需要设置社区卫生服务站作为补充。

规划、建设部门应在改扩建小区和新建小区规划设计公共服务设施中，预留社区卫生服务机构用房，并无偿提供给公益性社区卫生服务机构使用。原则上每个街道办事处要设一个社区卫生服务中心，建筑面积不得少于400平方米，根据需要设置的卫生服务站，建筑面积不少于100平方米。政府主办的社区卫生服务中心（站）的业务用房，原则

上由所在区政府及街道办事处提供。

4. 医疗卫生→托老所

凤凰新城托老所标准与上海、无锡相同，低于北京和南京标准。两个居委级社区合设。

5. 文化设施→文化活动站

凤凰新城文化活动站标准高于厦门和上海，低于无锡、北京、南京，超过"三个100"要求提出的100平方米的室内文化活动场所的要求。

6. 体育设施→体育活动场地

凤凰新城居委级社区室外活动场地标准高于南京和上海，与无锡相同，低于北京标准。大大超过"三个100"提出的100平方米的室外活动场地要求。

7. 行政管理与社区服务→社区居委会与社区服务站

目前，唐山的各居委会工作由行政管理向社区服务倾斜，新建的居委会基本取消办公用房，管理人员全部成为社区服务人员。因此居委会和社区服务站可以合并为一项，同时与文化活动站合并设置。凤凰新城该项标准高于国家标准和北京标准，但略低于上海、南京和无锡标准。

8. 商业设施→邮政所

各地关于邮政所的指标基本类似，凤凰新城的指标和国家标准相同。

9. 市政设施→公共厕所

国家标准及各地方标准关于公厕的指标规定差别不大，凤凰新城公厕指标和北京相同。

另外，街坊级社区公共服务设施是最低一级的住区公共服务设施，是满足居民日常生活的必要设施，应属于《物权法》"业主的建筑物区分所有权"中共有的场所和设施。为了使得公共服务设施的分级与物权一致，将物业管理用房从居委级降

	A (m²)				B (m²)				C (m²)			
生均占地面积	12班 29.6	18班 22.2	24班 21.8	30班 18.9	12班 23.4	18班 17.8	24班 17.7	30班 15.5	12班 14.7	18班 11.8	24班 12.1	30班 10.9
生均建筑面积	12班 10.9	18班 8.7	24班 8.4	30班 7.6	12班 8.4	18班 6.8	24班 6.6	30班 6.1	12班 4.6	18班 4.1	24班 3.9	30班 3.8

表12-2 2001-4《河北省小学办学水平等级评定细则》城市（镇）学校

资料来源：2001-4《河北省小学办学水平等级评定细则》

至街坊级。

四、唐山凤凰新城住区实践的总结

现阶段城市规划的编制应适应城市的发展要求，城市交通系统的改善、物权产权的明晰界定、社区建设与基层社会管理应相适应、政府对公众的公共服务水平的提高都对我国社区模式的变革提出了新要求，城市规划的管理工作也应作出相应的变革。通过凤凰新城"小街坊住区模式"的理论研究和实践探索，研究认为规划管理工作可以在下列方面作出变革的尝试。

（1）大地块出让前进行分割，每个小地块有独立的产权。增强产权观念应该成为规划管理工作的一大变革方向。

（2）土地出让出让净地，政府承担公共服务设施的建设和管理职能，使得公共服务资源实现均质化和公平化，增强公共服务职能。

（3）我国《居住区规划设计规划》应该有所变革，应该将建筑区划作为最低一级的住区划分单元，按照《物权法》的原则明确建筑区划内应布置的公共服务设施，这一级别的设施应该由开发商负责建设，建设成本纳入住宅成本之中，日后产权属于全体业主共有。而建筑区划这一级别的住区可以施行封闭管理。居住区和居住小区则是社区管理的两个分级单位，其空间并不需要封闭。这两级社区需要的公共服务设施的建设和管理应该成为政府财政支出的重要内容。

（4）建筑区划应该成为规划编制的最小控制单元，同时在规划阶段考虑社区管理单元的规模，确定社区服务设施的最佳服务范围。

（5）规划管理与社区管理相结合。在规划中要将住区划分与社区管理统一起来，社区管理可以增加规划监督职能。

（6）审批管理上项目会涉及到明确的责任主体、行政体系确定责任人，《地方的规划条例》应该一岗双责，以此划分的好处是，城市规划也明确成为公共管理事务，由行政主管部门与责任主体共同组织听证，配合城市规划的公开公示以及实施的监督管理。

---

1. 勒·柯布西耶：《走向新建筑》第二版序言。

2. 纽约人口自1800年的50年内增长近9倍，1850年后50年内又增长近5倍，其他有些欧洲城市也以3—5倍飞跃速度增长（同济大学等，1979）。

3. 里弄的建造出现于与奥斯曼城市大建设同一时期（约1850—1860年）。它的砖木混合结构最初被采用来改良传统木结构的耐火性能。为了满足当时殖民人群和外来人口的聚集需要，19世纪60年代开始在上海市中心密集建造里弄。

4．开放的住区是针对大型封闭住区而言，是指用面向城市开放的道路将大住区分割成小住区，小尺度的住区为了便于管理可以是封闭的。

5．根据Google Earth中纽约曼哈顿的航拍图测定。

6．《物权法》 第七十六条 下列事项由业主共同决定：

    （一）制定和修改业主大会议事规则；

    （二）制定和修改建筑物及其附属设施的管理规约；

    （三）选举业主委员会或者更换业主委员会成员；

    （四）选聘和解聘物业服务企业或者其他管理人；

    （五）筹集和使用建筑物及其附属设施的维修资金；

    （六）改建、重建建筑物及其附属设施；

    （七）有关共有和共同管理权利的其他重大事项。

决定前款第五项和第六项规定的事项，应当经专有部分占建筑物总面积三分之二以上的业主且占总人数三分之二以上的业主同意。决定前款其他事项，应当经专有部分占建筑物总面积过半数的业主且占总人数过半数的业主同意。

7．1954年，全国人大一届四次会议通过了《城市街道办事处组织通则》和《城市居民委员会组织条例》。《城市街道办事处组织通则》规定街道办事处的编制为3—7人，10万人口以上的市辖区和不设区的市，应当设立街道办事处；10万人口以下5万人口以上的市辖区和不设区的市，如果工作确实需要，也可以设立街道办事处；5万人口以下的市辖区和不设区的市，一般不设立街道办事处。街道办事处共设专职干部3—7人，由市辖区或不设区的市的人民委员会委派，办公费和人员工资由省直辖市的人民委员会统一拨发。

《城市居民委员会组织条例》于1989年进行了修订，1990年1月1日执行。条例规定：居民委员会根据居民居住状况，按照便于居民自治的原则，一般在100户至700户的范围内设立。居民委员会由5—9人组成，由居民选举产生。

8．单位制也称单位体制，是新中国建立之后形成的一种社会组织方式和社会管理及动员体制（雷洁琼，2001）。路风（1994）在《中国单位体制的起源和形成》中指出：单位体制在第一个五年计划时期基本形成。它继承了中国共产党在革命战争时期根据地的"军事共产主义"传统，根据党的领导人把人们组织起来的愿望逐渐形成，并依靠身份制、户籍制、档案制、票证制和其他制度，以及政治组织、政治运动完善起来。

9．截至2005年末，我国拥有8479个社区服务中心，共有59904个工作人员，平均每个社区服务中心有7.06个工作人员（张大维，2008），与国家关于街道办事处或居委会的人员配置标准吻合。

10．社区（Community）是一个社会学概念，最早是由德国社会学家滕尼斯针对"社会"提出来的，后来费孝通等在翻译滕尼斯的"Community"时，结合中国的"区"有地域的含义而来的。1968年出版的《国际社会科学百科全书》认为社区具有三种含义："社区是居住了特定地区范围内的人口，社区是以地域为界并具有整合功能的社区系统；社区是具有地方性的自治自决的行动单位"。

11．2010年4月13日，海淀区教委、海淀区体育局与全区80所中小学签订体育设施对外开放协议，50多所中小学已打开校门接纳市民参加体育活动，其他中小学的相关工作也正在有序进行，其体育设施将对市民开放。资料来源：http://wtyl.beijing.cn/ylhdbb/wyxx/n214095505.shtml[2010-4-17]。

下篇

城市规划的变革

及规划策略目标实现的途径

第一节 城市规划本质的再认识

一、 城市规划应是一门关于空间营造的科学

中国正处于农村社会向城市社会转变的快速城市化阶段。如果每年以1％的城市化率提升速度，则我国的城市每年需要新增约1500万人，这是对城市空间容纳能力、城市基础设施建设能力、城市新增就业能力的极大考验。在城市物质空间亟需快速扩张的背景下，作为调控城市化的主动政策，城市规划首先必然是有关空间营造的科学——要在有限的资源、环境容量空间约束机制下提出解决城市人口、产业吸纳能力的科学问题。

对应计划经济时代，过去的规划学科主要知识结构是"空间美学+工程技术"，也就是说，建筑学背景的规划师加上工程师就足以胜任当时的规划工作。到了改革开放初期，城市作为独立的经济体开始显现，其发展有了很大的自主性，考虑问题也多一些，规划学科吸纳其他的一些专业，总体上是

"空间美学+经济地理+工程技术"。到了第三阶段，市场化、全球化等各种问题暴露出来，规划变得更为复杂，规划学科在原来的基础上，一方面自身趋于深化、细化，比如工程技术又分化出交通工程学、市政工程学等，另一方面又增加了很多新的门类，比如空间经济学、生态学、社会学，以及依法行政带来的行政管理学与法学等等。

现代城市规划最初来源于建筑学以及对建筑空间进行处置的基础上形成的对城市整体进行的空间设计，土地使用的配置和城市空间的组合。城市规划实质是认为物质空间管理是城市规划最有效的手段，是以物质空间为调控手段的，以空间合理、高效利用与可持续利用为目标，以对城市土地的控制开发引导为主要工作内容，通过城市土地资源的配置控制实现对社会、经济影响的空间营造科学。

当下城市空间营造科学的发展要结合我国城市化发展的基本特点进行长期的探索，一方面不仅需要进行积极的工程技术创新，另一方面也要善于从

我国古代几千年的城市规划与空间营造历史，以及国外城市空间营建经验中吸取广泛的营养。随着我国经济体制的转轨，我国当今的城市建设以大规模物质形态建设为特征。城市规划更多的担当起空间营造的角色，有必要构建空间营造的科学理论体系。

（一）土地使用的节约与合理化配置

城市规划的主要对象是城市的空间系统，尤其是作为城市社会、经济、政治关系形态化和作为这种表象载体的城市土地使用关系。城市土地使用的规划和管理历来是城市规划的核心内容，也是城市规划实施的主要工具。目前，中国人口的高速膨胀和快速的城市化已经使得土地成为一种稀缺资源，城市规划要以城市土地的节约使用和合理配置为核心，建立城市未来发展的空间结构，限定城市中各项未来建设的空间区位和建设强度，在具体的建设过程中担当土地使用的监督和执行者作用。比如，建立地下网络化的公共空间体系，以达到土地的节约化（例如，加拿大的蒙特利尔和多伦多）。

（二）地域文化的保护

在全球化的影响下，城市规划追求营造大气魄，出现大量的尺度惊人的大广场、宽马路，城市建设大跃进，领导者醉心于营造供人空中欣赏的景观，忽略了为人使用；在城市结构方面追求西方几十年前的机动车化，塑造缺乏人性化的城市环境；到处追求时尚的"标志性"建筑，城市缺乏特色；随着全球化深入到世界的各个角落，城市空间日趋同质。正如荷兰建筑师雷姆·库哈斯（Rem Koolhaas）所指出的，中国的许多城市成为"无性格城市"。

城市失去性格和特色就意味着失去了核心价值和城市魅力、吸引力。当前城市规划者的一个重要任务就是在理解地域自然和文化环境资源的基础上，进行空间要素的取舍和空间形态的塑造，为城市营造充满地域文化的空间。

（三）空间功能综合化塑造

城市地上、地下空间交融的同时，知识、文化、信息、资金密集的现代服务的各种城市功能日益增加，商业、商务活动日益活跃，信息交换频度大幅度提高，社会生活更为丰富和多元。同一空间中各类功能的叠加与复合，交混与渗透要求城市空间功能综合化，以确保城市空间多种功能间联系的有机化，从而提升城市活力，并完善区域功能配套。对于一个集约化城市而言，集合商业、商务、居住以及综合服务等功能为一体，塑造具有综合功能的城市空间是城市规划的一项重要任务。

（四）城市空间及要素整合

城市规划用系统划分、理性控制结束了源于建筑学的笼统形象蓝图，用"分"来取代"合"，是一种演进。《雅典宪章》中提出功能分区的城市规划思想，在当时有着鲜明的现实意义。但是随着第二次世界大战以后，城市建设不断发展，特别是旧城更新等实践的经历，发现城市形态的变化后，严格的分区已经无法实现活力的和高质量的城市环境。分区的优势在于便于操作，所以这个方法能迅速推广并长期实行。[1]

随着城市的不断发展，已经无法用以往思维和模式完全解释城市规划中出现的问题。城市规划通过对城市建设的引导和控制来实现对城市未来发展的空间架构，并保持了城市发展的整体连续性。空间的意义在社会实践的背景下，融合着社会、政治、经济等方面的指向，贯彻了由国家和社会意识形态及政府和部门政策在空间实践中的权力和权威影响。特别当城市空间立体化、功能系统有机化和交通枢纽集约化这些新的城市空间趋势出现后，红线分离的地块、系统分离的设施，又等待着设计者来化零为整，平衡视觉、经济、社会各种效益。[2]

城市转型发展的规划策略

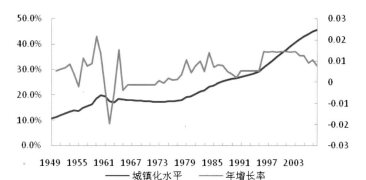

图13-1 中国城市化进程及年增长率波动曲线图

城市规划主体思想已经认识到"合"的重要性，对城市规划的理性控制进行柔化。进行多个要素、多个地块、多个系统的整合，对城市内零散的用地各种破碎的功能进行整合，地下与地上空间、自然与人工空间、历史与新建环境、建筑与公共空间，以及区域与区域之间等的整合。

（五）空间营造中的行为因素植入

城市活力是优质城市环境的需求，因为城市空间环境不仅给人看，更要给人使用。环境活力是环境具有旺盛生命力和促进环境生存发展的能力。活力是人与其活动、生活场所相互交织，形成活动、生活多样性的过程。传统的二维城市规划方法在很多情况下已经无法适应多元化的空间行为需求，城市规划必须深入研究场所中各种人的行为与场所环境相互促进的需求与途径，创造活力环境，在各种城市行为中，包括经济、社会和文化活动等与其所处的环境相互支持与适应，从而获得健康的、良性的发展。

二、城市规划必须逐步向利益协调的公共政策转向

（一）转型社会背景下城市规划应逐步承担起利益协调的功能

1978年以来，中国开启了经济自由化改革的进程，伴随经济体制改革进行了相应的行政体制改革和社会改革。与同期其他国家和地区进行的改革进程相比，中国总体上较好地处理了改革、发展与稳定的关系，带来了国民经济的快速发展，并从经济濒临崩溃的落后国家发展到了当今全球的第二大经济体。不容置疑的是，改革也对传统的整个社会系统、文化系统、环境系统等造成了巨大的"创造性破坏（creative destruction）"——改革前社会主义时期福利体制的解体、国有企业的改制、公共部门的开放，以及城市领域的土地使用制度改革和住房商品化改革，打破了改革前社会主义时期形成的稳定的社会利益格局；新的社会与利益格局尽管已经显现定型化趋势，但仍在构建过程中。[3]

在转型期的当今中国，随着改革开放进程的推进，社会利益与资源控制方式的分化，形成了多个利益主体，这些主体中的任何一方都不能完全主宰城市的政治、经济生活，正如许多学者所研究的，中国城市发展中无疑面对着社会阶层分化、社会利益集团化的挑战。在社会利益日益分化的背景下，过去指令式的规划难以适应这一社会转型过程，因此当代中国城市规划的本质属性必须由计划经济时期国民经济计划的延伸与具体化发展到协调不同集团利益的公共政策。作为转型社会中的城市规划不能仅仅满足城市空间营建的技术指导角色，还要逐步适应城市经济、政治与社会转型的整体趋势，逐步由技术重心过渡到公共政策重心。

（二）　政府职能转变直接推动着城市规划的公共政策转向

30年的经济改革以来，我国经济体制在不断现代化——市场经济总体上成为配置资源的基础性手段，伴随着经济体制的转轨，我国也基于实用主义的原则进行了一系列政治体制改革。从计划经济时期到转型时期，总体上经历了阶级政府转向经济建设型政府（发展型政体），新近的体制转轨趋势是朝着公共服务型政府进一步转变。从经济建设型政府向公共服务型政府转型应该是一个长期的过程，政府对经济社会的调控与管理方式也将由传统的直接管理转向着力提供公共服务。在此背景下，作为政府调控市场经济中的空间利用手段的城市规划也必然需要适应政府的转型，政府职能的根本转向将直接推动着我国城市规划根本属性由空间营造科学向公共政策的转型。

（三）城市规划的重心必须逐步由空间营造技术向公共政策转移

现代城市规划是一项带有理性色彩的行为，以富有理想为基本特征，政府行为不仅在程序特征上，而且应该在城市规划政策的基础思想的本质特征上，思想基础是影响城市规划制定的重要因素。城市规划政策思想包含了涉及城市生活的城市空间安排的社会哲学以及多种综合要素，它是用来指导人们现实行为的基础，而不仅仅是某种具体事务的规划设计的表面。规划应该强调实现目标的过程以及时间顺序，而不是详细地表述所希望达到的最终状态。城市规划发展方向应转向社会科学，从只关心物质环境的规划转变到理性的、综合性的规划；从实践指向的专业转变到强调理论的理解；从以建筑师、工程师为主，转变到融合各种专业，尤其是社会科学的全方位的协作；从注重设计手法，转变到注重政策研究。

从政策的广义去理解，规划恰恰是政策的一种形式，城市规划是政府指导和协调城乡建设与发展的基本手段，是实现政府目标、弥补市场失灵的重要途径，更要看到它在配置公共资源、保护资源环境、协调利益关系、维护社会公平、保障社会稳定方面的重要作用。它的根本目的不只是建设环境优美的城市，更在于通过规范市民、利益团体、政府与社会机构的行为，建设一个和谐的社会，是政治、经济、社会和文化发展综合目标的重要组成部分，是现代城市政府重要的公共政策。

在快速城市化所带来的复杂的群体利益背景下，规划只有真正成为公共政策的一部分，才能真正起到有效协调各种发展主体的利益，引导城市科学建设和高效发展的作用。因此，转型期中国城市规划最基本的属性必须是政策性，是科学性、价值理性、人文关怀的结合；而不只是技术理性，技术性是支撑政策性的基础。

（四）对公共政策内涵的理解

1.城市规划由空间营造技术转向空间性与政策性协同

首先，作为公共政策，起决定性作用的不仅仅是形体或空间因素，而是价值观。因此，城市规划应通过对物质空间的控制实现社会管理功能，实现经济社会目标。

其次，城市规划在中国城市大规模建设时期是一项空间营造技术，城市大规模建设结束，随城市、社会问题日渐增多，城市规划不再是一种简单的空间营造行为，它必须综合考虑社会、经济发展的背景，利用更加综合化的手段促进城市的可持续发展，城市规划转向空间性与政策性协同。

2.城市规划对城市发展的作用侧重于由控制、引导向整合、保障倾斜

城市规划的社会功能，是指城市规划在社会

生活各个方面所发挥的作用。理查德·克罗斯特曼（Richard Klosterman）认为规划具有几项重大社会功能：（1）为公共和私人领域的决策提供所必需的信息；（2）倡导公共利益或集体利益；（3）尽可能弥补市场行为的负面影响。

3.关注公共与私人行为的分布效果，努力弥补基本物品分布上的不公平

基于当前国内城市诸如城市更新中表现出来的空间不公平，房价过高，大量农民工在城市里找不到居所等社会问题不断增多，正确地认识城市规划的社会功能，不仅是城市规划的理论问题，也是关系到城市规划学科、城市规划职业发展的现实问题。城市规划应该更多地关注如何整合资源，实现共享，如何保障民众能够平等地享受各种设施服务，获得居住权，消除社会贫困等。正如有学者谈及的规划不再是基于审美而是社会问题，规划的作用不再是使城市变得更加美丽而是让社会变得更加和谐。[4]规划对城市发展的作用应从之前的空间控制、发展引导转到侧重于整合社会资源，保障公民享有美好的生活。

（五）作为公共政策的城市规划应着重处理好的多种关系

1.城市规划与市场经济发展

城市经济周期转换意味着城市发展和衰退的周期循环，城市活动周期围绕着长期经济趋势而波动，城市是市场经济的载体，社会主义市场经济是坚持在国家宏观调控指导下，由市场调节配置资源，使其最大限度地获得合理的开发利用的一种经济。但市场也存在着盲目性、滞后性的一面，城市的建设和发展同样受这一市场经济规律所支配。城市又是复杂的有机体，城市的各项建设必须遵循一定的规范。因此城市的建设和发展，一是要接受国家宏观调控的指导，二是要有统一的行为规范。能够两者兼顾的只能是城市规划。

市场经济下，城市规划是针对市场外部性、公共物品无效区域等市场失效，介入的一项政府干预。同时，城市规划处理自由放任的市场经济所不能独立应对的居住和城市土地利用问题，是市场经济下城市公共建设、住房保障的调控手段。

但是城市规划不应过度干预市场经济发展，应以建立市场经济发展的空间利用准则为目标，治理市场失灵带来的空间利用、经济、社会与生态低效的问题。在社会主义市场经济条件下，城市规划必须实事求是地按照经济波动的规律来进行城市规划，才能从多个角度反作用于市场经济，方可适应并促其健康有序地发展。

2.城市规划与社会民生发展

近年来，三农、教育、医疗、住房等关系百姓生计的民生问题日益成为社会关注的焦点。2006年4月1日开始执行的新版《城市规划编制办法》将"充分关注中低收入人群，辅助弱势群体"写入总则。2007年城市规划年会举办了"社会公平视角下的城市规划"专场讨论。2008年，王明田提出城市规划应从关注人口转向关注就业，积极推进就业导向的城市发展策略；从关注政府、大型企业、开发商等强势主体转向关注城市中普通民众，合理配置城市中的各项公共服务设施，保障公众获得相对均等的公共服务；从计划思维转向均衡思维，努力缩小城乡居民的发展差距，积极关注城市中的弱势群体，维护社会稳定与和谐发展。[5]

城市规划作为政府掌握的重要公共政策，天然地含有保障社会民生建设的涵义，在西方如此，在中国和谐社会建设、加强社会民生建设背景下同样理应成为一种政府保障基本民生的重要机制。通过城市规划这一手段，以空间资源分配为抓手，保障基本公共服务均等化（公共交通、基础教育、基础医疗配置、公共供水、供电、信息网络覆盖等等）、公共住房的供给、城市公共空间的营造（公共开敞空间）等重大社会民生建设举措。

3.城市规划与可持续发展

改革开放以来，我国的城市化进程明显加快，但与此同时，在许多大中城市不同程度地出现了诸如水资源紧张、中心区人口过密、废弃物污染、大气环境质量恶化、能源短缺、基础设施特别是道路交通设施严重滞后等现代城市通病，这些问题一方面对城市居民的生产、生活带来了现实的负面影响，同时也给城市系统的正常运转和今后的长期发展埋下隐患。此外，我国人口众多，许多资源相对短缺，经济建设过程中面临着愈益沉重的资源环境压力。[6]由于我国大中城市人口密集，社会经济活动高度集中，城市建设与管理的任务繁重，社会经济发展与资源环境之间的矛盾与西方国家相比更为突出，在城市规划中贯彻可持续发展思想尤为重要。

由于我国城市规划发展的历史较短，与迅速变化的城市发展形势相比，现行城市规划中还存在着在分析确定城市发展目标时缺乏资源和环境的约束，城市发展上难以改变以往的盲目扩大规模的外延式的发展模式等问题。有必要从可持续发展的观念出发，探索与之相适应的城市规划的理论和方法，确立与可持续发展要求相适应的城市规划的指导思想与规划方法体系，以城市规划为基础，保证实现城市社会、经济、人口、资源、环境的协调发展，保证城市发展实现由粗放型向集约型的转变。要通过研究城市规划与土地利用、城市规划与生态保护、城市规划与资源能源利用、城市规划与文化遗产保护的关系，在规划中充分发挥城市规划对城市土地和空间资源的调控作用，促进城市社会、经济、环境协调发展。在城市发展上应改变以往盲目扩大规模的外延式发展模式，走优化城市结构、完善城市功能、集中统一管理的道路，提高城市的可持续发展能力。

4.城市规划与政府的公共管理

公共管理是以政府为核心的公共部门整合各种社会力量，广泛运用政治、法律、管理、经济等方面的方法，强化政府的治理能力，提高政府绩效和公共服务品质，从而达到实现公共利益的目的。从概念来看，城市规划管理与公共管理的对象有着大体相同的内涵。从作为城市政府干预手段的城市规划管理的特征来看，城市规划与公共行政是密切联系在一起的，城市规划管理具有公共管理的特征，也应该成为城市公共管理的一部分。

从目前我国的城市规划管理情况看，可以把公共管理的模式引入到城市规划管理中来，应该使城市规划管理从狭义的物质建设规划管理转向城市社会发展公共利益的管理，实现城市规划从传统管理模式向现代公共管理模式的转变，增加政府实施城市规划公共政策的实效性，避免政府干预城市建设领域失灵现象的发生。结合目前城市社会经济条件的理论和实践，城市规划至少要担当以下角色：（1）调控人角色，对城市宏观发展方向和战略进行调控；（2）公益人角色，一是实现并维护一定的公共目标，二是鼓励和保护有益的外部效益，预防和制止有害的外部效应，如城市规划与城市防灾；（3）仲裁人角色，超越于各个经济主体之上，协调、处理城市规划建设活动主体间的利益冲突，如城市规划与社会风险管理。

第二节 对城市规划学科的认知

解决现实问题及对城市规划理论的理性思考是推动城市规划学科发展的两个动力源泉。两者之间并不矛盾，互为因果关系。现实问题会推动人们对理论进行思考，理论的进步又会促使现实问题的有效解决。

解决现实问题是当前基于中国城市化快速发展阶段和城市转型的语境。城市规划应该有效地解决当今城市发展中存在的矛盾和面临的问题，规划理论应给予正确的指引，作为应用学科所必须要对应的社会责任。现代城市规划在解决现代城市中的诸多现实问题时，在某些方面是成功的。但城市规划不是万灵药，在解决空间环境问题这样的限定领域中，现代城市规划并没有形成一个明确的、有效的方法体系来解决所有的问题，在城市规划的具体实践中也往往停留在经验决断和主观判断的水平上。如果更进一步分析，现代城市规划的思想发展并不具有一条单一明确的线索，它包含了不只一种基本思想。甚至常常在同一个规划政策中，包含了相互交织的多种基础思想，它们之间互补、竞争，并且在某种程度上，相互冲突。它们或者以一种单独方式同时分别体现出来，或者以各种混合的方式体现出来，各自具有不同的侧重点。

城市规划理论应当是对城市内在本质的反映，对城市发展规律的总结与归纳。一门理论的形成是由于人们能够从研究领域内部各要素之间的相互关系中，得出一些共性的、普遍性的认识。要推动规划学科的发展与进步必须对规划理论保持理性的思考和需要大量的理论探索。现代城市规划理论体系自20世纪初逐渐形成以来，其目标就是朝向合理化、严密化而进一步完善，但是理论研究与现实的差距也表明城市规划难以形成一种统一的体系：城市规划行为离不开科学的研究，脱离了社会环境因素则无法进行。城市规划也不可能仅仅通过日常的行政过程即可完成，这种现象并不是城市规划研究领域所独有，任何涉及到社会研究领域的学科几乎都面临着这样的难题，其根本原因在于主观世界与客观世界的本质及其衡量标准得不到统一的解释。近代自然科学的飞速发展使人们习惯性地将自然科学研究的思维方式运用到各个学科领域中去。但是人类社会作为人类自身的产物，它的形成与发展并不是一个自为、自在的过程，必然受到人的主观意志作用控制，人类社会领域中事物的形成发展受到人的行为主体意志、各种价值目标、以及复杂多样的环境因素的影响。社会领域研究的困难性在于人类价值系统的复杂性，正是因为这种复杂性深深地影响了社会领域中规律性的掌握。

一、城市规划的困境

由于中国的大部分城市规划教育专业是从建筑学专业中分离出来的，脱胎于建筑设计的城市规划是"致用之学"，社会也一直把城市规划当作"设计"来看待，甚至把"城市当成放大的建筑"，艺术与审美的理念根深蒂固。"创造更舒适的生活环境以及美学的意图是建筑所具有的两种永恒的特征"，但是，在资本的经济力的推动下，大量标新立异、彼此缺乏沟通的建筑在城市大量出现，城市规划忽略了对社会因素的充分考虑，城市成为建筑的简单集合，新环境因为缺乏人情味而显得冷漠，新的物质空间形态缺乏引导和控制的手段而显得无序。

城市规划的实践角度，规划成果的表现形式和水平难以达到人们的期望值，已经确定的规划在实施过程中不断被修改甚至瓦解。

（一）城市规划理论根基的缺失

在规划学科的认识上，城市规划迄今尚未形成一套属于自己的理论体系，规划理论的探索尚未完全摆脱实用和经验的道路。城市规划理论没有形成专属于该学科公认的范式或模型，从严格的意义上讲，城市规划目前所使用的理论，长期停留在从国外和相关的学科中吸取知识的状态；其主体仍然是引用或借用其他学科的研究成果，或者说它的理论基础基本上还是来源于相关的科学领域，远没有形成自己的基础理论和应用理论的基本体系。目前指导实践的中国现代城市规划理论大多数是介绍西方现代城市规划理论，以及来源于国外发达国家的具体经验。规划设计者往往将西方城市发展过程中的问题，以及西方城市理论旨在回答的问题虚构为中国城市现代化进程中的问题，并将其所抽象概括出来的种种现代性因素视作中国推进城市现代化的前提条件，这必然是判断与构想的西方化。

中国城市在快速发展过程中，在西方文明和全球化的压迫和"示范"作用下，规划设计者与公众往往被西方城市现代化的光辉成就所倾倒，城市的主导力量缺乏对自己城市文化和生活方式的自信与自尊，缺乏中国传统天人合一的哲学思想理念，进而干扰和毁灭了公众对中国传统思想的信心。

经过改革开放的中国社会，虽然城市迅猛，发展成绩显著，城市化实践也是一个探索的过程，缺少指导实践的理论，缺少根植于中国现实的城市规划理论体系，现阶段我们完全可以总结近30年的基本经验得失，建设基于人口、资源环境条件的基本国情、符合中国城市发展规律，实现人与自然、人与人和谐的城市空间，建立符合中国的传统文化和实现城市生活的本质意义的城市，将西方的现代城市规划理论与中国的城市实践上升为适合中国国情的城市规划基本理论。

（二）人本思想的缺失

在现实的规划实践中，规划往往是见物不见人，涉及到人也只是抽象的人，很少考虑经济社会、文化精神等因素，脱离了人的活动，单纯地进行物质空间环境的规划。城市规划的另一个极端是把物质空间变成副产品，忽视城市空间的属性的综合性，规划的主体对象变成了社会、经济、产业、生态、管理等等。

规划对本城市的生活类型和生活价值没有足够的认识和分析，城市规划设定的往往是一种全球化的生活理想方式，并以一种话语霸权迫使公众领受。这种自上而下的城市规划与建设推进方式，事实上是少数人将自身认识和期盼的城市模式与生活方式强制性地推介给公众，因而其中的非科学性是不言自明的。

城市规划的科学方法首先要考虑人的主体性。城市空间是人类的活动与自然空间相互作用而形成的，它的形成过程是由人参与的，是人的有意识、有目的的实践活动的结果。而人是个非常复杂而特殊的因素，所包含的要素、参量、变量甚多。这就会影响城市规划科学方法研究中的信息、资料的客观性，理论预测的准确性。在此种情况下，要求研究者不带价值判断而保持客观地观察问题是困难的。

（三）方法论的缺失

城市规划缺少自己独特的方法论。任何一门科学的建立与完善，都离不开方法论的研究，从现代科学角度分析，这些方法论中有的属于通用科学的方法，有的则是某一学科特有的研究方法。城市规划从观察问题、分析问题，到提出解决问题的方案，整个过程基本是依靠传统的方法或通用科学方法，从科学发展的宏观层次分析，它并没有在方法论方面有太大的贡献。其中不少城市规划的方法与手段相当程度上是建立在众多的非科学因素和条件上，具有强烈的主体性和价值取向性，很容易导致规划偏离科学真理。在城市规划方法中，缺少足够的科学调查和详实的数据分析，检测条件和手段不够先进合理；试验的方法很难进行，甚至根本不可能重复进行。试验这一环节脱节了，对理论的检验、评价也就缺乏统一尺度，无法精确定义规划理论的目标范围。目前对规划的评价、选择和决策随机性与随意性较强，长官权力意识用于城市规划学科中，所以对城市规划这一学科不能以自然科学的属性来看待，规划会依赖于主观价值的判断。

二、城市规划学科的解析

（一）城市规划学科有别其他学科的特点

作为一门综合性的应用学科，城市规划吸收自然科学、社会科学以及思维科学的知识，经过融合，特别是大量的具体实践，努力寻找"城市的发展规律"，逐步形成自己独特的学科知识，力图把城市规划作为一门完整的具有严谨科学性的学科。

20世纪70年代英国在行业内就试图以严密定量分析来保护城市规划职业，企图使规划也像结构工程学一样，比如梁柱的配筋计算，但结果却不成功。因为城市规划的学科和工程学不同，不是单纯的自然科学。城市规划很难与其他学科相类比。面对当前城市规划学科所面临的困惑，仇保兴在《复杂科学与城市规划变革》一文中对规划学科的诸多困惑及复杂问题，做出简单理解的总结；面对人类自然科学以及对复杂科学研究的发展，研究指出城市具备复杂自适应系统的基本特征，并提出城市规划学新理性主义的变革方法。[7]

把城市规划与其他学科类比作为一门严谨的科学存在着层次和深度上的差异。城市规划既有自然科学内容，也有社会科学的内容，它的科学性有两方面的解释。在微观的小尺度物质空间建设方面，规划更接近自然科学，宏观层面上则更接近社会科学；当将人居环境作为承载人的物质容器建造时，更加接近自然科学，当将人居环境看作为满足人的需要所进行的创造性劳动成果时，与社会科学和人文科学密不可分的联系。对比自然科学与研究社会的人文科学，自然科学研究的各种事物之间的普遍联系与规律价值观不相关，而人文科学则研究与普遍文化价值观紧密联系的对象及其特殊的、个别的、不能重复再现的发展现象，社会人文科学的研究方法完全不同于自然科学的研究方法。涉及到社会领域的研究包含两种类型的方式：实证研究与范式研究。

实证研究是指一个理论或假说所研究的有关因素(变量)之间的因果关系，它不仅要能够反映或解释已经观测到的事实，而且还要能够对有关事物未来将会出现的情况做出正确的预测，这个理论也将会接受将来发生情况的检验。通常人们将这种阐述客观事物是什么、将会怎样的研究称为实证研究。实证研究有正确与错误之分、科学与不科学之分，而它的检验标准则在于能否被客观事实与人类自身的逻辑推理所证明。而范式研究是指在社会研究中，对那些涉及到价值目标选择的问题，以及那些不涉及到有关事物之间是否存在某种因果关系的问题，而且涉及到应该怎样行

动的问题所进行的研究。这些研究陈述事物应当怎样，并确立某种价值规范标准。

范式研究不可能诉诸于事实来确定哪一种主张是正确合理的，哪一种是不合理的，它只能通过社会理性来树立某种价值标准。研究方法中存在的分歧使得城市规划既不能完全从物质功能主义出发，也不能单纯以某一社会机构或个人的价值为标准。由于价值体系的复杂性，任何价值目标都不能从单一的立场来判定是否是"正确的"，还是"错误的"。

其实城市规划不仅有自然科学和社会科学的属性，科学的一面还有准科学和非科学的内容。城市规划的科学性体现在量化的分析、体系的建立、方法的严谨上，准科学涉及到制度政策层面的内容，如规划的指标的确定，并不是一个绝对的概念，是相对合理的，涉及到审美层面的内容更是一个相对标准。城市规划的非科学性内容则是认知水平、认知能力的问题，价值观层面的内容。从自然科学的思维角度来看，一门理论的正确与否在于是否能够经受实践的检验。尽管许多规划理论的根据来源于科学原理，符合客观发展规律，但是在城市规划实践中，许多规划问题的根据并不在于客观事实，而在于人们的价值观念。

（二）城市规划的准科学性特征

城市规划的结果并非简单地体现出一种黑白关系，在现实世界中，如果不进行限定，没有一件事情可以被称之为绝对"好"的，或绝对正确的。城市规划的有效性往往只是针对某个局部方面的，它的失败也并不表明需要进行彻底否定。应该看到，任何一种城市规划措施都不可能完全有效，即便是有效的，也是相对而言的。

城市规划的作用往往是有限的，相互矛盾的，甚至有时会产生副作用。单纯地、抽象地评价一个城市规划是否有效，或者优劣与否，则缺乏实际意义。作为一种政府行为的城市规划，意

味着它不可能存在最终的答案，也不存在最终的真理。基于这种信念行为，其目的就是针对公共政策的复杂性、矛盾性及其原理做出一定的、初步的认识；对形成现代城市规划的基础思想及其环境进行理解，因为它构成了规划及政策形成的环境，影响着人们的具体行为操作。这些现象反映了城市规划的准科学特点。

（三）　城市规划的非科学性特征

城市市民生活的永恒价值和生活模式直接影响着城市规划。

从自然科学的思维角度来看，理论的正确与否在于是否能够经受实践的检验。尽管许多规划理论的根据来源于科学原理，符合客观发展规律，但在城市规划的实践中，许多规划问题的根据并不在于客观事实，而在于人们的价值观念。

为什么历史的城镇空间自然环境较差的民居让人回味无穷，觉得舒适温馨，而经过设计的现代城市空间居住区却无情趣索然无味。这些问题无法从客观标准来进行判定，而在于人们的主观理解判断，并随着人们的价值观念而变化，没有绝对的正确与错误之分。同时城市规划中既有许多科学的内容，也有许多艺术的内容，正如吴良镛先生（1989）所言：逻辑的思维（即科学性）与形象的思维（即艺术性）两者缺一不可，却又是统一的。城市规划中需要增强科学性，减少主观随意性，这与增加城市的艺术品位并不矛盾，难就难在两者如何很好地结合。科学性与艺术性两者的结合不仅是建筑学的要义，也同样适用城市规划。城市系统的涉及面过于庞大、复杂，城市规划中所涉及的各种行为主体的价值观念、思维方式、理想目标也不尽一致，因而无法形成统一的理论，形成不了固定模式来指导具体的规划实践。现代城市规划学科的许多现象都表现出非科学的特点。

从自然科学的思维角度来看，一门理论的正确与否在于是否能够经受实践的检验。尽管许多规划理论的根据来源于科学原理，符合客观发展规律，但是在城市规划实践中，许多规划问题的根据并不在于客观事实，而在于人们的民主法制以及社会公平的价值观念。城市规划的科学性体现在量化的分析、体系的建立和方法的严谨上，准科学涉及到制度政策层面的内容，如规划的指标的确定，并不是一个绝对的概念，是相对合理的，涉及到审美层面的内容更是一个相对标准。城市规划的非科学性内容则是认知水平、认知能力的问题，价值观层面的内容。

三、　城市规划的实效性

（一）　规划实效的界定

规划失效就是指规划所提出的空间政策、土地利用方案不适应城市建设的具体实践，起不到控制或引导的作用，或未达到预期的效果，或在实践中被重大调整、修改。（汤海孺，2007）规划失效就意味着在城市发展中城市规划所应发挥的作用完全地或部分地失去其效力。

目前，对于失效的判断，学术界更倾向于用法定的规划成果作为判断失效与否的标尺。因为规划方案成果是规划师们在城市空间发展上对政府有关城市政策的表述和对各种利益的权衡，城市建设能在多大程度上按图行事，是对城市规划作用的最直接体现。对规划是否失效的判定通常是用实际发展的结果与规划编制成果相对照，用两者的吻合程度来衡量，如果丝毫不差地实现，那么，规划就是最成功和有效的。

然而，规划的唯一性与结果的多样性决定了最后执行的规划方案只是表达了符合规则的许多方案中的一种优化方案。在大多数情况下，以规划方案作为标准还需要在考察技术因素作用之外，研究编制与实施过程机制的运行效果。这是因为规划是动态的，其方案的不断调整意味着衡量标准的连续变动，而这种衡量标准的变动无法以成果实现的多少做出可靠的判断。（张旺锋等，2007）特别在国内城市正处在快速发展的进程中，经济发展、社会结构、生活方式的巨大变化对规划产生了巨大冲击的背景下，城市规划面临许多不确定性。不能简单地用规划方案与实施结果的一致来衡量规划的实效。衡量规划是否失效，结果的一致性不是唯一的标准，而在价值判断的基础上，还要看实施的过程是否合理。为此，所谓规划失效应是指整个规划制定和实施的过程以及对其所进行的控制和引导的标准达不到合理或者最佳。[8]

（二）城市规划实效的评估

1. 城市空间利用公正难以得到保证

公正带有明显的"价值取向"，它所侧重的是社会的"基本价值取向"，并且强调这种价值取向的正当性。城市空间利用公正则是指城市空间作为某一种用途的价值取向的正当性。

城市空间利用公正具有三方面的要求：

（1）在一个"空间公正"的环境中，其空间环境所带来的效应总和应该达到最大，包括空间参与、资源匀质、技术共享等方面都维持在一个高度公正的基础上，即人均环境享有度达到最高。

（2）在所有对空间公正有影响的因素中，空间权益应被放在最优先的位置，只有在保证起始权益的基础上，才能使社区居民得到平等的发展机会，至于发展结果是否追求公平则不是主要问题。

（3）要把社区放到整个社会的大环境中去考量，社区空间分配的原则是以不损害整体社会中底层人口的利益为基础，而社区空间也应具有向社会与城市开放的潜力。

在国内，由于过度追求经济效益而忽视了对低收入群体的保护，被动外迁使低收入群体的居住空间资源质量下降，生活成本增加，就业机会减少，从而使城市空间利用公正在一个相当长的时期受到难以修复的损害。例如，目前以大规模拆迁改造为主的城市更新过程中，大量因为政府行为失去土地的农民，通过得到所谓的现代公寓和经济补偿作为交换。然而，很多这样的社区都位于不利的区位，服务配套设施不齐全，建筑质量也与一般的商品房有很大差别，存在着城乡之间在经济、教育和文化上的差异，城市空间利用公正难以得到保证。

城市规划中如何处理空间公平与效率的关系始终难以找到平衡点。公平至上的观点认为规划是保障市场运行长期有效的一种机制。作为同一社会中运行的两种社会机制，城市规划与市场运作的出发点肯定不同，如果把城市建设的效率作为城市规划的价值标准，城市规划就不具有存在和发挥作用的合法性，随着政府由"经济建设型"向"公共服务型"转变，城乡规划的本质应回归提供公共政策与公共服务。主张效率兼顾的观点则希望变革传统规划，将经济学理论和现实问题融入城市规划实践，使之更适应高速的经济发展，并被地方政府所接纳。公平与效率之争揭示了规划师必定会持有某种基本价值观，也质疑了规划一直以来代表的"公众利益"的内涵。事实上，改革开放以来我国以经济增长为主要目标的政策其出发点并非不是谋求公众利益，因而经济效率优先与公众利益并不必然是对立的。

城市规划作为公共政策，从社会发展的和谐角度出发，应当"以人为本"，不能因为社会群体的贫富之分而失去公允。其内涵既包括赋予所有公民以生存和发展的权利，也包括保障弱势群体的利益。而规划作为一种政府行为，必须依法行事，应当尊重和维护公民的一切合法权益，不能以"公众利益"的名义去损害合法的个体利益或市场"效率"。

虽然近几年，规划界已经注意到这个问题，已有某些体现空间正义的实际项目。如：宁波新城实验，DC国际建筑设计事务所采用如何将安置区设计得不再像安置区这样一种反向思维的方法和简单的策略，坚持空间资源的公平分配、"去阶级"美学化、开放的可防御空间体系三大原则，取得了非常积极的社会意义，引起了对国内安置区建设和城市空间利用公正的再认识；以及唐山机场新区规划设计的研究实例空间发展。但这样的规划实践国内并不多见，这仅仅是城市规划如何保障城市空间利用公正的初步尝试，还有许多工作要做，探索的道路还很长。

2. 生态环境难以得到规划的有效保护

按一些学者的说法："经济效益是龙头"才是真，在地方政府层面、在具体工作中，"向规划要经济效益"的做法仍然每天都发生着（张庭伟，2003）。而由于国内规划受长官意志影响比较严重，规划多体现的是政府官员意志，以追求地方经济高速增长和凸显政绩为主，例如盲目追求城市规模的扩大和建设大量广场、宽马路等政绩工程，从而忽视当地生态环境的承载力以及大区域范围内的环境影响，最终造成规划难以发挥有效保护生态环境的本质效用。

3 城市公共管理的低效率

作为城市运行系统中各群体利益的协调和平衡者，城市规划应该跨部门工作，但不幸的是，规划师们经常只关心土地使用规划，而不考虑与其他市政部门、社会经济部门的对接，不参与城市基础设施和公共设施的规划、发展和投资决策等，不能正确地协调各部门之间的利益关系，编制出来的规划可能与其他部门的相关规划脱节，或者利益是冲突的，规划城市实施后，必然在城市系统中存在诸多冲突，致使城市公共管理低效。

4. 建设用地增量控制失效

土地的利用原本是城市规划的核心，但目前，在土地利用总体规划和城市总体规划确定的建设用地范围外，设立各类开发区和城市新区；擅自通过"村改居"等方式将农民集体所有土地转为国有土地；农村集体经济组织非法出让、出租集体土地用于非农业建设；圈占土地搞"花园式工厂"；农用地转用批准后闲置等现象普遍存在，城市规划对建设用地增量的控制达不到实际的效果。

5. 城市空间结构优化失效

目前的城市规划过多地强调从城市设计的角度来对城市空间结构进行优化，很少考虑城市社会经济方面的问题，没有充分认识到市场在城市发展中的作用，很少考虑市场、社会经济对城市空间形态（空间结构）的影响，单纯地从路网结构、建筑空间形态结构、功能区划分僵硬地对城市空间结构进行规划控制，导致城市空间结构的优化最终以失效告终。

四、城市规划失效成因解析

（一）城市规划的理论对城市规划失效的影响

"一手的规划实践，二手的规划理论"

虽然现代城市规划理论经过一百多年的发展与演进，逐步形成了一个庞大的理论系统，但是规划的理论研究仍存在许多问题。城市规划作为一项社会实践，更多的侧重于其实践性，强调规划操作的技术手段和方法创新，指导实践的理论探索往往被忽略。

1. 理论与实践的裂隙

虽然城市规划行为依据一定的理论框架进行，但是在具体实践中，理论研究的作用与期望相去甚远，作用往往得不到体现。城市规划理论与实践脱节的问题长期以来困扰着城市规划学科的发展与完善，使之无法作为一门严密科学而存在。对于一门严密的科学而言，它的理论研究应当能够从大量客观现象中抽象出具有普遍意义的规律，从而形成可靠、真实反映事物运动变化本质过程的知识体系，并根据这种知识体系形成有效的方法程序，来指导具体的实践行为。但是对于城市规划来说，基于城市系统的复杂性，差异很大的规划环境体现不出规律性，无法抽象出具有普遍意义的规律，所以，城市规划的研究理应是将城市规划置于社会发展和运作的过程之中来进行的，是需要在与社会各项关系的错综交杂过程中才能理清的。而目前的规划理论研究多是基于规划作为一个独立封闭的实践领域来进行，造成目前规划理论与实践的脱节。

一种倾向是忽视实践，希望城市的实践能按照一种理想模式来运行，并强调自身的科学性、合理性，运用单一思维模式，所以学界与业界对许多事物达不成一致。例如，在某个领域中合理的事务行为，在另一个领域中却可能是不合理的：生态与发展的矛盾；在经济发展上合理的规划，可能在历史文化的保护方面不合理。这些现象使得城市规划学科很难得出一个清晰的界定，造成一定的思想混乱，导致城市规划研究也表现出诸多的矛盾性。

另一种倾向是过分相信经验，忽视理论的作用。不依赖于城市规划理论系统性的掌握，凭借经验与直觉完成工作，日常工作经验又足以应付规划中所出现的问题。这种现象使人对于规划理论的作用产生怀疑。但是这些日常工作经验与直觉却很难形成有效的理论体系。导致规划理论对于实践没有体现出指导意义，规划理论及政策与实践之间缺乏互动作用。正统的理论缺乏有效性，而有效的日常经验又缺乏正统性与理论高度。

2. 被动的相关学科理论套用

虽然很多理论研究将城市规划看作是多学科综合交叉的学科，但是很多研究者在运用其他学科的知识和方法时，被动地陷入到所运用的学科话语（discourse）之中或者仅仅是对其他学科的概念进行技术性的转移，并没有将它们内在的因果整理出一种明确的逻辑关系，只是停留在理论表面的叠加，导致了这些概念是游离于规划学科本身的，各领域之间的冲突甚至无法得到合理的阐述，很多矛盾被掩盖在"全面的、综合的、系统的"笼统用语之中，不能实现真正的相关学科运用，很难出现原创性的规划理论。

3. 理论破碎缺乏系统的整合

早期的规划理论多是城市规划工作中直接需要的工程技术、社会科学、人文科学等多领域的片断集合，致使长期以来，规划理论呈现出"在传统建筑决定论基础上散布着一些社会科学"的现象，这些含有大量其他学科的、被肢解的、片面的研究成果缺乏系统的整合，城市规划理论体系的内部机制也含糊不清。很难帮助规划师理解规划工作中所遇到的、有关城市发展的一些现象和问题。

4. "舶来的"规划理论研究偏离了中国城市规划的真实过程

规划理论试图采用自然科学中的推理规则来解释城市规划的过程和预测城市的发展，认为只要获得足够多的信息，经过严密的推理分析，就可以制定出一个"科学的"规划。在实际的规划过程中，关于城市发展的信息获得是有限的，所得经验数据的多少很大程度依靠直觉判断，规划编制和实施的过程充满了各集团价值观的影响。就这一点来讲，规划理论偏离了规划的真实过程，城市规划理论缺乏对城市规划真实过程的认知、分析和解释。

5. 规划理论的系统性不足

学界不断地对城市规划理论进行探讨研究，但至今尚未形成一种公认的、完善的知识体系，城市规划理论既不能清晰地反映出城市运动发展的前因后果、内在本质，也缺乏内在的明晰性与合理性。虽然很多理论研究将城市规划看作是一门由建筑学、经济学、政治学、环境学、交通学、心理学、美学等综合交叉学科的研究体系，但是很难将其中的因果关系整理出一种逻辑关系明确的知识体系。只能停留于表面的叠加。

城市规划理论应当是对城市内在本质的反映，理论的形成是由于人们能够从研究领域内部各要素之间的相互关系中，得出一些共性的、规律性的、普遍性的总结和归纳。但现实中城市规划理论在实践中常常不能够得到彻底贯彻，差异甚大的各种规划体现不出规律性，又很难形成某种系统性的理论，有效地解决现实中规划所面临的各种问题。

6. 多种思想的交织与重叠

现代城市规划的思想发展并不具有一条单一明确的线索，它包含了不只一种基本思想，甚至常常在同一个规划政策中，包含了相互交织的多种基础思想，它们之间相互互补、竞争，并且在某种程度上，相互冲突。它们或者以一种单独方式同时分别体现出来，或者以各种混合的方式体现出来，各自具有不同的侧重点。

7. 城市规划理论研究的社会领域困境

一方面，近代自然科学的飞速发展使人们习惯性地将自然科学研究的思维方式运用到各个学科领域中去。但是人类社会作为人类自身的产物，它的形成与发展并不是一个自为、自在的过程，必然受到人类主观意志的作用控制，人类社会领域中事物的形成发展受到各种行为主体的意志、各种价值目标，以及复杂多样的环境因素的影响。社会领域研究的困难在于人类价值系统的复杂性，正是这种复杂性深深地影响了社会领域中规律性的掌握。

另一方面，由于我国的大部分城市规划教育专业是从建筑学专业中分离出来的，所以社会一直把城市规划当作"设计"来看待，艺术与审美的办学理念根深蒂固。"创造更舒适的生活环境以及美学的意图是建筑所具有的两种永恒的特征"，忽略了对社会因素的充分考虑。

而现代城市规划理论体系自20世纪初逐渐形成以来，其目标就是朝向合理化、严密化而进一步完善，但是理论的研究与现实差距也表明城市规划

难以形成统一的体系：城市规划行为离不开科学研究，脱离了社会环境因素则无法进行。

8. 照搬西方理论——规划理论解读的误差或理解不足

中国的城市规划，近百年来在西化浪潮的推动下，存在诸多盲目照搬西方城市规划方法的想象。任何规划理论都有其适用的背景或潜台词，在中国特殊国情下，不能照搬西方理论。比如，城市规划的TOD模式和"分散紧凑型"城市组团，应从我国高城市人口的密度的基本国情出发，而不是盲目地照搬西方国家的城市规划理论。

9. 存在对于经典规划理论教条主义理解的倾向

现代城市规划中的许多问题涉及到庞大、复杂的城市系统，以及规划中涉及的各种行为主体的价值观念、思维方式、理想目标的不一致，差异很大的规划环境体现不出规律性，很难形成能够完全有效地解决规划中所出现的各种问题的理论的统一。对此，某一经典规划理论并不具有完全解释功能，不能实现对任何问题的完全适用，它所能做到的是导引规划师进一步加强技术的"科学性"。目前生硬套用经典规划理论致使城市规划失效的现象不足为鲜，如千城一面。

10. 简单的理论可信与质疑判断认知

在规划主体方面，把对城市的规划和控制理解为外在于城市发展的作用力，简单地将规划如何有效地施加作用看作是一个技术问题，以为通过技术革新就可以增进作用的有效性。在客体方面，把城市置于规划的对立面，认为"城市规划本质上是对城市发展的一种认识，是城市发展客观过程的一种反映"。最终导致如果规划实践获得成功，那么便会将规划过程中大量构成成功条件的、有意义的因素，归结为理论中所含有的某种规范化程序或者演绎逻辑的成功。表面上看起来这种规划理论似乎是

正确的，但其实只是经验的成功而已，找不出任何证据来证实理论反映了"客观规律"的真实。如果规划实践活动失败，便把原因归为"规划尚未把握城市发展规律"，宣告理论存在一定程度的不足，而对规划过程内部以及内部与外部之间存在着大量导致失败的诱因却置之不理。对规划理论的解读处于误区内。

实际上，城市规划的结果并非简单地体现出一种黑白关系。城市规划的有效性往往只是针对某个局部方面的，它的失败也并不表明需要进行彻底否定。应该看到，任何一种城市规划措施都不可能完全有效，即便是有效的，也是相对而言的。同时，城市规划的作用往往是有限的，相互矛盾的，甚至有时会产生副作用。作为一种政府行为的城市规划，意味着它不可能存在最终的答案，也不存在最终真理。基于这种信念行为，其目的就是针对公共政策的复杂性、矛盾性及其原理做出一定的、初步的认识；对形成现代城市规划的基础思想及其环境进行理解，因为它构成了规划及政策形成的环境，影响着人们的具体行为操作。

从自然科学的思维角度来看，理论的正确与否在于是否能够经受实践的检验。尽管许多规划理论的根据来源于科学原理，符合客观发展规律，但在城市规划的实践中，规划的许多问题其根据并不在于客观事实，而在于人们的价值观念。例如，为什么欧洲的一些历史城镇空间让人回味无穷，而经过刻意规划设计的现代城市空间却索然无味？为什么自然环境较差的民居、传统里弄、四合院的生活让人觉得舒适温馨，而现代的居住区却让人觉得无任何归属感？这些问题无法从客观标准来进行判定，而在于人们的主观理解判断，并随着人们的价值观念而变化，没有绝对的正确与错误之分，不能简单地对规划理论进行是非判断。

（二）　"非科学"的规划编制过程对城市规划失效的影响

规划实际的行为方式与规划的作用实效有着必然、直接的关联，所以在探讨规划失效的病理时，必须对这个关键的实践过程中的理性特征进行研究，揭示规划编制真实过程中存在的问题。

1. 多头分离的规划编制主管部门

由于目前政府的体制分割和各部门过于强调其各自的权力、利益，我国的空间规划（Spatial Planning，当然其本来就应包含经济社会发展战略的内容）职能被强行肢解（当前关系最密切、矛盾冲突最大的是发改委掌控的国民经济社会发展规划、主体功能区规划，国土部门掌控的土地利用总体规划，以及规划部门掌控的城镇体系规划、城市总体规划等），导致现实中无法形成完整统一、协调有度的空间规划体系。许多地方部门之间为了凸显各自的地位和存在价值，甚至不惜"主观能动"地去制造不同规划之间的矛盾，规划与规划之间不仅没有任何协调、共享的过程，甚至是完全矛盾、冲突的，如此进一步加剧了压缩城市化环境下的各种矛盾（例如资源紧缺、发展要素分散、空间蔓延与冲突、生态环境治理失控等等）。许多西方学者简单地认为中国强大的中央集权和垂直管理体系理当能使各种规划高效统一，但事实上是，国家行政权力正在"部门化"（被各个条条部门所肢解），部门权力正在"利益化"（并不是从事物本身的科学合理性出发，而是考虑如何才能使部门的权力最大化），如此导致各类规划之间的水平协调几乎是难以展开的（鉴于中国具体的体制环境，在省及省级以上部门之间规划的水平协调难度尤其为甚）。

近年来尽管许多地方不断尝试"多规合一"的编制实践，但是空有美好的愿望而没有足够的体制性保障，这些规划编制最后大多不了了之，或者只是又多了一个哪个部门都不认同的规划，最后只能

"墙上挂图"而已。各部门事实上依然还是在挥动着自己的本位规划。但是，从最近深圳、上海、武汉等城市规划、国土部门的合并我们可以看到，几乎困扰所有城市的两规（城市总体规划、土地利用规划）合一问题，在这几个城市迎刃而解，这不得不使我们悟到了其中的深刻含义和问题关键所在。许多崇尚西方制度设计"部门权力制衡"思想的学者认为，我们将主管空间规划的各个部门进行分割和制衡，就可以有效地遏制权力膨胀和腐败现象，事实上，遏制权力的膨胀和各种腐败行为是要靠系统、有效的监督机制，而不是通过简单的部门分拆、降低行政效率来获得的。为了应对中国压缩城市化环境的这样一个基本现实局面，我们必须更加高效地去协调、统一规划权力，促进三规乃至多规的融合，在这方面德国、荷兰等都给我们提供了可资借鉴的经验。当然，这其中的关键是首先要解决体制分割的问题。

2．非政策导向的规划编制

20世纪60年代以后，规划界开始对"终极蓝图"式的规划思想进行批判，更强调规划的过程性和动态性。然而，如果仔细地审视当前规划编制的成果，便会发现其中还渗透着那种强烈的"发展蓝图"的意念，城市规划仍被孤立地看作是实施的对象，规划的编制并没有进入一种根据实施反馈的信息，经常性地进行调整和不断适应的主动积极状态，而不是从规划所处的环境出发，把它作为一种实施政策目标来看待。如规划中城市之间的公共物品协调、基础设施互补、生态环境共保等以目标和问题为导向的公共政策研究是目前规划中的薄弱环节。[9]

3．规划决策的非中立性

城市规划原本是中立的价值取向决策行动，但在实际的操作中，一方面，由于未强调规划过程性的特点，对变化可能的分析与应对的措施全凭规划师的个人爱好与主观判断；另一方面，编制规划和进行建设管理都是政府的行为，规划盲目听命于长官意志。这样的规划环境会影响规划的价值选择，使实际追求规划目标的理性必然偏离中间立场。

在现实运作中，规划决策的非中立性的成因与表现突出表现于以下两个方面：（1）新生的市场化意识形态与规划制度改革相对滞后的现实之间进行了一次较为完美的嫁接，城市规划很大程度地保存了计划经济时代指导经济发展的职能，而其公共与社会政策的职能还不成熟。

（2）规划职能组织机制方面的缺陷：自八十年代中期起，规划编制机构普遍从规划管理部门中分离出来，推行技术经济责任制，实行半市场化的体制，甚至完全蜕变成追逐利润至上的规划设计公司。愈益市场化经营的规划编制单位，以及作为甲方的政府与开发商对经济利益的高度诉求，最终决定了规划编制行业难以维持高尚的职业情操，因而在实际操作中迎合规划委托单位或公司的意志，成为帮助实施城市经济、政治战略的重要技术工具。[10]

（三）城市规划的实施管理对城市规划失效的影响

城市规划的实效，无论是"成功"还是"失败"，都需要依靠规划的实施过程和结果来体现。当前城市规划行业中暴露出来的种种问题，很多是由于规划管理不善导致的。

1．规划师规划，开发商建设，规划建设二位两体

城市未来的土地使用规划纯粹是由专家决定的技术问题，但是如果规划师必须考虑到规划实施，编制规划方案就不是一个纯技术的问题。由于规划师至今对规划实施知之甚少，总体规划方案与建成的美好城市之间隔了规划实施这道鸿沟。大多数完全按照规划建设的城市都有个共性，或者规划师和开发商合一，或者规划师与开放商紧密结合。规划与开发二位一体，在制度上保证城市开发服从城市

规划。要么规划师主导同时又担当开发商的角色，如明清北京城、英国新城，要么开发商主导同时又担当规划师角色，如上海新天地和城市的商品房小区。[11]但是基于目前的环境，国内大部分规划都是规划与建设二位两体。

2. 规划部门过大的自由裁量权

作为日常管理基本依据的控规是由规划部门自编、自审、自改的，是一个内部作业的自我循环，而人的专业水平、情绪、行为偏好影响审批者的理性判断，导致审批因人、因事而异，影响审批进程。[12]这种制度设计存在着运作不公开，规划部门职权地位不高而自由裁量权过大，与规划作为城市空间资源分配的公共政策属性不相符。

3. 各级政府事权不清

上级政府审查的规划编制内容没有合理界定，与管辖的事权不一致，造成审批内容包罗万象，求全责备，越位、缺位现象严重，不该管的越俎代庖，该管的又管不了。（尹强，2004）甚至规划也成为上下级政府部门之间的博弈、交易的武器。

4. 频繁调整的规划

地方领导对规划的"感兴趣＝重视"，使得每一位地方领导均要在城市规划上体现自己的思路和政绩，随四年一届换届，城市规划频繁的再修改或是推翻重做，这就使我们对城市规划的严肃性问题提出质疑。

第三节 提升中国城市规划实效的途径

一、 构建"中国范式"的城市规划理论

中国正在进行着人类历史上空前的城市化进程，目前城市化的规模、速度及由此带来的复杂性问题，是人类历史上前所未有的，处于一个大变革的时代。由于时空背景的巨大差异，中国的城市化已经不可能也没有条件去简单地重演西方国家曾经的道路，面对一个面临着前所未有的时空挤压、巨大而复杂的挑战的不同于西方曾经的"压缩城市化环境"。[13]中国的城市规划理论并不是西方经典理论可以完全覆盖和替代的，在借鉴西方相关成果的同时，必须探索基于中国现实环境的能解决中国目前现实问题的"中国范式"城市规划理论。

（一） 城市规划的"主动公共政策"定位

欧洲、美国等西方国家有关现代民主制度的建立基础是"社会契约论"，政府只是作为公共服务的供给者、社会监管者来参与市场环境建设和再分配调节。因此，规划本质上是一种政府、市场、个体等多元利益主体之间一种谈判后的契约关系。政府更多地将规划视为一种保障社会公平的基本手段，而一般并不强调也不具备通过规划来主动地干预经济、社会发展的能力（例如美国20世纪20年代制定并延续至今的区划法就只是制定了一个空间利用的基本规则）。

中国传统的城市规划则具有强烈的公权力的色彩（例如计划经济时期的城市规划被作为国民经济社会计划的"空间落实"，甚至直到90年代初城市总体规划等成果还被标注"秘密"的字样）。随着改革开放的深入、私产意识与相关制度的建立、市民社会的逐步兴起等，中国城市规划的角色定位发生了重大的改变，逐步从"工程技术"、"国民经济发展计划的空间落实"转变为一种重要的"公共政策"。这种定位的转变当然是巨大的认识进步，但是我们必须要注意到：不同于西方国家城市规划以强调"利益调节"为重点的、相对被动和作用有限的"公共政策"，基于"压缩城市化"的总体环境，中国的城市规划必须更加凸显规划的公共政策属性。[14]

（二） 源自传统文化的空间构成方法

建国后及改革开放后中国的规划理论分别来自苏联、欧美。作为一个具有丰厚文化底蕴、城市规划建设悠久历史的国家，我们淡忘了许多源自传统

文化的规划理论与方法（似乎只有风水、周王城营建模式等才是少有的"本土理论"，而一旦它们也被否定或难以再大肆宣扬时，中国就没有属于自己的规划理论和方法了），造成了中国在当今世界规划界的"理论贫血"和主体迷失。事实上源自于中国传统文化的许多思想，对当今处于压缩城市化环境中的中国城市规划理论创建、创新有着非常重要的意义。

（三）规划积极和消极影响同时界定的思维

任何具体行动都具有风险，都对城市发展产生一定的影响（正面和负面都可能有）[15]，建立基于对规划的所有可能的影响（积极和消极）进行充分的评价的全过程作为研究对象的理论，以促进规划对城市发展过程的认识，增强城市化背景下城市规划理论对规划实践的指导。

二、构建合理的城市规划编制体系，加强规划编制创新

(一)区域规划、国民经济社会规划、土地利用规划与城市规划的多规合一

目前学者广泛提出将区域规划、国民经济和社会发展规划、城市总体规划、土地利用规划中涉及到的相同内容统一起来，并落实到一个共同的空间规划平台上，各规划的其他内容按相关专业要求各自补充完成，即"多规合一"。为了应对中国特殊的城市化环境，必须更加高效地去协调、统一规划权力，促进二规、三规乃至多规的融合。

（二）城市指导性规划与控制性规划，法定规划与非法定规划的关系

规划是政府根据法律对土地利用所进行的控制与管理的工具，不同的国家因法律体系、行政体系以及土地所有制等方面的差异，规划体系也不同。整体上，世界各国的规划体系可以大致划分为两种不同的类型：一种是控制型的规划体系和方式，如荷兰；另外一种是指导性的规划体系如英国。控制型规划是一个技术决策的过程，指导性是一个政治行为的过程。经济的全球化和日趋激烈的竞争，发展和规划将面临更多的不确定性的规划环境下，需要建立一种更为灵活，具有快速反应的规划机制，即指导性规划与控制性规划相结合的规划体系。

比如，在总规划层面：应建立刚性+弹性的管理指标体系，对规划人口规模分基本规模和机会规模，对全区域进行空间用途管制。在控规层面：划分规划管理单元，引入"弹性基本单元"的概念，由市场来选择最合适的用地性质，以及规划道路网"刚性+弹性控制、强制性控制指标+建议性控制指标等措施。[16]

目前对法定规划的概念，有两种解释：一种是现行法律法规定要编制的规划；另一种是在现行的规划体系里需要立法的层面，需要赋予法律效应的层面。法定规划主要包括区域城镇体系规划、总体规划，以及总体规划里的市域城镇体系规划，还有一些专项规划，特别规定要单独编制的有地下空间规划、历史文化名城保护规划和风景名胜区总体规划，以及详细规划等。从狭义角度讲，《城市规划法》和《城市规划编制办法》规定以外的规划，就是非法定规划。非法定规划大致分为三类：一是概念规划，即城市发展战略规划或城市发展概念规划；二是专项规划；三是行动规划，以微观为主的行动规划主要是在实施层面进行的。这些规划不一定要经过审批，有些属于研究性质。非法定规划既有务虚意义，更有务实需要，其产生是经济社会发展的一些矛盾在规划领域的反映。法定规划通常具有条块综合、系统平衡、空间覆盖等特点，非法定规划具有重点研究、专项（题）深化、强化实施的特点。非法定规划与法定规划两者应该是互相作用的，非法定规划以法定规划为平台和依托，得出的成果用于指导并反馈于法定规划，优化法定规划，有利于法定规划的有效实施。非法定规划根据部门发展计划和市场经济条件，结合规划实

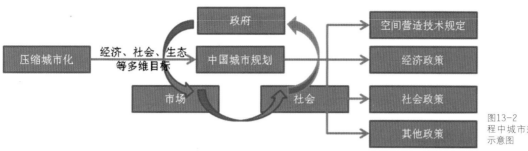

图13-2　中国城市化过程中城市规划多重角色示意图

施的计划和重点，补充法定规划的缺项，同时协调不同部门的标准和利益，对法定规划的深度和广度（如设施的规模细化和空间分布等）加以补充。比如，在编制控规时对于一些用地分类属于不同部门建设实施的项目，没有办法进行系统的研究和落实，通过专项规划的反馈和补充，可以对法定规划进行很好的完善。[17]

（三）积极丰富和改善法定规划编制体系

首先，建立城乡联动的规划体系。根据《城乡规划法》，我国现行城乡规划包括，城镇体系规划、城市规划、镇规划、乡规划和村庄规划。城市规划、镇规划分为总体规划和详细规划。详细规划又分为控制性详细规划和修建性详细规划。可以看出，乡和村庄级别的规划在规划编制体系中占的分量很轻，十分明显的城镇规划重、乡村规划轻格局。这是一直以来城乡二元分割的体制的影响，虽然今年在提城乡统筹，但最为城市规划编制根本的规划编制体系仍人表现出显著的城乡二元规制。为了打破这种极具破坏力的城乡二元规制，需要建立城乡联动的规划体系。[18]城乡联动的规划体系就是有利于化解目前城乡二元的局面，统筹城乡资源、空间、要素，有效发挥空间整合、要素配置、环境保护的收益的规划编制体系。

其次，建立规划层次与行政层级相符、行政辖区逐层覆盖的规划编制体系。德国是对空间规划非常强调的国家，其空间规划指各种范围的土地及其上面空间的使用规划和秩序的总和。综观德国城市规划编制体系，规划的层次与行政层级是相一致的，所以上一层次的空间规划对下层次的规划具有很强的控制与指导作用。而我国的规划编制体系就明显与行政层级不一致，比如，城市规划、镇规划、乡规划、村庄规划之间就没有很强的上下级规划的关系，也就不能产生很强的控制指导作用，甚至相互之间还会产生重复和冲突。目前的规划体系过多关注同一地域内不同层次间的规划衔接，却忽视了不同行政地域层级间规划的衔接。因此，需要建立规划层次与我国行政层级相匹配，行政辖区逐层覆盖的规划体系。

三、　加强规划的实施管理

（一）改良我国规划实施管理体系

借鉴国外实施管理经验，建议从以下几个方面改革我国规划实施管理体系：（1）建立规划审查的内容与审查部门的事权相一致、责任明确、责权一致的审批机制。（2）将规划决策职能与执行管理职能分离，使权力与地位、权力与责任相称。（3）建立纠错机制，成立规划上诉委员会，建立不同层次的规划调整的法定程序。（4）将国家跨区域或区域的生态、环境、能源、水利、交通、产业、人口、基础设施等重大战略问题内容纳入上级政府审批范围，并由城市总体规划（战略性）来承担，而属地方政府事权范围的经济、社会、生态环

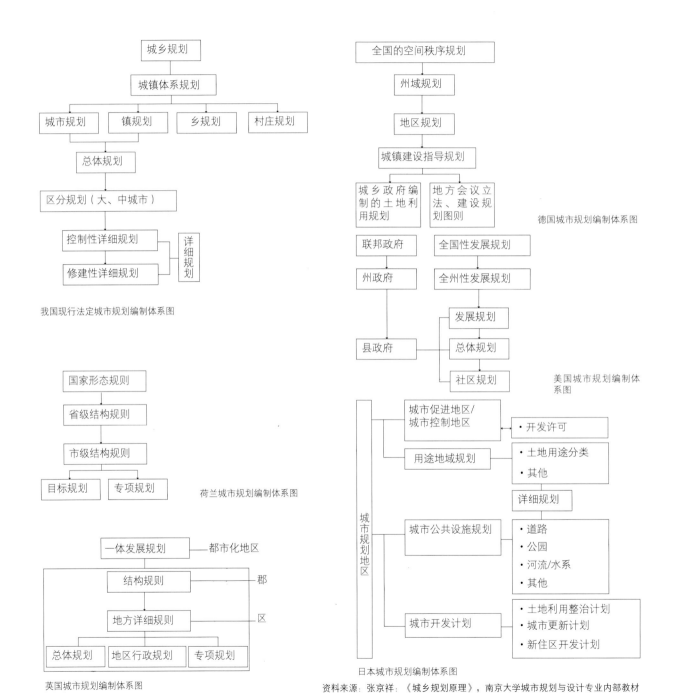

我国现行法定城市规划编制体系图

荷兰城市规划编制体系图

英国城市规划编制体系图

德国城市规划编制体系图

美国城市规划编制体系图

日本城市规划编制体系图

资料来源：张京祥：《城乡规划原理》，南京大学城市规划与设计专业内部教材

图13-4　各国城乡规划编制体系的比较

　　　　　　　　　　　　　　　　　　　　　　　　城市转型发展的规划策略

境保护等要求纳入到近期建设规划（实施性）。[19]

（二）依法实施，加强民主监督，构建法制体系下上级政府、城市政府、社会共同参与的规划实施管理框架

国内总体制度环境的尚不完善（例如仲裁体系不健全、市民社会不健全、规划决策机制不科学等），群体过于关注个人利益、眼前利益，不同群体间话语权不对称[20]，这些都在一定意义上导致了规划管理实施中的失效，也难以真正保证规划的公平性。

随着民主化与公共管理变革运动的推进，当今西方社会正在日益提倡多方力量参与的"治理思想"（Governance），同时，随着中国整体民主化进程的推进、市民社会的逐步崛起，在中国目前最能契合"多方力量参与"思想的就是构建法制体系下上下级政府、城市政府、社会共同参与的规划实施管理体系，依法实施规划管理行为。

1. 卢济威、于奕："现代城市设计方法概论"，《城市规划》，2009 vol33（2），第66-71页。
2. 同注1。
3. 陈浩、张京祥、吴启焰："转型期城市空间再开发中非均衡博弈的透视：政治经济学的视角"，《城市规划学刊》，2010(5)。
4. 朱介鸣：《市场经济下的中国城市规划》，2009。
5. 王明田等：《基于民生视角的城市总体规划》，2008。
6. 中国是一个人均资源占有量相对缺乏的国家：人均土地面积相当于世界平均水平的1/3，人均耕地（1.4亩）只相当于世界平均水平的43%；人均水资源占有量仅相当于世界平均水平的1/4，是联合国认定的"水资源紧缺"国家之一；森林覆盖率仅相当于世界平均水平的61.52%，居世界第130位，人均森林面积不到世界的1/4，居世界第134位，人均森林储蓄不到世界平均水平的1/6，居世界第122位（中国经济研究报告，2008-2009）。
7. 《城市发展研究》，2009年4期。
8. 汤海孺：《不确定性视角下的规划失效与改进》，2007。
9. 同注8。
10. 同注3。
11. 同注4。
12. 同注8。
13. 张京祥、陈浩：《中国的"压缩"城市化环境与规划应对》，2010。
14. 同注13。
15. 丁成日：《市场实效与规划失效》，2005。
16. 同注8。
17. 王唯山：《非法定规划的现状与走势》，2005。
18. 同注13。
19. 同注8。
20. 同注13。

总论：加强城市规划研究、完善城市规划编制体系

城市规划编制技术体系是城市规划的核心制度，基于规划实践的实际要求，要加强和改进城乡规划的编制工作，从规划编制体系入手，有必要对目前城市规划编制的层次类型、阶段划分、技术要点等内容加以改进，按照城市规划编制技术体系创新的基本思路，对各层次规划的任务、内容等做出界定，来推动整城市规划工作的变革，逐步建立起适应市场经济要求、与国际惯例接轨的城市规划制度框架和体系，持续推动城市规划制度的创新。

第一节 加强区域研究，形成城市规划的坚实区域基础

一、 加强区域研究的必要性

（一）应对经济全球化挑战的必然选择

中国进入城市化加速时期，也是关键性的时期，以低成本、低门槛的竞争优势不再，正面临新的挑战。在国际间转移的低端产业的总量会逐渐减少，分羹的对手却越来越多（印度、越南等东南亚国家，以及东欧转型国家等）；而在中高端领域，中国的竞争能力仍显不足。低效能的土地利用和目前的经济实力，中国城市与国际城市竞争高端产业力量不足，但也昭示了我们未来的改进方向：通过区域合作，集成比较优势，为迎接下一轮产业转移竞争而准备。[1]都市区规划、都市圈规划都是为提高大城市竞争力和拓宽城市发展空间而进行的区域规划。[2]从国际学界的发展看，区域研究也同样进入一个新的发展阶段，对"新区域主义（New Regionalism）"和"全球区域（Global Region）"的研究已经成为城市乃至国家应对经济全球化的共同选择。（Roger Simmonds, Gary Hack，2000）

（二）区域规划是调节城市和区域经济的工具

我国进入市场经济时期以来，市场理论对国家

层面和区域层面的空间规划实践缺乏宏观引导，人口和资源的流动依赖不完全信息条件下的市场杠杆调节，缺乏应对国际竞争的布局企图。[3]区域统筹可以看作是基于国家利益而对城市规划工作提出的要求。[4]区域规划是国家调节城市和区域经济的一种直接或者间接的工具。

二、加强区域研究的重点

（一）着手区域规划理论和方法的革新

计划经济体制下形成的传统的区域规划向适应社会主义市场经济发展的新型区域规划转型还十分不足。[5]针对区域规划薄弱的现实情况，应大力加强国土规划、区域规划在制度创新或管理体制方面的突破，加强对传统区域规划的理论和方法进行必要的革新，使其能在市场化、全球化和城市化的进程中，更好地发挥对空间的规划指导和调控作用。

（二）加强区域规划的规范性研究

目前，国内区域规划是一个混乱的概念，区域规划到底包含哪些规划，各类区域规划应该遵循什么样的原则和程序进行都尚无规定。如都市圈的概念至今尚未有国内公认的确切定义和界定标准，其地域范围大于都市区，而其节点却有较大伸缩性和随意性。[6]所以，强化不同层次空间规划对资源配置、土地利用的宏观调控和微观管制，使土地、水、能源等等资源在国家范围内进行流动或控制，这既是当务之急，又是长远大计。需要加强研究确立规划编制的规范性，甚至可以形成立法。

（三）建立完善的区域规划体系

改革开放给区域规划工作带来了升级，出现了多种类型的区域规划，但尚未形成完整体系，存在相同类型规划重复又缺乏某种类型规划的问题。如迄今尚未形成规范化的区域性综合协调的空间规划

系列。据此，需要协调区域规划与经济计划的相互关系，以及土地利用规划与城市规划的关系；调整区域规划内容，侧重空间适宜性和公益事业的发展规划，开发、利用与管理、保护资源相结合；强化法律、经济、行政等实施手段，动员社会力量参与、建立实施评价和定期报告制度等。[7]尽快建立和完善以国土规划、区域规划和城市规划为中心的地域空间规划体系，强化中央政府在宏观规划事权的控制力度，加强整个地域空间规划的综合协调职能，加强国家对区域和城市在地域空间规划方面的宏观调控管理。

第二节　加强多规融合，形成统一的空间引导与管制规划体系

一、多规融合的必要性

由于目前我国各类不同规划编制分属于不同的主管部门，而且各主管部门之间缺乏足够的协调性，难以形成"规划区域未来究竟向何处去"的共识。这造成出自各部门规划系统之间规划本身的多种矛盾，使规划区域内各种活动主体难以把握区域未来发展的基本方向。目前提出的主体功能区规划虽然一定程度上可以简单协调以上问题，但是从国土空间开发的指导性规划来看，主体功能区仍然不能完全解决实质问题。[8]为协调一致，近些年来，国家发改委开始探索所谓土地利用规划、城市规划和经济社会规划"三规合一"的方法，但是经过一段时间的探索，现在不再提"三规合一"而改提"三规融合"，伴随着出现"多规融合叠合"。

二、多规融合的难点

（一）体制和管理障碍

鉴于我国空间规划体系政出多门、多头混乱的局面，出于高效、可持续利用土地空间资源的目标，许多地方开始纷纷试点多规融合实践。应该

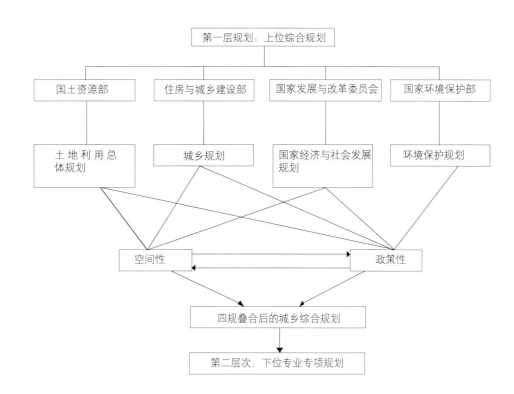

图14-1 多规融合技术体系

说，各地的多规融合试点尽管具有各自特色，但面临的重点与难点问题是基本一致的。以武义县为例，它是全国"多规融合"理论与方法研究工作试点县，从2007年开始由美国林肯土地政策研究院、美国马里兰大学、浙江大学、浙江省发展规划研究院的专家、学者着手开展该项研究工作，系统地研究并深刻地剖析我国目前规划体系内存在的众多矛盾和问题，进而提出"多规融合"的内容和方法体系；在充分汲取国际经验的基础上，紧密结合中国国情，以结构完整、逻辑合理、具有可操作性为指导，构建了包含政策、经济预测、交通、土地利用、数据、方案评价等模块在内的多规整合模型。以武义为案例的实证研究表明，中国城市推动"多规融合"，体制和管理方面的因素是"多规融合"的主要障碍；比如社会经济发展规划、城市总体规划、土地利用规划三规融合，社会经济发展规划归属于国家发展和改革部门，城市总体规划归属于建设部门，土地利用规划归属于国土部门。那么融合后三个部门的权利怎么分配？若是撤并某一个部门的权力，则可能导致该部门散失最主导的功能，该部门将成为空洞的部门，其该存在还是该从体制中完全消除，涉及到目前体制的问题太多。

（二）缺乏相应的技术支持系统

不论是"三规融合"还是"多规融合"，都不仅仅涉及到体制问题，也涉及到有没有相应的技术支持系统——空间整合模拟系统。我国区域科学已经开始注意这方面的研究,但总体上而言,现有的研究仍然以借鉴国外成熟的技术和模型为主,适应我国国情的大型空间分析模拟系统仍然有待开发,此外现有的研究多限于土地利用或交通等分部门层面,土地利用—交通—环境等部门的整合模拟模型仍然处于空白状态。

（三）如何找到多规融合与权力制衡的平衡点？

"多规融合"是针对目前我国的国土规划、区域规划与城市规划、村镇规划分别由不同的部门管理,缺乏健全的法制手段和必要的实施机制来保障各类规划相互协调、同步推进,如割裂了地域空间规划及管理的连贯性和整体性,会导致土地和空间等资源开发利用的随意性很大,而国家层面却缺乏相应有效的制约手段的问题提出的解决办法。以"三规融合"为例,其目的是试图引导国家发展和改革部门、建设部门、国土部门解决规划各自为阵的问题,试图收拢过于分散的权力,在同时,有学者提出的"三规融合"将打破权力制衡的局面,这不是全无道理的。如何保障三大规划各专业系统规划既不越位,也不缺位,同时又能考虑政府部门之间事权分工的合理性,以及权力制衡的要求,构建科学的国土空间规划体系等关键问题急需做出进一步的系统研究,这就要求找到多规融合与权力制衡的一个平衡点。

三、推进多规融合的若干建议

（一）城乡交界处是多规融合的重点地区

经济的高速发展使城市建成区快速地向农村延伸和扩展,这是城市化和工业化的必然结果,同时也将城乡两个不同的经济体和发展界面紧密地联系在一起,特别是在城乡交接地区,进而产生种种矛盾和冲突。粗略估计,涉及土地的种种问题(征地安置、违规建设、耕地过度开发等)绝大多数都集中在城乡交接地区。也正是城市交接地区的土地承担着耕地保护和为城市化和工业化供地的双重职能(还有环境和生态保护等),使土地管理和城市规划面临巨大的挑战。因而,针对城乡边界的动态性和城市化带来的城乡联系,政策和法规需要从一个整合的角度来管理土地和规划城市发展。[10]

（二）多轨融合的基础是规划编制层次的整合

建议将我国规划编制分成两个大的层次,以保障多规融合的可操作性。第一层次为上位综合规划,也就是对国土资源部编制的土地利用总体规划、住房与城乡建设部编制的城乡规划、国家发展与改革委员会编制的国民经济和社会发展规划和国家环境保护部编制的环境保护规划,这种四种规划进行叠合形成城乡综合规划,指导第二层次的下位专业专项规划。

第三节 积极开展灵活的非法定规划,适应城市发展的多种规划需求

那些不是法律规定的,不具有法律地位,也没有法律规定的审批程序和内容要求的规划称为非法定规划。[11]

一、开展非法定规划的必要性

（一）需要积极编制多种非法定规划以应对不确定性环境

比较而言,法定规划是在法律和规范的规定之下,大量实践的基础上,在已经形成的相对固定的工作模式下,编制要求和内容相对明确的规划。而非法定规划则不然,是针对变换万化的对象,基于变幻多端的目的,编制规划内容和方法具有很大非确定性的规划。基于目前国内环境的不确定性和城市系统各要素之间的不确定性,法定规划不足以应付,需要积极开展具有高灵活性的非法定规划以应

对多种不确定因素叠加的环境。

（二）填补法定规划体系难以覆盖的内容

城市是动态发展的，城市规划是复杂的社会工程活动，目前在执行操作层面作为主干的法定规划指导城市的建设，却难以覆盖城市发展所面临的所有问题。如：社会工程的复杂性与公共政策的明确性之间的矛盾；法定规划编制程序的固化性与规划主体的多变性之间的矛盾；规划研究的多学科性与规划实施的规定性之间的矛盾；规划战略目标的长期性、整体性与实施策略的短视性、局部性之间的矛盾。[12]为了解决这些矛盾，开展非法定规划是必要而迫切的，非法定规划填充了规划体系的空白，它受到较少的约束，可以有针对性地、快速、灵活、有效地解决城市规划发展中面临的课题。

二、编制非法定规划应避免的若干误区

（一）基于不同的规划目标，合理筛选需非法定规划类型

随着非法定规划优势的逐渐显现，非法定规划的编制不再完全是基于需要，更有一些是基于"时尚"。在考虑是否有必要编制某种非法定规划时，可以基于这些方面的探讨：战略性规划能弥补城市总体规划内容过细、编制周期过长的问题，站在更高的层次上研究城市的发展战略；重大项目的规划论证，内容可能包括宏观的战略判断直至具体的工程措施；都市圈规划、城乡一体化规划、省域海岸带规划是基于目前存在行政界线与经济联系不重合、市管县（市）、城乡二元化等特定条件，突破行政界线、城乡界线，提出更超脱于现实的理想化规划；如科、教、文、卫、体等方面的专项体系规划，是力图顾及不同的专业部门委托，又实现与法定城市规划的总体和控制性详细规划层面紧密衔接；远景发展规划、项目推动规划时限或长或短，或不确定；基于不同的规划目标和需求，筛选适合

的法定规划进行编制，而不是赶着"时尚"的浪潮统统去编制。

（二）非法定化并非"非规范化"

非法定规划突破了法定规划的时空范畴和必要程序，呈现出自身特点，这些特点引致了在方法使用上侧重点、深度和广度方面与法定规划的差异。与法定规划相比，非法定规划针对热点问题和现实问题多，大部分非法定规划的行动目标比较单一，非法定规划的实效期限不一。部分非法定规划研究意义重于实施意义、部分非法定规划具有项目策划的特征、成果的非规定性。[13]但是这些方法的差异性只是围绕非法定化，不能丧失了规范性，如为了有效快速地应对城市发展的紧急课题，非法定规划可以绕过公众参与和公示等程序。[14]这一误区导致了非法定规划受到质疑。加强对非法定规划的研究和引导，适时地规范非法定规划是必要的。

第四节 引入新技术、新方法打破法定规划的技术锁定

一、引入新技术，提高空间营造技术的科学性

20世纪70年代以来，蓬勃发展的计算机与信息技术以及各类计量分析的城市模型等为城市规划的理性与科学化提供了充分的基础技术手段与方法。城市规划研究内容涉及到城市的经济、社会、环境的诸多方面，不仅要了解过去，分析现在，还要预测未来。面对浩瀚的数据，如收集、分析、规划方案和成果表达都是一项复杂繁琐的工作。目前，"北京模式"、"上海模式"、"深圳模式"等，不管哪个模式,所采用的理论方法主要局限于空间布局技术。目前，规划中可以大力开发的一些新技术，主要包括：

（1）地理信息技术，改进城市规划的空间模拟与预测技术。GIS、城市模型等这些新技术与方法的成功应用可以在一定程度上促进传统城市规

划思想方法的发展,使规划由"画图"、定性为主的传统操作,演进为定量、科学高效的计算机辅助城市规划设计与决策,实现规划分析的理性与广泛性、规划论证的严谨与科学性、规划方案的综合与完善性,规划表达的直观与多元性、规划管理的规范与高效性。

（2）遥感技术,为开展各个层次的规划与管理提供更加精确的地理信息支持。"遥感、计算机技术应用不是一般的技术问题,是关系到城市规划、城市建设发展的带有革命性的技术问题,对城市规划具有重大的战略意义。今后在信息社会中,谁掌握信息,谁就掌握主动权;谁能处理好信息,谁就有领导权"。（周干峙,2007）

二、目前新技术的应用还不平衡,应用广度和深度还有待拓展

新技术应用和信息化的模式在一定程度上受到体制的限制,还是条条的形式,在行业内自生自长;地区发展不平衡,目前能实际运行得比较成功的规划管理信息系统大都建立在大城市或特大城市,一般的中小城市成功的例子还比较少;不少地方建成的规划管理系统功能比较单一,较多的是做文字处理和绘图等模拟性工作。（陈晓丽,2007）因此我们需要用更多新的理念、新的方法和新的技术来改善城市规划工作,尤其要加强城市规划的模拟与预测技术,如运用GIS空间分析技术、遥感技术。未来借助物联网、传感网,将信息技术与城市服务相融合,将"智慧城市"的技术与城市规划相结合。对城市的地理、资源、环境、经济等进行数字网络化管理,辐射基础设施、公共服务、安全保障、人文建设等方面,涉及交通、物流、医疗、社区、教育、食药安全等诸多领域,为城市提供更便捷、高效、灵活的公共管理服务。

三、"三规合一"必须有统一的地理信息系统（GIS）数据支撑基础

编制"三规合一"规划必须建立统一支撑的数据基础,树立统一的信息基础意识,建立统一的基础信息平台,确保数据的通用性。进行详尽的数据建设计划,尽可能集多源数据纳入统一的信息系统环境下管理,并能够方便地进行多种格式转换和对外数据交换。保障数据的准确性、口径的同一性,"三规"才能够站在一个平台上说话,研究的成果趋向"收敛"。统一的GIS基础数据平台,对于促进市县层面的"三规协调",甚至"三规合一"都具有非常重要的物质和技术基础。[15]

第五节 法定规划编制的问题与完善对策

一、城市总体规划

（一）现行城市总体规划中存在的主要问题

城市总体规划已经成为宏观调控的重要手段,从以前的附属地位上升到战略性、综合性的地位。总体规划已经成为调控各种资源(包括水资源、土地资源、能源等)、保护生态环境、维护社会公平、保障公共安全和公共利益的重要公共政策,不仅"直接关系城市总体功能能否有效发挥",还关系"经济、社会、人口、资源、环境"能否协调发展。

城市总体规划能解决大多数城市面临的问题,如改善城市综合功能、优化城市的各种设施、合理配置各类用地等已成为共识。但总体规划的编制的核心内容到底是什么?学界、业界有不同的观点:有人提出总体规划应该"往上走",主要抓战略,类似于英国的结构规划;有的认为总体规划应该"往中走",因为总体规划最重要的作用就是要有效指导下位规划,因此既不能太细也不

宜过粗；有的则倾向于"往下走"，因为总体规划是法定规划，是市民维权(包括打官司、上访)和督察员管理的主要依据，因此应该越细越好。有人强调"简化"，因为内容过于繁杂导致编制和审批周期过长，大大降低了规划的时效性；有人则强调"整合"，因为各个部门各有各的规划，"自说自话"，严重影响了规划的权威性，希望切实加强总体规划的"龙头"地位和综合调控作用。但是目前城市总体规划在编制与实施的过程中表现出一定的力不从心。如近期建设规划指导性不强，调控作用不明显，规划的城市没有个性特色，千城一面，缺少发展潜力等问题。目前的城市总体规划编制的问题归结起来，主要有以下几方面：

1. 城市总体规划编制的系统性被肢解

城市总体规划作为宏观调控的手段和战略性、综合性的地位正日益受到挑战。比如发改部门就充分利用其调控资源的强势地位，频频在上位做动作。曾经想建立统一的规划体系，把总体规划纳入其中成为一个专项规划，但是没有成功。然后开始一方面力推主体功能区规划，另一方面大做区域规划，"帽子"满天飞，完全无视总体规划确定的东西(比如土地规模指标)。国土部门一方面承认城市总体规划有用，另一方面又将规划权限严格限制在城市范围，牢牢掌控外围土地的利用，采取农村包围城市的策略，步步为营。林业部门因为要保护生态环境，划了很多自然保护区，自然保护区内允许按比例自批建设用地，用于管理、防火等；自然保护区的范围往往很大，所谓"自批建设用地"的面积也不容小觑。旅游局开展了大量的旅游地产、主题公园建设等。水利部门则把进入城市的河道，借助于资金将其划归自己的管理范围。环保部门通过环评前置对规划进行"遏权"，并且开始深入到规划领域的核心，干预城市空间的安排。交通部门

虽然自身也深受管理权限分割之困，比如航空、铁路就无权管辖，但却总到城市里和规划建设部门"争权"，导致交通规划和城市规划常常不太协调。反观作为规划行业主管的建设部门似乎最高风亮节、最没有自己的利益，职责和权限被瓜分得支离破碎，这恐怕也是无奈之下的"弃权"吧。[16]

2. 人口规模的神圣化

人口规模被视作城市总体规划的基石，依此确定用地规模和布局结构。而预测是否科学，即城市的各种承载能力是否匹配人口预测，抑或只是为了体现某种雄图大略的主观拼凑，则一直存在质疑。为科学预测，规划中采用多种方法测算、校核、验证；为了防止人为修正、拔高，规定严格的程序，禁止地方官员乱改规划，把人口规模作为上级审批的重要内容，目前的总体规划审批已沦为人口规模上的讨价还价。

实质上，人口规模只是预测发展的结果而非目标，某种程度上只是一个数字，并没有太多实际意义。经过科学推算出来的数据，随着时间的推移也会变得不"科学"。如2004年国务院批准北京城市总体规划，"同意2020年北京市实际居住人口控制在1800万人左右"，可北京2010年人口就突破了2250万。经国务院审批的20多个城市的总体规划，大部分现状人口数事实上已经达到或超过远期控制规模。所以许多城市总体规划不适应形势，应该重新修编。

人口规模的意义关键还在于结构。比如年龄结构对于城市就业岗位、教育设施、老龄设施需求的影响。居民的收入结构对于住房需求、公共服务设施、交通方式的影响等等。只算人口数量显得很不精细，也难说科学；比如用人口算用地指标，用总人口计算人均GDP，用户籍人口的审批聚焦于人口规模都过分强调人口规模的作用，目前把人口规模

错误地神圣化。

3. 只求面面俱到而丧失核心

总体规划"大而全"，但没有抓住核心，或者说更核心、更需要规划关注的问题湮没于众多问题中，导致总体规划战略性、纲领性越来越差。总体规划成了一个"四平八稳、面面俱到"的规划。其实总体规划应更概括、更战略一些，而不是更具体、更细化。有很多东西可以在总体规划完成以后，通过专项规划来解决，因为总体规划不可能替代所有的专项规划，只有通过专项规划可以更加有效地落实总体规划的意图，而且从专业和技术深度上也能够得到保障。

4. 引导、控制的长效性要求与城市快速发展之间的矛盾

自1982年始，我国建设主管部门组织编制的"城市总体规划"逐渐走向正规化、程式化，迄今30年间，全国绝大部分城市已经完成三次以上比较系统的城市总体规划修编，也就是说平均每次修编的总体规划只有10年的"寿命期"。城市处在快速发展时期，很难准确确定长时期内城市性质、规模、发展方向，因此，城市总体规划只有不断的重新修编才能应对城市的快速变化。基于20年这样一个漫长的法定规划年限，城市发展的不确定性更为复杂，规划期限20年是否合理仍然值得探究。

5. 硬环境规划多，软环境规划少

目前的城市总体规划偏"技术性"，对于保障规划实施的政策方面却很少涉及，总规划涉及到城市和区域的协调发展，涉及到节约、集约利用土地，在协调五年规划、土地利用规划的矛盾上也承担着重要的角色。但随着经济发展，人民生活水平提高，人民对精神的需求逐步加强，对娱乐与文化、社会安全与平等、信仰与正义、诚信与法治等

软环境的要求进一步加强，城市总体规划却没有相应的规划转型。

6. 沦为基于快速发展目标的"利地方主义"之寄生体

为了明确城市在更大范围内的地域分工，城市总体规划不断扩大规划内容，由最初的城市总体规划扩展了城镇体系规划内容，目前更进一步扩展为"城乡规划"。[17]出发点是基于能统筹考虑区域范围内的问题，实现更广范围乃至全国范围内资源的最佳配置。

但是目前城乡规划、城乡统筹都还只是基于形式主义，许多城市所辖的行政区为实现本区经济跨越式的增长，不顾行政区以外的环境和发展要求，各行其是，造成重复建设、恶性竞争。许多规划方案急功近利，多为领导在任期间的政绩方案，而绝不是区域内远期发展的综合考虑。地方领导往往以牺牲行政区外的利益保行政区内经济快速增长，牺牲中心城区以外的利益以维持中心城区的极速发展，而城市规划则不可避免沾上了"利地方主义"的色彩。

7. 城市总体规划与国民经济社会发展规划之间的矛盾

《城乡规划法》要求城市总体规划需要依据经济和社会发展规划，这就意味着城市总体规划需要提供足够的土地供给及发展布局，从而能够满足4个经济和社会发展规划周期发展的全部需求。这4周期中，至少3个规划周期的内容（经济发展规模、方向、速度等）是未知数，因而如何使城市规划能够充分地依据未知的经济和社会发展规划并为之服务是一个完全不可确定的问题。[18]鉴于此，5年一变的社会经济发展规划是20年为期的城市总体规划的依据，是否具有有效性？按照逻辑，期限短的规划应该以期限长的规划作为依据，短期以长期

规划为依据，频繁变更的规划以有效期长、稳定的规划为编制依据。

（二）城市总体规划的主要完善对策

关于城市总体规划编制未来的变革方向也见仁见智：有人提出要把中央政府与地方政府的事权划分清楚，总体规划报批国务院时，审查的对象应该仅限于中央应该和能够管辖的范围，比如生态保护、资源利用、跨区域的交通、能源、区域统筹等；有人提出应该按照内容来分，重点处理好刚性与弹性即保护与发展的关系，需要保护的自然资源和文化资源必须刚性，而发展的属于弹性，不宜过多干预控制，所谓"一硬一软"；有的提出应该根据城市类型区别指导：比如发达地区的大城市，尤其是省会城市、直辖市，他们的管理力量很强，完全可以在法律的框架下，依据自身条件量身定做适宜的规划，中央没有必要事必躬亲。不论城市规模大小、个性如何，如果均按《城市规划编制办法》机械操作，难免会出现问题。一些欠发达地区和中小城市，它们的管理能力相对薄弱，则需要有相应的分类指导，但是也无须追求最好，应该是保证避免最差，否则事与愿违。[19]现阶段比较现实的城市总体规划完善措施有如下六个方面：

1. 城市总体规划应把握的基本原则

城市总体规划的核心功效和无可替代性究竟体现在哪里？如果说保护环境和文化，环保部门和文化部门可能会做得更好；如果说优化交通、配置服务设施，交通部门、教育、医疗、文体等部门可能更加专业；如果说重在战略和综合，有权又有钱的发改部门可能更加适合，规划做的很多只能是"纸上谈兵"。也许，只有回到"空间"，即研究城市空间在时间、数量、质量等多维度的变化规律，确定和优化城市空间结构，实现城市空间资源的统筹配置与综合利用，将各项规划整合落实到具体的城市空间布局上是总体规划的根本目的，也是总体规划自身的立身之本。

既然总体规划为城市确定的这个发展框架是不可逆的，如果不合理怎么办？或者现在合理，将来不合理怎么办？人非神仙，谁也无法准确预料身后之事，何况百年、千年！人们只能寄望于城市自身的修复能力，城市规划应该是一个确定目标、制定措施，实施并不断修正目标的一个循环过程，而城市总体规划的编制是这个循环过程中确定或修正目标并制定措施的一个环节。所以把握总体规划刚性和弹性的度，并建立和强化城市自我修复的机制和能力是目前城市总体规划的最重要的原则。

2. 近期、远期两层次控制转变为近期、远期、远景三层次控制

目前的规划期限分为近期5年、远期10年、远景20-30年三个层次。远景规划原则上确定城市的发展目标、方向，城市空间形态与结构、产业的发展方向，道路交通、市政设施等重大基础设施，生态框架与保护区划定等内容。远期规划在目前的规划要求内容的框架下，补充社会性内容，如老年社会、社区组织、社会治安、城市文化等，简化部分专项规划内容。近期建设规划做实做细，增强可操作性和经济性。要将目前城市总体规划的两个法定层次——近期、远期，变为三个层次——近期、远期、远景。[20]对需严格执行的内容增强强制性，对可能发生变化的内容增强指导性，增强规划的应变能力。基于相同的目的，也可以尝试分为长远期的战略规划（内容比较宏观）和近中期的建设规划（以微观战术性内容为主）两部分城市总体规划编制规划。

3. 加强技术外的人文关怀考虑

突出规划的协调性、社会性，强化旧城区更新改造与保护利用规划的空间公正考虑。加强不同社

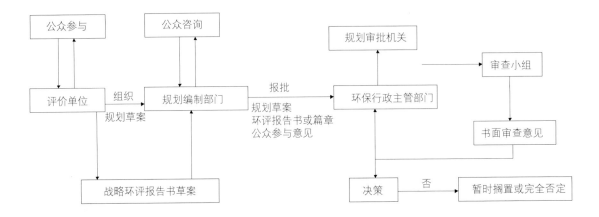

图14-2 战略环评对城市总体规划的制约示意图

会群体之间的社会经济环境效益的协调，在保证国家利益的前提下，最大效益地创造出公民、企业和个体经营者共同的利益。城市不仅是物质空间，还通过有形的物质载体、城市空间来承载城市的历史文化和人的情感和记忆，城市脉络保存在文化记忆中。城市内在的生命力很大程度上取决于历史文脉的延续和发展。

4. 借助战略环评平台增强城市总体规划的人区域利益的综合考虑的客观性

总体规划的编制应加强城市发展战略的研究，总体规划应着力于对城市宏观层次的结构性控制，着重研究城市发展的战略问题，如城市性质、城市形态、城市功能、环境容量等，避免陷入各种具象目标的设定和组织，以保持总体规划较高的纲领性地位。基于战略环评的开展，城市总体规划应该积极与战略环评融合。一方面从宏观判断城市总体规划，再一个大的区域范畴内是否是一个经济可行、共赢的方案，处理好城乡统筹发展与区域协调发展，将农村富余劳动力与人口转移到城镇，实现农业产业化和工程化，将城乡一体化的发展与中心区发展协调统一考虑，促进行政区内与行政区外的

协调发展。另一方面，人与自然协调发展，加强资源、生态环境的控制考虑，加强环境污染治理，体现人与自然的和谐。城市总体规划再在一个大区域系统内是否是节水、节地、节材、节能的经济方案，从城市功能分区、城市形态、城市基础设施、城市交通、城市水源、热源、气源、电源的选取，城市污水、垃圾的处理等方面是经济的。

5. 以社会经济为规划依据转为以生态环境为规划依据

将20年规划年限的城市总体规划以5年一变的社会经济发展规划为指导依据，除了规划年限长期与短期之间的矛盾，还存在以社会经济为中心，生态环境被忽略的趋势。据此，若能转变规划观念，不单纯以社会经济发展为规划指导依据，而更多的是基于生态环境的可容量、承载力为规划的指导依据，研究确定城市自身的自然生态隔离屏障，以抵御城市的无序蔓延，强化"三线"(城市建设用地范围控制线、基本农田保护线、产业区块控制线)控制，并引入土地管理的年度计划手段，变革城市近期建设规划，将规划实施的空间和时序做实、做准，成为真正引导城市建设开发的行动规划，不失

城市转型发展的规划策略

是一种两全其美的尝试。

6. 建立总体规划实施评估机制

目前中国的城市化率已经突破50%，这是历史性的转折点，意味着我国将从此步入以城镇为主体的时代，进入城镇化加速发展的后半程；中国百万人口大城市的数量已高居全球之首，这意味着我国城市不再是"可以任意打扮的小姑娘"，更不再是"一张白纸好画图"，规划频繁地"变来变去"，折腾的将不仅仅是技术人员，更将对城市造成巨大的浪费和破坏。也许，今后的总体规划需要"定期评估、适时修改"，建立"编制-实施-评估-修改-实施-评估-修改…"的常态化工作机制，才能真正提高规划的权威性、科学性和稳定性，也是应对发展不确定性、破解"刚性固化"难题的制度化解决方案。换句话说，规划技术人员将来主要的工作方式，将很可能由过去不定期、非常态的"做衣服"，转为定期、适时的"改衣服"。建立总体规划实施的评估机制核心并不仅仅是评估优劣，而是通过建立反馈的机制，应对未来的不确定性。确保各年用地规模与当年人口规模相挂钩。比如，在人均建设用地标准的基础上，根据当年年末的人口统计数据来确定第二年的用地投放增量。

二、 城市控制性详细规划

控制性详细规划是为了解决城市总体规划的深度不适于城市规划管理的矛盾而产生的。它是城市总体规划与详细规划之间的过渡与衔接，能为城市规划管理规范化、法制化提供依据，是城市政策的载体和综合反映，是一种比较适合我国国情、普遍采用的规划方法。但它也在发展变化中显现出不足。

（一） 控制性详细规划中存在的主要问题

1. 衔接能力、控制力不足

一方面，总体规划是一定时期内跨越时空、面向未来的城市发展整体战略布置，不可预测的因素很多，所以总规划必须具有很大程度上的原则性与灵活性。它是一种粗线条的城市规划，需要下一层规划将其深化，这样才能发挥作用。详细规划是对小范围城市开发建设进行的深入细致的规划，设计着重在总平面布局和控制形体组织，在图纸上要表示出定位与标高。控制性详细规划是基于介于城市总体规划与详细规划之间，起过渡与衔接的作用而产生的。控制性详细规划对详细规划应当有很强的制约与指导作用。但在实际的操作中，用地性质控制、土地使用控制（强度）以及城市设计的原则要求都不能如愿生效。

另一方面，从公共政策的角度来看，控制性详细规划应该按照公共政策制订的程序来制订，公共政策的制订、审批、执行、评估、监督、完善有一个过程，但是目前控规有些环节做得不好，比如控制性详细规划的评估等等，导致控制力的不足。

2. 与城市设计难相融合

作为控制性详细规划的补充或者参考的城市设计，由于两者的编制周期不同、技术手段不同、开发意图的不确定，城市设计的成果难以转化到控制性详细规划的成果之中，城市设计难以融入控制性详细规划。[21]

3. 缺乏对城市 "软环境" 的控制和引导

控制性详细规划主要以土地为控制对象，以"定性、定量、定位"为基本要求，控制内容主要集中于用地性质、地块红线和地块指标等"数字化"控制要求上，而对于城市的景观质量、城市公共生活等"软环境"方面缺少必要的控制和引导。[22]

4. 死板的控制要素不具适应性

城市的发展速度快，未来的城市发展需求如何，有很大的不确定性，所以控制性详细规划也有很大的不确定性。而控制性详细规划的控制要素越来越多，越来越细，从土地容量到城市空间形态，结果往往不能适应土地市场的发展和变化。甚者，全国各地不同的城市或者同一个城市的不同地区的实际情况都不相同，用同一套控制要素很难表达。

（二）控制性详细规划主要完善对策

1.加强控制性详细规划的动态性

在控制性详细规划里面真正把动态性体现出来，而不是一下子想把全部的规划内容归纳进去是不可能的。不同阶段应该有不同的控制和要求，试图一次性将所有指标和要求都解决是不可能的，应该阶段性地进行控制，不同的层次要提出不同的要求，分层进行控制。

2.简化指标，突出关键性指标

在城市快速发展变化阶段，控制性详细规划的关键是控制好城市最需要关注和把握的重点内容，控制性详细规划的控制应当有适度性，适度地控制我们能把握的内容，将能掌握的控制住。控制性详细规划的指标体系并非是越庞大越好，要突出控制性详细规划的实效性，就必须抓住关键要素，什么都控制可能会导致什么都控制不住的结果。要认识到必须控制哪些要素，哪些要素没有必要控制。控制性详细规划指标体系简化的基本措施为减少控制元素，尽可能以通则的形式控制。其中，一些城市提出了以公用资源集约利用和环境历史保护为重点的控制性详细规划"6211"核心内容。"6"即是对"道路红线、绿化绿线、文物紫线、河道蓝线、高压黑线和轨道橙线的六线"的规划控制；"2"即是对公益性公共设施和市政设施两种用地的控制；"1"即高度分区及控制；"1"即特色意图区的划定和主要控制要素确定。这一架构是在结国内控制性详细规划的实践经验教训基础上进行反思总结后的提升和提炼。

3.控制性详细规划全覆盖，实现全面控制

在现行的国家规划体系框架中，控制性详细规划是规划管理的最主要依据。城市规划作为政府管理和调控城市空间资源的公共政策，作为全社会共同遵循的公共规则，在整个城市规划区内有必要建立起控制性详细规划全覆盖体系。一方面要完成集中的城市规划建设用地上的控制性详细规划，另一方面还要完成非集中城市建设用地上即城市郊区开敞空间系统上的控制性详细规划全覆盖。两者的差异在于土地利用性质不同、规划的深度有所区别，但核心控制的思路是一致的。

为了保证实现控制性规划的全覆盖，我们划定了规划结构单元。规划结构单元的划定是根据总体规划确定的空间布局结构，参照行政区划、主要河道、交通干道、生态走廊等，将都市发展区划分成若干单元。规划结构单元的要义不在于某一具体固定的边界，而在于单元之间的"无缝衔接"，为未来的规划成果法制化奠定系统基础，也为规划的信息化管理奠定系统基础。

4.对各类规划的衔接和落实

鉴于城市快速发展阶段对于规划的巨大需求，在同一地区不同种类不同时期编制的各种规划需要在控制性详细规划阶段进行有效的整合，以实现城市规划的"一套图管理"目标。这种做法的意义是消除了各规划之间的内容矛盾，实现了城市不同空间的规划对接，以加强各功能系统之间的衔接，更重要的是在依法行政的原则下，统一了同一地区空间规划的"所有"要求，有助于政府行政的规范、水平的提升和效率的提高。

5.规划成果的规范化和数据标准化

建议国家应进一步研究用地分类标准，应该梳理国家标准中已不适应市场经济配置的部分内容。如中小学用地，应从居住用地中单列出来；非集中建设地区的用地分类应进行适当增减。还有，市场经济条件下产生了一批原来没有的用地形态如：物流用地、创意产业园（所谓的2.5产业）、复合用地等，也需要研究并进行合理的分类。其次，要建立面对经济社会快速增长时期的用地控制方法的技术标准，比如以社区结构形态为核心的相关公共设施标准、用地控制形式，以及以城市轨道交通为主干的城市公共交通走廊上的站场及周边用地控制标准等等。第三要在技术的规范表达规划成果，一类是纸质成果文本的规范性，另一类是电子数据格式的标准化和规范性，包括以CAD数据为核心的控制性详细规划成果的图层、线型、色彩、注记等表达方式的规范。

6.建立定期维护机制和专项维护机制

以规划管理统一信息平台为依托，建立固定的维护团队和定期的控制性详细规划评价、评审快速维护机制。按照控制性详细规划调整程序，对编制完成的控制性详细规划中确定的规划控制要求，进行补充和完善，提出合理的控制要求，以便更详细和有效地指导具体建设项目的实施。以完善"一张图"编制为基础，解决专项规划和控制性详细规划衔接问题，落实专项规划在控制性详细规划中的具体控制要求，是控制性详细规划的专项维护任务。

7.以信息化为手段的成果实时更新

在城市快速发展阶段，根据变化的形势和环境，控制性详细规划成果在使用中依法按照一定程序进行调整在所难免，但要保证控制性详细规划成果的现实性，有必要建立控制性详细规划成果的动态维护更新机制。否则控制性详细规划成果提交使用后，相关的调整和变化就会日积月累，逐渐使原控制性详细规划逐步丧失作为审批依据的技术理性。控制性详细规划成果的动态更新应在制度确立的前提下，以信息化手段来实现，以保证规划的更新调整程序公开、内容透明，并及时被记录，及时被共享，及时被执行，达到约束行政的自由裁量权

和开发商的利益目的。

三、城市修建性详细规划

（一）主要问题

1.理性价值主导，忽视社会人文方面的资源配置

城市规划是一项注重理性和工具的学科，由于城市修建性详细规划的直接对象是城市物质空间，因此，在价值判断上过分强调规划中科学的理性价值，倾向于以单位土地使用所能获得的最大收益为标准，社会人文方面的资源配置问题处于十分次要的地位，过分忽视和远离人群的需要。比如，城市修建性详细规划中的住区规划在原则上应包括物质与非物质两个组成部分，但从实际编制操作来看，物质规划部分一直是住区规划的核心，对非物质层面因素的考虑较浅，关注的焦点是人的普遍行为及其活动的场所，而非人群间的互动。更为关键的是，规划师始终将社区中的成员作为客观规划对象之一，而非具有主观能动性的社区发展参与者。[23]

2.市场机制下，以开发主体利益最大化为规划基础

一方面，城市修建性详细规划不完全是受城市政府或者城市规划行政主管部门的委托，多是规划师直接面对开发主体的项目。另一方面，城市修建性详细规划受政府部门重视的程度往往不如城市总体规划、修建性详细规划等，多是由规模较小甚至"作坊式"的规划编制单位编制，而较小规模或者"作坊式"式的规划编制单位一般都是基于追求利润在市场中自发形成的，没有代表公众的任何色彩。随着市场的力量逐步渗透到社会的各个方面，包括城市规划。在城市规划的"市场化"中，规划编制单位、规划师都流入市场，处于竞争机制下自救的状态，为了获取规划项目的委托权，规划编制单位乃至规划师难免要按开发主体的旨意行事，保

障开发主体的利益在规划中得以很好的体现以实现自己在规划市场中的利益或者说是寻求立足之地，从而丧失了更多的对公众利益考虑的精力。

（二）主要完善对策

1.转变城市修建性详细规划中自上而下的理性思维

城市修建性详细规划师要避免始终处于高高在上的理性地位观察规划的对象，有逻辑地思考问题和构思方案。越是微观的规划越是不能基于一种自上而下的理性，因为越微观的规划直接"接触"到"人"的面越大、概率越高，很多问题是出于"人"的感性认知和思维。以理性分析为主导的自上而下型认知与"人"的感情需求是存在很多不一致的，所以城市修建性详细规划应比其余规划更多地主动听取公众的意见行动。

2.扭转修建性详细规划不受重视的局面

应该转变政府重视总体规划、控制性详细规划，轻修建性详细规划的思维。严格清查编制修建性详细规划的编制单位权限。如特别要消除乡规划、村庄规划凭地方领导人的关系或者"收回扣"多少来委托规划编制单位的现象。保证修建性详细规划的编制单位一定程度上不是为追求市场利润，能代表公众利益，保证修建性详细规划的编制更多体现公众的需求，而不是被开发主体所牵制，完全丧失规划公共属性本质。

四、非法定规划的必要性和编制方法探讨

（一）城市发展战略规划

进入90年代，随着我国经济体制改革的不断深入，城市经济迅速发展，加入WTO使我国经济与世界全面接轨，城市直接面临着国际竞争，制定城市长远性的战略规划成为各个城市应对竞争与发展的迫切需要。

如上海根据自身发展的需要适时地进行了庞大而细致的战略研究：《迈向21世纪的上海》，成果中的很多观点成为指导上海发展的行动方针。

广州编制的《广州市总体发展概念规划》是我国开展的第一个真正的城市空间战略规划。该规划在方案竞赛阶段称作"概念规划"，对竞赛方案进行深化修改称为《广州市城市总体发展战略规划》。[24]

1.针对城市总体规划"研究不透"的弊病应势而生

总体规划内容过于庞杂，要求既深又细，造成总体规划在城市功能定位、空间结构体系等大方向上研究不透，在实施上又难以具体操作，战略规划突出对长期目标产生影响的方向性、战略性重大问题进行专题研究，相对于我国区域规划以及城市总体规划所沿用的无所不包的庞杂内容，城市发展战略规划没有面面俱到，而是针对城市长远发展的战略问题，务实地研究城市所在的特定区域、特定时段、特定背景的发展问题。例如广州、杭州均是在行政区划发生重大调整的情况下开展战略研究实践的。研究城市的功能如何定位、空间如何整合成为研究的重点问题，重大基础设施的影响，考虑城市未来产业、空间与文化的发展。[25]

2.弥补法定规划适应性和灵活性的不足

战略规划注重规划的动态适应性和灵活性，在宏观上它提供全局的发展设想，在微观上则具有模糊性和灵活性，使得战略规划本身的适应性及修改的可能性大大增强。战略规划强调多目标、多方案进行比较，在对历史、现实及未来研究的基础上，针对可能出现的重大外部机遇，提出不同的发展目标及可供选择的多个方案，为决策者在制订下一层次规划提供依据；通过规划方案招投标、邀请不同的设计院所竞争性地提出发展新思路及对未来的各种可能情况进行预测，并提出相应的对策，形成多方案，使编制城市总体规划及各项专业性规划的不可竞争性得到有效的修正。

3.战略规划与法定规划紧密对接

战略规划的主要目的在于理思路、提观点、约束条件较少，较少甚至没有正式规划中的反复与循环汇报和评审程序，针对城市发展存在的问题在较短的研究时间内进行对策研究，不仅顺应了经济全球化加速发展的潮流，同时也是急于明确发展战略和方针的城市决策者所希望的。战略规划可以为法定规划提供基础研究，与法定规划紧密对接，特别与总体规划对接，可作为总体规划前期研究，为总体规划开展提供战略支撑。又如编制城镇体系规划必须要以战略研究为先导，通过战略研究发现空间变化的多种可能性，分析哪些是影响空间变化的决定性因素，这样编制的城镇体系规划才可行。[26]

4.战略规划的编制方法

战略规划编制应保持适度灵活性，以问题与发展需求为导向，灵活选择编制内容。传统的城市总体规划的一个弱点是受编制范式的约束，强调内容面面俱到，往往是无所不包，规划内容繁杂，耗时漫长，难分重点，一定程度上弱化了规划解决实际问题的效力和能力。而战略规划的突出优势便是对总体规划编制的内容进行简化，区分轻重缓急，抓住主要矛盾，选择对城市发展中具有方向性、战略性的重大问题进行集中、专题的研究，提出战略构想和解决方案。要很好地保持战略规划尚无确定的范式、内容灵活的显著特征。为了有效地满足将来发展的需要，规划关注的重点不是去寻找"理想的终极蓝图"，提出一个详细的空间利用理想方案，而是基于现实存在的问题，进行具体的分析研究，选择若干"很可能的实施途径"，灵活选择有针对性的编制内容，力图解决具体问题的同时又能灵活适应问题的演变趋势，适应快速变动的发展环境（全球化、信息化与市场化），指导城市发展，解决城市发展的战略性问题，对总体规划等法定规划提供灵活的技术支持。

5.加强规划编制技术创新，"最前沿规划"

战略规划的专业工作者有足够的空间向地方直抒己见。战略规划并非可以立即拿来实施的成果，而只是可以用来进一步讨论的"平台"或"共识"。[27]因此，战略规划以"突破性"和"创新性"为核心取向，正谓"最前沿规划"。从广州的战略规划咨询开始.城市的发展战略研究一直就从内容到形式力图创新，以开放的心态吸收来自其他学科的理论和方法，广泛借鉴国内外关于战略研究的理论和经验。

战略规划不仅基于规划内容上的创新，也应该加强在规划编制技术上的创新。战略研究者在创新方面不遗余力，力求能吸引城市政府领导。创新对战略研究的发展是积极的，内容的拓宽、方法的变革、视角的转换都将为战略的研究方法论打下坚实的基础。但是如只有形式的创新，没有科学的研究技术方法论的创新，城市发展战略的核心问题也很难真正分析透彻。

成功的战略研究要具有连续跟踪研究，强调过程一致性，不断地对战略规划进行深化，连续性跟踪反馈的技术路线，而目前还没有或者尚未形成这样的一套技术路线，还需要不断更新规划编制技术，才能适应快速变化的战略规划要求。全国范围内应有一个常设的战略研究机构，有专门负责研究战略规划的人才群体进行规划编制技术的创新和研发。

（二）城市（总体）设计

1.城市（总体）设计必要性

（1）基于城市整体风貌对提升城市品质的重要性

城市设计是20世纪60年代发展起来的新学科。它是以阐明城市建筑环境中空间组织问题为目的，运用跨学科的途径，对包括人和社会因素在内的城市形体空间对象进行设计的工作。

以往的城市规划偏于二维用地形态，城市设计则偏重三维的空间形态，是空间立体设计。城市设计思想渗透到群体或单体的建筑设计之中，渗透到城市建设物质的相互关系之中，渗透到城市建设的各个角落，城市设计可以将城市建筑在时间、空间上的差异有机融合，使城市的物质空间环境既丰富多彩，又在总体上协调统一，控制城市整体风貌，以提升城市品质。

（2）基于城市功能布局与城市景观之间的协调

城市设计从三维空间上确定建筑和建筑群的形式和布局，对规划用地范围内的设计数据比规划阶段更为准确，并将这一信息反馈给规划设计。[28]城市设计不仅仅设计建筑物本身，同时也应注重设计城市中大量位于建筑之间的"剩余空间"，如人行道、建筑物前广场、街中心的绿地、公园等。规划设计可以合理配置城市基础设施、城市防灾减灾设施，达到合理的资源配置，形成合理的城市功能组合，达到城市功能布局与城市景观之间的协调。

（3）城市设计与城市规划相辅相成

由于城市设计与城市规划的理念、方法和侧重点均有所不同，所以不能相互取代，而应当相互补充完善。宏观的城市设计应以城市规划纲要为纲，并体现在城市总体规划中；局部的城市设计应受城市总体规划的制约，在总体规划指导下进行，使平面规划向立体规划过渡。

2.城市设计编制的要点

（1）加强中国经典文化与空间营造理念在城市设计中的运用与体现

城市设计以城市的人为服务对象，在确定城市建筑物的空间关系时，应充分反映公众的需求，在进行城市设计时，运用中国传统的空间营造手法，全方位的大视野确定空间的布局，对建筑及建筑群进行有机地整合或分散，使城市的形态环境更好地满足人的物质、生理、心理、精神、行为规范诸方面的需求，创造舒适和有情感意味的空间环境。体现中国传统文化的同时也能使建筑密度、容积率、绿色覆盖率指标有一个合适的比例。

（2）城市设计应作为总体规划与控制性详细规划的前期重要技术支撑，或其规划内容应纳入法定规划体系

融入型城市设计和独立操作型城市设计都无法解决当前城市设计实施中的问题和矛盾，城市设计的成果由方案转向控制，城市设计不仅基于对城市三维空间形态的设计，还要基于社会、环境方面的内容，采用目标导向的绩效控制，成果既要图文并茂，又要有设计策略和设计准则。城市设计师的职责并不是要为设计对象提供"蓝图"式的成果，而是通过制定导则，制定奖惩措施，用"棒子"与"糖果"并举的操作手段，改变决策环境，从而影响城市物质空间环境。城市设计转变为衔接法定规划与开发建设的一种法定文件，作为总体规划与控制性详细规划的前期重要技术支撑或规划内容。将城市设计转化为法定规划首先要做的就是将城市设计的内容和成果规范化。[29]例如，在《深圳市城市设计指引技术规定》中，对设计的内容和深度以及控制图纸都作了详尽的规定。进而有学者（吴松涛等）提出城市设计导则的尝试。

城市设计导则可分为规定性和指导性两种，前者特别规定出最终成果的基本特点，内容可以"设计原则"名义出现；后者则说明对最终成果的要求，内容可以"设计准则"的名义出现。表达形式主要有图则形式、表格形式、文字形式及混合形式。

城市设计导则内容：围绕土地利用、自然环境条件的保护与利用、建筑形体、道路交通、绿化、环境设施、主体人及其活动等确定设计目标和子目

序号	分类	设计导则主要控制元素
1	城市路段类	线性设计：分段、分区、路口、路段、转折点
		控制范围与断面设计
		空间序列展开：沿街建筑群形态、界面墙设计、建筑间过度与衔接
2	城市边沿类	空间形态的展开、交接面的过渡、界面轮廓线、重要视觉中心
3	城市区域类	区域立意或理念、边界的划分与过渡、分区结构的感知、交通组织及入口、区域的核心与标志点
4	城市节点	性质与作用、组织核心、空间形态、建筑组合与联结、边界过渡
5	城市公园与广场	性质、等级、分区、行为活动的引导、边界围合与感知、标志点、与城市交通关系

表14-1　城市设计导则控制元素

标的一系列内容。

城市设计导则编制采用在前面的分析中，对城市设计导则的构成、内容、形式、特征、编制原则等问题进行探讨构成城市设计导则的理论"框架"，在理论"框架"指导下完成"填充"任务的"自上而下"编制方法与"自下而上"的编制方法。"自下而上"的方法以城市设计导则理论"框架"为标准进行"填充"内容，与"自上而下"的方法不同的是在"填充"内容设计中，城市设计工作者起到的是组织和桥梁的作用，在汇集各方意见归纳后，按需要可能会修正"框架"内容，所以也称这是一种"建设性、参与性或倡导性"的设计方法。[30]

（三）城市专项研究或规划

1.城市专项研究或规划的必要性

（1）专项规划是落实城市总体规划的重要环节，对于完善城市规划体系、指导城市建设发展具有重要意义

城市专项规划多是在城市总体规划已完成上报审批后，为建立科学完善的规划体系，由各专业部门组织，规划部门协助开展的。如交通局负责的城市道路及交通系统专项规划，人防办负责的城市人防工程规划，建设局负责的城市绿地与景观系统规划、城市环境卫生设施规划、城市燃气工程规划、城市给排水工程规划，水利局负责的城市防洪排涝

规划。城市总体规划对城市起到宏观的控制引导作用，具体的落实行动需要专项规划作出更精确、具体的安排，专项规划是落实城市总体规划的重要环节，是具体指导城市建设的行动安排。

（2）专项规划直接关系民生、城市生命线等重大事项

目前城市中的各项基础设施建设都在强力推进中，一些大型的招商项目也在逐渐的落地，满足未来城市需要的生活配套设施正在建设中。这些建设不仅需要以总体规划为依据，还需要以各专项规划为指导。特别是关乎百姓切身利益、日常生活的规划，目前城市总体规划中尚不能完全涉及到，城市基础设施、公共服务设施等还不能与城市发展和百姓需要相配套，比如文、体、教、卫、商业网点、水、电、气、热、公交、社区服务、环卫、停车场等。另外在城市生命线工程的规划编制上也落后于城市跨越发展的步伐。而专项规划包括综合类专项规划（城市风景风貌规划、城市绿地系统规划、城市地下空间开发利用规划、城市综合交通规划、历史文化名城保护规划等）、政基础设施专项规划（给水、雨水、污水、供电、电信、供热、燃气、竖向、环卫等）、公共服务设施类专项规划（城市商业网点、城市文化娱乐设施、城市体育设施、城市医疗卫生设施和城市教育设施等）、防灾减灾类专项规划（抗震防灾、防洪、消防、人防工程规划等）。可以看出，专项规划多是直接关系到民生、城市生命线等设施的综合考虑安排。

2.城市专项规划编制的应关注的重点问题

（1）做好与城市总体规划和其他相关规划的衔接

专项规划与城市总体规划往往由不同部门负责组织，不同的规划设计单位编制的。城市总体规划基于《城乡规划法》、《城市规划编制办法》等规范，由城市人民政府委托城市规划设计单位编制。

专项规划，以交通专项规划为例，是基于《城市道路交通规划设计规范》，由城市交通局委托交通设计单位进行编制的，两者之间的衔接是至关重要的，而又是十分棘手的，因为规划编制的规范依据上会存在冲突。基于此，进行总体规划与专项规划相关规范的协调、融合研究工作是迫切的。城市政府要积极促进城市总体规划与专项规划的融合工作，比如，规划编制部门之间的协调。

（2）处理好专项规划与城市总体规划的依据与修正关系

专项规划是基于城市总体规划审批生效之后进行的，并以城市总体规划为指导和依据。在以此作为依据的同时，专项规划编制时若出现城市总体规划的欠妥之处，是该无视还是加以修正是很尴尬的问题，因为城市总体规划已经审批生效，随意的修正更改必然影响到权威性。但如果坚定地以此为依据继续细化专项规划，则会造成错误决策在专项规划上的二次叠加，问题愈演愈烈。可以尝试建立专项规划对城市总体规划的修正机制，或者在城市总体规划审批时预留专项规划涉及的相关决策、指标控制修正的空间。

总　结

中国正经历着由计划经济体制向市场经济体制的转型，这场变革将导致利益整合、权利重置及文化转型。在现行体制下，城市规划一直都缺乏一种切实可行并趋于客观、理性，能有效解决现实问题的规划运作模式，这不仅需要在理论层面上探讨体系架构，更有必要建立一套行之有效的、以实践为最终目的工作方法。同时政府机构正在进行着以依法行政为方向的改革，现实不仅要求政策创新，更呼唤制度创新。唐山在这一方面也做了以下具体实践：

对传统城市规划学科内核知识与理论的思考，

试图超越具体问题层面的解决寻找一种对目前城市规划实践趋于合理的解释。

正处在资源型城市转型的重要时期、具有百年历史的工业城市——唐山，应对经济社会急剧的变化，变革现有的城市规划运作模式，探讨一种针对资源城市转型的一套行之有效的城市规划方法。于2003年成立编研中心，开展各层次的研究探讨工作程序及一些新方法：

（1）开展大量的基础性调查。

（2）汲取相关学科的理论与方法，从多领域、多视角来研究城市问题。

（3）开展基础性、前瞻性的规划前期研究工作，在城市整体方向性的把握前提下，为规划的编制与实施提供了科学前提与保证。

（4）研究提出资源型工业城市转型时期城市规划的基本策略，提出"城市规划策略"应该从理性的高度来认识和解释现实，又从实践层面上升到具有指导意义的理论。

（5）转变编制方法和程序为研究讨论—结论共识—委托编制—评估反思四个完整阶段。

（6）面对大量繁杂的各种问题，城市规划很难做到事前的完全准确预测，我们一直探讨建立一种动态灵活的规划运作模式。如：曹妃甸工业区的前期开发中规划与各项建设同步展开，我们探讨摸索了"两方八院会议制度"（发改委、规划局及规划院及7个专业设计院），这一方法充分发挥了规划的控制和协调作用，对曹妃甸工业区的前期建设起到非常重要的作用。

（7）政府由建设者向管理者的角色转化，已经成为城市规划最重要的行为特征，在注重规划研究过程时，重视公共政策理论研究。

1. 吴志强等：《城市规划学科的发展方向》，2005。

2. 胡序威：《我国区域规划的发展态势与面临问题》，2002。

3. 同注1。

4. 张兵：《对我国城市规划发展的若干思考和建议》。

5. 同注2。

6. 同注2。

7. 陈雯：《我国区域规划的编制与实施的若干问题》，2000。

8. 王利等：《基于主体功能区规划的"三规"协调设想》，2008。

9. 同注4。

10. 丁成日："'经规'、'土规'、'城规'规划整合的理论与方法"，《规划师》，2009，vol（3），第53-58页。

11. 宋军《非法定规划方法探索》。

12. 同注11。

13. 同注11。

14. 同注11。

15. 同注8。

16. 杨保军、陈鹏：《制度情境下的总体规划演变》，2012。

17. 同注8。

18. 丁成日：《城乡规划法对城市总体规划的挑战及其对策》，2009

19. 同注16。

20. 于亚滨：《新时期城市总体规划修编重点探讨》，2006。

21. 阎树鑫、关也彤：《面向多元开发主体的实施性城市设计》，2007。

22. 同注21。

23. 赵蔚等：《从居住区规划到社区规划》，2002。

24. 罗震东等："1980 年代以来我国战略规划研究的总体进展"，《城市规划汇刊》，2002（3）。

25. 同注24。

26. 仇保兴：《论五个统筹与城镇体系规划》，2004。

27. 吴良镛：《从战略规划到行动计划》，2003。

28. 王茹：《从北京高层建筑的发展看加强城市设计的必要性》，2004。

29. 同注21。

30. 吴松涛、郭恩章：《详细规划阶段城市设计导则编制》，2001。

第一节　转型期城市规划决策管理新体系及规划管理变革需求的背景

一、市场经济对城市规划管理提出新的制度建设需求

随着全球经济一体化进程的加快，我国的市场经济不断完善，城市建设中土地招标、拍卖等有形市场的作用不断增强，土地、房产等资产资源已经在经济运行中显示出其自身所具有的属性，运用市场机制和市场规律优化配置城市中的各种资源，已成为政府把握经济运行的主要方式与手段。但是，作为政府配置空间资源的最有力手段的城市规划管理制度，在城市建设突飞猛进、经济体制向市场经济转变的过程中，尚不能适应现实发展的要求，表现在：一方面，在公共开发领域，由于政府职能的错位，市场与政府边界不清晰，市场行为政府化，应该通过市场运作的规划建设项目却常常作为指令

性任务形式，经常出现应付政府交办的任务现象，缺乏深入的专题研究和深思熟虑的实施方案；另一方面，政府职能市场化，城市规划成为非公共开发建设活动运作的工具，在市场竞争压力的利益驱动下，由于片面追求经济效益，导致城市规划的公共政策属性弱化。这些不适应市场经济发展的状况迫切需要变革城市规划管理体制机制。

二、新时期国家有关经济社会发展方针政策对城市规划改革的要求

"十六大"以来，国家提出了"和谐社会"和"科学发展观"，强调政府从关注效率转向公平，从强调速度转向可持续发展（又好又快发展）。在此背景下，城市规划作为政府调控社会经济发展的有效手段之一，其公共政策属性凸显，城市规划编制的目的更加注重城市整体利益和公共利益的维护，以及资源的可持续利用，控制"非公共性"利

益主体的外部不经济行为。城乡规划具有的调控功能（通过规划保证土地、空间资源的合理利用、调控开发行为保证地区的长期和整体利益）日益得到重视和发挥。因此，可以预见，我国城乡规划改革的一个方向必然是不断加强城乡规划作为公共政策的调控功能。

三、配合《城乡规划法》的实施，需要城乡规划制度进行创新

2008年1月1日，《中华人民共和国城乡规划法》正式施行，对改进和加强城乡规划工作具有深远影响，为城乡规划制度创新提供了法律保障。城乡规划法将全面建设小康社会的目标、城乡统筹、全面协调可持续发展、构建和谐社会以及社会主义新农村建设等要求具体落实到法律条文上，包括强调区域统筹和全域城乡统筹规划与管理；规划功能向公共政策的功能性转变，工作重点转向注重发挥对各类资源和环境实施有效保护和空间管制；确立了城乡规划公众参与制度、监督检查制度和法律责任追究查处制度。城乡规划法的颁布实施要求城乡规划与管理制度必须进行更加全面的创新与变革。

四、城市规划理论与实际结合能力薄弱的改善要求

城市规划在城市经济社会发展中的地位与作用日渐加强。但是，城市规划理论与实际的结合上仍存在一些问题，规划控制目标和规模缺乏科学论证，存在目标和规模盲目偏大的决策问题；历史街区、古建筑、文物古迹、传统民居和有纪念意义的遗存受到冲击；"政绩工程"、"形象工程"和个人意志的影响表现出宽马路、大广场等形式主义的规划建设；城市总体规划等法定规范受到"概念规划"等非法定规划的挑战，给依法进行城市规划管理带来困惑；城市规划法规体系和技术规范尚不健全，控制性详细规划和城市设计的作用得不到有效发挥等。构建城市规划决策管理新体系及探索规划

管理变革甚为急需。

五、经营城市的技术工具

政府运用市场机制和市场规律优化配置城市中的各种资源，成为推动经济运行的主要方式与手段，通过优化和增强城市功能，体现城市的功能导向性、生态环境导向性和社会导向性三方面理念，突出城市特色，提高城市品味，提升城市形象，增强城市综合竞争力，使城市的经济、环境和社会协调统一，实现城市的可持续发展，这一切都需要政府在完善城市规划体系中加强相关专业技术咨询机制的建设。

城市规划管理的决策是城市规划活动的中心环节，关系到规划管理活动的成败。在城市建设突飞猛进、经济体制转轨变化之中，城市规划的编制、设计、评审、批准等环节尚不完善，市场行为政府化；政府职能市场化，城市规划设计成果在非公共开发领域多为通过市场运作方式获得，使得设计单位在市场竞争压力的利益驱动下，片面追求经济效益，规划针对性弱化，规划成果缺乏科学性、综合性和前瞻性，尤其是开发商受到经济利益驱动，故意引导规划条件朝其有利方向，规划控制条件往往是开发商违背城市规划的"条件"。这些市场经济发展的不平衡和市场机制的缺陷呼唤着城市规划决策新体系的产生。

六、 体现空间公正的政府公共行为

城市规划的编制目的是从城市整体利益出发，注重公共利益的维护和资源的可持续利用，从而控制"非公共性"利益主体的外部不经济行为，以体现空间资源使用上的公正。在实践中这一政府公共行为则往往表现为规划编制在城市发展过程中"头痛医头、脚痛医脚"，对城市发展中的相关信息知之甚少，被动的、静止的、从属的规划往往落后于城市的迅速发展与信息瞬息万变的实际变化，缺乏对规划管理决策的咨询、参谋和监督，难以形成综

合效应。目前急迫需要改进城市规划决策方式，为规划管理提供合理的决策依据，推进建立经济效益、社会效益和自然生态环境效益三者统一的长效决策、监督、运行机制。

第二节 转型期城市规划管理运行机制构建

一、转型期城市规划管理运行机制构建的目标

有关城市建设和发展的规划决策来自于各层级政府及其各个行政部门，因此，实施城市规划就是需要把这些不同类型、不同性质、不同层次的决策相互协调起来并统一到与城市发展的整体目标相一致的方向上，把城市中各类部门的决策和实际操作相互协同起来以免产生相互的对抗而带来各自利益的抵触及由此而来的消耗，这就需要有建立协调有效的城市规划管理运行机制。

转型期城市规划管理运行机制构建的基本目标就是根据国家政治经济体制改革的目标和要求，以《城乡规划法》所确立的规划法律制度为基础，以适应转型时期城市社会经济发展调整的现实需要为出发点，以解决目前城市规划管理运行机制方面存在的突出问题为重点，构建起适应国际化、市场化、信息化、民主化的发展趋势的，高效、规范、可操作的城市规划管理运行机制。推动建立责权分明、统一、高效、有序的政府行政体系，既发挥各级政府以及空间发展各社会主体的多重能动性，又保证整体空间发展和管制的有序性。

二、转型期城市规划管理运行机制调整的几个方向

在未来相当长的时期，我国仍将处于工业化、城市化和市场化推进的快车道上，使得我国城乡空间资源配置存在众多不确定影响因素，大大增加了各级政府调控的难度。目前我国的城乡规划管理制度依然不能完全适应现实快速变化的要求，制度创新的需求依然强烈。城乡规划管理制度面对诸多挑战，并将在应对这些挑战的过程中不断进行改革创新，主要包括以下几个方向。

变革方向一：城市规划由单纯注重效率的促进经济发展功能向调控和再分配功能的公共政策转变。我国城市规划改革的一个方向必然是不断加强城市规划的调控功能和再分配功能。加强城市规划的调控功能和再分配功能，重点是从城市整体发展需要出发，通过建立以调控和再分配功能为特点的规划实施管理新模式，保证各类开发建设行为符合城市整体发展利益，保护城市公共利益；引导城市规划由"全能规划"向"公平规划"转变，提高城市规划的公共政策的作用。

变革方向二：城市规划由"封闭式规划"向"透明规划"转变。随着中国整治改革的深入，政府公开、透明已成为政治体制改革的重要内容。《城乡规划法》对于城市规划的公开和公众参与作了明确规定，因此，城市规划的变革应当以"公开公平，以民为主"的理念，建立起有法规保障，对城市规划决策和实施有实际影响力、可操作的城市规划公众参与和行政公开制度，其中包括具有现代民主特征的公众参与规划的制度，以及规划的公开、公示、听证、上诉等具体制度和办法。

变革方向三：城市规划由管理权力高度集中向决策、执行与监督分离的行政管理模式转变。随着我国市场经济的逐步确立，城市开发建设模式正由过去以政府为主导，严格限制市场开发活动的管理模式转向政府牵头、市场投资为主的管理模式，市场在城市开发建设中的作用越来越大。要建立符合市场经济发展需要的新体制——公共行政体制，就必须做到"决策、执行、监督"相对分离，改革目前的政府权力运行模式，这与目前国家行政体制改革的方向是一致的。

变革方向四：城市规划由各自为政的分散运行机制向统一协调行动的运行机制转变。

三、新时期城市规划运行机制构建：决策、执行、监督"三权分离"的城市规划管理机[1]

根据以上城市规划管理机制变革的方向，转型期城市规划管理运行机制构建，以解决当前我国城市规划管理运行中存在的诸如各级政府规划事权不清、部门规划不衔接、缺乏有效的规划监督等问题为目标，在考虑我国的政治社会实际，并借鉴各国和地区已有经验，建议可以在一个实体性的城乡发展规划委员会指导下，建立决策、执行、监督"三权分离"的城市规划管理机制（不同行政层级的监督不包括在这个讨论的体制中）。按照规划决策、实施管理与监督三个环节，组建相应的职能机构。

（一）规划决策

规划决策是政府对城乡发展战略及其具体重大事务的政策和决定。按我国传统规划管理体制，规划决策的行政部门是规划管理局，是集规划的组织编制、实施为一体的管理机构，规划管理部门充当了"运动员"与"裁判员"的双重角色，规划权力高度集中，难以保证规划决策的科学和规划实施的公开、公平、公正，而建立实体性的城市规划委员会，承担起为政府规划决策提供保障的制度则是一条现实可行的路径。

城市规划委员会具体承担对法定规划成果、规划法规和政策，以及重大项目建设方案的审议等。规划委员会审议意见作为政府最终决策的依据，若无特殊情况，政府决策意见应当与规划委员会审议意见一致，若有不同意见可做出说明，由规委会按规定程序重新审议。政府部门应当无权脱离规委会直接做出有关城市规划的决策。

由城市规划设计机构按法定程序编制或修订的各类规划，须在一定期限内提交给规划委员会，在提交后一定期限内，如果规划委员会通过动议不同意这个规划或规划中的部分内容，则这个规划或规划中的一部分内容即为无效。由规划委员会通过的规划方案方能经由城市政府报相应机构（包括上级政府、上级规划部门、人大等，视法定审批权限而定）批准实施，或由城市政府批准实施。

另外，还可依托城市规划委员会设立城市规划编研机构（或规划编研局）。该机构为政府管理机构，作为城市规划委员会日常办事机构，受规划委员会领导。主要承担由政府委托规划委员会组织编制的法定规划，受城市政府和规划委员会委托开展政策性研究，规划信息收集与管理，其他规划技术咨询等工作，为规委会工作提供其他服务。单位性质可为行政，也可设为行政型事业单位。规划编研机构内可设规划信息中心，负责对相关规划问题决策提供基础研究与信息收集工作，为规划委员会、规划局和规划监督办公室提供服务与技术支持。

（二）规划执行

规划执行就是将规划决策部门制定的决策加以落实的过程和行动（包括政府核准的法定规划的实施，以及其他有关空间资源利用单项决定的落实）。规划执行机构可以分为综合规划执行部门和专项规划执行部门。

综合规划执行部门作为规划决策执行机构，在条件具备时，该部门可以成为整合经济发展规划、土地利用规划、城市规划等管理职能的精简的综合性"大局"。若管理机构整合有困难，则该部门则主要承担城市规划局规划行政审批职能，而将规划组织编制职能整合到规划委员会下，土地与经济发展规划暂时保留现有部门，待时机成熟可将这三个部门整合为一个部门。

专项规划执行部门具体包括市政、交通、环保、电力、通讯、海洋、园林绿化、环卫等行政管理部门，其职责以本职能领域为对象，负责实施城乡发展规划委员会组织编制并按法定程序通过的各专项规划，按相关法律和政府部门分工进行具体管理工作，并受规划委员会的监督。

（三）规划监督

城乡规划监督检查贯穿于城乡规划制定和实施的全过程，是城乡规划管理工作的重要组成部分，也是保障城乡规划工作科学性与严肃性的重要手段。城乡规划监督包括人大监督、行政监督、公众监督等多形式、多层次的城乡规划监督检查体系。2008年颁布实施的《城乡规划法》也对"监督检查"专门做了规定，强化了对城乡规划工作的人大监督、公众监督、行政监督，以及各项监督检查措施，从法律上明确了城乡规划的监督管理制度，对进一步强化城乡规划对城乡建设的引导和调控作用具有积极意义。[2]

1.人大监督

《中华人民共和国宪法》规定，人民行使国家权力的机关是全国人民代表大会和地方各级人民代表大会；国家行政机关由人民代表大会产生，对它负责，受它监督。作为我国最高权力机关，人民代表大会及其常委会对人民政府工作进行监督是人民代表大会监督权的重要内容。对政府实施城乡规划的情况进行监督也就成为人民代表大会监督职能的一项重要内容，属于人民代表大会对政府的工作监督，人大在城市规划监督方面具有天然的优势。同时，城乡规划法也为加强人民代表大会对城市规划的监督提出了具体规定，如省域城镇体系规划、城市和县城关镇总体规划由本级人大常委会审议；城市控制性详细规划报本级人大常委会备案；地方各级人民政府应当向本级人民代表大会常务委员会或者乡、镇人民代表大会报告城乡规划的实施情况，地方各级人民政府据此必须向本级人民代表大会及其常委会报告城乡规划的实施情况，可以根据实际需要进行主动报告，也可以根据人大及其常委会的要求进行报告，以充分运用听取和审议政府专项工作报告这一基本形式，接受人民代表大会及其常委会的检查和监督。此外，按照宪法和有关法律的规定，城市人民政府还应当接受本级人民代表大会常务委员会依法对城乡规划实施情况的其他形式的监督；人民代表大会及其常委会通过受理人民群众的申诉、控告等，责成人民政府依法进行处理；人民代表大会及其常委会对特定问题进行调查、询问、质询等。[3]

2.行政监督

规划行政监督主要是指对规划执行部门及政府规划决策行为的监督。规划监督的依据包括核准执行的法定规划，上级政府的规划决策，以及相关法律法规和政策。规划监督职能可以设在城市规划委员会，也可以是单独设立的规划督察机构。城市规划监督机构作为政府行政管理机构，负责对法定规划的动态监测，代行受理上诉申请，对规划执行部门的行政许可进行监督检查，督促相关部门落实规划委员会有关决议等。

3.公众监督

规划决策的民主化、科学化，只有依靠公众充分参与才能实现，这就需要建立起公众能够知情、参与、监督城市规划的一系列公众参与制度，包括规划的制定、修订、实施、监督等全过程，从宏观城镇化战略到涉及老百姓切身利益的微观规划（详细规划特别是小区规划、基础设施规划等），都需要公众参与。尤其是当市场行为的某些要求要触及甚至严重影响公共利益时，有效的公众参与体制可以来进行阻止，保证规划的执行以及"规划为民"。[4]公众监督的组织机构可以由各级政府及其相关机构（规划、监察等）根据职责不同分别承担不同职能，最基本的任务应当是在社区组织和以专业协会为主的各类非政府组织。

这样，以城市规划委员会为决策机构，以城市规划局和各专项规划行政主管部门为具体实施机构，以人大监督、行政监督部门和公众为规划监督执行主体，可以构建起规划决策、执行、监督分离的新型规划管理体制及其运行机制。

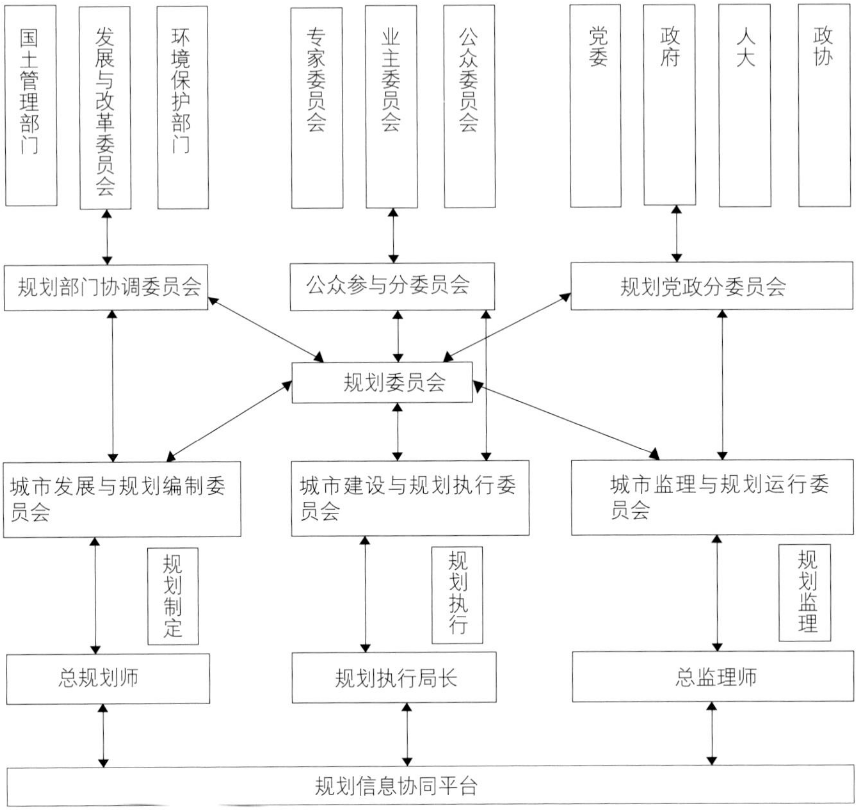
国土管理部门
发展与改革委员会
环境保护部门
专家委员会
业主委员会
公众委员会
党委
政府
人大
政协
规划部门协调委员会
公众参与分委员会
规划党政分委员会
规划委员会
城市发展与规划编制委员会
城市建设与规划执行委员会
城市监理与规划运行委员会
规划制定
规划执行
规划监理
总规划师
规划执行局长
总监理师
规划信息协同平台

图15-1　城市规划运行体系协同框架

（四）建立决策和执行相对分离的城市规划行政管理框架

行政管理体制改革是我国推进依法行政、建设法治政府的重要目标，城市规划工作是政府依法行政的重要组成部分，为此，当前必须通过改革城市规划决策和执行体制，为依法行政提供制度保障。

行政运行中决策与执行分离是现代行政管理的发展趋势。遵循中共十六大报告中提出的“决策、执行、监督”相协调的要求，应尽快迈出城市规划行政管理体制改革的步伐，将行政决策与行政执行分离，借鉴国外行政管理理论和改革实践基础上的现实可行的选择。这既是现实的要求，也是长远发展的需要；这种观点既有理论研究的依据，也有实践需求的支持。

如深圳推行的“行政权三分”。按照决策与执行相分离的要求，针对决策机构和执行机构这两类职能完全不同机构的特点，应当分别建立符合各自特点的管理制度，把决策与执行这两种不同性质的职能分别交给不同的主体承担，合理配

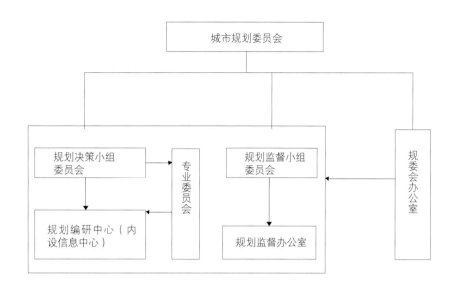

图15-2　城市规划委员会组成图

置职能，使决策者和执行者各司其职，各负其责，从而改变传统的决策与执行合二为一的体制。在此基础上，推动决策机构与执行机构按照决策、执行、监督、反馈的管理流程，建立起彼此既相互独立、又互为联系、互为制约的规范的运行机制和行政管理框架：由决策机构负责决策过程，不直接干涉具体的执行过程；由政府的执行部门按照专业的执行规范独立地执行决策机构作出的各项决策，并及时向其反馈信息、提出意见和建议。在这样的行政框架下，执行权力成为一种受监控的权力，需要不断提高执行效率、执行水平以及规范化的程度。

城市转型及社会转型期的城市规划在运行中面临诸多困难，规划部门既不能迎合既成事实"违规"操作和随意改变规划，成为代人受过的牺牲品，更不能成为各种利益团体借助各种权力和手段以最小的投入实现自身经济效益最大化的突破口。

一个良好的规划运行体系应该是一个有层次的管理系统，通过规划编制、执行、监理的"三权分离"，实现权力的制衡与监督。"三权分离"从制度上避免了权力寻租和自由裁量权的失控，从而也保护了规划从业人员的执业安全。

第三节　城市规划实施管理制度建设对策的研究[5]

城市规划管理制度的变革与我国市场经济体制改革和城市化发展过程紧密对应。在未来相当长的时期，我国仍将处于工业化、城市化和市场化推进的快车道上，城乡发展与建设将面对诸多挑战。同时，伴随落实科学发展观和构建资源节约型社会的实践，城乡规划管理制度将进入到一个全面改革和不断创新的阶段，其涉及的领域也很广泛。本研究主要针对城乡规划管理的决策、执行和监督三个环节，重点讨论城市规划委员会、城市总规划师、城市规划动态评估、城市规划实施的公共财政保障、城市规划督察员、城市规划动态监测以及城市规划公众参与等制度的建设对策。

一、城市规划委员会制度研究

城市规划的决策实施，不仅是一门综合的工程技术和政府依法行政的行为，也是涉及方方面面、需要各方参与协调的"运动"。要确保城市规划的科学决策和有效实施，就需要不同类型的专家学者和各相关部门的负责人参与到这一决策实施过程中来。而城市规划委员会正是这样一个将拥有不同专业知识和利益背景的政府公务员、专家、社会人士集合在一起，进行集体决策的有效载体，是一个对政府行政领导进行城市规划决策起到技术参谋和权力制衡作用的组织。

（一）城市规划委员会制度建设的基本原则

（1）坚持规划决策和执行分离。规划决策和执行应该有相应的常设机构，在我国国情下，规划委员会应该承担起规划决策的职能，规划局等业务局继续承担规划执行的职能。要赋予规划委员会相对独立的权力和责任，避免决策执行不分、导致规划实施不力的尴尬局面。

（2）给予规划委员法律保障。我国部分城市目前试行的城市规划委员会制度，由于缺乏相应的法律制度保障，再加上规划委员会实际执行机构一般是城市规划管理部门，"一套人马，两个牌子"，导致制度设立的目标很难实现。在设立这项制度时，应当依照《城乡规划法》，在地方城市规划条例中明确城市规划委员会制度的法律地位，保证城乡规划委员会在城乡规划编制和实施中的决策和监督权力，并有严格的法定工作程序。

（3）规划委员会的成员要多样化，专家、学者、公众的数量要占多数比例。规划委员会在进行规划决策时，需要多方利益的共同参与，非公务员系列的专家、学者、公众委员占多数比例，一方面能够提高决策的科学合理性，减少规划决策失误的风险，另一方面有利于规划管理过程中，体制外的利益主体对政府部门的监督。

（4）规划委员会的职能要向决策型转变。规划委员会应该具有明确的决策职能，对各类规划进行审批所做出的决议不是咨询建议或参谋意见，而是具有法律效力的行政决策，必须遵照执行。

（二）城市规划委员会运行组织机构及职责

良好有效的城市规划运行体系应该是一个有效率的管理系统。规划委员会制度是在民主前提下的集中制度，由规划委员会主任召集各分委员会代表参加会议，进而形成规划决策。分委员会的权力、义务和责任由规划委员会拟定，会议、投票、人事等各项制度落实后由人大通过并每年进行修订。改良后的规划委员会从制度上体现了规划决策的集中和效率。城市规划委员会应当是一个涵盖环境、土地、区域、城乡建设等涉及空间发展与规划的各领域的综合性规划决策机构。城市规划委员会的职能应从传统的城市规划管理范围跳出，能够覆盖所有涉及空间利用的各项规划，包括城市总体规划、主体功能区规划、土地利用规划、环境保护规划和各类专项规划的组织编制和审批，以及受理各类规划申诉与监督检查等内容。规划委员会可以成立两个次级规划小组委员会，即规划决策小组委员会和规划监督小组委员会。此外，规委会获授权力，可委托由其成员组成的专业委员会（专业委员会包括：城市发展战略委员会、城市规划设计委员会、市政交通委员会、城市建筑与环境委员会、法定图则委员会等），就各自的议事范围为规划委员会提供审议或审查意见。规划委员会下设办公室，负责规划委员会的日常事务和后勤保障工作。规划委员会可下设规划编研机构，具体承担规划委员会有关规划技术管理的日常工作；下设规划监督办公室，对应承担规划监督方面的日常工作。

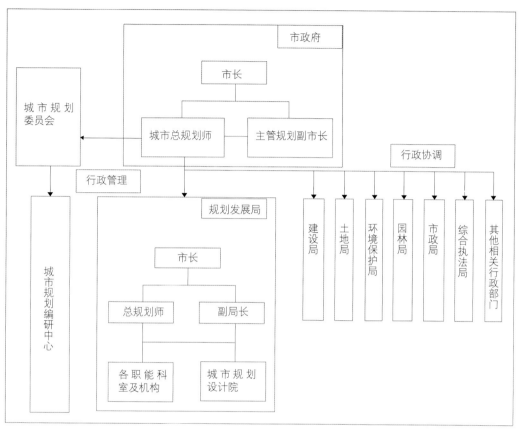

图15-3　城市总规划师制度示意图

二、城市总规划师制度研究

　　建立城市总规划师制度主要是为了协助城市领导把好技术关，弥补城市主政者智慧、经验、专业知识和精力的不足，以提高城市规划决策的科学性。

　　城市规划的好坏将直接影响到城市能否健康地发展，科学的规划决策对于城市在激烈的竞争中能否在区域发展中占得一席之地，具有关键的引导和调控作用。因此，现在的城市管理决策者们更加意识到城市规划就是生产力的深刻涵义，大多都对城市规划高度重视，很多城市都开始聘请城市规划方面的专家学者作为顾问，为城市的规划建设把脉。这种现象的出现从另一个方面也反映出建立城市总规划师制度的需要和可能都是客观存在的。

（一） 城市总规划师的角色定位

城市设立总规划师，就是为了充分发挥城乡规划作为城乡建设龙头和最重要公共政策的作用，为城市决策者（书记或市长）提供充分直接的城乡规划技术参谋。为提高城市总规划师参与决策的权威性与执行力，建议在城市政府行政体制内，设置规划技术领导岗位，总规划师作为市长的规划专业技术参谋，在行政上是上下级的关系。总规划师和主管城市规划的副市长的行政关系平行（副市长是市长的一级助手和行政参谋，总规划师是市长的规划专业技术参谋），也应当承担为主管副市长行使相关职责提供技术参谋；总规划师与城市规划行政主管部门负责人在行政上是上下级关系，具体职责关系是在专业技术上指导与被指导的关系。同时，城市总规划师可兼任城市规划委员会副主任，授予其技术决策权、协调权，其岗位职责应在城市规划相关法律法规中予以明确并加以制度化。（图15-3）

（二） 城市总规划师的主要职责[7]

城市总规划师是城市中规划专业技术的最高负责人，主要负责协助城市高层决策者进行规划决策和规划实施管理。对上协助市长和主管副市长进行城市的规划与管理工作；对下负责领导城市规划委员会，组织协调城市规划主管部门、社会经济发展规划部门、土地利用规划部门、环境规划部门等相关职能机构，以及各类规划设计研究院等科研机构。同时，通过总规划师办公室以及城市规划编研中心等职能机构的专家力量，使总规划师制度贯穿于城市规划的编制、审批和实施的全过程中。具体职责如下：

（1）主持规划决策小组委员会会议，负责审议城市规划委员会委托的各种规划方案和比较重大的规划报建项目，集中和协调有关方面的意见，并提出决策意见，对影响城市发展的重大决策提供审查意见。

（2）负责组织协调重大规划设计编制、规划政策制定和技术审查工作。

（3）负责协调组织各部门进行各项规划决策实施，并授权负责决策实施过程中的战术决策、技术决策和执行监督工作。

（4）负责领导城市规划技术机构（城市规划编研中心），组织决策信息集中、处理、分析，信息纠偏和政策建议工作，负责组织专家顾问团开展专家咨询工作。

（5）完成市政府授予的其他职责。

（三） 城市总规划师的资格要求

对城市总规划师的资格要求一般应具备以下素质：一是具有政治头脑，能够意识到在进行城市规划决策时政治因素的影响与作用；二是有整体观念，不为局部的问题和矛盾而转移对于城市整体的关注；三是能够着眼于未来，在立足现实的同时，预测未来城市可能会发生的问题和发展趋势；四是具有敏锐的洞察力，不应仅仅专注于那些外在的、形式的技术与方法，而是重视对决策的内容、实质的把握；第五，具有创新能力，能够在复杂的条件下创造出新的决策方案；六是要具有灵活性，善于抓住变化中的问题和矛盾的关键部分，并且根据实际情况调整策略；七是要具有良好的合作精神和组织能力，不仅能够与行政官员，尤其是市长、副市长和规划局长合作，还要有组织不同学科的专家、学者共同工作的能力。同时，总规划师还必须是城市规划领域的专家，具有较高的专业技术水平，需要具有较高的学历和较高的技术职称资格，并且长期从事城市规划工作。

三、城市规划的动态评估与调整制度研究[8]

通过对实施中的城市规划的评价，可以发现和总结规划编制中的问题，为新一轮规划编制方法的改进提供基础和依据。因此，对正在实施中的规划对城市发展和建设的影响和作用进行评估，是保障城市规划科学编制和实施的基础。借鉴国内外规划实施评价的经验，对城市规划实施的评价工作主要的方法是：借助GIS手段，检查物质空间建设与原有规划的吻合程度；运用定性分析的方法，检讨原有规划中设定的政策目标是否实现，建立城市规划的评估反馈制度。还要检查规划实现的程度并查找主要原因。

（一）评价内容

城市规划包含的内容广泛而复杂，从评价规划的目的出发，主要包括规划影响因素的评价、政策评价和建设评价等几个方面的内容。

1.影响城市规划实施的因素评价

主要包括两方面的因素：一是外部环境，主要指政策和社会经济背景。城市规划实施与否，不完全取决于地方政府的努力。地区发展的外部环境，如国家的宏观经济形势、国家土地政策的调整、住房政策的变化，乃至国际政治、经济、社会环境的变化，都会对城市规划的实施带来很大的影响。另外一个是内部环境，主要指地方政府的角色。这里面包括管理体制的因素和经济运行等因素。

2.城市规划的政策评价

传统的城市规划政策属性较弱，因此难以就规划成果的政策属性直接进行评价，这正是未来城市规划编制亟需强化的部分。即便如此，传统的城市规划也仍包含若干较强的政策性范畴。规划政策评价的内容主要包括政策设立的目的和实际效果的比较，具体的评价内容包括人口政策、产业政策、空间政策等各方面。如人口规模的检验、用地建设强度的确定、具有生态价值的用地的保护等，需要单独进行评价。对城市规划实施

的政策评价，也应对城市规划应关注而没有关注的问题进行分析，如住房问题、弱势群体就业问题等。

3.城市规划的建设评价

这种评价的主要方法是对已付诸实施的规划，在实施了一段时间之后所形成的结果与原规划编制成果中的内容是否得到真正的实施进行评价。这类研究倾向于运用实证技术的方法以分辨规划目标与实施结果间的对应关系，其分析的重点相应集中于规划实施前后关系的核实比对。

（二）评价方法

各级各类法定规划在实施的中后期都应对规划编制质量和实施效果进行分析评价，并根据存在问题和发展的新要求，对规划实施和调整提出意见。具体包括以下几个环节的评价。

1.对规划编制过程中的评价

该评价内容主要包括：充分、适当地介绍背景情况；合理考虑规划的基本问题；规划中制定的标准是否明确；是否明确地提出了规划方向和目标；规划的基调是否与规划方法相协调；是否建立了咨询组；是否提供了草案供公众评论；对所有可能的或者应该考虑的问题是否进行了充分的考虑；对效益和公平问题、在不同群体中的成本和利益分配、重新布局和置换可能引发的问题、有关财政和法律问题，以及在更广泛的政治环境中的可行性问题是否进行了考虑；规划中关于实施的规定是否适当；是否确定了实施的优先顺序；规划是否以广泛而可行的数据为依据；规划是否具有足够的灵活性，允许加入新的数据或调查结果进行调整；是否根据公众的特征将规划思想作了明确的表达；是否制定了用于评估规划的标准等内容。

2.对规划编制成果的评价

包括对规划编制成果的创新性、前瞻性、经

济性、地方性、科学合理性、规范性等内容进行评价。

3.对规划实施效果的评价

对城市规划实施效果进行评价也是评判规划优劣和进行规划修正的重要依据。实施效果评价主要包括两个方面：

一是产业布局效果评价。城市规划实施的积极效果应当是促进生产要素的合理集聚与分散，实现地区均衡发展。因此，产业布局的合理与否、城乡均衡发展状况是判断规划效果好坏的一个重要标准。

二是社会、经济和生态效益综合评价。关于城市规划实施的社会、经济和生态效益综合评价的指标很多，最常见的经济效益衡量指标有单位土地面积开发成本、利润、税收、投入产出比率和投资回收期等；最常见的社会效益指标，有人口健康指标、人口平均寿命、教育普及率、技术进步贡献率、城市化率、就业率、失业率、犯罪率、贫困人口数和贫困人口比率、资源利用率等；最常见的生态效益衡量指标有国土整治面积、土地利用率、国土保护面积、绿化覆盖率、环境污染达标排放率等。

第四节 城市规划实施的公共财政保障制度研究[9]

市场经济条件下，城市规划的实施完全靠行政强制措施是行不通的，城市规划作为一项公共政策，只有拥有了有力的经济支持才能得以施行和实现。政府公共财政作为提供经济支持的重要手段，其配置与城市规划实施政策是否协同，对于城市规划能否实施具有关键性影响。这种协同既表现在城市空间布局上，也表现在时间安排上。借鉴美、日等国家的经验，建立以财政诱导促使地方遵守并落实城市规划是一项可操作且富有成效的制度。财政除支持本级政府财政外，在特殊情况下，还包括实施不同地区政府之间的横向转移支付以解决区域协调问题。如解决不同地区围绕生态的生态补偿机制和环境问题的利益补偿调节机制，建立横向转移支付制度的思路也可供选择。

一、建立城市规划与国民经济计划体系及相应的财政投资体系的有效衔接机制，重点推进"近期建设规划"实施

在现阶段行政规则下（上文提到的多规合一也许能有效解决这个问题），要强化城市规划体系与国民经济计划体系及相应的财政投资体系的有效衔接，较为可行的选择是将城市规划做时间维度的进一步分解，一方面使总体规划能与国民经济计划在重点环节和内容上充分衔接，另一方面也强化总体规划对详细层面规划的控制力，保证规划目标的落实。

其中，近期建设规划是对城市总体规划的五年分解，是与国民经济与社会发展规划衔接的最主要的城市规划。国民经济和社会发展五年规划主要在目标、总量、产业结构及产业政策等方面对城市发展做出总体性和战略性的指引，侧重于时间序列上的安排；近期建设规划则主要在土地利用、空间布局、基础设施等方面为城市发展提供基础性的框架，侧重于空间布局上的安排。

目前，由发改部门牵头制定的"五年经济社会发展规划"在城乡发展重大问题的决策，尤其在政府财政投资计划安排方面具有很强的作用和影响力。因此，要获得政府财政投入，保障规划的实施，应寻求城市规划和"五年规划"之间的衔接。具体建议措施有：（1）调整城市总体规划的规划期限，近期建设规划应以"五年社会经济发展规划"（也包括目前正在编制的主体功能区规划）确定的各行业重点项目布局意向为依据，

进行空间布局协调。"五年规划"要求的建设项目的布局和选址应符合城市规划近期的要求。（2）近期建设规划确定的城市基础设施和公共设施建设项目，应逐一落实到"五年规划"确定的政府财政投资计划中，保证重大项目建设在政府财政投资方面能够形成合力，才能保障城市规划目标的实现。

二、建立近期建设规划年度实施计划制度

仅在五年规划层次建立城市规划与国民经济计划体系的衔接是不够的，因为在以国民经济计划为核心的现行政府运作体系中，五年规划侧重五年的总体发展指标，基本不涉及空间和建设项目，最为核心的环节则是一系列年度计划，包括国民经济与社会发展年度计划、年度政府投资项目计划、年度财政预算等。如果城市规划体系与政府经济、财政的操作性年度计划不相对接，将在很大程度上制约城市规划的有效实施，也影响规划对城乡发展空间统筹作用的发挥。因此，建立近期建设规划年度实施计划制度，将近期建设规划确定的目标、行动通过年度实施计划来加以落实，以此建立城市规划由"城市总体规划—近期建设规划—年度实施计划"组成的完整时间序列和动态体系。

年度实施计划制度的建立，将使城市规划的实施体系形成从远期到中期到年度的完整时间序列，规划期内的目标将通过五年和年度予以分解，行动则依托年度计划予以落实，公共项目投资依托公共财政预算予以落实。

在对规划期限内城市重大基础设施建设项目安排深入细致考虑的基础上，对实现规划目标所需要的资金量和资金来源进行详细分析，对于面向社会大众的基础设施和公共设施等公共产品的建设，不仅仅只提出发展目标，同时要结合年度财政支出预算在资金保障方面提出具体要求。财政资金的分配与安排应当与规划所确立的目标序列和行动步骤相统一、优先行动、优先项目应当优先获得资金的配备，从而保证规划主要目标的先行实现，并依靠这些先行目标的实现带动社会整体的发展。

三、改进"组织方式"，协调公共财政配置

城市规划作为关于城市未来发展的一项公共政策，其编制并非仅仅是城市规划部门的工作，而应当是政府各部门有关城市发展和建设管理工作的综合依据，是对政府行政和政策的预先规定。城市规划的实施也不是仅靠城市规划部门就能完成的，而是由政府和社会的各个组成部门来具体运作实施，规划部门能够担当的只是其中的协调和管理的作用，在很多方面都需要社会的各个组成部门之间的相互协同作用。

城市规划管理部门应充分协调资金安排和规划实施的关系。公共投资作为公共财政机制的重要组成部分，与城市规划的实施有着密切关系，因而城市规划管理部门在公共投资决策过程中应当拥有参与和决策的权力，对公共投资决策过程应具有一定程度的影响。在市场经济体制下，城市规划管理部门可以在协调平衡城市公共资金的投入方向、地区和时间等方面发挥关键性作用，通过对这些资金安排与规划实施的结合，可以保证城市重大建设活动与规划实施的协同。

四、采用"经济分析"研究，提高公共财政，推进规划实施效率

城市规划作为一项关于城市未来发展的公共政策，其实施具有经济上的效果或需要经济上的投入，因而经济的可行性评估就十分重要，同时经济上的可行性也在很大程度上影响到规划能否顺利实施。

公共财政作为一项保障规划实施的经济手段，其支出有相当一部分是用于城市基础设施建设和城市公用事业的发展，主要针对的是城市的物质基

础，如道路交通、供水、供电等基础设施和其他政府型的公共设施。这些类型的项目和设施都是高成本的，也是长久性的，并且投入的资金有些来自于较长期的借贷，政府就要承担相应的负担。同时，由于物质设施在其建成之后都要长期运行并且难以轻易改变，这就要考虑每个项目的支出和规划的可获得结果，即需要评估其成本和效益。因此，城市规划可以也应当在城市公共财政资源配置中充当重要技术依据。

第五节 城市规划管理运行体系中相关制度的研究

一、城市规划督察员制度

为保证对城市规划的调控权力，住房和城乡建设部从2006年开始在全国试行规划督察员制度，以行政层级监督的形式向国务院审批城市总体规划的城市派驻规划督察员，对地方政府城乡规划的制定、审批、实施等情况进行实时监督，出发点是避免或纠正地方政府违法违规行为。这是上级政府对下级政府城市规划实施与管理行为进行有效监督的一项制度，即由上级政府委派城市规划相关专业技术与管理人员担任规划督察员，行使上级政府对地方城市规划的调控监督职能。

建立派驻城市规划督察员制度，可以强化城市规划的层级监督，有利于形成快速反馈及及时处置的督察机制，及时发现问题，减少违反规划建设带来的消极影响和经济损失；在一定程度上，有利于推动下级规划管理部门依法行政，促进党政领导干部在城市规划决策方面的科学化和民主化。

目前这个制度的推行是借鉴了英、法的规划督察制度，在具体内容和实施上具有中国特色。虽取得了积极的成效，但是在法律地位和具体制度设计上仍存在明显不足，处理问题时显得力不从心。实际督察的效果不明显，有可探讨的空间。

（一）目前城乡规划督察员制度运行中存在的问题

1. 法律地位的缺失

我国的城乡规划督察员制度没有在规划法律制度里明确规定，更没有建立独立的组织承担有关职责。从国家法律体系来看，可从《中华人民共和国宪法》第1.11条第2款和《地方各级人民代表大会和地方各级人民政府组织法》第66条找到国家机关行使职权的根本依据。《城乡规划法》、《历史文化名城名镇名村保护条例》，《风景名胜区条例》等一系列法律法规中，明确了中央政府部门行使具体规划管理职权的法律依据。还有行政规范性文件也提出加强规划建设的监督。上述法律法规以及行政规范性文件都没有对规划督察员制度的设立作出具体而明确规定。目前设立城乡规划督察员制度的直接依据是建设部《关于建立派驻城乡规划督察员制度的指导意见》(建规2005 181号)和建设部《关于开展派出城市规划督察员试点工作的通知》。这两个文件都不具有部门规章的规范效力。规划督察组织机构、权限、工作程序均缺乏法律规定，督察员的法律身份、住房和城乡建设部与规划督察员之间的法律关系、承担责任的义务主体等均不明确，一旦发生争议将无法可依。

2. 运行机制与手段的欠缺

目前实施的规划督察员制度是需要根据不同层级政府的城市规划事权，设立相应层级的城市规划督察机构，即建立起国家、省、市（地）三级城市规划督察组织体系。重点对城市下级政府实施规划的情况，进行越级监督检查。当地的城市规划委员会为直接负责部门，规划督察属于封闭式的层级监督模式，以主动介入规划审批过程为重点，缺乏具有法律约束力的机制和手段，更没有争议处理或举报信息反馈制度。规划督察员制度的主体范围限于上下级政府和行政部门，手段更多体现为非正式的柔性方式，对地方政府和规划主管部门没有法律约束力，规划督察效果往往依赖于规划督察员个人的工作能力。

3.目前督察制度的实效性问题

利益制衡有限：规划督察员的一个作用是地方规划主管部门在审批规划项目时，常常需要依靠规划督察员顶住来自强势单位的压力，避免被动违规，规划督察员亦可借此帮助地方政府提高依法行政的执行力。但是，实际操作中规划督察员制度封闭式的运作形式，缺少体制内外的信息传递和利益表达双向互动机制，很容易失去借助合力来遏制违法行为的机会，也难以获得社会的支持和认同。功能配置存在缺失：现行制度下规划督察员并不介入规划纠纷的解决，不能很好地实现化解矛盾在基层的作用。例如，在规划行为中政府以及各利益相关人之间不可避免地存在一些利害冲突，现有行政复议、行政诉讼等正式法律渠道解决规划纠纷的能力有限，受到许多法律上的限制，利用率不高。规划纠纷解决不及时，容易导致重大经济问题和影响社会稳定。现行规划督察员制度虽具有专业技术和权威优势，却没有设置争议解决这一功能，有回避矛盾之嫌。规划督察员缺乏权限和手段，监督易流于形式化，缺乏彻底性。实际运行中，目前的城乡规划督察员制度是主动性规划监督举措。规划督察员受理范围有局限性，增加了行政成本。规划督察并没有发挥到原来建立这种制度时所预想的作用。在规划的编制制定、执行、实施、监督环节中，城市规划最终的实施环节最容易出偏差。往往规划设计是合理的，但执行情况却不尽理想，由于目前规划督察并没有涵盖规划的全过程，往往造成最终的结果南辕北辙。

（二）完善目前城乡规划督察员制度的建议

1.确立城乡规划督察员制度的法律地位

我国城乡规划督察员制度在法律地位上不确定，规划督察员的地位、权威、保障等一系列问题也就都无法确定。国务院应当总结已有经验，尽快起草制定《城乡规划督察员条例》，明确规定规划督察员制度的主体、权限、范围、主要制度、程序以及监督效力等有关问题，保证规划督察的顺利开展。

2.建立城乡规划督察组织

建立城乡规划督察组织，使其地位与自身的监督职责和特定权力相称，适应行政改革的需要。我国城乡规划督察员制度作为国家行政监督机制的组成部分，其性质是国务院对地方政府实施《城乡规划法》的行为进行监督。国务院于2008年7日印发的《住房和城乡建设部主要职责内设机构和人员编制规定》亦突出了监督职责。为此，国务院应当依法正式授权住房和城乡建设部，建立全国性的正式规划督察机构，向各有关城市人民政府派驻规划督察员，代表国务院行使规划督察权。

3.强化法律约束力

规划督察员制度应当明确地方政府有义务保证规划督察员事前知情和参与权，否则应承担相应的法律责任。如规划督察员的调查权应包括：查阅、复制或要求督察对象报送文件、会议纪要以及资料并要求督察对象作出解释和说明；经常性检查、巡视、现场核查、公开调查；召开专门问题听证会等。同时，要增加强制性的程序规定，如地方政府需要报经中央政府部门决定的事项，应当听取规划督察员意见，使规划督察员的意见对结果能够产生实质影响。对于各类督察文书，应当设置不同的法律效力以及督察对象不予执行时的法律后果。

4.打通内外监督渠道增补救济功能

对于群众举报投诉，根据具体内容，建立相应投诉反馈、正式调查以及调解等专项制度。比如针对涉嫌违反规划审批的项目，有选择地展开正式调查，由规划督察员为主导，以向社会公开为原则，通过规划利益相关人质疑规划项目的合法性来启动调查，以利益相关人与开发商当庭对质抗辩为焦点，适用准司法程序，将规划项目强制性纳入公开调查取证程序。通过正式制度，将社会公众以及媒体舆论的影响力引导转化为上下结合的体制内监督力量，有助于缓解诉求不畅容易引发的对立情绪，化解矛盾，消除社会不稳定的隐患。

5.建立内部监督协调机制

规划督察员制度有独立的监督渠道和专业的监督手段，如果能协调其他内部监督力量，会取得更加显著的效果。例如与行政监察制度、土地督察制度等进行协调，优势互补，建立诸如通报和移送制、移送反馈制、协查责任制、联席会议制等，形成一个配合密切、行为互动、情报共享、联络有序的联合监督机制，最好能够通过某种规范形式，使其具有法律或事实上的约束力。

（三）城乡规划督察员制度未来发展方向的探讨

自上而下的城乡规划督察员制度涉及到中央与地方事权的划分原则。中央与地方事权的划分问题始终是一个重大的现实问题，这一问题不仅既事关经济发展方式的转变，也事关社会的和谐与稳定。现行体制下要推行城乡规划督察员制度应遵循以下原则：

一要调动并发挥中央与地方两个积极性的原则。任何地方的发展都不可能脱离国家层面的大环境，而国家的发展也需要以地方的发展为基础，只有把中央与地方两个发展积极性结合起来，才能收到好的成效。

二要确立责权对称的原则。中央的经济社会管理要与其承担的国家责任相对应，中央政府承担什么样的国家责任，就应当有什么样的国家权力。同样地方的经济管理权力、社会事务管理权力也要与

它承担的管理责任相对应，防止有权无责或者有责无权局面的出现。中央责任与地方责任也要对称，既不能使中央承担无限责任而地方不负担什么责任，也不能使地方承担过多责任而中央不承担应有的责任，或出了问题，只追究地方政府责任。

三要遵循法治的原则。推进立法进程，以法治化来确定中央与地方的制度化关系。发达国家在处理中央与地方关系问题上，都有议会以法律的形式对中央与地方的关系予以确定，所有的地方政府都是根据法律的要求提供服务来行使权力的。从我国宪法看，中央与地方关系的界定过于笼统。历来中央与地方关系的变动往往依据政策文件，没有法律约束力。中央凭借其权力层级上的优势对两者关系进行的非制度化和不确定性的修改导致了地方政府对中央信任感的削弱，在没有有效制度权威保证的前提下，地方只有诉求于自身，努力增强本地经济实力，并以此作为与中央讨价还价的筹码，中央与地方的关系因而容易产生问题。

目前推行的规划督察制度是在现行规划管理体制下，各地方规划领域问题频出的情况下，在现行的监察体系之外，中央政府对地方政府实行的外部监督的一种形式，另行建立的一套自上而下的行政监察体系，希望通过城乡督察制度行政督察的方式来解决出现的问题。城乡规划督察制度完全在体制内运行，城乡督察工作在本质上属于行政监察，按理应该利用现有的地方行政监察体系，这也反映了对地方政府的不信任。作为现阶段利用行政体系解决现实问题的权宜之计，目前推行的城乡规划督察员制度并没有抓住问题的核心。督察员及专项督查虽解决了一部分现实中的问题，但从长远发展看这项制度有许多可探讨的空间。

第一，规划督察要突出重点：中央对地方的规划督察应重点放在有可能与国家政策发生冲突的、会对周围相应区域产生重大影响、可能造成区域或国家持续性争论、引起重大的建筑和城市设计问题或涉及到国家安全和利益的行为上。督察的内容应

该是中央政府制定的区域规划、国家的重大基础设施，涉及区域协调、跨流域及生态保护、国家文物遗产保护等关乎国家利益和协调地区之间的矛盾内容，用规划督察的手段落实中央及区域的规划实施，确保地方规划符合国家和地区发展政策。

第二，规划督察要取划分事权分层次的原则：总体规划之下的各层次的规划应属于地方性事务，要充分利用地方现行的政治制度架构来建立监督体系。这个体系包括"城乡规划法"赋予的上级规划主管部门对下级规划主管部门的监督职责，在充分发挥行政监督的基础上，利用"权力制约权力"的原则，实行同级人大依法监督、政协民主监督，实现与城乡规划督察员制度相同的目的。

目前各级的地方组织中有完备的人大机构，要利用我国行政机关对人大机关负责和报告工作的政权组织原则，若能充分发挥地方人大的依法监督，要强于城乡规划督察员的作用。虽然目前利用同级人大及行政架构改进现有规划监督体系有困难和障碍，应该相信这是未来发展推进的方向，是成本代价、风险，以及对现有政治框架格局都影响最小的变革路径。地方的政治层面与行政层面都有巨大的改革空间。建立行政和依法监督体系的同时，社会公众的舆论实时监督、专家的技术监督是体制外的监督的重要组成部分，在规划的整个运行中应该增加其被动的监督职能，增加规划申诉的职能，而不仅仅是受理规划违法举报。举报又牵扯到目前的信访制度，以及信访的终结制度。

第三，现阶段若对中央与地方事权关系进行制度创新，创新的成果必须要以法律的形式加以固定，只有在法律的强制性规范下，中央与地方关系的制度创新才能真正有其长远的效果。监督员制度是中央政府为确保规划政策在地方政府得到有效实施而建立起来的机制。在制度设计上，通过事前参与和事后救济制度，按照现有政策和法律法规的规定运行，并兼顾各方的利益，确保地方规划符合国家和地区发展政策，同时应该明确规划督察员的法律身份，对规划督察员进行职业化管理和约束。建立激励与考核机制，才能建立"公正、法治、廉洁、高效、专业"的督察员队伍。

二、建立城乡规划申诉机制的探讨

如何保障城乡规划朝着最有利于社会公众利益及城市发展的正确方向前进，是城乡规划必须解决的理论和实践问题。从城乡规划的权力本质看，构建"权力制约权力"的监督机制，完善社会公众的权利保障和救济机制是当前必须着手的工作。其中，对城乡规划申诉机制的探讨就是一项高效性、基础性的研究。申诉机制和监督机制与目前推行的城乡规划督察员制度具有相同的目的。

应该探讨以"地方人大"为核心的综合型城乡规划申诉机制的构建，首先应看到，鉴于人民代表大会制度在中国政治生活中具有最高的法源地位，"完善人民代表大会制度才是真正意义上的政治体制改革"，应当将"人大民主"作为中国政治发展的重点，完善人民代表大会制度作为政治体制改革的突破口。人大代表是一国的"立法者"，在一个现代国家的所有职业中，"立法者"的角色乃重中之重，任何一个现代国家都是以"法治"为特征的，只有法治，才能减少治理成本。法治不是人治，法治是现代社会的基本特征。

再有从城市规划的事权划分看，除了关系国家及跨区域的重大规划行为，城市规划更多地属于地方性事务，地方层面的事务要大于与上与左右的协调内容，城市规划更多的是属地管理，管理要立足于地方自治的原则：利用现有的政治体制架构来作制度设计，发挥现有的各方面的作用。

鉴于城乡规划的"立法权力"特性、"不可诉"特性和"人大"法定的权力监督特性，在现有规划监督制度基础上构建以"人大"为核心的综合型城乡规划监督、申诉机制，可以更加有效地对城乡规划进行监督，最大限度地保障社会公众的利益。监督申诉机制构建的核心主体是人大常委会及其相关内设机构、人大专门工作委员会，辅助主体是城乡规划申诉法庭、城乡规划督察员等，且不同主体在受理申诉的重点和方式上各不相同。

依据一：城乡规划权力主要体现为广义的立法权力

城乡规划权力体系就包含着立法、行政和司法三种权力，也即包括了规划立法、执行、规划监督等内容。由于城乡规划具有以公共利益为目标的本质特性，并且规划立法(规划制定)是对社会不同利益需求的协调，以保障社会公共利益的最大化，而规划执行和规划监督实际上都是为了保障规划立法(规划制定)的目的得以顺利实现而采取的相关管理措施。因此，规划立法是城乡规划权力体系的灵魂，城乡规划权利主要体现为立法权力。

依据二："人大"具有法定的权力监督职责

人民代表大会制度是我国的根本政治制度，"有利于保证国家机关协调高效运转，有利于集中全国人民的意志，集中力量办大事，有利于社会主义制度的巩固和国家的团结、稳定和统一"，人大相关内设机构、人大法制、环境与资源保护等专门工作委员会可以提供足够的技术支撑，也可以邀请有关的规划或者法律专家参加。形成工作成果时，人大的相关部门可以根据涉及规划问题的严重程度，分别形成工作建议、审议意见交由同级政府研究处理，或者形成人大决议、决定，交由政府执行。建立和健全城乡规划申诉机制，能够对规划的合理、科学、民主编制，规划实施的"刚性为主、依法调整为辅"发挥重大的监督作用，对实现规划的社会公平，保障社会公众的合法权利有着重大的意义。由于城乡规划在本质上主要体现为一项立法权力，并且城乡规划的制定和成果具有不可诉的特性，因此必须寻求一种权利救济举措来监督其可能带来的危害性。同时，由于"人大"具有法定的权力监督功能，因此它就成为一种天生的权力平衡力量。为真正实现城乡规划的公共利益目的，就必须建立"权力监督和制约权力"的机制，而构建以人

大为核心的综合型城乡规划监督申诉机制就是这种机制建立实践中的有效探索。城市规划的实际运行中如能发挥各级"人大"中法律赋予的权力和职责作用，要强于目前城乡规划督察员的实际作用。

三、城市规划公众参与制度

建立和完善城市规划公众参与制度是个渐进的过程，这个过程是与整个国家政治体制改革的进程密不可分的，它需要整个社会民主发展的大环境的提升。在借鉴发达国家经验的基础上，构建起规划决策之前公众能够参与决策过程的机制，应当是中国城市规划公众参与制度进一步建设和完善的基本路径。

首先，应建立顺畅而透明的城市规划管理宣传与参与渠道。通过管理过程的透明化，利用信息网络和其他媒体，宣传规划，接受群众和社会各界监督，可以通过多种渠道公布规划管理部门的机构设置、职能、办事管理制度，建设标准与准则类文件，法规文件和已经批准的各类规划，设立固定的公众接待地点、接待日和公众接待电话、网址，不定期召开专题公众意见征求会。群众可以向规划行政主管部门或各级规划委员会投诉违法建设行为或违法行政行为，也可以向政府有关部门反映情况。实行与群众利益密切相关重大事项的社会公示制度和社会听证制度、决策的论证制度和责任制度。

其次，完善规划编制过程中的公众参与机制。规划编制过程中，充分倾听广大市民的意见，特别是专家和受规划直接影响的群体和个人的意见，对于科学编制规划，保证规划的可操作性具有积极意义。规划制定出来以后，需要再公布听取意见，之后方履行上报审批程序。公众参与的层次、深度和方式应视规划层次而定。概念性规划的公众参与的形式以征求意见、公示为主，具体做法是应将规划编制过程在启动、中期、初稿和结果分阶段举行公示。控制性层面的法定规划应规定在"规划编制单元"内进行比较充分的公众参与，包括公众质询、

讨论、听证等形式都应该包括，因为规划编制的控规图则反映了每个用地单位、个人的切身利益，有比较充分的公众参与基础。总体规划征求公众意见必须在提交市规划委员会审查前，而详细规划可在初审同意后。

第三，发挥社区组织作为公众参与的组织作用。构建公众参与规划的机制，需要发挥各级人民代表大会和政协的代议和参政议政作用，这是一种代表性的公众参与。同时，也要引导普通市民的直接参与。应该相信："真正的宪法精神不是镌刻在大理石上，也不是浇铸在铜板上，而是铭刻在公民的内心深处，即扎根于公众舆论之中。"

社区组织是公众参与发展决策的主体，目前，社区组织(居委会)实质上是政府在基层的延伸和代表，还不是独立的非政府组织。从国外公众参与的历史发展来看，一个独立于行政组织之外的、又受法律保护和支持的、由关心城市规划建设的公众组成的团体，不论是地方社区组织或非政府组织，它们的存在都是十分必要和重要的。因此，可逐步使居委会成为参与规划管理的非行政机构——"社区参与和发展委员会"，使其拥有一定的决策、管理权限和法律支持，代表各个阶层公众的价值观和利益，参与政府规划决策、管理。此外，政府还要积极培育和发展非政府组织，发挥其服务、沟通、协调、规划、监督作用，将规划管理与社区管理相结合。在规划中要将住区划分与社区管理统一起来，社区管理可以增加规划监督职能。审批管理上项目会涉及到明确的责任主体、行政体系确定责任人，《地方的规划条例》应该一岗双责，城市规划也明确成为公共管理事务，由行政主管部门与责任主体共同组织听证，配合城市规划的公开公示以及实施的监督管理。

第四，转变政府职能，为城市规划公众参与提供体制和制度保障。公众参与和政府分权是共生的，管理权限下放实质上为公众参与提供了可能性，真正的公众参与在于政府把某些原来由政府包办的社会功能下放或"交还"给社会。在向社会主义市场经济体制转变过程中，政府转变职能、简政放权，把其所包揽的社会管理权归还给社会，实行"政社分开"是必然发展趋势。政府只能通过规划决策、管理权力下放和立法才能保障公众参与的实施。这一工作主要应当落在具有实际规划管理事权的地方层面。可以通过地方法规如省级城市规划条例（城市规划管理实施办法等，明确在各层次的规划编制和审查过程中建立、扩大公众参与程度的具体内容，包括公众参与的范围、程序以及政府、规划行政主管部门、公民的权利和义务，以法的形式赋予公民获得规划公开的主体权利，使规划的公众参与机制有法律的保障和规范。[10]

在西方社会，公共舆论的监督权被誉为同立法权、行政权和司法权并列的第四种重要权力，不经过公共舆论批判的任何制度和权力都是没有合法性的。技术专家的决策如果不经过公共领域的批判和监督，它所谓的公共决策和公共管理实际上是技术理性在政治上的强权表现，是技术的独断性和绝对性，缺乏公共精神的内在支撑，也就缺乏事实上的政治合法性。当公共精神发展成为公众舆论时，具有批判精神的公众舆论，由于其来源的大众化而能够有效地遏制个人的偏好，技术威权就在实践领域受到了某种约制。一个良好的规划运行体系应该是一个开放的管理系统，必须体现过程机制和协调机制。开放就必须让各种权力能够有参与的渠道，有讨价还价、协商的机制。

城市规划是地方性事务，要协调目前的党政关系发挥作用，也可探讨设立一个规划党政分委员会，隶属于规划委员会领导，协调规划和行政四大班子的关系，成为权力的过渡和缓冲机构，既体现党的领导功能、人大的立法功能和政协的民主协商功能，又防止许多地方县(市)委书记直接兼任规划委员会主任的情况发生，避免权力的缺位和越位现象。

还可设立一个规划公众参与分委员会进入规

划委员会，隶属于规划委员会领导，人员有专家代表、行业代表和市民代表，分别体现专家型公众、业主型公众和草根型公众的利益。有这样的分委会就可以避免我国的公众参与长期处于参与阶梯模型的低端，可进入实质性参与和高端参与的状态。

还可设立一个规划部门协调分委员会，隶属于规划委员会领导，主要是协调政府条块管理之间的部门利益，重点是国土部门、发改部门、环保部门和规划部门的协调。这种分委员会制度保证了官方和民间的平等参与，"条条"和"块块"的对话协调机制，从制度上体现社会的公平和公正。

四、城市规划公开听证会制度

在市场经济条件下，缺乏对城市居民生活方式和生产方式变革的研究缺乏，与城市居民的正面沟通，"公众参与"还只是基于一种形式。城市规划设计不能充分体现以人为本的原则，城市规划毫不贴近群众。

目前兴起的城市规划公开听证会制度要求对涉及公众利益的建设项目，在规划审批之前，广泛征求群众意见，实行城市规划审批管理民主化决策，加强规划的科学论证和专家评审工作，从更宏观、更全面、更长远的角度来审视我们的规划决策，探寻实现城市规划管理决策科学化、民主化的最佳途径。据此，城市规划公开听证会能够提高城市规划设计的透明度，及时征求有关部门和有关方面的意见，把握城市规划编制过程的科学性，接受群众的广泛参与和监督，做出决策者、规划编制单位和群众都比较满意的决策行动，是规划管理变革的一个方向。

五、建立城市规划专家咨询平台

城市规划管理作为一项政府职能，维护社会整体利益和公共利益是政府的职责，在错综复杂的城市系统的各种因素、各种结构、各种关系中，无论是决定城市建设发展方向的宏观决策，还是单个建设项目的微观决策，大到城市总体规划布局、交通组织、环境保护，小到地块的开发强度、建筑日照、绿地和公建设施等，都涉及社会公众的利益。因此，政府涉及城市规划的决策常常涉及多因素、多结构、多种关系的综合性决策。仅凭决策者领导者的个人才能、经验和智慧或建设开发单位的良好愿望显然不行了，仅靠人格化的决策是做不到决策的科学性、合理性、可行性和连续性的。作为政府行为的科学决策除了科学的方式、方法外，必须建立规划专家咨询机制，运用咨询的方法来帮助决策，既可减少决策上的失误，避免大的失误，又能集思广益，较为准确地表达社会的多种需要，科学地确定发展目标和实施对策，以取得综合效益的最大化。

目前的城市规划专家咨询一般是规划委员会讨论重大决策性议题，交规划专家咨询委员会，形成咨询意见，咨询成果供规划委员会审批重要规划或协调决定重要规划问题时参考预先通知相关成员单位。议题事项确定后，规划委员会负责例会的筹备工作，将所议事项内容告之各成员单位及参加会议的专家。专家就确定的议题，提出意见或建议，同时对规划管理，实施中需重视的问题提出意见。会议在充分听取每位成员意见的基础上，集中大多数成员的意见形成总结意见，规划委员会整理成会议纪要，经审核、签发、送相关部门。在专家咨询委员会会议纪要的基础上，由区规划委员会形成决策性意见，区各有关部门遵照执行。[11]

六、构建城市规划决策管理三维支持系统

基于城市规划系统中多子系统、多作用因素的复杂性，城市规划管理决定单凭规划管理者有限的

客观和无限的主观判断是无法反映系统的实际运行的。在信息技术飞速发展的时代，借助信息技术的力量，构建能够采用信息技术作为支撑，对城市规划管理全过程进行监视、反映的技术系统将能更科学地做出规划管理决策。目前国内在这方面已有尝试，比较突出的是济南市首先创立的城市规划决策管理三维支持系统。城市规划决策管理三维支持系统，由设计管理系统、网络发布系统和系统维护系统三大子系统组成。其中设计管理系统具有强大的三维城市规划功能，网络发布系统包括规划项目管理展示、三维城市浏览、地名查询定位等功能。

七、城市规划动态监测与评估制度

基于城市规划系统中多子系统、多作用因素的复杂性，城市规划管理决策者单凭有限的客观知识是无法准确判断城市发展趋势和各种实际的规划需求和问题的。在信息技术飞速发展的时代，借助信息技术的力量，能够采用信息技术作为支撑，对城市规划管理全过程进行动态监测将有助于城市规划管理者更科学地做出规划管理决策。

城市规划动态监测就是利用计算机技术对多个时相的城乡空间遥感图像进行对比分析，并辅以地面调查，获取城乡建设的变化信息；同时，通过与规划图纸的对比来分析这些变化的信息，从而达到对城市规划具体实施情况的动态监测。建立和运行城市规划动态监测制度的目的是对城市规划实施情况进行动态监测，及时了解城乡空间资源的动态变化状态和趋势，准确反映城市空间资源的开发利用及其变化趋势信息；通过对各类信息的深层次分析，掌握城乡空间发展变化的状态，判断城乡空间资源与社会经济发展的协调状况，为城市政府干预、调控空间资源的分配利用，加强对城乡空间资源的合理规划、促进社会经济良性运行提供决策依据；为社会公众提供城市规划信息服务，引导城乡

空间朝着健康、有序、合理的方向发展。

具体来说，城乡规划动态监测制度的基本任务有：

（1）实现对城市规划信息的实时公众发布；（2）实现对城市规划土地利用情况实施动态监测，包括对城市总用地范围、规模的控制监测，以及城市各类用地布局、范围和性质是否改变情况的监测；（3）实现对城市重点建设工程规划实施情况的动态监测，包括各类建筑物、构筑物、水厂、污水厂等基础设施工程建设的监测；（4）实现对城市"三区四线"规划实施情况的动态监测，包括对城市规划"绿线"（各类绿地范围控制）、城市规划"黄线"（主要是城市市政公用设施、城市交通设施等）、城市规划蓝线（各类保护水体江河、湖泊等）、城市规划紫线（各类风景名胜街区保护区）的实施情况进行动态的监测；（5）城市规划实施效果的相关信息动态跟踪，为规划实施评估提供技术依据。

城乡规划动态监测工作的主要内容是在城乡规划区范围内，以城乡规划强制性内容为核心，同时对城市规模、发展方向、现行文件中明令禁止的各类建设项目、城乡规划区范围内设立的开发区等功能区的建设情况进行监测。

八、构建规划编制单位价值中立的城市规划环境

自从2003年唐山规划局对"唐山机场新区城市设计、南湖生态区域城市设计、曹妃甸生态新城选址以及唐山地震遗址公园"等规划设计项目，相继开展了面向国内外设计机构的国际咨询和方案征集，吸引了美、英、德、日等20多个国家和地区的规划设计机构参加。通过几次不同类型的运作，总结许多经验，论证项目的指定委托方式和城市规划市场化的各自优势，市场化可以形成规划编制单位之间的竞争，产生出更完美、更科学的规划编制

成果。但竞争方式致使规划编制单位向可以获取更大利益的方向倾斜，在实际中也就是规划委托方与规划编制单位和规划师作为中立者的原则相悖，同时也使得委托方(多是城市政府)的主观决策如实地落在了规划成果上。

如何构建能够保障规划单位、规划师价值中立的城市规划环境，首先要健全城市规划法规体系和技术规范以及城市规划编制的管理制度，加强城市规划设计市场的管理和监督，把城市规划的编制依法纳入统一、规范和正常的管理轨道乃至使规划从市场中退出。其次要加强城市规划设计编制单位思想水平、科学精神和业务素质以及职业道德建设，加强注册城市规划师的执业制度建设，充分发挥行政监督和行业协会的作用，规范城市规划设计行为。

1．住房城乡建设部2007年软科学项目（2008-R2-5），住房城乡建设部规划管理中心：《天津市滨海新区城乡规划实施机制创新研究》，2008。

2．《中华人民共和国城乡规划法解说》，北京：知识产权出版社，2008。

3．同注2。

4．邢海峰："公众参与城市规划的现状及其制度化"，《团结》，2009-08-15。

5．张忠国、邢海峰：《城乡规划编制与实施管理策略》，兵器工业出版社，2008。

6．仇保兴：《中国城市化进程中的城市规划变革》，同济大学出版社，2005：241。

7．雷翔：《走向制度化的城市规划决策》，中国建筑工业出版社，2003。

8．住房城乡建设部城乡规划管理中心："建设部2005年软科学项目"，《城市总体规划实施的保障机制研究》，2007。

9．刘佳福、邢海峰、张舰："市场经济条件下省域城乡规划管理面临的问题及其制度创新"，《城市发展研究》，2008（4）。

10．同注4。

11．张明是：《智囊系统城市规划管理决策链的重要环节》，2004。

1. 期刊杂志：

上篇

[1]Roger Perman, Yue Ma, James McGilvary, Michael Common. *Natural Resource and Environmental Economics*(Second Edition). Pearson Education Limited, 1999:19

[2]刘云刚："中国资源型城市界定方法的在考察"，《经济地理》，2006，06

[3]吴前进：《资源型城市经济转型理论与模式优化研究——以铜州市为例》，博士论文，2008.12

[4]王国栋、申守勤：《资源枯竭型城市转型规划理论与实践》，长春：吉林摄影出版社，2009.4

[5]焦华富、陆林："西方资源性城镇研究的进展"，《自然资源学报》，2007.3

[6]李文彦："煤矿城市的工业发展与城市规划问题"，《地理学报》，1978，33（1）

[7]李雨潼：《我国资源型城市经济转型问题研究》，长春：长春出版社，2009.1

[8]戴昕晨："资源型城市转型过程中的产业结构调整问题——基于安徽淮北市的分析"，《华东经济管理》，2010，05

[9]贾庆、卜正学："资源型城市产业结构的优化发展研究"，《科学实践》2010.1

[10]刘莹："资源枯竭型城市的转型与就业"，《经济导刊》.2010,02

[11]清泰、刘世锦：《振兴东北新思路》大连：东北财经大学出版社，2005

[12]王莉娟："资源型城市人口生存与发展问题分析及对策——以大庆市为例"，《中国保健营养》，2010，04

[13]王喜荣、李锦峰："资源型城市竞争力提升研究——以陕西省榆林市为例"，《西北大学学报》，2010，07

[14]李晟晖："矿业城市产业转型研究——以德国鲁尔区为例"，《区域经济》，2002年第6期，总第139期

[15]葛竞天："从德国鲁尔工业区的经验看东北老工业区的改革"，《财经问题研究》，第1期（总第254期），2005.1

[16]焦华富、韩世君、路建涛："德国鲁尔区工矿城市经济结构的转型"，《经济地理》，第17卷第2期，1997.6

[17]增长的极限：http://baike.baidu.com/view/1127603.htm

[18]段昌钰："曹妃甸工业区发展循环经济的SWOT分析"，《环渤海经济瞭望》，2008.9

[19]程立显："关于社会公正、经济和生态的伦理研究"，《海南大学学报》（人文社会科学版），2000.9第18卷第3期

[20]齐建珍："资源型城市转型学"，《辽宁省哲学社会科学获奖成果汇编》，2003-06-30

[21]董锁成、李泽红："我国资源型城市经济转型路径探索"，《科技创新与生产力》，2011-01-10

[22]谢爱辉："经济空间结构调整与可持续发展"，《经济问题》，2005-05-28

[23]董锁成等："中国资源型城市经济转型问题与战略探索"，《城市规划》，2007，Vol.17No.5

[24]武前波、崔万珍："中国古代城市规划的生态哲学：天人合一"，《现代城市研究》，2005（9）

[25]马继云："论中国古代城市规划的形态特征"，《学术研究》，2002（3）

[26]龙彬："中国古代城市建设传统精髓钩沉"，《城市规划汇看》，1998（6）

[27]王娅琳："风水与我国古代城市规划"，《山西建筑》，2004，vol30（20）

[28]姜煜华、甄峰、魏宗财："国外宜居城市建设实践及其启示"，《国际城市规划》，2009-08-19

[29]赵景海："我国资源型城市发展研究进展综述"，《城市发展研究》，2006-05-26

中篇：

[30]江曼琦：《城市空间结构优化的经济分析》，北京：人民出版社，2001

[31]顾朝林、甄峰、张京祥：《集聚与扩散——城市空间结构新论》，南京：东南大学出版社，2000

[32]何伟：《区域城镇空间结构与优化研究》，北京：人民出版社，2007

[33]桂萍、孔彦鸿、莫罹："生态安全格局视角下的城市水系统规划"，《城市规划》，2009-04-09

[34]曹凯成等："唐山市环境空气功能区达标实施方案的研究"，《河北工业科技》，2007

[35]张路峰："唐山震后重建回顾"，《北京规划建设》，2008年04期

[36]洪金祥、崔雅君："城市园林绿化与抗震防灾——唐山市震后绿地作用与建设的思考"，《中国园林》，1999年03期

[37]左进、周铁军、林岭："从城市震灾的角度探析中小型城市公园的发展"，《重庆建筑大学学报》，第30卷第2期，2008年4月

[38]杨晓春、司马晓、洪涛："城市公共开放空间系统规划方法初探——深圳的启示"，《规划师》，2008年6月

[39]王建国、蒋楠："后工业时代中国产业类历史建筑遗产保护性再利用"，《建筑学报》，2006（08）

[40]王建国、张愚、沈瑾："唐山焦化厂产业地段及建筑的改造再利用"，《城市规划》，2008年32卷第2期

[41]王辉："唐山市城市展览馆"，《建筑学报》，2008（12）

[42]刘抚英、栗德祥："唐山市古冶区工业废弃地活化与再生策略研究"，《建筑学报》，2006（08）

[43]郝卫国、于坤："城市记忆的延续——唐山工业旧厂区再生为系列展陈空间的探索与实践，《装饰》，2010（02）

[44]刘伯英、李匡："北京工业遗产评价办法初探"，《建筑学报》，2008（12）

[45]王建国、戎俊强："城市产业类历史建筑及地段的改造再利用"，《世界建筑》，2001（06）

[46]刘晶晶："地震与中国人如影随形——解读中国地震带"，《中国国家地理》，第572期，2008年6月

[47]雷芸："阪神·淡路大地震后日本城市防灾公园的规划与建设"，《中国园林》

[48]杨晓春、李云、周雨："公共开放空间系统规划的平灾结合视点—以唐山为例"，《城市建筑》，2009-08-05

[49]宋伟轩、朱喜钢："中国封闭社区——社会分异的消极空间响应"，《规划师》，2009-11-01

[50]刘小波、马燕、张飏、张杰："北京当前典型城市住区的共有权客体分析"，《北京规划建设》，2010-05-15

[51]彭晖："紧凑城市的再思考：紧凑城市在我国应用中应当关注的问题"，《国际城市规划》，2008-10-18

[52]易峥："混合式住区对中国大都市住房建设的启示"，《城市规划》，2009-11-09

[53]周静、彭晖："历史主义视角下紧凑城市的再思考"，《2008中国城市规划年会论文集》

下篇：

[54] Stuart F, Chapin Jr, Edward J Kaiser. Urban Land Use Planning（3rdedition）. Urban and Chicago: University of Illinois Press,1985.

[55]丁成日："经规、土规、城规规划整合的理论与方法"，《规划师》,2009（3）

[56]丁成日："市场实效与规划失效"，《国外城市规划》，2005,Vol20，No4

[57]董屹平："从社会公正到空间公正——关于安置区设计策略的社会意义分析"，《时代建筑》，2009-03-18，2005-11-09

[58]德国拉兹与合伙人事务所：《南湖地区城市设计》，2006

[59]北京北林地景园林规划设计院有限责任公司：《唐山市绿地系统规划》，2009

[60]陈锋、王唯山、吴唯佳、孙施文、周岚、吕斌、杨保军、赵万民：《非法定规划的现状与走势城市规划》

[61]陈浩、张京祥、吴启焰："转型期城市空间再开发中非均衡博弈的透视：政治经济学视角"，《城市规划学刊》，2010（5）

[62]陈雯："我国区域规划的编制与实施的若干问题"，《长江流域资源与环境》，Vol9 No.2

[63]张旺锋、赵威："现代城市规划理论实践失效分析"，《哈尔滨工业大学学报》(社会科学版)，2007-07-20

[64]王晓川："走向公共管理的城市规划管理模式探寻——兼论城市规划、公共政策与政府干预"，《规划师》，2004-01-25

[65]张京祥、陈浩："中国的压缩城市化环境与规划应对"，《城市规划学刊》，2010-11-20

[66]童明："二元性的城市规划理论及其实践"，《城市规划》，1997-09-09

[67]张京祥、吴启焰："转型期城市空间再开发中非均衡博弈的透视——政治经济学的视角"，《城市规划学刊》，2010-09-20

[68]《唐山市城市总体规划（2008-2020）关于生态的专题研究》

[69]《唐山南部沿海地区空间发展战略研究》

[70]高中岗、张兵："对我国城市规划发展的若干思考和建议"，《城市发展研究》，2010-02-26

[71]汤海孺："不确定性视角下的规划失效与改进"，《城市规划学刊》，2007-05-15

[72]宋军："非法定规划方法初探"，《规划师2006-12-30

[73]郑卫、杨建军："也论唐长安的里坊制度和城市形态"，《城市规划,vol29（10）

[74]卢济威、于奕："现代城市设计方法概论"，《城市规划》,2009,vol33（2）

[75]王明田等："基于民生视角的城市总体规划"，《城市规划》，2008,05

[76]王唯山："非法定规划的现状与走势"，《城市规划》，2005,11

[77]吴志强、于泓："城市规划学科的发展方

向"，《城市规划学刊》，2005,6

[78]张兵："对我国城市规划发展的若干思考和建议"，《城市发展研究》，2010,2

[79]胡序威："我国区域规划的发展态势与面临问题"，《城市规划》，2002,2

[80]王利等："基于主体功能区规划的"三规"协调设想"，《经济地理》，2008.05

[81]宋军："非法定规划方法探索"，《规划师》，2006-S2-010

[82]丁成日："城乡规划法对城市总体规划的挑战及其对策"，《城市规划》，2009,Vol.33 No.2

[83]于亚滨；"新时期城市总体规划修编重点探讨"，《城市规划》，2006,Vol.30 No.8: 75-77

[84]阎树鑫、关也彤："面向多元开发主体的实施性城市设计"，《城市规划》，2007,Vol.31 No.11

[85]赵蔚、赵民："从居住区规划到社区规划"，《城市规划汇刊》，2006,（142）6: 68-71

[86]罗震东等："1980年代以来我国战略规划研究的总体进展"，《城市规划汇刊》，2002 (3)

[87]仇保兴："论五个统筹与城镇体系规划"，《城市规划》，2004,Vol.28 No.1

[88]吴良镛："论从战略规划到行动计划"，《城市规划》，2003,Vol.27 No.12

[89]王茹："从北京高层建筑的发展看加强城市设计的必要性"，《海淀走读大学学报》，2004-S1-005

[90]吴松涛、郭恩章："详细规划阶段城市设计导则编制"，《城市规划》，2001,Vol.25 No.3

[91]张明是："智囊系统城市规划管理决策链的重要环节》

[92]张京祥：《城乡规划原理》，南京大学城市规划与设计专业内部教材,2007

[93]高中岗、张兵："对我国城市规划发展的若干思考和建议"，《城市发展研究》，17卷2010年2期

[94]周岚、叶斌、徐明尧："探索面向管理的控制性详细规划制度架构以南京为例"，《城市规划》，2007-03-09

[95]罗震东、赵民："试论城市发展的战略研究及战略规划的形成"，《城市规划》，2003-01-09

[96]于亚滨："新时期城市总体规划修编重点的探讨"，《城市规划》，2006-08-09

[97]王利、韩增林、王泽宇：《基于主体功能区规划的三规协调设想经济地理》，2008-09-26

[98]吴松涛、郭恩章："论详细规划阶段城市设计导则编制"，《城市规划》，2001-03-09

[99]刘佳福、邢海峰、张舰："市场经济条件下省域城乡规划管理面临的问题及其制度创新"，《城市发展研究》，2008-12-26

[100]邢海峰："公众参与城市规划的现状及其制度化"，《团结》，2009-08-15

[10]石楠："人口规模"，《城市规划 2010-08-09

[102]杨保军、王文彤："总体规划批什么"，《城市规划》，2010-01-09

[103]周建军："城市规划管理机制创新的思考和实践——以上海市宝山区为例"，《2004城市规划年会论文集》（下）

[104]郑文武："以人大为核心的综合型城乡规划申诉机制构建探讨"，《规划师》，2009-09-01

[105]《唐山生态城市建设总体规划》（征求意见稿），2011

[106]张旺锋、朱德宝、江琦："城市规划编制中的规划失效影响分析"，《现代城市研究》，2007-02-28

[107]"1994-2010总体规划"，引自《唐山市中心区工程地质编图及工程地质数据系统相关研究》

[108]苏幼坡、陈静、刘廷全："基于GIS的唐山市综合防灾与生态规划"，《安全与环境工程》，2003（10）

[109]清华大学：《唐山市城市生态规划研究》

[110]中国建筑科学研究院建研城市规划设计研究院、阿普贝斯（北京）建筑景观设计咨询有限公司：《唐山环城水系景观规划》

[111]中德联合设计项目组：《唐山城市水系与滨水

空间开发城市设计》，2008

[112]深圳大学城市与规划设计研究院：《唐山市公共开放空间系统规划》，2007

[113]美国龙安建筑规划设计顾问有限公司：《唐山南湖生态城概念性总体规划设计》，2009

[114]《唐山南湖湿地公园景观生态规划研究》

[115]唐山市规划局、北京建筑工程学院建筑系："唐山机场铁路线性空间再利用研究"，瑞典SWECO：《曹妃甸生态城指标体系》

[116][德]迪特·哈森普鲁格（主编）：《走向开放的中国城市空间》，同济大学出版社，2005

[117]吴志强、李德华主编：《城市规划原理》（第四版），中国建筑工业出版社，2010

[118]周进：《城市公共空间建设的规划控制与引导——塑造高品质城市公共空间的研究》，中国建筑工业出版社，2005

[119]王鹏：《城市公共空间的系统化建设》，东南大学出版社，2002

[120]王世福著：《面向实施的城市设计》，中国建筑工业出版社，2005

[121]缪朴编著：《亚太城市的公共空间——当前的问题与对策》，司玲、司然译，中国建筑工业出版社，2007

[122][英]理查德·罗杰斯、菲利普·古姆奇德简：《小小地球上的城市》，仲德崑译，中国建筑工业出版社，2004

[123]深圳市规划局、深圳市城市规划设计研究院：《深圳经济特区公共开放空间规划》，2006

[124]骆小芳："城市公共空间与社会生活，《时代建筑》，1998（2）

[125]梁鹤年："城市设计与真善美的追求——一个读书的架构"，《城市规划》，1999（1）

[126]杨晓春、李云、周舸："公共开放空间系统规划的平灾结合视点——以唐山为例"，《城市建筑》，2009（8）

[127]左进、周铁军、林玲："从城市震灾的角度探析中小城市公园的发展"，《重庆大学学报》，2008（4）

[128]雷芸："阪神、淡路大地震后日本城市防灾公园的规划与建设"，《中国园林》，2007（7）

[139]杨晓春、司马晓、洪涛："城市公共开放空间系统规划方法初探——深圳的启示"，《规划师》，2008（6）

[130]张路峰："唐山震后重建回顾"，《北京规划建设》，2008（4）

[131]深圳大学城市与规划设计研究院：《唐山市公共开放空间系统规划》，2007

[132]中国建筑设计研究院：《唐山市城市中心区空间整治研究》，2005

[133]中德联合设计项目组：《唐山城市水系与滨水空间开发城市设计》，2008

[134]北京北林地景园林规划设计院有限责任公司：《唐山市绿地系统规划》，2009.6

[135]唐山市规划局、北京建筑工程学院建筑系：《唐山机场铁路线性空间再利用研究》

2.专（译）著：

[1]朱介鸣：《市场经济下的中国城市规划》，中国建筑工业出版社，2009

[2]P.霍尔：《城市和区域规划》，邹德慈、金经元译，北京：中国建筑工业出版社，1985

[3]邢海峰：《新城有机生长规划论——工业开发先导型新城规划实践的理论分析》，北京：新华出版社，2004

[4]张坤民、温宗国、杜斌等：《生态城市评估与指标体系》，北京：化学工业出版社，2003

[5]袁占亭：《资源型城市空间结构转型与再城市化》，北京：中国社会科学出版社，2010

[6]扬帆：《城市规划政治学》，南京：东南大学社版社，2008

[7]钟纪刚：《巴黎城市建设史》，北京：中国建筑工业出版社，2002

[8]王旭：《美国城市发展模式：从城市化到大都市

区化》，北京：清华大学出版社，2006

[9]孙群郎：《美国城市郊区化研究》，北京：商务印书馆，2005

[10]雅各布斯：《美国大城市的死与生》（纪念版），金衡山译，南京：译林出版社，2006

[11]卡莫纳等编著：《公共场所—城市空间》，冯江等译，南京：江苏科学技术出版社，2005

[12]沈清基：《城市生态与城市环境》，上海：同济大学出版社，1998

[13]王富臣：《形态完整——城市设计的意义》，北京：中国建筑工业出版社，2005

[14]郭湘闽：《走向多元平衡——制度视角下我国旧城更新传统规划机制的变革》，北京：中国建筑工业出版社，2006

[15]格林斯坦等编：《循环城市：城市土地利用与再利用》，丁成日等译，北京：商务印书馆，2007

[16]王颖、杨贵庆：《社会转型期的城市社区建设》，北京：中国建筑工业出版社，2009

[17]王世福：《面向实施的城市设计》，北京：中国建筑工业出版社，2005

[18]童明：《政府视角的城市规划》，北京：中国建筑工业出版社，2004

[19]凯文·林奇：《城市形态》，林庆怡、陈朝晖、邓华译，北京：华夏出版社，2001

[20]李阎魁：《城市规划与人的主体论》，北京：中国建筑工业出版社，2007

[21]麦克哈格：《设计结合自然. 芮经纬译》，天津：天津大学出版社，2006

[22]杨志疆：《当代艺术视野中的建筑》，南京：东南大学出版社，2003

[23]何子张：《城市规划中空间利益调控的政策分析》，南京：东南大学出版社，2009

[24]加文：《美国城市规划设计的对与错》，（原著第二版），黄艳等译，北京：中国建筑工业出版社，2009

[25]杨德昭：《新社区与新城市：住宅小区的消逝与新社区的崛起》，北京：中国电力出版社，2006

[26]杨德昭：《社区的革命—世界新社区精品集萃》，天津：天津大学出版社，2007

[27]理查德·瑞杰斯特：《生态城市伯克利：为一个健康的未来建设城市》，沈清基、沈贻译，北京：中国建筑工业出版社，2004

[28]王兴平：《中国城市新产业空间：发展机制与空间组织》，北京：科学出版社，2005

[29]李冬生：《大城市老工业区工业用地的调整与更新：上海市杨浦区改造实例》，上海：同济大学出版社，2005

[30]田野：《转型期中国城市不同阶层混合居住研究》，北京：中国建筑工业出版社，2007

[31]王伟强：《和谐城市的塑造—关于城市空间形态演变的政治经济学实证分析》，北京：中国建筑工业出版社，2005

[32]邓毅：《城市生态公园规划设计方法》，北京：中国建筑工业出版社，2007

[33]赵民、赵蔚：《社区发展规划—理论与实践》，北京：中国建筑工业出版社，2003

[34]凯文·林奇：《城市意象》，方益萍、何晓军译，北京：华夏出版社，2001

[35]新都市主义协会编，杨北帆、张萍、郭莹译，新都市主义宪章》，天津：天津科学技术出版社，2004

[36]CARL FINGERHUTH：《向中国学习：城市之道》，张路峰、包志禹译，北京：中国建筑工业出版社，2007

[37]丁成日：《城市空间规划—理论、方法与实践》，北京：高等教育出版社，2007

[38]查尔斯沃思：《城市边缘：当代城市化案例研究》，夏海山等译，北京：机械工业出版社，2007

[39]张鸿雁等：《循环型城市社会发展模式—城市可持续创新战略》，南京：东南大学出版社，2007

[40]顾朝林等：《城市管治：概念·理论·方法·实证》，南京：东南大学出版社，2003

[41]克莱尔·库珀·马库斯、卡罗琳·弗朗西斯编

著：《人性场所》（第二版），俞孔坚等译，北京：中国建筑工业出版社，2001

[42]王佐：《城市公共空间环境整治》，北京：机械工业出版社，2002

[43]周进：《城市公共空间建设的规划控制与引导——塑造高品质城市公共空间的研究》，北京：中国建筑工业出版社，2005

[44]王爱华、夏有才主编：《城市规划新视角》，北京：中国建筑工业出版社，2005

[45]张兵：城市规划实效论：城市规划实践的分析理论》，北京：中国人民大学出版社，1998

[46]郝寿义主编：中国城市化快速发展期城市规划体系建设》，武汉：华中科技大学出版社，2005

[47]严正主编：中国城市发展问题报告》，北京：中国发展出版社，2004

[48]朱喜钢：《城市空间集中与分散论》，北京：中国建筑工业出版社，2002

[49]鞠美庭等编著：《生态城市建设的理论与实践》，北京：化学工业出版社，2007

[50]孙振华、鲁虹主编：《公共艺术在中国》，香港心源美术出版社，2004

[51]霍尔：《明日之城：一部关于20世纪城市规划与设计的思想史》，童明译，上海：同济大学出版社，2009

[52]赵天石：《中国资源型城市经济转型研究》，北京：中国古籍出版社，2007

[53]齐建珍等：《资源型城市转型学》，北京：人民出版社，2004

[55]王国栋、申守勤：《资源枯竭型城市转型规划理论与实践》，长春：吉林摄影出版社，2009

[56]戴伯勋,沈宏达：《现代产业经济学》，北京:经济管理出版社,2001

[57]清泰、刘世锦：《振兴东北新思路》，大连：东北财经大学出版社，2005

[58]李雨潼：《我国资源型城市经济转型问题研究》，长春：长春出版社，2008

[59]孙雅静：《资源型城市转型与发展出路》，北京：中国经济出版社，2005

[60]江曼琦：《城市空间结构优化的经济分析》，北京：人民出版社，2001

[61]顾朝林、甄峰、张京祥：《集聚与扩散——城市空间结构新论》，南京：东南大学出版社，2000

[62]何伟：《区域城镇空间结构与优化研究》，北京：人民出版社，2007

[63]梁思成：《梁思成全集》第五卷，"闲话文物建筑的重修与维护"，北京：中国建筑工业出版社，2001

[64]吴良镛：《世纪之交的凝思——建筑学的未来》，北京：清华大学出版社，1999

[65]王建国等：《后工业时代产业建筑遗产保护更新》，北京：中国建筑工业出版社，2008

[66]孙雅静：《资源型城市转型与发展出路》，北京：中国经济出版社，2005

[67]赵天石：《中国资源型城市经济转型研究》，北京：中国古籍出版社，2007

[68]屈有名：《资源型城市转型的模式、途径及政策研究》，2008

[69]齐建珍等：《资源型城市转型学》，北京：人民出版社，2004

[70]戴伯勋、沈宏达：《现代产业经济学》，北京：经济管理出版社,2001

3.学位论文：

[1]吴前进：《资源型城市经济转型理论与模式优化研究–以铜州市为例》，博士学位论文，2008

[2]叶蔓：《资源型城市经济可持续发展研究》，哈尔滨工业大学管理学博士学位论文，2009

[3]黄琪：《上海近代工业建筑的保护和再利用》，同济大学博士论文，2007

[4]屈有名：《资源型城市转型的模式、途径、及政策研究》，2008

[5]赵景海：《我国资源型城市空间发展研究》，东北师范大学博士论文，2007

[6]张晨：《我国资源型城市绿色转型复合系统研究》，南开大学博士论文，2010

[7]孙春暖：《资源型城市转型中城市空间结构重构问题研究》，东北师范大学硕士论文，2006

[8]宋飏：《矿业城市空间结构演变过程与机理研究》，东北师范大学博士论文，2008

[9]朱巍：《成都市城市交通与城市空间结构相互关系研究》，西南交通大学硕士论文，2005

[10]秦贞兰：《从优化空间结构角度探讨城市可持续发展》，青岛大学硕士论文，2008

[11]江琦：《城市规划失效分析与研究》，兰州大学硕士论文，2006

[12]杨春盛：《公共管理视角下的城市规划失效研究》，兰州大学硕士论文，2008

4. 城市规划的相关研究课题：

[1]建设部课题组：《住房、住房制度改革和房地产市场专题研究》，北京：中国建筑工业出版社，2007年

[2]唐山市规划局、中国城市规划设计研究院：《唐山市总体规划纲要2007-2020》，2008年

[3]唐山市规划局、深圳市城市规划设计研究院有限公司、深圳大学城市规划设计研究院：《唐山市公共开放空间系统规划》（2008年）；课题组成员：杨晓春、周舸、李云、陈淑芬、张剑、潘钧鹏；规划局主持人员：赵铁政等

[4]杭州市规划局、深圳市城市规划设计研究院：《杭州市公共开放空间系统规划》（2007年）；课题组成员：杨晓春、黄卫东、洪涛、刘冰冰等；规划局主持

人员：黄瑚、郑心舟、吴为、董巧巧

[5]深圳市规划局、深圳市城市规划设计研究院：《深圳经济特区公共开放空间系统规划》（2006年）；课题组成员：杨晓春、黄卫东、李云、洪涛、黄治、曾媛；规划局主持人员：黄伟文、潘津江、陈广俊

[6]唐山市规划局、东南大学王兴平：《唐山市高新技术开发区战略发展研究》

[7]唐山市规划局、南京大学张鸿雁：《唐山市城市文化资本城市文脉体系开发战略研究》

[8]唐山市规划局、中国建筑设计研究院崔恺：《唐山市城市中心区空间整治研究》

[9]唐山市规划局、北京建筑工程学院张路峰：《唐山机场铁路线性空间再利用研究》

[10]唐山市规划，都市实践王辉、刘旭：《西北井粮库地段改造研究》

[11]唐山市规划局、邹涛、栗德祥：《唐山市主城区与中心城区生态规划研究》

[12]唐山市规划局、南京大学：《唐山市城市经营策略研究》

[13]唐山市规划局、河北理工学院苏幼坡：《基于综合防灾唐山市土地利用管理信息系统》

[14]唐山市规划局，清华大学建筑学院刘抚英、栗德祥：《唐山市古冶区工业废弃地活化与再生及工业建筑遗产保护策略研究》

[15]唐山市规划局，清华大学建筑学院刘小波、栗德祥、张杰：《唐山凤凰新城公共服务设施配置指标体系的研究》

[16]增长的极限：http://baike.baidu.com/view/1127603.htm

[17]唐山市情：http://www.tangshan.gov.cn/html/tangshanshiqing/2010/0608/1159.

城市转型发展的规划策略

表格目录

后记

　　真正对城市有感悟性的体验是2001年获法国总统奖学金参加"百名建筑师在法国"游学欧洲那一年，计划利用这个机会研究一些各历史时期的经典建筑，课余用了大量的时间按图索骥到各城市看建筑。最初的行程基本是点到点，后来才逐步留意到城市的方方面面。

　　在欧洲去了15个国家70多个城市，除看了一些耳熟能详的名建筑有很多收获外，对城市中的背景性建筑有很深的印象和认识，这些建筑大都平实得体，比例、尺度、材料经过仔细推敲，建筑间协调、有整体感同时还有时间的维度。城市中的地标建筑以这种连续的一致性为背景，而且有明确的图底关系构成完整统一的空间形态、清晰可辨的城市肌理。反观我们的城市却要求每个建筑都与众不同、标新立异，一味强调所谓的"原创性、标志性"，结果导致城市形态的无序、混乱。

　　城市的直观表象是城市的第一印象，外在的城市形态是显而易见，只有身在其中才能感受到城市真实的一面和品质。欧洲城市便捷发达的公共交通、差异多样的地域文化、有序舒缓的城市节奏、丰富多彩有活力的城市生活、良好的生态环境、城市的便捷舒适性以及种种人性的城市细节，让人体会到什么是表里如一、内外兼修的宜居城市。"城市让生活更美好"的真正意义在于城市的内在品质。

　　城市是经济社会发展中一个不断更新完善、逐步演进不断建构的人类生活场所。经历了工业革命、战争和灾难、经济的兴衰起伏发展至今的欧洲城市，例证了城市永远都是一个不断发展变化、周而复始的过程。多次到访法国、德国依赖资源发展起来的老工业城市都经历过由鼎盛至极到衰落的过程，深入了解城市更迭沧桑的历史更增加了这种认识。"百年而可以谈礼乐"，城市是通过有形的载体来传承无形的文化，持久永恒的城市魅力来自文化传承、历史积淀和时间维度。城市在不断的重构过程中铸就了独具魅力的城市文化，也会激发相应的人文情怀。

　　这些城市直观体验性的认识，无形中增强了我对城市研究的热情。恰好回国后主持城市规划行政管理工作，便启动成立了"城市规划编制研究中心"，搭建了一个技术平台，汇聚各方有专长的同道学者，持续不断系统地有针对性地研究城市发展中存在的问题，使我们对城市的理解和主张能付诸实践环节。

　　随着中国城市化进程的推进，中国城市压缩了西方几十年完成的城市化过程，短时间内经济规模、人口与空间上的迅速扩张，在片面追求速度的同时也带来诸多城市问题。城市的发展是一个循序

　　　　　　　　　　　　　　　　　城市转型发展的规划策略

渐进的过程，追求发展速度与城市品质应有恰当的平衡。城市频繁地陷入一轮轮的大拆大建中，朝令夕改的规划数量越多，更换越频繁，对原有规划的否定就越彻底，其危害也呈几何级数地增长。规划的制定和城市表面的繁荣并没有从根本上改变城市以产业同质竞争、项目重复建设、城市经济功能的批量复制、空间形态的同质化、空间批量生产为主要特征的城市粗放发展模式。"权力审美"轻易就代替"专业审美"和"群众审美"，搞得"折腾城市"游戏屡屡上演。城市宏大的场景下城市功能欠缺、环境污染、交通拥堵等一系列问题接踵而至。城市还面临各种潜在无形的社会矛盾困扰，甚至还会引爆各种社会矛盾。一些新而乏味的城市是以对传统文化、地域文化的割裂和破坏作为代价的。城市在表面繁华的躯壳包裹下还有人的心理调适、身份的认同、和文化认同。单从技术角度看，城市的发展速度远快于我们对城市问题的预见性判断，我们没有足够的时间来思考城市要面临的问题，更缺乏相应的规划技术储备，甚至基本的心理调适过程都没有。我们总是疲于应付，亡羊补牢对待城市问题，直至最后不得已采取极端的行政措施来补救。

目前的城市规划建设运作机制存在诸多弊端。城市规划的论证、编制、出台和实施过程中缺乏有效的评估和监管程序，由过去的"缺少规划"走向"过度规划"的另一个极端。规划编制的数量和规划的费用也成为可炫耀的政绩。编制的规划不仅没有解决多少现实问题，反而成为急功近利形象工程的手段。特别是"规划跟着项目走"已对很多城市造成无法挽回的破坏与损失。规划编制机构走马灯般换来换去，要么缺乏独立技术立场迎合好大喜功的决策者，沦为绘图的工具，要么以不变应万变地将一些空洞的理论和"牵强的案例"强加给一个城市。思路雷同、理念太杂，缺乏扎实严谨的科学理性基础的规划难以引导城市走向理性的增长，这也是造成中国城市"千城一面"的根本原因。当前需要变革现行的规划编制方法，建立一种新的城市规划运作机制和社会实现机制，来适应当今城市经济社会快速发展的模式。最有效最有针对性的方法是加强规划前期的基础研究，有针对性地研究城市发展不同阶段所面临的具体问题。只有持之以恒地加强城市的产业结构、社会发展、空间策略等关键问题的基础研究，才能准确判断城市的未来发展趋势，制定符合实际的城市近远期发展目标，制定城市的发展策略和相应的公共政策。规划的编制和行政决策的重要依据与前提是对问题的透彻研究，这种有的放矢"递进叠加式"的研究和规划编制要比改弦易辙、另起炉灶编制大而全"八股式"的规划要有效得多。

市场效应作用下经济力量已使社会分化，城市规划不可避免地将空间秩序问题与权力结构和利益格局的关系纳入其范围中。城市规划制定是充满价值判断的政治决策过程，行政体系本身就是一部机器，行政有其自身的规律和轨辙，不可能超脱制约因素而存在；它追求的是效率和实效的功利性。而专业技术立场则是追求科学理性和目标的理想化。城市规划不是纯粹的空间和技术问题，要认识到行政与技术有本质区别；专业技术观点只是行政决策的因素之一。城市规划要关注公共利益，体现社会公正，走向多元和更加开放的市民文化。我们也需要探讨适应当今行政架构下的城市规划的决策机制。

"一个好的城市理论，不能代替一个城市的好理论"。规划行业学界的理论和业界的实践似乎是两个难以互动的体系、两种语境。中国城市经历30多年发展有世界罕见规模的建设量。引进的西方的城市规划理论和学术成果应该对现实有推动和影响，也应该在城市实践中总结出自己的经验得失，将西方学术理论与中国的国情相结合，建立基于符合自身特点，能解决现实问题，能指导城市实践的城市规划理论体系。作为一个资源型的老工业城市，唐山正处于城市转型、产业转型和社会转型时期，有机遇也有挑战。如何探索一种与资源型城市特点相适应的城市可持续发展模式，制定切实可行的城市发展战略和城市发展目标，提出具体的应对策略，在实践的过程中建构基于资源型城市转型的城市规划理论框架，不仅对唐山有现实意义，同时也对同类型的资源型城市有借鉴意义。唐山市成立的"编研中心"每年都围绕城市近期发展的重点问题，结合城市发展目标形成年度"城市规划策略评估报告"，把这项工作变成一项经常性的工作形成制度化措施，每年都用相关的研究成果来修订补充完善"评估报告"，形成符合唐山实际的城市发展策略。经过几年的摸索和积累，我们逐步形成了一个脉络清晰的研究思路和系统的理论框架。

从繁杂的行政事务中解脱出来，工作岗位的转换使我不再心为形役，能有宽松的环境、充裕的时间沉下心来把这几年的城市实践和理论思考加以总结，包括对规划学科的重新认知以及规划管理的反思，确定以"资源型工业城市转型的城市规划策略——基于唐山的理论和实践"为写作题目。书稿的写作是把研究成果结论系统化、条理化并将有价值的资料归纳整理的过程，不仅是各项课题研究的继续，同时提出了需要进一步探讨的问题，最后由"华夏英才基金"资助以"城市转型发展的规划策略"为书名编辑出版。

书稿是在各项专题的系列研究基础上建立的一个研究框架，提出的相关模式策略和理论观点有待在今后的实践中进一步完善和体系化。由于这项研究涉及的领域宽泛，内容庞杂，书稿与预期的研究目标还有许多差距。这项研究课题应该是一个开放庞大的工作体系，需要整个社会的共识与建构，希望能有更多的人保持对城市发展的理性思考，持续不断地研究这项课题，做更扎实更细致的工作。尤其是把握城市发展命运的人，能遵循城市科学的理性原则，减少决策的随意性和盲目性。

我列出研究的框架和写作提纲后，以各章节需探讨的问题和基本立论点为核心，由各项承担课题的参与者提出初稿，经多次讨论达成共识，最后由我汇总、几易其稿。无论是前期的研究课题，还是书稿写作中对问题的探讨都体现了集体的智慧。书稿的写作中相当一部分内容表达了我心目中对"理想城市"的一种认知，以及对城市发展一种有理想色彩的个人期许。能聊以自慰的是，有部分想法和主张能成为决策的依据得以实施，体现了研究的实际价值和对城市的微薄贡献。本书编著写作过程中得益于以下人员的贡献：王兴平（第2章至第4章）；石永洪、赵朋、陈烨（第6章）；杨晓春（第7章）；刘力、高民杰、刘晓波（第8章至第12章）；程茂吉（第13章第14章）；邢海峰、张舰（第15章）；在撰写过程中，赵铁政做了许多沟通联系工作，在此一并致谢。

书稿付梓之际，要感谢天津大学彭一刚院士的关心和指教，先生多年来一直鼓励我不要懈怠专业，支持我把多年的唐山城市实践和相关研究课题作为博士学位论文写作基础并加以指导，使我在专业上有新的拓展和进步。感谢清华大学吴良镛院士和中国城市规划设计研究院邹德慈院士。多年来唐山的许多重大课题都得到了两位前辈的悉心指教，两位院士许多高屋建瓴的学术观点对我们研究课题都具有方向性的指引，使我们少走了许多弯路。感谢邹德慈院士、国家住房建设部唐凯总规划师在百忙中为本书拨冗作序。感谢曾经参与过唐山城市规划研究课题的所有专家、学者、合作者，他们的专业水准和敬业精神值得钦佩，也决定了我们的工作水平。在此还要感谢唐山城乡规划局的各位同仁，在各项繁重的行政事务和超常的工作任务压力下开展学术研究，在当下浮躁的社会环境下还能保持对专业理想的追求和工作热情，一些探索性的主张和理念得到推动并付诸实施，很大程度上来自一起工作的各位同仁的理解和支持，我会珍惜这段共事的经历。

诚挚感谢中央统战部"华夏英才基金"对本书的资助出版。

沈瑾 壬辰春节于思齐斋

图书在版编目（CIP）数据

城市转型发展的规划策略：基于唐山的理论与实践 ／ 沈瑾著.
— 北京 ： 中央编译出版社，2012.9
ISBN 978-7-5117-1419-0

Ⅰ．①城… Ⅱ．①沈… Ⅲ．①城市规划—研究—唐山市
Ⅳ．①TU984.222.3

中国版本图书馆CIP数据核字(2012)第130800号

城市转型发展的规划策略：基于唐山的理论与实践

责任编辑：王忠波
责任印制：尹　珺
版式设计：八月之光
封面设计：张　野
出版发行：中央编译出版社
地　　址：北京西城区车公庄大街乙5号鸿儒大厦B座（100044）
电　话：（010）52612345（总编室）　　　（010）52612339（编辑室）
　　　　　（010）66161011（团购部）　　　（010）52612336（网络营销）
　　　　　（010）66130345（发行部）　　　（010）66509618（读者服务部）
网　　址：www.cctphome.com
经　　销：全国新华书店
印　　刷：北京佳信达欣艺术印刷有限公司
开　　本：787毫米 × 960毫米　　　1/12
字　　数：623千字
印　　张：36
版　　次：2012年9月第1版第1次印刷
定　　价：168.00元